电磁学题解指导

钟锡华　汤卫东　编著

北京大学出版社
PEKING UNIVERSITY PRESS

图书在版编目(CIP)数据

电磁学题解指导/钟锡华，汤卫东编著．—北京：北京大学出版社，2016.10

ISBN 978-7-301-27686-0

Ⅰ．①电…　Ⅱ．①钟…②汤…　Ⅲ．①电磁学—高等学校—题解
Ⅳ．①O441-44

中国版本图书馆 CIP 数据核字（2016）第 255942 号

书　　名	电磁学题解指导 DIANCIXUE TIJIE ZHIDAO
著作责任者	钟锡华　汤卫东　编著
责任编辑	顾卫宇
标准书号	ISBN 978-7-301-27686-0
出版发行	北京大学出版社
地　　址	北京市海淀区成府路 205 号　100871
网　　址	http://www.pup.cn
电子信箱	zpup@pup.cn
电　　话	邮购部 62752015　发行部 62750672　编辑部 62754271
印 刷 者	北京大学印刷厂
经 销 者	新华书店
	890 毫米×1240 毫米　A5　9.125 印张　265 千字
	2016 年 10 月第 1 版　**2019 年 6 月第 2 次印刷**
定　　价	29.00 元

前　言

本书对原著《电磁学通论》所含218道习题均一一作了详尽解答，并且有所借题发挥，或总结点评，或释疑说明，或讨论引申。这类内容散见于各题，随机从缘，无一定格以权作指导。寓指导于题解之中，正是本书的一个特色，也是书名之由来。此番用心旨在使读者在做完一道习题之后还能有更多的收获。

全书由钟锡华教授撰写定稿，青年教师汤卫东博士提供了部分习题的解答草稿。鉴于全部题量中约五成以上系作者新编，其中部分题目颇有分量，难免题解有不妥之处，诚望读者批评指正。愿本书在分析和解决电磁学中的实际问题时，能成为读者的一个好助手。

作　者

于西安交通大学理学院

2015 乙未·立秋

目　录

第1章　静　电　场

1.1　原子中的库仑力

氢原子(H)是最简单的一种原子,也是宇宙起源最初生成的一种原子,它由一个质子(p)作为原子核和一个核外环绕电子(e)所组成,它俩电荷异号而数值相等,为$\pm e=\pm 1.6\times 10^{-19}$ C(库仑),而两者质量相差悬殊,电子质量$m_e=9.11\times 11^{-31}$ kg,质子质量$m_p=1.67\times 10^{-27}$ kg,即$m_p/m_e\approx 1830$倍.

处于基态的氢原子,其电子的经典轨道半径$r_0=5.29\times 10^{-2}$ nm.

(1) 求出氢核质子施予电子的库仑力F_C;

(2) 同时,质子与电子之间还有一个万有引力即牛顿引力F_G,经计算获知,这引力远远小于库仑力,其比值$F_G/F_C\approx 4\times 10^{-40}$,试对此比值给予审核.须知,万有引力常量$G=6.67\times 10^{-11}$ N·m²/kg².

说明:库仑定律是宏观电磁学首个实验定律,本题将它应用于原子世界,并非仅仅出于教学上的演练;空间小尺度的物理实验和大尺度的地球物理实验均表明,库仑定律适用的空间尺度r相当宽广,从小于原子核尺度的10^{-15} cm至地球尺度10^{9} cm都适用.本题还涉及电子和质子相对于轨道半径r_0而言,其点模型是否成立的问题,须知质子或电子是有尺度的,其经典尺度$a\approx 10^{-13}$ cm,可见$a\ll r_0=5.29\times 10^{-9}$ cm,点模型成立.

解　(1) 此库仑力为

$$F_C=-k_e\frac{e^2}{r_0^2}\approx -8.99\times 10^9\times\frac{(1.6\times 10^{-19})^2}{(5.29\times 10^{-11})^2}\text{N}$$

$$\approx -8.22\times 10^{-8}\text{N}.$$

(2) 此牛顿引力为

$$F_G=-G\frac{m_e m_p}{r_0^2}$$

$$\approx -6.67\times10^{-11}\times\frac{9.11\times10^{-31}\times1.67\times10^{-27}}{(5.29\times10^{-11})^2}\text{N}$$

$$\approx -3.63\times10^{-47}\text{N}.$$

可见，这两个力之比值为

$$\frac{F_G}{F_C}=\frac{3.63\times10^{-47}}{8.22\times10^{-8}}\approx4\times10^{-40}.$$

推而广之，在微观原子分子世界中考量电子运动时，许可忽略万有引力作用，仅计较电磁力作用就足够了.

1.2 超短脉冲光抓拍核外电子运行图像

德国马普量子光学研究所于 2008 年，研制成功阿秒级超短光脉冲，其脉冲宽度即闪光时间 $\tau=80$ as，1 as（阿秒）$=10^{-18}$ s（秒），其进一步的目标是将 τ 压缩为 24 as，因为氢原子中的电子从一端到另一端的时间约为 24 as. 对此，我们不妨作以下定量考察.

（1）算出氢原子核外电子的运动速率 v，设 $r_0=5.3\times10^{-2}$ nm.

（2）算出相应的运行周期 T. 若要抓拍到这电子运行图像，试问光脉冲的闪光时间 τ 应被压缩在何值 τ_0 以下，即 τ 满足 $\tau\leqslant\tau_0$.

解 （1）设核外电子作匀速圆周运动，其所需向心力 $m_e\dfrac{v^2}{r_0}$ 由库仑引力 F_C 提供，即

$$k_e\frac{e^2}{r_0^2}=m_e\frac{v^2}{r_0},\quad 得\quad v=\sqrt{k_e\frac{e^2}{r_0m_e}},$$

代入数据算出核外电子运动速率

$$v=\sqrt{\frac{9.0\times10^9}{5.3\times10^{-11}\times9.11\times10^{-31}}}\times1.6\times10^{-19}\text{m/s}$$

$$\approx2.2\times10^6\text{m/s}.$$

这是一个极高的速率，几乎是真空光速的百分之一，无怪乎，在原子世界中考量电子运动行为，有时要计较相对论效应.

（2）其运行周期为

$$T=\frac{2\pi r_0}{v}\approx\frac{2\times3.14\times5.3\times10^{-11}}{2.2\times10^6}\text{s}\approx151\text{as}.$$

在电子运行一周过程中，若要抓拍到其运行图像，如图，有 6 个取样点即抓拍 6 次是必要的，与此匹配的超短光脉冲的闪光时间 τ，按以

上计算结果,应当满足

$$\tau \leqslant \tau_0 \approx \frac{T}{6} \approx 24\text{as}.$$

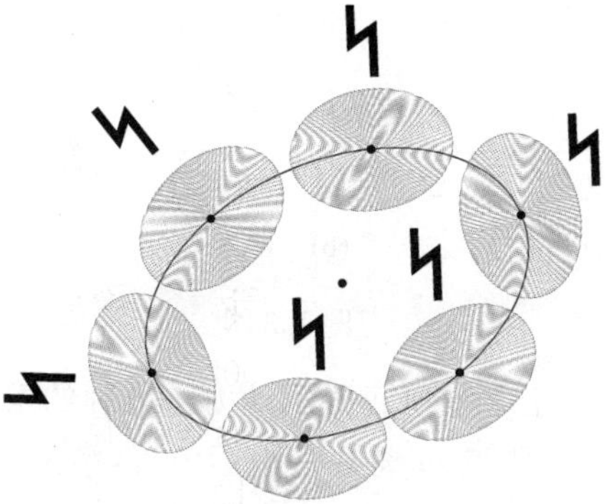

习题 1.2 图

1.3 库仑力与谐振动

如本题图(a)所示,有两个位置固定的点电荷(Q,Q),相距 $2a$,其中点置放一个自由点电荷 q,兹考量 q 在中点即平衡点 O 处的稳定性问题.

(1) 若 q 离开 O 处沿 x 轴有一微位移 x,即 $x \ll a$,它是否受到一个线性回复力 $F(x) \propto (-x)$? 如是,求出相应谐振动的角频率 ω_x.

若 q 沿 y 轴有一微偏移 y,即 $y \ll a$,它是否受到一个线性回复力 $F(y) \propto (-y)$? 如否,则表明,相对 y 方向的运动而言,中点是个非稳定平衡位置.

(2) 若将 q 换为$(-q)$,即与(Q,Q)异号,如本题图(b),试分两个正交方向讨论牛顿引力 $F(x)$,$F(y)$的性质;如果它们系线性回复力,给出相应谐振动的角频率 ω_y 或 ω_x.

(3) 若将电量换为质量,如本题图(c),试分别两个正交方向讨论牛顿引力 $F(x)$,$F(y)$的性质;如果它们系线性回复力,给出相应谐振动的角频率 ω_y 或 ω_x.

联想:电世界有两种符号的电量,而质量世界仅有一种符号的惯性质量即正质量;同号电荷相斥、异号电荷相吸,而同号质量却相吸. 这般联想亦蛮有意思,至少表明电世界更为丰富多彩.

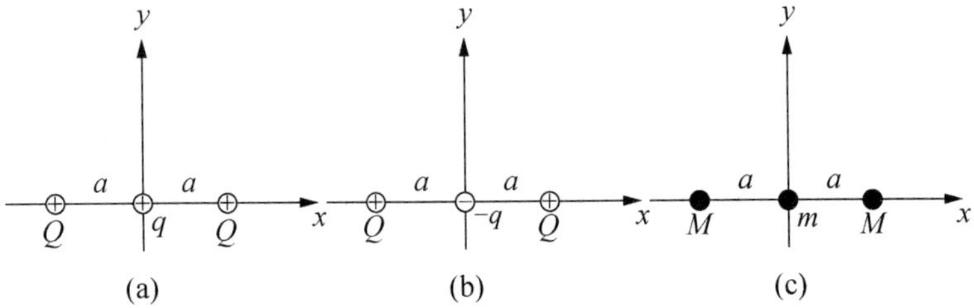

习题 1.3 图

解 由力学关于一维弹簧振子动力学方程的求解中,我们获得一个重要见识:当一质点 m 离开其平衡位置,沿某一方向设为 x 轴作一位移 x 时,若受到一个线性回复力 $F(x)=-kx$ 作用,则该质点必作简谐振动 $x(t)=A_0\cos(\omega_0 t+\varphi_0)$,其角频率

$$\omega_0=\sqrt{\frac{k}{m}}.\quad（它与初条件无关,故也称它为本征角频率）$$

(1) 针对图(a)情形,让 q 从中点向右位移 x,则右端 Q 施于 q 的排斥力 $F_1(x)$向左,左端 Q 施予 q 的排斥力 $F_2(x)$向右,且 F_1 值大于 F_2 值,故合力 F 向左,它是一回复力. 兹作以下定量考察以审视它是否为一个线性回复力,

$$F(x)=F_1(x)+F_2(x)=-k_e\frac{Qq}{(a-x)^2}+k_e\frac{Qq}{(a+x)^2}$$

$$=-k_eQq\frac{4ax}{(a^2-x^2)^2},$$

可见,$F(x)$系一个非线性的回复力. 如果限制位移值 $x\ll a$,才有

$$F(x)\approx-\frac{4k_eQq}{a^3}x=-kx,\quad k\equiv\frac{4k_eQq}{a^3},$$

这是一个线性回复力. 换言之,处于中点邻近的点电荷(q,m)在(Q,Q)库仑场中沿 x 轴可能出现微振动,其角频率

$$\omega_x=\sqrt{\frac{k}{m}}=\sqrt{\frac{4k_eQq}{ma^3}}.\quad (\text{rad/s})$$

若 q 沿 y 轴作一位移 y,此时两端(Q,Q)施予 q 的合力沿 y 轴向上,使 q 加速离开平衡位置 O. 虽然当 $y\ll a$,这合力 $F(y)$可能是一个

线性力，即 $F(y)=+k'y$；它却不是一个回复力，算式中未出现“－”号.

(2) 仿照上述分析方法和定量推演，若将 q 换为 $(-q)$，我们得到的结论是：

沿 x 轴方向位移，且 $x \ll a$ 时，$F(x)=kx$，线性但非回复力；

沿 y 轴方向位移，且 $y \ll a$ 时，$F(y)=-k'x$，线性回复力；

相应的谐振动角频率 $\omega_y=\sqrt{\dfrac{k'}{m}}=\sqrt{\dfrac{2k_e Qq}{ma^3}}$.

(3) 对于图(c)显示的质点组及其相联系的牛顿引力，不难看出此场景与图(b)显示的情形类似，故只要将(2)所得结果作如下相应物理量的替换，$(k_e, Q, q) \to (G, M, m)$，便可得到本小题的解答，即，沿轴向运动，且 $x \ll a$ 范围内，质点受力 $F(x)=+kx$，中点 O 系非稳定平衡位置；沿横向即 y 轴运动，且 $y \ll a$ 范围内，质点受力 $F(y)=-k'y$，中点 O 系稳定平衡位置，质点 m 可能作微振动，其角频率为

$$\omega_y=\sqrt{\frac{k'}{m}}=\sqrt{\frac{2GM}{a^3}}. \quad (G\text{ 为万有引力常量})$$

由本题引发的联想：惯性质量总是正值，而电量可有正负两种符号，故电荷世界的运动现象要比纯质量世界的更为丰富多彩.

1.4 密立根实验

电子所带的电荷量(基元电荷 $-e$)最先是由密立根通过油滴实验测出的. 密立根设计的实验装置如本题图所示. 一个很小的带电油滴在电场 $\boldsymbol{E}$ 内. 调节 $\boldsymbol{E}$，使作用在油滴上的电场力与油滴所受的重力平衡. 如果油滴的半径为 1.64×10^{-4} cm，在平衡时，$E=1.92\times10^5$ N/C，求油滴上的电荷，已知油的密度为 $0.851\ \mathrm{g/cm^3}$.

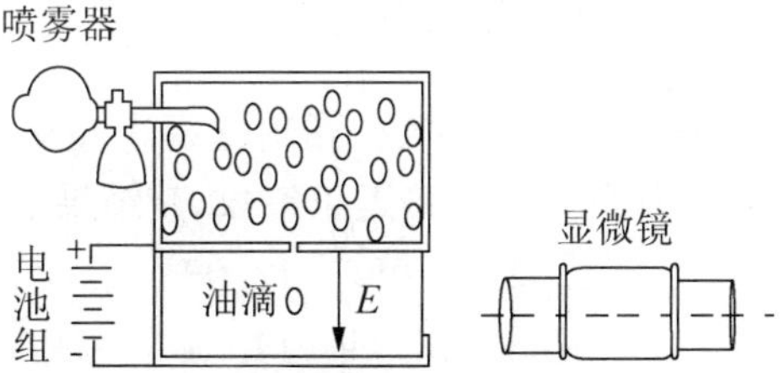

习题 1.4 图

解 带电油滴受到两个力，重力

$$F_g = mg = \frac{4}{3}\pi r^3 \rho g,$$

电场力 $F_e = qE$;

由两力平衡方程 $F_g + F_e = 0$，求得此油滴荷电量为

$$q = -\frac{4}{3}\pi r^3 \frac{\rho g}{E} = \frac{4\times 3.14\times 1.64^3\times 10^{-18}\times 0.851\times 10^3\times 9.8}{3\times 1.92\times 10^5}\mathrm{C}$$

$$\approx -8.0\times 10^{-19}\mathrm{C}.$$

1.5 基元电荷实验数据

在早期(1911年)的一连串实验中，密立根在不同时刻观察单个油滴上呈现的电荷，其测量结果(绝对值)如下：

6.568×10^{-19} C	13.13×10^{-19} C	19.71×10^{-19} C
8.204×10^{-19} C	16.48×10^{-19} C	22.89×10^{-19} C
11.50×10^{-19} C	18.08×10^{-19} C	26.13×10^{-19} C

根据这些数据，可以推得基元电荷 e 的数值为多少？

解 这是一个关于实验数据处理的方法和技巧问题. 粗略看这组数据值是跳跃式的. 不妨先将它们按数值从小到大重新排序，尔后依次列出后者与前者的电量差值$\{\Delta q_i\}$，以10^{-19}C为单位：

1.636 3.296 1.63 3.35 1.60 1.63 3.18 3.24

从这8个数据中可以看出，有4个数值在1.6左右，另有4个数值在3.2左右，可进一步求出这两组数据各自的平均值：

1.624 3.2665

即后者是前者的2.011倍(接近两倍). 再一步将其和除以3作为最小电荷量 e 的合理数据(单位：10^{-19}C)，

$$e = \frac{3.2665 + 1.624}{3} \approx 1.630.$$

为慎重起见，再将这 e 值作为除数，算出这组电量数据对 e 的倍率 N_i，审视 N_i 是否为整数或十分接近于整数，其结果如下：

4.03	8.06	12.09
5.03	10.11	14.04
7.06	11.09	16.03

从中可见，$\{N_i\}$十分接近整数，故将上述 e 值作为基元电荷是值得人们信赖的.

该值与 2008 年给出的最新数据 $e=1.602\ 176\ 487(40)\times 10^{-19}$C的偏差为 2%，须知它是 100 年前密立根给出的数值. 1923 年诺贝尔物理学奖授予了美国人 R. A. 密立根，以肯定他在电的基本电荷和光电效应方面的伟大贡献.

1.6 电偶极子在库仑力场中

把偶极矩为 $\boldsymbol{p}=q\boldsymbol{l}$ 的电偶极子放在点电荷 Q 的电场内，$\boldsymbol{p}$ 的中心 O 到 Q 的距离为 $r(r\gg l)$. 如图，分别求：

(1) $\boldsymbol{p}/\!/\overrightarrow{QO}$;

(2) $\boldsymbol{p}\perp\overrightarrow{QO}$

时，偶极子所受的力 $\boldsymbol{F}$ 和力矩 $\boldsymbol{M}$.

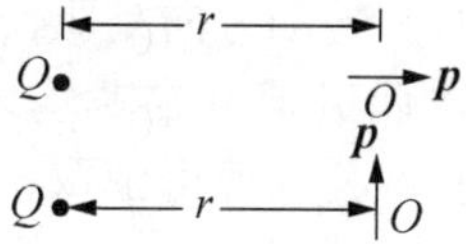

习题 1.6 图

解 (1) *方法一* 分别考量两极$(-q,q)$所受库仑力$(\boldsymbol{F}_-,\boldsymbol{F}_+)$，再叠加且作近似计算：

$$\boldsymbol{F}=\boldsymbol{F}_-+\boldsymbol{F}_+=-k_e\frac{Qq}{\left(r-\frac{l}{2}\right)^2}\hat{\boldsymbol{r}}+k_e\frac{Qq}{\left(r+\frac{l}{2}\right)^2}\hat{\boldsymbol{r}}\approx -k_eQ\frac{2p}{r^3}\hat{\boldsymbol{r}},$$

这是吸引力，当 $Q>0$；反之，当 $Q<0$，这力是排斥力.

方法二 先考量偶极子 $\boldsymbol{p}$ 施予 Q 的电力 $\boldsymbol{F}'=Q\boldsymbol{E}'$，则 $-\boldsymbol{F}'$ 便是 Q 施予 $\boldsymbol{p}$ 的反作用力

$$\boldsymbol{F}=-\boldsymbol{F}'=-Q\boldsymbol{E}'\approx -Qk_e\frac{2p}{r^3}\hat{\boldsymbol{r}}=-k_eQ\frac{2p}{r^3}\hat{\boldsymbol{r}}.$$

(2) 设 QO 方向为 x 轴，偶极矢量 $\boldsymbol{l}$ 方向为 y 轴. 不难看出，两极$(-q,q)$受力$(\boldsymbol{F}_-,\boldsymbol{F}_+)$，在 x 方向分力互相抵消，即其合力沿 y 方向，数值等于 $\boldsymbol{F}_+$ 投影分量的两倍：

$$\boldsymbol{F}=\boldsymbol{F}_{+}+\boldsymbol{F}_{-}=2F_{+y}\boldsymbol{e}_l=2k_{\mathrm{e}}\frac{Qq}{r^2+\left(\frac{l}{2}\right)^2}\cdot\frac{\frac{l}{2}}{\sqrt{r^2+\left(\frac{l}{2}\right)^2}}\boldsymbol{e}_l$$

$$\approx k_{\mathrm{e}}Q\frac{ql}{r^3}\boldsymbol{e}_l=k_{\mathrm{e}}Q\frac{\boldsymbol{p}}{r^3}.$$

对合力无贡献的一对力 F_x, F_{-x}，却产生一个力偶矩 $\boldsymbol{M}$，可以选择$(-q)$点为参考点来计算此力矩：

$$\boldsymbol{M}=\boldsymbol{l}\times\boldsymbol{F}_x=\boldsymbol{l}\times\left(k_{\mathrm{e}}\frac{Qq}{r^2+\left(\frac{l}{2}\right)^2}\cdot\frac{r}{\sqrt{r^2+\left(\frac{l}{2}\right)^2}}\hat{\boldsymbol{r}}\right)$$

$$\approx\boldsymbol{l}\times k_{\mathrm{e}}\frac{Qq}{r^2}\hat{\boldsymbol{r}}=q\boldsymbol{l}\times k_{\mathrm{e}}\frac{Q}{r^2}\hat{\boldsymbol{r}}\approx\boldsymbol{p}\times\boldsymbol{E},\quad\left(\boldsymbol{E}=k_{\mathrm{e}}\frac{Q}{r^2}\hat{\boldsymbol{r}}\right)$$

此力矩 $\boldsymbol{M}$ 使偶极矩转动，其转动方向是驱使 $\boldsymbol{p}$ 顺向外场 $\boldsymbol{E}_{外}$.

进一步说明 关于电偶极子 $\boldsymbol{p}$ 在非均匀电场 $\boldsymbol{E}$ 中的受力 $\boldsymbol{F}$ 和力矩 $\boldsymbol{M}$ 的问题，有两个基本公式值得记取：

$$\boldsymbol{F}=\nabla(\boldsymbol{p}\cdot\boldsymbol{E}),\quad(\text{梯度力})$$

$$\boldsymbol{M}\approx\boldsymbol{p}\times\boldsymbol{E},\quad(\text{使 }\boldsymbol{p}\text{ 转向 }\boldsymbol{E})$$

据此两式解本题(1)，(2)，其结果与上述具体分析所得结果是一致的，读者不妨试之.

1.7 电四极子

本题图中所示的是一种电四极子，设 q 和 l 都已知，图中 P 点到电四极子中心 O 的距离为 $x(x\gg l)$，$\overrightarrow{OP}$ 与正方形的一对边平行，求 P 点的电场强度 $\boldsymbol{E}(x)$.

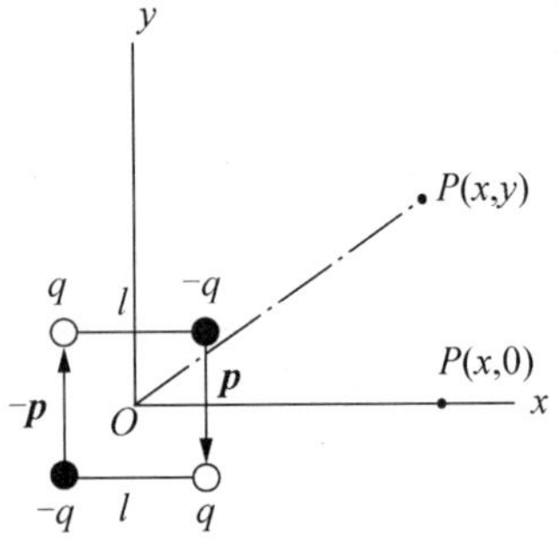

习题 1.7 图

解 电四极子可以被看为由两个电偶极子组成，两者偶极矩方向相反，$\boldsymbol{p}$ 与 $-\boldsymbol{p}$，且其位置相对平移 l，$l \ll x, y$. 故可借用单个电偶极子场强公式，再应用叠加原理，而求得电四极子的场强 $\boldsymbol{E}(x)$. 对于本题，

$$\boldsymbol{p} \to \boldsymbol{E}_+(x) = k_e \frac{p}{r^3}\hat{\boldsymbol{y}} = k_e \frac{p}{\left(x-\frac{l}{2}\right)^3}\hat{\boldsymbol{y}},$$

$$-\boldsymbol{p} \to \boldsymbol{E}_-(x) = -k_e \frac{p}{\left(x+\frac{l}{2}\right)^3}\hat{\boldsymbol{y}};$$

合场强

$$\boldsymbol{E}(x) = \boldsymbol{E}_+(x) + \boldsymbol{E}_-(x) = k_e p \left[\frac{1}{\left(x-\frac{l}{2}\right)^3} - \frac{1}{\left(x+\frac{l}{2}\right)^3}\right]\hat{\boldsymbol{y}}.$$

在 $l \ll x$ 远场区域，上式中括号内的近似结果为

$$[\cdots] = \frac{\left(x+\frac{l}{2}\right)^3 - \left(x-\frac{l}{2}\right)^3}{\left(x^2-\frac{l^2}{4}\right)^3} \approx \frac{3x^2 l}{x^6} = \frac{3l}{x^4},$$

最终得到电四极子在 x 轴上远场分布为

$$\boldsymbol{E}(x) = k_e \frac{3pl}{x^4}\hat{\boldsymbol{y}} = k_e \frac{3ql^2}{x^4}\hat{\boldsymbol{y}}.$$

该结果有两点值得关注. $E(x) \propto ql^2$，故 ql^2 可作为表征电四极子体系电性的特征量，据此可定义出一个电四极矩 $p' \equiv pl = ql^2$，其系数并非一定为 1；$E(x) \propto \frac{1}{x^4}$，其随距离增加而减弱的程度，比偶极子的更甚.

进一步说明 对于任意场点 $P(x, y)$，采用电偶极子电场的直角坐标表示来求电四极子电场，较为合适. 即，电四极子被看作上下两个反平行的电偶极子，$\boldsymbol{p}_1$ 与 $\boldsymbol{p}_2 = -\boldsymbol{p}_1$，且相对位移 $\Delta y = l$，于是，

$$\boldsymbol{p}_1 \to \boldsymbol{E}_1 = (E_{1x}, E_{1y}),$$

$$\boldsymbol{p}_2 \to \boldsymbol{E}_2 = (E_{2x}, E_{2y}),$$

合场强

$$\boldsymbol{E}=(E_x,E_y)=((E_{1x}+E_{2x}),(E_{1y}+E_{2y})).$$

读者不妨演练之. 其结果依然体现出 $E_x(x,y)$ 或 $E_y(x,y)\propto ql^2,\propto\frac{1}{r^4}(r^2=x^2+y^2)$.

1.8 一对共轴异号带电圆环

如本题图(a),一对共轴带电圆环,相距 $2a$,均匀带有异号电量 $(q,-q)$. 兹考察其轴上总电场 $\boldsymbol{E}(z)$ 的均匀性.

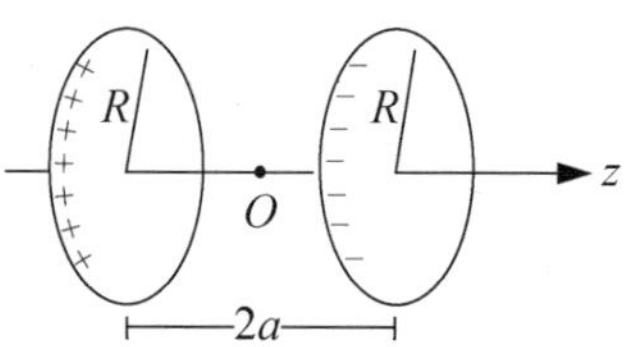

习题 1.8 图(a)

(1) 试给出电场 $\boldsymbol{E}(z)$ 的函数表达式,并粗略而正确地画出 $\boldsymbol{E}(z)$ 曲线.

(2) 由对称性分析可知,电场 $\boldsymbol{E}(z)$ 在 $z=0$ 处为一极值,或极大或极小;为了获得电场在 O 点左右一段区间的最好均匀性,其间距应当恰好,设其为 $2a_0$,以满足二阶导数 $\mathrm{d}^2\boldsymbol{E}/\mathrm{d}z^2=0$. 试求出 a_0 值与圆环半径 R 之关系.

解 (1) 先作对称性分析. 在左右两个电圈之间区段,$z\in(-a,a)$,各自产生的电场 $\boldsymbol{E}_1$ 和 $\boldsymbol{E}_2$ 方向一致,沿 z 轴正向. 故合场强 $E(z)=E_1(z)+E_2(z)$,左右对称,具有偶对称性,即

$$E(z)=E(-z).$$

于是,$E(z)$ 分布曲线在中点 $z=0$ 处出现凹陷或凸头或平头,如图(b)所示. 总之,$\mathrm{d}E/\mathrm{d}z=0$,当 $z=0$.

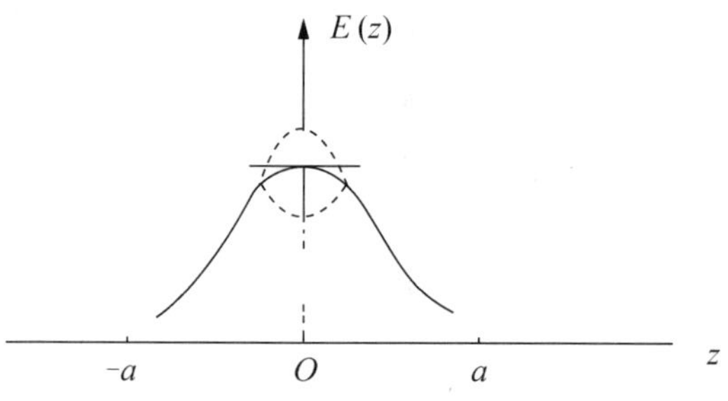

习题 1.8 图(b)

借助均匀带电 (q) 圆圈在轴上 $E(z)$ 公式(见书(1.11)式),立马

可以写下左圈和右圈的场强函数式，

$$(q)\to E_1(z)=k_e q(z+a)\cdot\left[(z+a)^2+R^2\right]^{-\frac{3}{2}},$$

$$(-q)\to E_2(z)=-k_e q(z-a)\cdot\left[(z-a)^2+R^2\right]^{-\frac{3}{2}}.$$

合场强 $E(z)=E_1(z)+E_2(z)$.

(2)先对 $E(z)$作一阶求导，略写推演中间过程，其结果为

$$\frac{\mathrm{d}E}{\mathrm{d}z}=k_e q\left[(z+a)^2+R^2\right]^{-\frac{5}{2}}\cdot\left[R^2-2(z+a)^2\right]$$

$$-k_e q\left[(z-a)^2+R^2\right]^{-\frac{5}{2}}\cdot\left[R^2-2(z-a)^2\right],$$

显然，$\frac{\mathrm{d}E}{\mathrm{d}z}=0$，当 $z=0$. 再对上式求导，经整理，得 $E(z)$函数的二阶导数，

$$\frac{\mathrm{d}^2E}{\mathrm{d}z^2}=k_e q\left[(z+a)^2+R^2\right]^{-\frac{7}{2}}(z+a)\left[-9R^2+6(z+a)^2\right]$$

$$-k_e q\left[(z-a)^2+R^2\right]^{-\frac{7}{2}}(z-a)\left[9R^2-6(z-a)^2\right],$$

为了使 $E(z)$曲线在 $z=0$ 处呈现平稳线型，以获得准匀场区，令 $\left.\frac{\mathrm{d}^2E}{\mathrm{d}z^2}\right|_{z=0}=0$，即

$$\left.\frac{\mathrm{d}^2E}{\mathrm{d}z^2}\right|_{z=0}=k_e q\cdot 2a\left(a^2+R^2\right)^{-\frac{7}{2}}\cdot\left(-9R^2+6a^2\right)=0,$$

可见，其条件是

$$\left(-9R^2+6a^2\right)=0\text{，遂得 }a_0=\frac{3}{\sqrt{6}}R\approx 1.23R.$$

这表示，当这一对共轴异号电圈之间距 $2a_0\approx 2.45R$ 时，可以获得中点附近一局域匀场区，可供电磁测量用.

顺便说明，在磁学部分有一个著名的所谓亥姆霍兹线圈，它由一对共轴同向载流线圈组成；本题这对电圈与它十分类似，其实本题系作者受它的启发而拟就的，姑且称这对电圈为亥姆霍兹电圈.

1.9 一对共轴同号带电圆环

同上题图(a)，一对共轴带电圆环，相距 $2a$，均匀带电设为(q,q)，兹考量其轴上 O 点左右一段区间电场$\boldsymbol{E}(z)$的线性范围.

(1) 试给出电场$\boldsymbol{E}(z)$的函数表达式，并粗略而正确地画出$\boldsymbol{E}(z)$曲线.

(2) 由定性分析可知，$\boldsymbol{E}(z)$在原点O为零值，在右侧为负值，在左侧为正值；在z值较小时，场强$\boldsymbol{E}(z)$呈现线性变化，可表示为$\boldsymbol{E}(z)=Kz$. 试求出线性系数K作为a,R,q的函数式.

解 (1) 设左方电圈的场强为$E_1(z)$，右方电圈的场强为$E_2(z)$. 则合场强为$E(z)=E_1(z)+E_2(z)$. 借助位于原点O处的均匀带电圆圈在轴上的场强公式(见书(1.11)式)，分别作$(-a)$和a的平移，便可立马写出$E_1(z)$，$E_2(z)$函数式，最终得这一对电圈在轴上的场强，

$$E(z)=k_eq(z+a)((z+a)^2+R^2)^{-\frac{3}{2}}+k_eq(z-a)((z-a)^2+R^2)^{-\frac{3}{2}},$$

显然$E(z=0)=0$；其可能出现的函数线型之一如图所示.

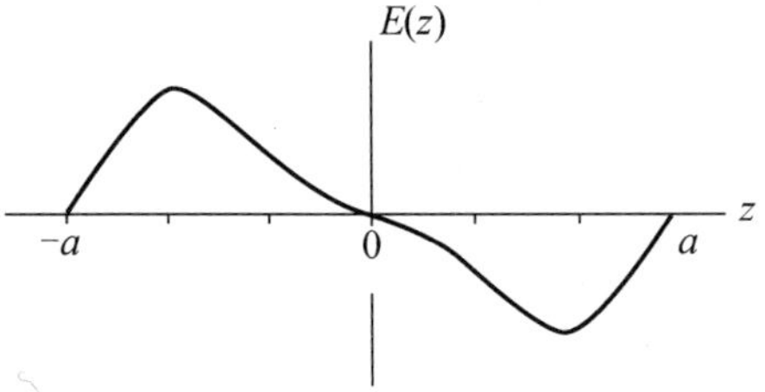

习题 1.9 图

(2) 为求得O点邻近$E(z)$曲线的斜率，先导出其一阶导数，

$$\frac{\mathrm{d}E}{\mathrm{d}z}=k_eq\left((z+a)^2+R^2\right)^{-\frac{5}{2}}\cdot\left(R^2-2(z+a)^2\right)$$

$$+k_eq\left((z-a)^2+R^2\right)^{-\frac{5}{2}}\cdot\left(R^2-2(z-a)^2\right),$$

代入$z=0$，得

$$\left.\frac{\mathrm{d}E}{\mathrm{d}z}\right|_{z=0}=k_eq\,\frac{2(R^2-2a^2)}{(a^2+R^2)^{\frac{5}{2}}}=K,\quad K\equiv k_eq\,\frac{2(R^2-2a^2)}{(a^2+R^2)^{\frac{5}{2}}}.$$

于是，$E(z)$函数在原点邻近的线性表现为

$$E(z)=Kz,\text{当 } z\ll a.$$

有意思的是，这线性斜率K值可正可负，还可能为零，这取决于电圈间距$2a$与其半径R的比值，

$$K\begin{cases}<0, & \text{当 } a>\dfrac{R}{\sqrt{2}};\\ =0, & \text{当 } a=\dfrac{R}{\sqrt{2}};\\ >0, & \text{当 } a<\dfrac{R}{\sqrt{2}}.\end{cases}$$

这三种情态的出现，源于一个因素，即单个电圈的 $E(z)$ 函数并非单调变化，它在 $z_0=R/\sqrt{2}$ 处出现极大值.

1.10 一对共轴异号带电圆盘

如本题图(a)示，一对共轴带电圆盘，相距 $2a$，均匀带有异号电量，面电荷密度为$(\sigma,-\sigma)$，兹考察其轴上电场 $\boldsymbol{E}(z)$ 的均匀性.

(1) 试给出场强 $\boldsymbol{E}(z)$ 的函数表达式，并粗略而正确地画出 $\boldsymbol{E}(z)$ 曲线.

(2) 由对称性分析可知，电场 $\boldsymbol{E}(z)$ 在 $z=0$ 处为一极值，或极大值或极小值；为了获得电场 $\boldsymbol{E}$ 在 O 点左右一段区间的最好均匀性，其间距应当恰好，设其为 $2a_0$. 试求出 a_0 值与圆盘半径 R 之关系.

提示：试看$(\mathrm{d}^2\boldsymbol{E}/\mathrm{d}z^2)_{z=0}=0$ 是否可能.

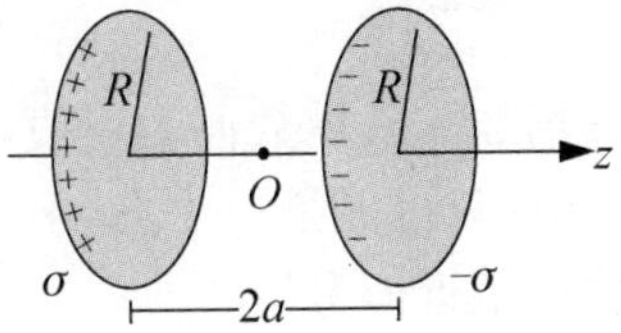

习题 1.10 图(a)

解 (1) 设左方电盘和右方电盘的场强在轴上分布分别为 $E_1(z)$ 和 $E_2(z)$，兹关注 $z\in(-a,a)$ 区间中的场强 $E(z)$，$E=E_1+E_2$；在此区间，E_1 与 E_2 方向一致，均沿 z 轴向右为正值. 借助均匀带电圆盘在轴上场强公式(见书 31 页(1.24)式)，作平移操作，便可正确写出在 $-a<z<a$ 区间中，

$$E_1(z)=\frac{\sigma}{2\varepsilon_0}\left(1-\frac{z+a}{\sqrt{R^2+(z+a)^2}}\right),$$

$$E_2(z)=\frac{\sigma}{2\varepsilon_0}\left(1+\frac{z-a}{\sqrt{R^2+(z-a)^2}}\right),$$

$$E(z)=E_1(z)+E_2(z).$$

(2) 先求一阶导数,这里暂时略写常系数 $\sigma/2\varepsilon_0$. 并记符号 $\dot{E}\equiv \mathrm{d}E/\mathrm{d}z$:

$$\dot{E}_1=-(R^2+(z+a))^{-\frac{1}{2}}+(z+a)^2\ (R^2+(z+a)^2)^{-\frac{3}{2}},$$

$$\dot{E}_2=(R^2+(z-a)^2)^{-\frac{1}{2}}-(z-a)^2\ (R^2+(z-a)^2)^{-\frac{3}{2}},$$

$$\dot{E}=\dot{E}_1+\dot{E}_2,\text{审核 }\dot{E}(z=0)=0\text{ 成立.}$$

再求二阶导数(中间推演过程从略),

$$\ddot{E}_1=(z+a)(R^2+(z+a)^2)^{-\frac{3}{2}}(3-3\,(z+a)^2\,(R^2+(z+a)^2)^{-1}),$$

$$\ddot{E}_2=(z-a)(R^2+(z-a)^2)^{-\frac{3}{2}}(-3+3\,(z-a)^2\,(R^2+(z-a)^2)^{-1}),$$

$$\ddot{E}=\ddot{E}_1+\ddot{E}_2;$$

关注 $z=0$ 处 $\ddot{E}$ 表达式,

$$\ddot{E}_1\Big|_{z=0}=3a\,(a^2+R^2)^{-\frac{3}{2}}\left(1-\frac{a^2}{a^2+R^2}\right)=\ddot{E}_2\Big|_{z=0},$$

$$\ddot{E}\Big|_{z=0}=2\ddot{E}_1\Big|_{z=0}=6\,\frac{aR^2}{(a^2+R^2)^{\frac{5}{2}}}.$$

此结果表明,在原点其场强二阶导数恒为正值,不可能为负值或零,即,本题场合 $E(z)$ 在原点只可能是极小态,不可能为极大态或平直态,如图(b)所示. 试作以下近似考量:

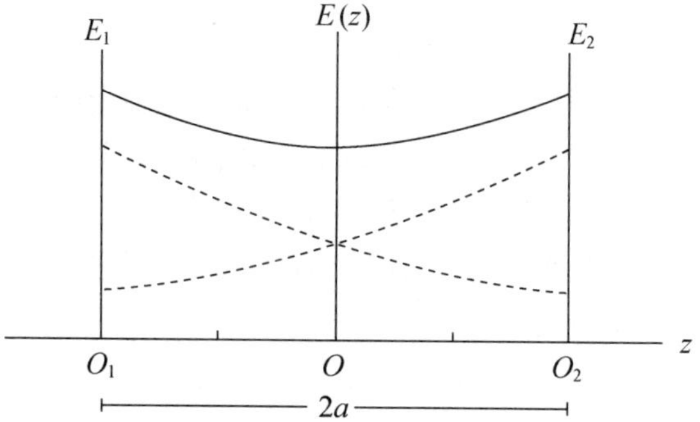

习题 1.10 图(b),设 $a=R/\sqrt{3}$

当 $R \gg a, \ddot{E} = \frac{3\sigma a}{\varepsilon_0 R^3} \approx 0$；（常系数$\frac{\sigma}{2\varepsilon_0}$已重新补上）

当 $R \to \infty, \ddot{E} = 0$.

换言之，当带电圆盘面积很大时，其场强在中部局域有很好的均匀性.

1.11 有厚度带电平板的电场

如本题图示，一平板厚度为 d，面积 S 很大，即 $d \ll \sqrt{S}$，均匀带电，其体电荷密度为 ρ.

(1) 求平板内部场强分布 $\boldsymbol{E}(x)$，$x \in \left(-\frac{d}{2}, \frac{d}{2}\right)$，并画出 $\boldsymbol{E}(x)$ 曲线；

(2) 求平板外部近场区域场强分布 $\boldsymbol{E}(x)$，$|x| \in \left(\frac{d}{2}, x_0\right)$，这里 x_0 为近场距离，即 $x_0 \ll \sqrt{S}$，许可忽略边缘效应，视其为无限大带电平板.

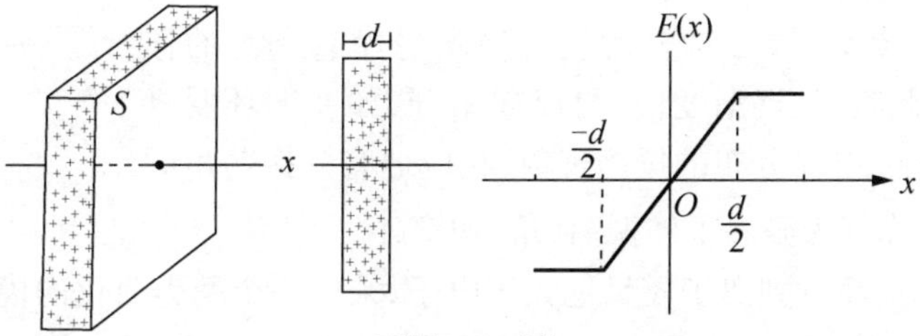

习题 1.11 图

解 (1) 根据原点左右两侧电荷的对称性，首先判定 $E(0) = 0$. 可以作一个小柱面，其两个底面 ΔS 分别位于原点 O 处和场点 x 处，其轴长为 x，并注意到场强 E 的均匀性，其方向沿 x 轴或 $-x$ 轴，应用静电场通量定理于这个闭合小柱面，

$$E(x)\Delta S = \frac{1}{\varepsilon_0}\Delta q, \quad \Delta q = \rho(x \cdot \Delta S),$$

遂得
$$\boldsymbol{E}(x) = \frac{1}{\varepsilon_0}\rho x \hat{\boldsymbol{x}}, \quad x \in \left(-\frac{d}{2}, \frac{d}{2}\right).$$

(2) 在右半空间，$x > \frac{d}{2}$，依然可以作一个小柱面，应用 $\boldsymbol{E}$ 通量

定理，

$$E(x)\Delta S=\frac{1}{\varepsilon_0}\Delta q,\Delta q=\rho\left(\frac{d}{2}\cdot\Delta S\right),$$

遂得

$$\boldsymbol{E}(x)=\frac{1}{2\varepsilon_0}\rho d\hat{\boldsymbol{x}},$$

可见，在近场区，即 $x\leqslant x_0\ll\sqrt{S}$，$E(x)$为均匀场，与 x 值无关. 左半空间，即 $x<-\frac{d}{2}$，

$$\boldsymbol{E}(x)=-\frac{1}{2\varepsilon_0}\rho d\hat{\boldsymbol{x}}.$$

1.12 等离子体振荡频率

在一矩形空间中存在一团等离子体，其正离子电量体密度为 ρ_+，负电子电量体密度为 ρ_- 且 $\rho_++\rho_-=0$，即处处呈现电中性，经常由于某种偶然的外部电场的微扰，或由于热运动的涨落，致使离子团与电子云之间发生相对微小位移 x，出现了一对等量异号的薄薄电荷层，如本题图示. 这一对电荷层凭借自身库仑场力的作用，彼此吸引、逐渐变薄，再反向错开，如此循环反复而形成一电荷分布的振荡现象，相应地有一振荡角频率 ω_p，称其为等离子体振荡(角)频率.

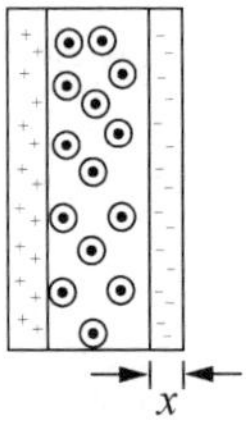

习题 1.12 图

(1) 注意到离子质量远大于电子，采取一个稍为简化的模型，设定离子团不动，仅考量电子云相对于离子团的振荡. 试证明，等离子体振荡角频率公式为

$$\omega_p=\sqrt{\frac{ne^2}{2\varepsilon_0 m_e}},\quad (\text{rad/s})$$

这里，n 为电子数密度($1/\text{m}^3$)，e 为电子电量，m_e 为电子质量.

提示：在电子层中隔离出任一体积元 $\Delta V=(x\cdot\Delta S)$，考量正离子层施予 ΔV 的库仑场力 ΔF，并注意到 ΔV 中所含电子质量 $\Delta m=nm_e(x\cdot\Delta S)\propto x(t)$，它系一变质量.

(2) 设电子数密度 $n=5\times10^{27}/\text{m}^3$，计算角频率 ω_p 值为多少(rad/s)，相应的频率 f_p 为多少(Hz)?

解 (1) 设微位移为 x,在电子层中隔离出一个体积元($x\Delta S$),其含电量 $\Delta q=(-e)n(x\Delta S)$,含质量 $\Delta m=m_e n(x\Delta S)$,它受到对面正离子层施予的库仑力为

$$\Delta F=\Delta qE_+=\Delta q\cdot\frac{\sigma^*}{2\varepsilon_0}=\Delta q\cdot\frac{\rho_+}{2\varepsilon_0}x,\quad (\sigma^*\text{ 为等效面电荷密度})$$

应用牛顿定律,得

$$\frac{d^2x}{dt^2}=\frac{\Delta F}{\Delta m}=-\frac{ne\cdot ne}{nm_e\cdot 2\varepsilon_0}=-\frac{ne^2}{2\varepsilon_0 m_e}x\propto -x,$$

即

$$\frac{d^2x}{dt^2}+\frac{ne^2}{2\varepsilon_0 m_e}x=0.$$

这是一个关于 $x(t)$ 的标准谐振动方程,其本征角频率为

$$\omega_p=\sqrt{\frac{ne^2}{2\varepsilon_0 m_e}}.$$

(2) 代入题意所给数据,算得

$$\omega_p=2.82\times10^{15}\,\mathrm{rad/s},$$

频率

$$f_p=\frac{\omega_p}{2\pi}\approx4.5\times10^{14}\,\mathrm{Hz}.\ (\text{红光波段})$$

1.13 等离子体振荡频率

在一球形空间中存在等离子体,其正离子电量体密度为 ρ_+,其负电子电量体密度为 ρ_-,且 $\rho_+ +\rho_- =0$,处处呈现电中性;设其电子数密度为 $n(1/\mathrm{m}^3)$,则 $\rho_-=-ne$. 经常由于某种偶然因素,比如无规热运动引起的涨落或外界电场的微扰,致使球状离子团与球状电子云之间发生相对微小位移,设为 x,出现了一对等量异号的球面电荷分布,如本题图示. 注意到这电子云球心 O',既是其质量中心,也是其电量中心,它在正离子球的电场作用下,受到一吸引力,始终具有指向离子球中心 O 的运动趋势,而形成电荷振荡,相应地有一个振荡角频率 ω_p,称其为等离子体振荡频率.

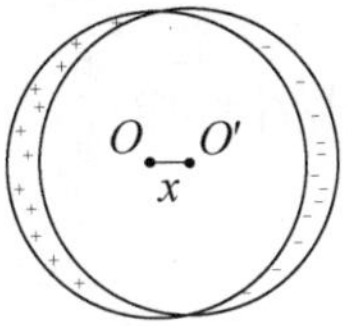

习题 1.13 图

考虑到离子质量远大于电子,采取一个稍为简化的模型,即设定离子球不动,仅考量电子球中心 O' 相对离子球中心 O 的振动. 试证明,球状等离子体振荡角频率公式为

$$\omega_p = \sqrt{\frac{ne^2}{3\varepsilon_0 m_e}}, \quad (\text{rad/s})$$

这里，n 为电子数密度($1/\text{m}^3$)，m_e 为电子质量.

提示：可直接借用均匀带电球体的场强公式(1.19)，

$$\boldsymbol{E}(\boldsymbol{r}) = \frac{1}{3\varepsilon_0}\rho\boldsymbol{r} \quad (r \leqslant R);$$

并注意到电子球中心 O'，是其电量中心也是其质心位置.

说明：本题和上一题分别采用两种模型，即方盒状等离子体和球状等离子体，导出其振荡频率 ω_p 公式. 两者系数稍有差别，一者为 $1/\sqrt{2}\approx 0.7$，另者为 $1/\sqrt{3}\approx 0.6$，这不大关紧，并不影响 ω_p 的数量级，一般干脆取其系数为 1，而将 ω_p 公式写成

$$\omega_p = \sqrt{\frac{ne^2}{\varepsilon_0 m_e}}; \quad (\text{rad/s})$$

等离子体振荡频率 ω_p 作为一个特征频率，在光学和等离子体物理学中时有出现.

解 将离子球和电子球看为两个相对独立的集团，而直接应用均匀带电球体内部场强公式(见书 27 页(1.19)式)，给出离子球施予电子球中心 O'的库仑引力为

$$F=(-e)nV\cdot E_+ = -enV\cdot\frac{\rho_+}{3\varepsilon_0}x, \quad \rho_+ = ne,$$

应用牛顿定律，

$$\frac{\mathrm{d}^2x}{\mathrm{d}t^2}=\frac{F}{m}=-\frac{enV\cdot ne}{3\varepsilon_0 nm_eV}=-\frac{ne^2}{3\varepsilon_0 m_e}x\propto -x,$$

即

$$\frac{\mathrm{d}^2x}{\mathrm{d}t^2}+\frac{ne^2}{3\varepsilon_0 m_e}x=0,$$

立马可以得到 $x(t)$作谐振动的本征角频率为

$$\omega_p=\sqrt{\frac{ne^2}{3\varepsilon_0 m_e}}.$$

从上述推演过程中可以看出，对位移量 x 的限制是比较宽松的.

1.14 核外电子云的电场

根据量子理论，氢原子中心是个带正电 e 的原子核，可看成点电

荷,外面是带负电的电子云.在正常状态下核外电子处在 s 态,电子云的电荷密度分布呈现球对称:

$$\rho_e(r)=-\frac{e}{\pi a_0^3}e^{-2r/a_0},$$

式中 a_0 为一常量,它相当于经典原子模型中电子圆形轨道的半径,称为玻尔半径.求原子内的电场分布 $E(r)$.

解 体电荷密度 $\rho_e(r)$ 与 (θ,φ) 无关,依然具有球对称性,故其场强也具有球对称性,可写成 $\boldsymbol{E}_e(\boldsymbol{r})=E_e(r)\hat{\boldsymbol{r}}$,应用 $\boldsymbol{E}(\boldsymbol{r})$ 通量定理,便可求出

$$E_e(r)=\frac{1}{4\pi\varepsilon_0 r^2}\iiint\rho_e(r)\mathrm{d}V=\frac{1}{4\pi\varepsilon_0 r^2}\int_0^r 4\pi r^2\rho_e(r)\mathrm{d}r.$$

积分式 $\int_0^r r^2 e^{-2r/a_0}\mathrm{d}r$ 可借助复变函数论中如下一个积分变换公式

$$\int e^{ux}x^n\mathrm{d}x=\frac{\mathrm{d}^n}{\mathrm{d}u^n}\int e^{ux}\mathrm{d}x$$

解出,令 $u=-\frac{2}{a_0}$,得

$$\int_0^r e^{-2r/a_0}r^2\mathrm{d}r=\frac{\mathrm{d}^2}{\mathrm{d}u^2}\left(\frac{e^{ur}}{u}-\frac{1}{u}\right)=\frac{r^2e^{ur}}{u}-\frac{2re^{ur}}{u^2}+\frac{2e^{ur}}{u^3}-\frac{2}{u^3},$$

经化简给出

$$E_e(r)=\frac{-e}{4\pi\varepsilon_0 r^2}\left[\frac{4}{a_0^3}e^{-2r/a_0}\left(-\frac{r^2a_0}{2}-\frac{ra_0^2}{2}-\frac{a_0^3}{4}\right)+1\right].$$

还要计及原子核点电荷 e 贡献的场强,

$$E_+(r)=\frac{e}{4\pi\varepsilon_0 r^2},$$

最终求得氢原子核外场强分布为

$$\boldsymbol{E}(\boldsymbol{r})=(E_++E_e)\hat{\boldsymbol{r}}=\frac{e}{4\pi\varepsilon_0 r^2}e^{-2r/a_0}\left(\frac{2r^2}{a_0^2}+\frac{2r}{a_0}+1\right)\hat{\boldsymbol{r}}.$$

1.15 地球表面近地区的电场

实验表明:在靠近地面处有相当强的电场,$\boldsymbol{E}$ 垂直于地面向下,大小约为 100 V/m;在离地面 1.5 km 高的地方,$\boldsymbol{E}$ 也是垂直于地面向下,大小约为 25 V/m.

(1) 试计算从地面到此高度大气中电荷的平均体密度;

(2) 如果地球的电荷均匀分布在表面,求地面上电荷的面密度.

解 (1) 可以作一柱面,其高度 $h=1.5\text{km}$,下底 ΔS_1 贴近地面,上底 ΔS_2 在高空 h 处,且 $\Delta S_1=\Delta S_2\equiv\Delta S$. 兹对此柱面应用电场通量定理,

$$\oiint \boldsymbol{E}\cdot d\boldsymbol{S}=\frac{1}{\varepsilon_0}\bar{\rho}(h\cdot\Delta S),$$

且

$$\oiint \boldsymbol{E}\cdot d\boldsymbol{S}=E_1\Delta S-E_2\Delta S=(E_1-E_2)\Delta S,$$

即

$$\frac{1}{\varepsilon_0}\bar{\rho}(h\cdot\Delta S)=(E_1-E_2)\Delta S,$$

求得该区域大气层中的平均体电荷密度为

$$\begin{aligned}\bar{\rho}&=\varepsilon_0\frac{E_1-E_2}{h}\\&=8.85\times10^{-12}\times\frac{(100-25)}{1.5\times10^3}\text{C/m}^3\approx4.4\times10^{-13}\text{C/m}^3.\end{aligned}$$

(2) 据地面邻近电场值 $E_0=100\text{V/m}$,且方向朝下,可判定地面上有面电荷,且为负值;另外,须知,大气层中的体电荷对地面的电场无贡献. 采取球形近似,设地表的面电荷密度为 σ_0,根据电场边值关系

$$E_0=\frac{\sigma_0}{\varepsilon_0},$$

得

$$\sigma_0=\varepsilon_0E_0=8.85\times10^{-12}\times(-100)\text{C/m}^2=-8.85\times10^{-10}\text{C/m}^2.$$

1.16 线电荷沿线的电场

一段长度为 $2l$ 的线电荷,均匀带电,其线电荷密度为 η(C/m),沿电荷线设定 x 轴,原点为电荷线的中点. 试求沿线的电场分布 $E(x)$ 和电势分布 $U(x)$.

解 注意到,以原点 O 为中心的电荷分布是左右对称的,故其电场分布是左右反对称的,即

$$\boldsymbol{E}(-x)=-\boldsymbol{E}(x),$$

且

$$\boldsymbol{E}(x)=E(x)\hat{\boldsymbol{x}},\text{当 } x>0.$$

于是,只需推演 $x>0$ 区间 $E(x)$ 就行了.

(i) 当 $x>l$,即场点在电线外右侧.

取线元坐标为 s,在 $(s,s+ds)$ 线元中含电量 $dq=\eta ds$,它被视为

点电荷，于是，

$$E(x)=\int \mathrm{d}E=k_e\eta\int_{-l}^{l}\frac{1}{(x-s)^2}\mathrm{d}s$$
$$=k_e\eta\left(\frac{1}{x-s}\right)\Big|_{-l}^{l}=k_e\eta\left(\frac{1}{x-l}-\frac{1}{x+l}\right).$$

即

$$当\ x>l,\ \boldsymbol{E}(x)=k_e\frac{2\eta l}{x^2-l^2}\hat{\boldsymbol{x}};$$

$$当\ x<-l,\ \boldsymbol{E}(x)=-k_e\frac{2\eta l}{x^2-l^2}\hat{\boldsymbol{x}}.$$

(ii) 当$-l<x<l$，即场点在电线内.

注意到 x 点左侧一段电线$(-l,x_-)$对 $\boldsymbol{E}(x)$贡献为正向，x 处右侧一段电线(x_+,l)对 $\boldsymbol{E}(x)$贡献为反向，故在此作分段积分是合宜的，以免在正负号上出错，参见本题图，有

$$E(x)=E_{左}(x)+E_{右}(x)=k_e\eta\int_{-l}^{x_-}\frac{\mathrm{d}s}{(x-s)^2}-k_e\eta\int_{x_+}^{l}\frac{\mathrm{d}s}{(s-x)^2}.$$

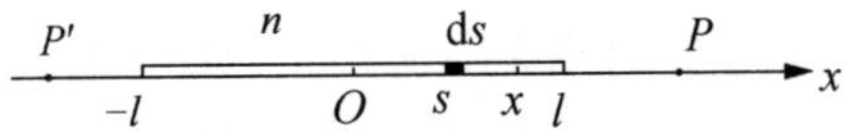

习题 1.16 图

作变量替换，对第一项积分令 $u=x-s$，对第二项积分令 $u=s-x$，于是，

$$E(x)=\left(\frac{1}{u}\Big|_{x+l}^{x-x_-}+\frac{1}{u}\Big|_{x_+-x}^{l-x}\right)k_e\eta$$
$$=\left(\frac{1}{x-x_-}-\frac{1}{x+l}+\frac{1}{l-x}-\frac{1}{x_+-x}\right)k_e\eta$$
$$=\left(-\frac{1}{x+l}+\frac{1}{l-x}\right)k_e\eta$$
$$=k_e\frac{2\eta x}{l^2-x^2},\quad \left(其中\frac{1}{x-x_-}-\frac{1}{x_+-x}=0\right)$$

最终给出

$$当-l<x<l,\quad \boldsymbol{E}(x)=k_e\frac{2\eta x}{l^2-x^2}\hat{\boldsymbol{x}}.$$

当 $x=\pm l$，即场点恰在电线的两个端点，则上式表明 $E(x)\to\infty$，这是线电荷模型引来的发散问题，在所难免.

下面计算沿轴的电势 $U(x)$.

电势是标量，故对连续带电体电势场的计算相对简单些，而线电荷模型引起的 $U(x)$ 函数发散问题依然存在，且预计将更为强烈，因为基元电势场 $\mathrm{d}U\propto\frac{1}{r}$.

(i) 当 $x>l$，

$$\mathrm{d}U=k_{\mathrm{e}}\frac{\eta\mathrm{d}s}{x-s},$$

$$U(x)=k_{\mathrm{e}}\eta\int_{-l}^{l}\frac{\mathrm{d}s}{x-s}=-k_{\mathrm{e}}\eta\ln(x-s)\Big|_{-l}^{l},$$

即

$$U(x)=k_{\mathrm{e}}\eta\ln\frac{x+l}{x-l}\quad(x>l).$$

根据 $U(-x)=U(x)$，可立马写出当 $x<-l$ 的电势，

$$U(x)=k_{\mathrm{e}}\eta\ln\frac{x-l}{x+l}\quad(x<-l).$$

(ii) 当 $-l<x<l$，即场点在带电线内.

场点左侧带电线坐标 $s\in(-l,x_-)$，右侧带电线 $s\in(x_+,l)$，这里，x_- 与 x_+ 分别为左右两侧无限逼近 x 点的坐标. 于是，

$$\begin{aligned}
U(x)&=U_{\text{左}}(x)+U_{\text{右}}(x)=k_{\mathrm{e}}\eta\int_{-l}^{x_-}\frac{\mathrm{d}s}{x-s}+k_{\mathrm{e}}\eta\int_{x_+}^{l}\frac{\mathrm{d}s}{s-x}\\
&=-k_{\mathrm{e}}\eta\ln(x-s)\Big|_{-l}^{x_-}+k_{\mathrm{e}}\eta\ln(s-x)\Big|_{x_+}^{l}\\
&=k_{\mathrm{e}}\eta\left(\ln\frac{x+l}{x-x_-}+\ln\frac{l-x}{x_+-x}\right)\\
&=k_{\mathrm{e}}\eta\ln\frac{l^2-x^2}{\delta^2},\quad \text{这里 } \delta\equiv(x-x_-)=(x_+-x)\to 0.
\end{aligned}$$

最终给出一个发散解，即

$$U(x)=\infty\quad(-l<x<l).$$

当然，也可以由 $E(x)$ 线积分求出 $U(x)$，但比上述算法麻烦些.

1.17 带电圆环的电场

如本题图(a)，一半径为 R 的均匀带电圆环，电荷总量为 $q(q>0)$.

(1) 求轴线上的场强 $E(z)$；

(2) 轴线上什么地方场强最大？其值

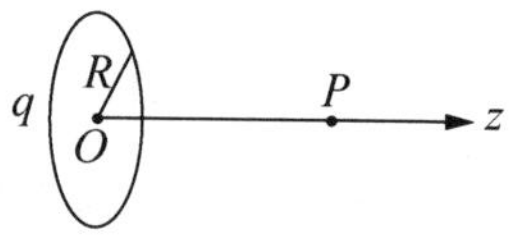

习题 1.17 图(a)

多少？

(3) 求轴线上电势 $U(z)$ 的分布；轴线上什么地方电势最高？其值多少？

(4) 画出 E-z，U-z 曲线.

解 (1) 场强 $\boldsymbol{E}$ 具有轴对称性，对称轴为 z 轴，故沿轴 $\boldsymbol{E}(z)$ 方向平行于 $\hat{z}$，其数值为

$$E(z)=k_e\frac{q}{r^2}\cos\theta=k_eq\frac{1}{z^2+R^2}\cdot\frac{z}{\sqrt{z^2+R^2}}=k_eq\frac{z}{(z^2+R^2)^{3/2}}.$$

(2) 为试求 $E(z)$ 极值，作一阶求导，

$$\frac{\mathrm{d}E}{\mathrm{d}z}=k_eq\left[\frac{1}{(z^2+R^2)^{3/2}}-\frac{3z^2}{(z^2+R^2)^{5/2}}\right]=k_eq\frac{R^2-2z^2}{(z^2+R^2)^{5/2}},$$

可见，当 $z=z_0=\pm\dfrac{R}{\sqrt{2}}$ 时，$E(z_0)$ 达极值（最大值），且

$$E(z_0)=\frac{2\sqrt{3}}{9}k_eq\frac{1}{R^2}\approx 0.38k_e\frac{q}{R^2}.$$

(3) 带电圆环上各线元 $\mathrm{d}l$ 与场点距离相等，$r=(z^2+R^2)^{\frac{1}{2}}$，于是，

$$U(z)=k_e\frac{q}{r}=k_eq\frac{1}{\sqrt{z^2+R^2}},$$

显然，$z=0$ 处即圆心处电势值 $U(0)$ 最大，虽然此处 $E(0)=0$，极大值

$$U(0)=k_e\frac{q}{R}.$$

顺便提及，这个结果与“无源空间电势无极值”之性质并不冲突，因为 $U(0)$ 值仅是沿 z 轴方向 $U(z)$ 的极值，它并非沿 O 点邻近所有方向 $U(\boldsymbol{r})$ 的极值.

(4) $E(z)$，$U(z)$ 曲线大致如图(b).

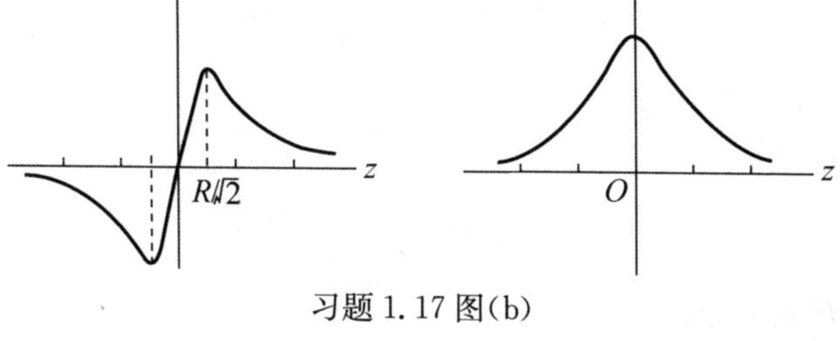

习题 1.17 图(b)

1.18 空心球状离子团的电场

一离子团形成一空心球状的电荷区，如本题图示，其体电荷密度为 ρ 且均匀.

(1) 求空间场强分布 $E(r)$；

(2) 求空间电势分布 $U(r)$.

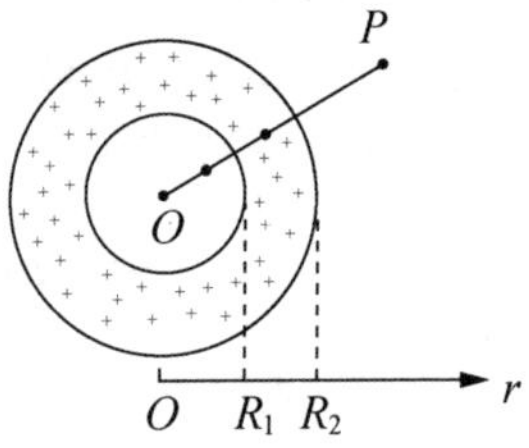

习题 1.18 图

解 本题拟有几种解法，不妨直接借用均匀带电球壳的电场，再恰当运用叠加原理求解之. 为此，先表达几个有关电量值以备用：

空心球体所含总电量

$$Q=\frac{4\pi}{3}(R_2^3-R_1^3)\rho;$$

电荷区内半径为 r 球面内含电量

$$q_1=\frac{4\pi}{3}(r^3-R_1^3)\rho,\quad R_1\leqslant r\leqslant R_2;$$

球面外所剩电量

$$q_2=Q-q_1=\frac{4\pi}{3}(R_2^3-r^3)\rho.$$

(1) 场强 $E(r)$：

当 $r\geqslant R_2$，

$$E(r)=k_e\frac{Q}{r^2}=\frac{(R_2^3-R_1^3)}{3\varepsilon_0 r^2}\rho;$$

当 $r\leqslant R_1$，

$$E(r)=0;$$

当 $R_1\leqslant r\leqslant R_2$，

$$E(r)=k_e\frac{q_1}{r^2}=\frac{r^3-R_1^3}{3\varepsilon_0 r^2}\rho.$$

(2) 电势 $U(r)$：

当 $r\geqslant R_2$，

$$U(r)=k_e\frac{Q}{r}=\frac{(R_2^3-R_1^3)}{3\varepsilon_0 r}\rho;$$

当 $R_1\leqslant r\leqslant R_2$，

$$U(r)=\int_r^{\infty} E(r)\mathrm{d}r=\int_r^{R_2}\frac{\rho(r^3-R_1^3)}{3\varepsilon_0 r^2}\mathrm{d}r+U(R_2)$$

$$=\frac{\rho}{6\varepsilon_0}(R_2^2-r^2)+\frac{\rho R_1^3}{3\varepsilon_0}\left(\frac{1}{R_2}-\frac{1}{r}\right)+\frac{\rho(R_2^3-R_1^3)}{3\varepsilon_0 R_2}$$

$$=\frac{\rho R_2^2}{2\varepsilon_0}-\frac{\rho}{6\varepsilon_0}r^2-\frac{\rho R_1^3}{3\varepsilon_0 r};$$

当 $r\leqslant R_1$，

$$U(r)=U(R_1)=\frac{\rho R_2^2}{2\varepsilon_0}-\frac{\rho R_1^2}{2\varepsilon_0},\text{该区域为等势区.}$$

1.19 雷电的能量

在夏季雷雨中，通常一次闪电时两点间的电势差约为 100 MV，通过的电量约为 30 C. 问一次闪电消耗的能量是多少？如果用这些能量去烧水，能把多少水从 0℃加热到 100℃？

解 如此一次闪电所释放的电能为

$$W=Q\cdot\Delta U=30\times10^8\,\mathrm{J}=3.0\times10^9\,\mathrm{J},$$

它被转化为声能、光能和热能. 若将这些能量用于烧水，设 c 为水的比热容，$c=4.2\,\mathrm{J/g\cdot℃}=4.2\times10^3\,\mathrm{J/kg\cdot℃}$，根据 $W=cm\Delta T$，得水的质量为

$$m=\frac{3.0\times10^9}{4.2\times10^3\times(100-0)}\mathrm{kg}\approx7.2\times10^3\,\mathrm{kg}.$$

1.20 氢原子的电离能

在氢原子中，正常状态下电子到质子的距离 $r_0=5.29\times10^{-11}$ m，已知氢原子核(质子)和电子带电各为 $\pm e=\pm1.60\times10^{-19}$ C. 把氢原子中的电子从正常状态下拉开到无穷远处所需的能量，叫做氢原子的电离能. 求此电离能是多少 eV？

解 核外电子总能量 W_0，等于其动能与电势能之和，

$$W_0=\frac{1}{2}mv^2+(-e)k_e\frac{e}{r_0}.$$

其中，mv^2 值满足库仑引力等于向心力的要求，即

$$\frac{mv^2}{r_0}=k_e\frac{e^2}{r_0^2},\quad\text{得}\quad mv^2=k_e\frac{e^2}{r_0};$$

于是，

$$W_0=\frac{1}{2}k_e\frac{e^2}{r_0}=-\frac{1}{2}\times 8.99\times 10^9\times\frac{(1.60\times 10^{-19})^2}{5.29\times 10^{-11}}\text{J}$$
$$=-2.18\times 10^{-18}\text{J}=-13.6\text{eV}(\text{电子伏}).$$

这总能量为负值，是预料中的事，唯有 $W_0<0$，核外粒子才可能处于束缚态，围绕原子核作定态运动；或者说，电子脱离原子核而远行的总能量 W' 必须为正值或至少为零. 设氢原子吸收能量 ΔW，满足

$$(W_0+\Delta W)=W'=0,$$

得电离能

$$\Delta W=-W_0=13.6\text{eV}.$$

1.21 轻核聚变与热核反应

轻原子核，如氢及其同位素氘、氚的原子核，结合成为较重原子核的过程，叫做核聚变. 核聚变过程可以释放出大量能量. 例如，四个氢原子核结合成一个氦原子核（α 粒子）时，可释放出 28 MeV 的能量. 这类核聚变就是太阳发光、发热的能量来源. 如果我们能在地球上实现核聚变，就可以得到非常丰富的能源. 实现核聚变的困难在于原子核都带正电，互相排斥，在一般情况下不能互相靠近而发生结合. 只有在温度非常高时，热运动的速度非常大，才能冲破库仑排斥力的壁垒，碰到一起发生结合，这叫做热核反应. 根据统计物理学，绝对温度为 T 时，粒子的平均平动动能为

$$\frac{1}{2}m\overline{v^2}=\frac{3}{2}kT,$$

式中 $k=1.38\times 10^{-23}$ J/K，叫做玻尔兹曼常量. 已知质子质量 $m_p=1.67\times 10^{-27}$ kg，电荷 $e=1.60\times 10^{-19}$ C，核半径数量级为 10^{-15} m. 试计算：

(1) 一个质子以多少动能（以 eV 表示）方能从很远的地方达到能与另一个质子接触的距离？

(2) 平均热运动动能达到此数值时，对应温度 T 为多少(K)？

解 (1) 一质子以其远处初始动能为代价，换取与另一质子贴近时的电势能，即

$$\frac{1}{2}mv_0^2=e\cdot k_e\frac{e}{2r}=\frac{1}{2}\times 8.99\times 10^9\times\frac{1.60\times 10^{-19}}{10^{-15}}\text{eV}\approx 10^6\text{eV}.$$

(2) 令

$$\frac{1}{2}mv_0^2=\frac{3}{2}kT,$$

得

$$T=\frac{2}{3k}\left(\frac{1}{2}mv_0^2\right)=\frac{2}{3\times1.38\times10^{-23}}\times10^6\times(1.6\times10^{-19})\text{K}$$

$$\approx10^{10}\text{K}.\ (100\text{ 亿度})$$

1.22 点电荷电势场的特点

点电荷 q 生发在空间一点 P 的电势场 $U_P=k_e q/r$，是一般电势场的基元场，它与周围点 P' 电势场 $U_{P'}$ 之间存在一个有趣的关系，即平均场关系：以 P 点为中心作一个半径为 a 的球面 Σ，Σ 面上各点电势 $U_{P'}$ 有一个分布，其电势平均值 $\overline{U}$ 为

$$\overline{U}=\frac{1}{4\pi a^2}\oiint_{(\Sigma)}U_{P'}\,\mathrm{d}S,\quad(\mathrm{d}S\text{ 为球面元})$$

可以证明，这平均电势恰巧等于球心的电势，即

$$\overline{U}=U_P=k_e\,\frac{q}{(a+b)}.$$

试证明之.

提示：以 q 点为顶点，以 r 为半径规划一个圆锥，将球面 Σ 分割为一系列环带，环带上各点是等电势的，可以化简求 $\overline{U}$ 的积分运算；并注意到环带面积 $\mathrm{d}S$ 正是球帽面积对 r 的微分，参见本题图(b)，$r\in(b,b+2a)$.

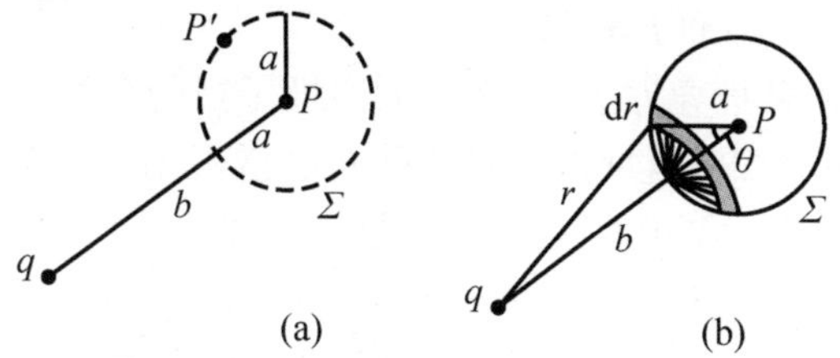

习题 1.22 图

解 球冠面积 $S=2\pi a^2(1-\cos\theta)$，其微分便是环带面积 $\mathrm{d}S=2\pi a^2\sin\theta\mathrm{d}\theta$；由三角余弦定理知，

$$r=\sqrt{a^2+(a+b)^2-2a(a+b)\cos\theta},$$

于是，这半径为 a 球面上的电势面积分值为

$$\oiint_{(\Sigma)} U_{P'}\mathrm{d}S = \int_0^{\pi} k_e\frac{q}{r}\cdot 2\pi a^2\sin\theta\mathrm{d}\theta$$

$$=k_e q\cdot 2\pi a^2\cdot\int_0^{\pi}\frac{\sin\theta\mathrm{d}\theta}{\sqrt{a^2+(a+b^2)-2a(a+b)\cos\theta}}$$

$$=k_e q\cdot 2\pi a^2\cdot\frac{2}{a+b}=k_e\frac{q}{(a+b)}\cdot 4\pi a^2$$

$$=U_P\cdot 4\pi a^2,$$

从而证明了 $\overline{U}=U_P=k_e\frac{q}{(a+b)}$.

这一结果印证了“无源空间电势无极值”之性质，因为任意点的电势值既然等于其四周球面上电势平均值，它就不可能是极大值或极小值. 自然，这个结果不难推广到任意点电荷组的普遍情形.

1.23　电四极子的电势场

一个电四极子如本题图示，兹考量其所在平面的电势场. 为此取一极坐标，原点设定在电四极子的几何中心 O 处，极轴取为水平 x 轴，场点位置表示为 $P(r,\theta)$.

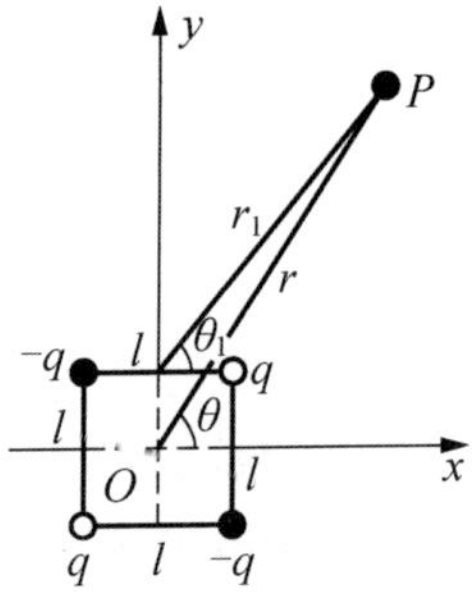

习题 1.23 图

(1) 试证明，在 $r\gg l$ 远场区，电势场为

$$U(r,\theta)=k_e\frac{3ql^2\sin\theta\cos\theta}{r^3};$$

(2) 进一步求出其场强 $\boldsymbol{E}(r,\theta)$ 的两个正交分量 $E_r(r,\theta)$ 和 $E_\theta(r,\theta)$.

提示：一种推导方法是，将这电四极子视为两个方向相反的电偶极矩 $\boldsymbol{p}_1$，$\boldsymbol{p}_2$ 之和，且两者相对位移 l；直接借用单个电偶极矩的电势场公式(1.38)，作相减运算，并作恰当近似.

解　(1) 上下两个偶极矩 $\boldsymbol{p}_1$ 和 $\boldsymbol{p}_2$，两者方向相反且略有位移 l，表示为 $\boldsymbol{p}_2=-\boldsymbol{p}_1$，$p_1=p_2\equiv p=ql$，分别产生的电势场为

$$\boldsymbol{p}_1\rightarrow U(r_1,\theta_1)=k_e\frac{p\cos\theta_1}{r_1^2},$$

$$\boldsymbol{p}_2\rightarrow U(r_2,\theta_2)=-k_e\frac{p\cos\theta_2}{r_2^2},$$

注意到其中的几何关系，

$$\theta_1=\theta+\Delta\theta_1,\Delta\theta_1=-\frac{l\cos\theta}{2r},r_1=r+\Delta r_1,\Delta r_1=-\frac{l}{2}\sin\theta;$$

$$\theta_2=\theta+\Delta\theta_2,\Delta\theta_2=\frac{l\cos\theta}{2r},r_2=r+\Delta r_2,\Delta r_2=\frac{l}{2}\sin\theta.$$

这里，$\Delta\theta_1,\Delta\theta_2,\Delta r_1$ 和 Δr_2 均为小增量，因为 $l\ll r$. 故在此采用二元函数全微分算法更便捷. 兹推演如下，

$$\begin{aligned}U_1(r_1,\theta_1)&=U_0(r,\theta)+\mathrm{d}U_0(r,\theta)\\&=U_0(r,\theta)+\frac{\partial U_0}{\partial\theta}\Delta\theta_1+\frac{\partial U_0}{\partial r}\Delta r_1\\&=k_e\frac{p\cos\theta}{r^2}-k_e\frac{p\sin\theta}{r^2}\left(-\frac{l\cos\theta}{2r}\right)-2k_e\frac{p\cos\theta}{r^3}\left(-\frac{l}{2}\sin\theta\right)\\&=k_e\frac{p\cos\theta}{r^2}+k_e\frac{pl\sin\theta\cos\theta}{2r^3}+k_e\frac{pl\sin\theta\cos\theta}{r^3};\end{aligned}$$

同样推演，得

$$\begin{aligned}U_2(r_2,\theta_2)&=-(U_0(r,\theta)+\mathrm{d}U_0)\\&=-k_e\frac{p\cos\theta}{r^2}-\frac{\partial U_0}{\partial\theta}\Delta\theta_2-\frac{\partial U_0}{\partial r}\Delta r_2\\&=-k_e\frac{p\cos\theta}{r^2}+k_e\frac{pl\sin\theta\cos\theta}{2r^3}+k_e\frac{pl\sin\theta\cos\theta}{r^3}.\end{aligned}$$

最终得电四极子的电势场公式为

$$U(r,\theta)=U_1(r,\theta)+U_2(r,\theta)=k_e\frac{3pl\sin\theta\cos\theta}{r^3},$$

或

$$U(r,\theta)=k_e\frac{3ql^2\sin2\theta}{2r^3}.\quad\left(\propto ql^2,\propto\frac{1}{r^3}\right)$$

当然，这结果仅给出四极子所处平面上的电势分布. 结果表明，在此平面上，角范围 $\theta\in(0,2\pi)$内有四条零电势线，当 $\theta=0,\frac{\pi}{2},\pi,\frac{3}{2}\pi$.

(2) 根据 $\boldsymbol{E}=-\nabla U$，求出

$$\begin{aligned}E_r(r,\theta)&=-\frac{\partial U}{\partial r}=-k_e(ql^2)\frac{3}{2}\sin2\theta\cdot\left(-3\frac{1}{r^4}\right)\\&=\frac{9}{2}k_e(ql^2)\frac{\sin2\theta}{r^4};\end{aligned}$$

$$E_\theta(r,\theta)=-\frac{\partial U}{r\partial\theta}=-k_e(ql)\frac{3}{2r^4}\cdot 2\cos2\theta$$
$$=-3k_e(ql^2)\frac{\cos2\theta}{r^4}.$$

1.24 一段线电荷的电势场

如本题图示，一段长度为 $2l$ 的线电荷，均匀带电，其线电荷密度为 η(C/m)，取平面极坐标，其极轴设为 x 轴，原点设在中点 O.

求其电势场 $U(r,\theta)$.

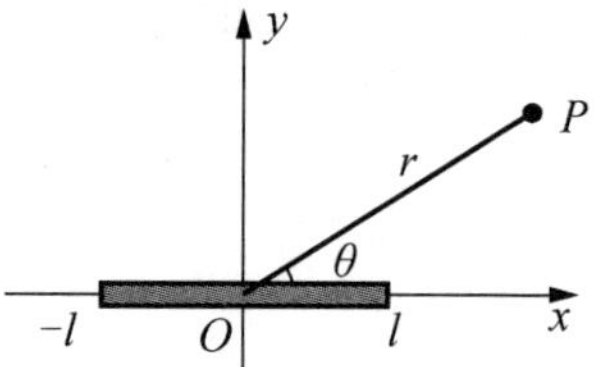

习题 1.24 图

解 线元$(x,x+\mathrm{d}x)$含电量$\mathrm{d}q=\eta\mathrm{d}x$，贡献的电势 $\mathrm{d}U=k_e\dfrac{\eta\mathrm{d}x}{r_P}$，$r_P$ 为线元至场点 P 之距离，$r_P=\sqrt{(r\cos\theta-x)^2+(r\sin\theta)^2}$. 于是，这段线电荷产生的电势场为

$$U(r,\theta)=\int\mathrm{d}U=\int_{-l}^{l}\frac{k_e\eta\mathrm{d}x}{\sqrt{(r\cos\theta-x)^2+(r\sin\theta)^2}},$$

利用积分公式

$$\int\frac{\mathrm{d}x}{\sqrt{x^2+a^2}}=\ln(x+\sqrt{x^2+a^2})+C,$$

求得

$$U(r,\theta)=k_e\eta\ln\left\{(x-r\cos\theta)+\sqrt{(r\cos\theta-x)^2+(r\sin\theta)^2}\right\}_{-l}^{l}$$
$$=k_e\eta\ln\frac{(l-r\cos\theta)+\sqrt{(r\cos\theta-l)^2+(r\sin\theta)^2}}{(-l-r\cos\theta)+\sqrt{(r\cos\theta+l)^2+(r\sin\theta)^2}}.$$

若以 U 的偏微商运算去求场强 E_r 和 E_θ，则显得相当麻烦，可以采取另外一种眼光和算法，求出均匀带电细线的 E_x，E_y，请参见书 19 页(1.10)式.

1.25 半导体 pn 结区的势垒

p 型半导体其自由载流子为带正电的空穴，n 型半导体其自由载流子为电子，当然，孤立情形下这两种本征半导体其体内均为电中性. 当两者密接时，便在交界面两侧，因热扩散而出现电子交换的不等量，使 p 型一侧出现过多电子而带上负电，n 型一侧因缺失电子而带上正电，最终在交界面附近形成一个电偶极层，被称为 pn 结，如图(a). pn 结区厚度甚薄，一般约在1—10^2 μm 量级，即 d_1，$d_2 \ll \sqrt{S}$，这里 S 为结区横截面积，如此可将 pn 结近似地视为无限大有厚度的带电平板，来考量结区电场分布.

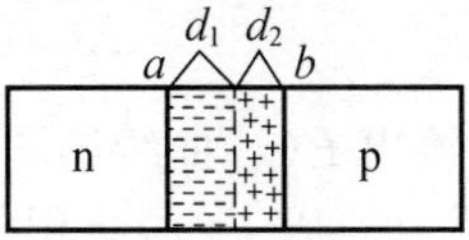

习题 1.25 图(a)

这种突变结具有单向导电性，由此制得晶体二极管，这是源于 pn 结区左右两个端面之间存在电势差 $\Delta U \equiv (U_a - U_b)$，人们形象地称这种电势陡变为势垒，相应地电子的电势能也有个陡变$(-e)\Delta U$.

设左侧负电层(n 区)厚度为 d_1，电荷体密度为 ρ_- 且近似均匀；右侧正电层(p 区)厚度为 d_2，电荷体密度为 ρ_+ 且近似均匀；并注意到两区电荷代数和为零，即 $\rho_+ d_2 + \rho_- d_1 = 0$.

(1) 求结区电场分布 $E(x)$，x 轴原点设在交界面，即 $x \in (-d_1, d_2)$，并描出 $E(x)$曲线；

(2) 求结区电势分布 $U(x)$，并画出 $U(x)$曲线，设电势零点在 $x=0$ 处，即 $U(0)=0$；

(3) 进而画出电子势能曲线$(-e)U(x)$.

提示：拟应分区求解场强 $E(x)$分布，便不易出现正负号方面的错乱，即：n 区，$-d_1 \leqslant x \leqslant 0$，$E(x)=$? p 区，$0 \leqslant x \leqslant d_2$，$E(x)=$?

解 (1) 由定性分析知悉，结区中电场 $\boldsymbol{E}$ 沿 x 轴向，即 $E_y = E_z = 0$，$E = E_x$；且，在结区外侧即当 $x \geqslant d_2$ 或 $x \leqslant -d_1$，$E=0$. 据此

$$\nabla \cdot \boldsymbol{E} = \frac{\partial E_x}{\partial x} = \frac{\mathrm{d}E}{\mathrm{d}x},$$

又

$$\nabla \cdot E = \frac{\rho_-}{\varepsilon_0}, \quad 当 -d_1 \leqslant x \leqslant 0,$$

得

$$\frac{\mathrm{d}E}{\mathrm{d}x} = \frac{\rho_-}{\varepsilon_0},$$

解出 $E(x) = \frac{\rho_-}{\varepsilon_0} x + C$，再由边条件 $E(-d_1)=0$，得定解

$$E(x) = \frac{\rho_-}{\varepsilon_0}(x + d_1)，当 -d_1 \leqslant x \leqslant 0.$$

同样按以上程序推演便得 p 区定解，

$$E(x)=\frac{\rho_+}{\varepsilon_0}(x-d_2),\text{当 } 0\leqslant x\leqslant d_2.$$

描绘出 $E(x)$ 曲线如图(b)所示.

(2)以 $E(x)$ 线积分求电势 $U(x)$，电势零点设在原点，即 $U(0)=0$，在 n 区，即电子区，$-d_1\leqslant x\leqslant 0$，

$$\begin{aligned}U(x)&=\int_x^0|E(x)|\,\mathrm{d}x\\&=\int_x^0\frac{|\rho_-|}{\varepsilon_0}(x+d_1)\,\mathrm{d}x\\&=-\frac{|\rho_-|}{2\varepsilon_0}x^2-\frac{|\rho_-|}{\varepsilon_0}d_1x,\quad(\geqslant 0)\end{aligned}$$

$$U_a(x=-d_1)=\frac{|\rho_-|}{2\varepsilon_0}d_1^2;\quad(\text{极大值})$$

在 p 区，即空穴区，$0\leqslant x\leqslant d_2$，

$$\begin{aligned}U(x)&=\int_x^0\frac{\rho_+}{\varepsilon_0}(x-d_2)\,\mathrm{d}x\\&=-\frac{\rho_+}{2\varepsilon_0}x^2+\frac{\rho_+}{\varepsilon_0}d_2x,\quad(\geqslant 0)\end{aligned}$$

$$U_b(x=d_2)=\frac{\rho_+}{2\varepsilon_0}d_2^2;\quad(\text{极大值})$$

可见

$$\frac{U_a}{U_b}=\frac{d_1}{d_2},\quad(\text{因为 }|\rho_-|d_1=\rho_+d_2)$$

结区电势 $U(x)$ 曲线如图(c)所示.

(3)结区电子势能 $-eU$ 曲线如图(d)所示. 势能曲线表明，若电子要从左侧通过 pn 结区运行到右侧即 $a\to b$，必须克服一个高势垒，其数值为 $\Delta W=eU_a$；相对而言，电子流从 $b\to a$ 方向即 n 区→p 区方向运行则要通畅些，其势垒高度 $\Delta W'=eU_b$ 较低.

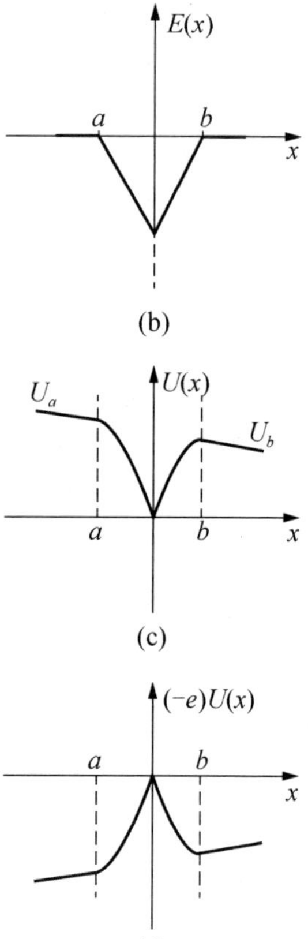

习题 1.25 图

1.26 库仑力与地球引力

(1) 计算刚好能够与地球对电子的万有引力相平衡的电场强度；

(2) 如果该电场是由放置在第一个电子下面的第二个电子所产生的,那么两电子间的距离应多少?

电子的电荷是-1.6×10^{-19}C,它的质量是9.1×10^{-31}kg.

解　(1) 由库仑力与地球引力的平衡方程,

$$eE=m_e g,$$

得

$$E=\frac{m_e g}{e}=\frac{9.1\times10^{-31}\times9.8}{1.6\times10^{-19}}\text{V/m}\approx5.58\times10^{-11}\text{V/m}.$$

(2) 根据

$$E=\frac{m_e g}{e}=k_e\frac{e}{r^2},$$

得

$$r=\sqrt{\frac{k_e e^2}{m_e g}}=\sqrt{\frac{8.99\times10^9\times1.6\times10^{-19}}{5.58\times10^{-11}}}\text{m}\approx5.08\text{m}.$$

1.27　从石英中分离出磷酸盐

压碎的磷酸盐矿石,是磷酸盐和石英颗粒的混合体.如果振动该混合体,则石英带负电而磷酸盐带正电,因此,磷酸盐能被分离出来,如本题图示.

如果它们至少必须分离100 mm,粒子通过的垂直距离h的最小值必须多大?

设$E=5\times10^5$V/m,电荷率q_m等于10^{-5}C/kg.

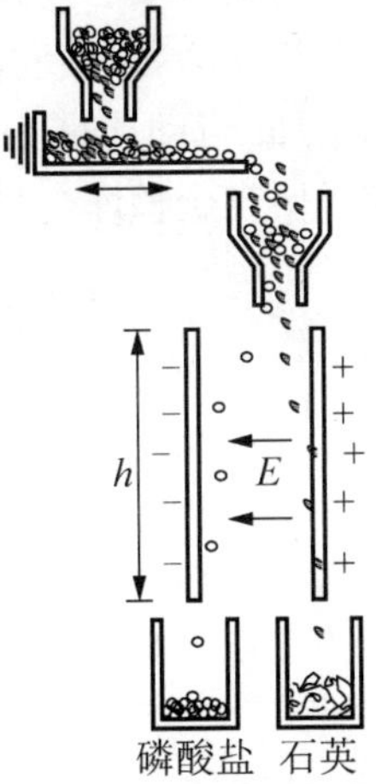

习题1.27图

解　设带电颗粒质量为m,电量为$Q=mq_m$,它沿铅直方向自由落体,下落高度为

$$h=\frac{1}{2}g(\Delta t)^2,$$

同时作水平匀加速运动,其横向偏移距离为

$$s=\frac{1}{2}a(\Delta t)^2=\frac{1}{2}\cdot\frac{QE}{m}(\Delta t)^2=\frac{1}{2}q_m E(\Delta t)^2.$$

通过共同的时间 Δt，建立起 $h-s$ 关系，

$$h=\frac{gs}{q_m E},$$

代入数据算出

$$h=\frac{9.8\times 0.1}{10^{-5}\times 5\times 10^{5}}\text{m}=0.196\text{m}\approx 20\text{cm}.$$

1.28 卢瑟福的 α 粒子散射实验

1906 年，卢瑟福在具有历史意义的实验中，论证了原子中有一个核，且给出了原子核的大小. 他观察了具有动能 7.68×10^{6} eV 的 α 粒子，正面去轰击金核，结果被排斥回来. α 粒子电量 q 为 $2\times 1.6\times 10^{-19}$ C，金核电量 Q 为 $79\times 1.6\times 10^{-19}$ C. 兹考量一个简单情形，即粒子正碰金核，回答以下问题：

(1) α 粒子最接近金核的距离 r_m 为多少？此时可将金核近似地看作一个静止不动的点电荷；

(2) 相应的最大库仑排斥力 F_M 为多少？

(3) 相应的最大加速度 a_M 为多少？α 粒子的质量 m_α 约为 4 倍质子质量，即 $4\times 1.7\times 10^{-27}$kg.

解 (1) 正碰问题较简单，所谓正碰指称，碰撞前两体相对速度方向与两体质心连线一致. 在 α 粒子射向金核过程中，需要不断克服库仑排斥力，以其动能 W_k 的减少，换取距离的缩短也即电势能 W_p 的增加. 当动能减为零时的距离即为两者最接近之距离 r_m，尔后 α 粒子便在金核库仑排斥力作用下反弹回程. 令

$$W_k(r,t=0)=W_p(r_m),$$

且

$$W_p(r_m)=k_e\frac{qQ}{r_m},$$

得

$$\begin{aligned}r_m&=k_e\frac{qQ}{W_k(t=0)}\\&=\frac{8.99\times 10^{9}\times 2\times 1.6\times 10^{-19}\times 79}{7.68\times 10^{6}}\text{m}\\&\approx 2.96\times 10^{-14}\text{m}.\end{aligned}$$

(2) 相应的最大库仑斥力为

$$F_{\mathrm{M}}=k_{\mathrm{e}}\frac{qQ}{r_{\mathrm{m}}^{2}}=\frac{W_{\mathrm{k}}(t=0)}{r_{\mathrm{m}}}=\frac{7.68\times10^{6}\times1.6\times10^{-19}}{2.96\times10^{-14}}\mathrm{N}\approx41.5\mathrm{N}.$$

(3) 相应的最大加速度为

$$a_{\mathrm{M}}=\frac{F_{\mathrm{M}}}{m_{\alpha}}=\frac{41.5}{4\times1.7\times10^{-27}}\mathrm{m/s^{2}}\approx6.1\times10^{27}\mathrm{m/s^{2}}.$$

1.29 卢瑟福的 α 粒子散射实验

在放射性研究方面成绩卓著的卢瑟福(E. Rutherford, 1871—1937),在 1898 年发现了放射性现象中的 α 射线和 β 射线,十年以后他认证了 α 射线是一氦离子束即 He^{2+} 束. 随后,他致力于 α 粒子束的散射实验研究,用能量巨大的 α 粒子束,去轰击极薄的金箔,由闪锌屏记录被散射粒子的角分布,其结果令人惊奇,发现了大角度散射的存在,参见本题图,φ 为散射角,b 为入射粒子初始位置与基线之距离. 经过缜密思考和反复核算,卢瑟福于 1911 年提出了行星式的原子结构模型——原子中的全部正电荷和绝大部分质量集中于一小球,其直径要比原子直径小很多. 世称此为卢瑟福有核模型,尊称卢瑟福为原子物理学之父.

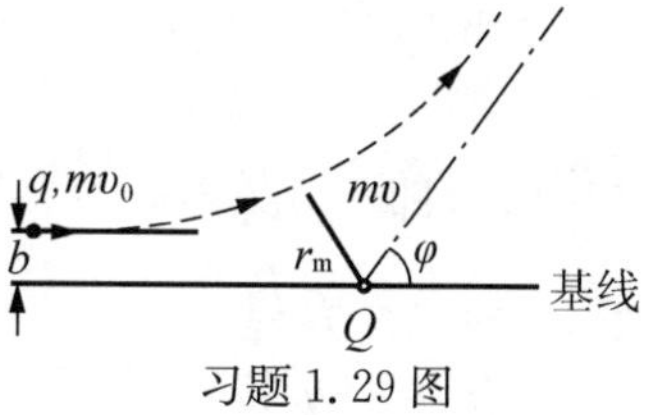

习题 1.29 图

这是一个带正电 q 的粒子,在一个带正电 Q 的核子所产生的库仑场中,作有心运动的问题,且核子质量 $M\gg m$(粒子质量),可以作 M 不动的近似处理. 由力学理论知悉,两体有心运动,满足能量守恒方程和角动量守恒方程;本场合粒子能量等于动能 W_{k} 与电势能 W_{e} 之和,而电势能 $W_{\mathrm{e}}=k_{\mathrm{e}}qQ/r$,这里 $k_{\mathrm{e}}\equiv1/4\pi\varepsilon_{0}$.

(1) 试证明,粒子运动的双曲线轨道与核子 Q 之最短距离 r_{m} 公式为

$$r_{\mathrm{m}}=k_{\mathrm{e}}\frac{qQ}{mv_{0}^{2}}\left(1+\sqrt{1+\left(\frac{bmv_{0}^{2}}{k_{\mathrm{e}}qQ}\right)^{2}}\right).$$

提示：入射粒子初始位置甚远，故初始电势能为零；最短距离时位矢 $\boldsymbol{r}_m$ 与轨道正交.

(2) 根据库仑斥力作用下的牛顿运动方程，并借助解析几何学中关于双曲线的知识，可以导出瞄准距离 b 作为粒子初始动能 $(mv_0^2/2)$，电量 (q,Q) 和散射角 φ 的函数关系为

$$b = k_e \frac{qQ}{mv_0^2}\cot(\varphi/2).$$

设，α 粒子入射能量为 7.68 MeV(兆电子伏)，散射角 φ 为 112°，试求出瞄准距离 b 值. α 粒子 $q=2e$，金核 $Q=79e$.

(3) 按以上数据，试算出最短距离 r_m 值，和对应的最小动能值 W_{km}.

提示：可将(1)中 r_m 公式改写为以下形式，也许便于演算，

$$r_m = k_e \frac{qQ}{mv_0^2}\left(1+\frac{1}{\sin(\varphi/2)}\right).$$

解　(1)首先列出两个守恒方程，

$$mv_m r_m = mv_0 b,\quad(\text{角动量守恒})\qquad ①$$

$$\frac{1}{2}mv_m^2+\frac{k_e qQ}{r_m}=\frac{1}{2}mv_0^2,\quad(\text{能量守恒})\qquad ②$$

由①导出

$$v_m=\frac{bv_0}{r_m},\quad \text{即}\quad mv_m^2=m\frac{(bv_0)^2}{r_m^2},$$

代入②，得到一个关于 r_m 的二次方程，

$$m\frac{(bv_0)^2}{r_m^2}+\frac{2k_e qQ}{r_m}=mv_0^2,$$

$$b^2 mv_0^2+2k_e qQ\cdot r_m=mv_0^2\cdot r_m^2,$$

$$r_m^2-\frac{2k_e qQ}{mv_0^2}r_m-b^2=0,$$

解出

$$r_m=\frac{k_e qQ}{mv_0^2}+\sqrt{\left(\frac{k_e qQ}{mv_0^2}\right)^2+b^2},$$

或

$$r_m=\frac{k_e qQ}{mv_0^2}\left(1+\sqrt{1+\left(\frac{bmv_0^2}{k_e qQ}\right)^2}\right),$$

或 $$r_m=\frac{k_e qQ}{2W_0}\left(1+\sqrt{1+\left(\frac{2bW_0}{k_e qQ}\right)^2}\right),\qquad ③$$

这里,W_0 为 α 粒子的初始动能,即 $mv_0^2=2W_0$.

(2) 先算其中的一个因子,

$$\frac{k_e qQ}{2W_0}=\frac{8.99\times10^9\times2\times79\times1.6\times10^{-19}}{2\times7.68\times10^6}\text{m}\approx1.48\times10^{-14}\text{m}.$$

于是,此 α 粒子束的瞄准距离为

$$\begin{aligned}b&\approx1.48\times10^{-14}\times\cot56^\circ\text{m}\\&=1.48\times10^{-14}\times0.675\text{m}\approx1.00\times10^{-14}\text{m}.\end{aligned}$$

(3) 相应的最短间距为

$$\begin{aligned}r_m&\approx1.48\times10^{-14}\times\left(1+\frac{1}{\sin56^\circ}\right)\text{m}\\&=1.48\times10^{-14}\times\left(1+\frac{1}{0.829}\right)\text{m}\\&=1.48\times10^{-14}\times2.20\text{m}\\&\approx3.26\times10^{-14}\text{m}.\end{aligned}$$
(若按③式计算也得此值)

近代核物理学给出的原子核尺度 $a\approx10^{-15}$ m,可见上述 b 值或 r_m 值均大于核尺度,即 $a\ll b$ 或 r_m,这是合理的.

1.30 真空二极管——空间运动电荷区

一真空二极管的主体结构如本题图示,其中 A 为热阴极,被贴近的电阻丝烤热而发射电子,俗称热电子发射;K 为阳极,在 K 与 A 之间接上直流电源或几十伏或几百伏;热阴极发射的电子,在阳极电场的拉引下作定向运动,射向阳极而形成电流.

在真空二极管空间中,运动电荷的定态分布是这样形成的:若无外电场驱使,那些从热阴极逸出的电子,便滞留在阴极附近,越积越多,从而排斥后续逸出的热电子,使它们部分返回,如此相互作用,最终使发射和回流达到一动态平衡,于是,在阴极附近便形成一团电荷密度 ρ_- 稳定分布的电子云;一旦在 K,A 之间接上直流电压,打破了原有平衡,电子云被驱散,自由电子在外电场作用下被加速,纷纷朝向阳极而运动,同时阴极作为电子源又不断输送电子,而形成新的动态平衡;这平衡态的标志是,空间电荷密度分布 $\rho_-(x)$ 与

时间 t 无关、电荷运动速率分布 $v(x)$ 与 t 无关，且 $\rho_-(x)\cdot v(x)=j_0$（常数），与位置 x 无关，这里 j_0 就是电流密度（A/m^2）. $\rho v=$常数，表明，当二极管空间中通过各横截面积的电流相等时，空间电荷区才处于一定态. 定性看，$v(x)$ 随 x 增加而增加，即越靠近阳极，自由电子运动速率越大，这是因为它们被加速的路程更长；$\rho_-(x)$ 随 x 增加而减少，即越靠近阴极，自由电子数密度越大，这是因为自由电子是从阴极发射出来而向阳极方向疏散的. 参见本题图.

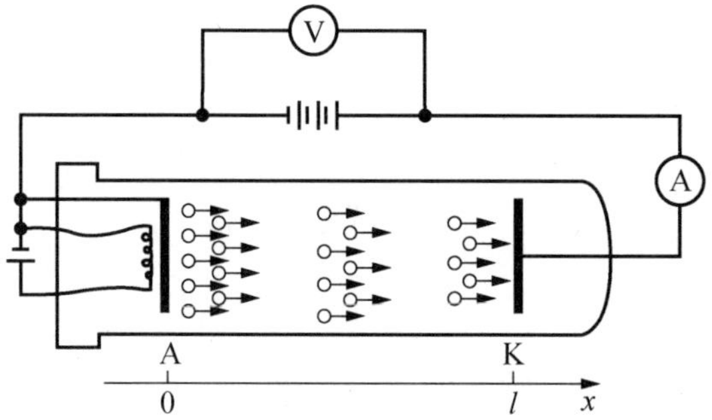

习题 1.30 图

设阳极 K 与阴极 A 之间纵向距离为 l，两者之间的电压为 U_0，阴极电势为零；在若干合理的近似考量下，真空二极管中空间电荷密度分布为

$$\rho_-(x)=-\frac{4\varepsilon_0 U_0}{9l^{4/3}\cdot x^{2/3}}.$$

（1）当 $U_0=300\,\mathrm{V}$，$l=20\,\mathrm{mm}$，试算出接近阳极处的电荷密度 ρ_0（C/m^3）以及相应的电子数密度 n_0（$1/m^3$）；并评估这 n_0 值是否表明此处自由电子气相当稀薄.

（2）利用静电场泊松方程，导出电势函数 $U(x)$. 提示：解泊松方程最终定解时，必然要用到边界条件，目前为 $U(0)=0$ 和 $U(l)=U_0$.

（3）考虑到真空二极管中，自由电子气甚为稀薄，忽略电子与电子间的相互碰撞，于是单电子的加速单纯地由电势场 $U(x)$ 决定. 试导出电子运动速率 $v(x)$ 函数式，其中间距 l、电压 U_0 以及电子电量和质量（e，m）必以参量而出现.

(4) 审视你所得速率 $v(x)$ 函数与电荷密度 $\rho_-(x)$ 函数之乘积，是否为一常数，此举旨在考核以上理论处理的自洽性.

(5) 电真空二极管作为电子线路中的一个元件，人们关注其外部的伏安特性，即外加的阳极电压 U 与总电流之关系 $U(I)$ 或 $I(U)$，两者均可由电表直接测出. 试证明，真空二极管的伏安关系为

$$I=kU^{3/2}. \quad (k\ \text{为常数})$$

解 (1) 根据电荷体密度 ρ 与带电粒子数密度 n 之关系 $\rho=nq$，得本题靠近阳极即 $x=l$ 处的自由电子数密度为

$$n_0=\frac{\rho_-}{-e}=\frac{4\varepsilon_0 U_0}{9l^2 e}$$
$$=\frac{4\times 8.85\times 10^{-12}\times 3\times 10^2}{9\times(20\times 10^{-3})^2\times 1.6\times 10^{-19}}\mathrm{m}^{-3}\approx 7.4\times 10^{15}\mathrm{m}^{-3}.$$

若与大气分子数密度 n(大气)相比较，目前这个 n_0 是相当小的；在常温一个大气压下，n(大气)$\approx 10^{25}\mathrm{m}^{-3}$.

(2) 目前只需考量沿 x 方向的电势分布 $U(x)$，于是，泊松方程简化为

$$\frac{\partial^2 U}{\partial x^2}=-\frac{\rho_-}{\varepsilon_0}, \quad \text{即}\frac{\mathrm{d}^2 U}{\mathrm{d}x^2}=\frac{4U_0}{9l^{\frac{4}{3}}x^{\frac{2}{3}}},$$

对它先后积分两次，得通解

$$U(x)=\frac{U_0}{l^{4/3}}x^{4/3}+C_1 x+C_2,$$

其中，待定常数 C_1，C_2 由边条件 $U(0)=0$，$U(l)=U_0$，确定为 $C_1=C_2=0$，最终给出定解

$$U(x)=\frac{U_0}{l^{4/3}}x^{4/3}. \quad (\text{非线性分布})$$

(3) 电子($-e$)从 O 点被加速到 x 点，其电势能改变量为

$$\Delta W_{\mathrm{p}}=-e(U(x)-U(0))=-eU(x),$$

换来了电子的动能，即

$$\frac{1}{2}mv^2(x)=-\Delta W_{\mathrm{p}}=eU(x),$$

得 $$v(x)=\sqrt{\frac{2eU(x)}{m}}=\sqrt{\frac{2eU_0}{m}}\cdot\frac{x^{\frac{2}{3}}}{l^{\frac{2}{3}}}.$$

(4) 关于电流密度 $j(\mathrm{A/m^2})$，有一个运动学公式 $j=\rho v$，在目前场合，

$$j(x)=\rho_-(x)v(x)=-\frac{4\varepsilon_0U_0}{9l^{4/3}x^{2/3}}\cdot\sqrt{\frac{2eU_0}{m}}\cdot\frac{x^{\frac{2}{3}}}{l^{\frac{2}{3}}}$$

$$=-\frac{4\varepsilon_0}{9l^2}\sqrt{\frac{2e}{m}}\cdot U_0^{\frac{3}{2}},\quad \text{（负号表示电流逆 } x \text{ 轴运行）}$$

可见，$j(x)$与空间位置 x 无关，表明随电流运行其空间电荷没有新的积累，维持一定态，这是稳定电流场的基本特征（本征）.

(5) 外接安培表测量的电流强度 $I=j\Delta S$，这里 ΔS 为此空间电荷柱的横截面积，据(4)结果，且令其中 $U_0=U$，U 为外加直流电压，可由伏特表显示，立马给出

$$I=kU^{\frac{3}{2}},\quad k\equiv\frac{4\varepsilon_0}{9l^2}\sqrt{\frac{2e}{m}}\cdot\Delta S.$$

可见，对于电真空二极管，其伏安特性呈现非线性，这不同于金属电阻元件，其伏安特性遵从欧姆定律，即 $I\propto U$，此乃线性关系.

题跋 回过头看，本题以 $\rho_-(x)$函数为已知，而导出若干相关物理量的函数式，最终显示出“3/2”伏安关系. 人们不禁要问，那 $\rho_-(x)$函数是怎样获知的？其实，我们可以根据若干基本公式，而首先导出电势 $U(x)$. 兹推演如下：

根据电子运动能量守恒，$\frac{1}{2}mv^2(x)=eU(x)$，得到

$$v(x)=\sqrt{\frac{2eU(x)}{m}};\qquad ①$$

根据恒定电流场的连续方程，

$$\rho_-(x)v(x)=j,\text{（常数）}$$

得到 $$\rho_-(x)=\frac{j}{v(x)};\qquad ②$$

根据静电场的泊松方程，

$$\frac{\mathrm{d}^2U}{\mathrm{d}x^2}=-\frac{\rho_-}{\varepsilon_0}.\qquad ③$$

联立①、②、③，得

$$\frac{d^2U}{dx^2}=-\frac{j}{\varepsilon_0}\sqrt{\frac{m}{2eU}}.$$

拟取试探解形式为$U=\beta x^n$，于是，

$$\frac{d^2U}{dx^2}=n\beta(n-1)x^{n-2},\quad \text{即}\quad \frac{j}{\varepsilon_0}\sqrt{\frac{m}{2e\beta}}x^{-\frac{n}{2}}=n\beta(n-1)x^{n-2},$$

对于变量x，该式成立的条件是两边指数必须相等，即

$$-\frac{n}{2}=n-2,\quad \text{解出}\quad n=\frac{4}{3},\quad U(x)=\beta x^{\frac{4}{3}},$$

再由边界条件$U(l)=U_0$，确定$\beta=\frac{U_0}{l^{4/3}}$，最终给出

$$U(x)=\frac{U_0}{l^{4/3}}x^{4/3}.$$

至于由$U(x)\rightarrow v(x)\rightarrow\rho_-(x)\rightarrow j$，留给读者自己完成. 其结果与上述(1)—(5)给出的完全一致.

第 2 章　静电场中的导体　电介质

2.1　平板导体面对一离子层

如本题图示，一导体平板（AB），面积为 S，充以电量 Q；与其距离为 d 处有一介质片，其表面 C 敷有一层离子膜，这是通过离子束技术而溅射上去的，设离子层电荷面密度为 σ_C. 间距 $d\ll\sqrt{S}$，可忽略边缘效应.

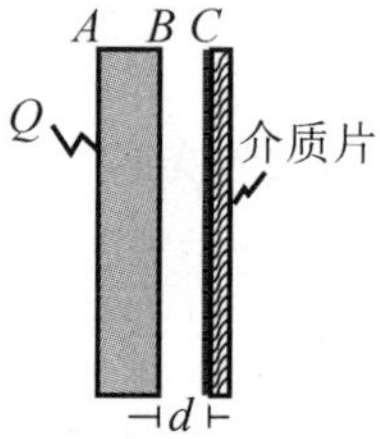

习题 2.1 图

(1) 求出导体板表面电荷密度 σ_A，σ_B.

(2) 求出电势差 U_{BC}.

(3) 求出导体板 B 面单位面积受到的电力 $f(\mathrm{N/m^2})$.

(4) 针对下列数据：$Q=-8.6\times10^{-4}$ C，$S=25\,\mathrm{cm}^2$，$d=4.0\,\mathrm{mm}$，离子层电荷密度 $\sigma_C=3.2\times10^{-4}\ \mathrm{C/cm^2}$；算出 σ_A，σ_B，U_{BC} 和 f 值.

解　(1) 根据导体板内部 $\boldsymbol{E}=0$，和孤立导体电荷守恒，列出两个方程，

$$\sigma_A-(\sigma_B+\sigma_C)=0,\quad \sigma_A+\sigma_B=\frac{Q}{S},$$

得

$$\sigma_A=\frac{Q}{2S}+\frac{\sigma_C}{2},\sigma_B=\frac{Q}{2S}-\frac{\sigma_C}{2}.$$

可见，$\sigma_A\neq\sigma_B$，这两者在导体板内部产生了一个非零场强，以抵消 σ_C 面产生的场强；如果无 σ_C 面，充电量 Q 将平分给 σ_A 和 σ_B.

(2) B 面与 C 面之间的区域，场强为

$$\boldsymbol{E}=\frac{\sigma_A+\sigma_B}{2\varepsilon_0}\hat{\boldsymbol{n}}-\frac{\sigma_C}{2\varepsilon_0}\hat{\boldsymbol{n}}=\left(\frac{Q}{2\varepsilon_0 S}-\frac{Q_C}{2\varepsilon_0}\right)\hat{\boldsymbol{n}},$$

这里，$\hat{\boldsymbol{n}}$ 始终约定为从左至右的法向单位矢量；相应的电势差为

$$U_{BC}=Ed=\frac{1}{2\varepsilon_0}\left(\frac{Q}{S}-\sigma_C\right)d.$$

(3) 根据导体表面受力密度公式(见书 71 页(2.2′)式),得

$$f=\frac{\sigma_B^2}{2\varepsilon_0}=\frac{1}{2\varepsilon_0}\left(\frac{Q}{2S}-\frac{\sigma_C}{2}\right)^2.$$

(4) 算得

$$\sigma_A=1.43\times10^{-4}\,\mathrm{C/cm^2};\sigma_B=-1.77\times10^{-4}\,\mathrm{C/cm^2};$$

$$U_{BC}=-8.0\times10^{8}\,\mathrm{V};(远超空气击穿场强)$$

$$f=1.77\times10^{11}\,\mathrm{N/m^2}.$$

2.2　一组平行平板导体

如本题图示,三个平行平板导体 A,B,C,其面积均为 S,相距分别为 d_1 和 d_2,且 $d_1,d_2\ll\sqrt{S}$,可忽略边缘效应. 兹分别给 A 板和 C 板充以电量 Q_A 和 Q_C,B 板不带电即电中性.

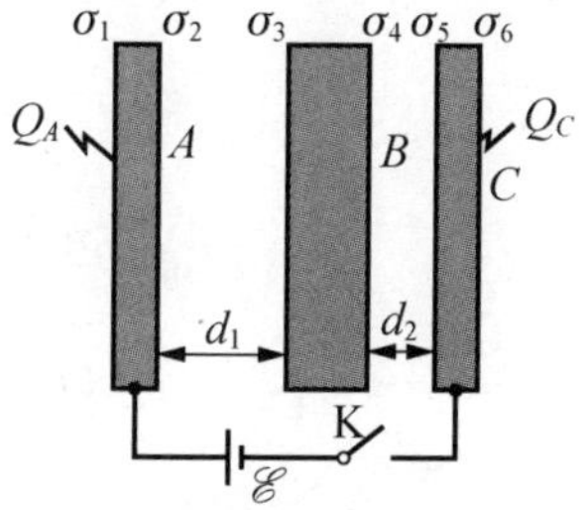

习题 2.2 图

(1) 试求出三个平板其 6 个表面的面电荷密度(σ_1,σ_2),(σ_3,σ_4),(σ_5,σ_6).

(2) 求电势差 U_{AB} 和 U_{BC}.

(3) 针对数据: $Q_A=2.0\times10^{-3}$ C, $Q_C=-4.5\times10^{-3}$ C, $d_1=8.0$ mm, $d_2=3.0$ mm, $S=100$ cm^2;算出电势差 U_{AB} 和 U_{BC} 为多少伏(V).

(4) 合上电键 K,以维持 U_{AC} 为恒定电压 $U_0=300$ V,试求出那 6 个面之面电荷密度,并求出电势差 U_{AB} 和 U_{BC}.

提示: 由于有导线连接 A 板和 C 板,电荷守恒方程应对(A,C)联体而列出.

解　(1)由静电平衡条件和电荷守恒定律

$$\begin{cases}\sigma_1-(\sigma_2+\sigma_3+\sigma_4+\sigma_5+\sigma_6)=0,\\ \sigma_1+\sigma_2+\sigma_3-(\sigma_4+\sigma_5+\sigma_6)=0,\\ \sigma_1+\sigma_2+\sigma_3+\sigma_4+\sigma_5-\sigma_6=0,\\ \sigma_1+\sigma_2=\dfrac{Q_A}{S},\\ \sigma_3+\sigma_4=0,\\ \sigma_5+\sigma_6=\dfrac{Q_C}{S},\end{cases}$$

解出

$$\begin{cases}\sigma_1=\dfrac{Q_A+Q_C}{2S},\\ \sigma_2=\dfrac{Q_A-Q_C}{2S},\\ \sigma_3=\dfrac{Q_C-Q_A}{2S},\\ \sigma_4=\dfrac{Q_A-Q_C}{2S},\\ \sigma_5=\dfrac{Q_C-Q_A}{2S},\\ \sigma_6=\dfrac{Q_A+Q_C}{2S}.\end{cases}$$

(2)
$$U_{AB}=\frac{\sigma_1+\sigma_2-(\sigma_3+\sigma_4+\sigma_5+\sigma_6)}{2\varepsilon_0}d_1=\frac{Q_A-Q_C}{2\varepsilon_0 S}d_1,$$

$$U_{BC}=\frac{\sigma_1+\sigma_2+\sigma_3+\sigma_4-(\sigma_5+\sigma_6)}{2\varepsilon_0}d_2=\frac{Q_A-Q_C}{2\varepsilon_0 S}d_2.$$

(3)
$$U_{AB}=\frac{Q_A-Q_C}{2\varepsilon_0 S}d_1=\frac{2.0\times10^{-3}+4.5\times10^{-3}}{2\times8.85\times10^{-12}\times100\times10^{-4}}\times8\times10^{-3}\,\mathrm{V}=2.94\times10^{8}\,\mathrm{V},$$

$$U_{BC}=\frac{d_2}{d_1}U_{AB}=1.10\times10^{8}\,\mathrm{V}.$$

(4) 由于 $\sigma_3+\sigma_4=0$,故

$$E_{AB}=E_{BC}=\frac{\sigma_1+\sigma_2-(\sigma_5+\sigma_6)}{2\varepsilon_0}=\frac{U_0}{d_1+d_2}.$$

由电荷守恒(电源正负极板电量代数和为 0)

$$\sigma_1+\sigma_2+\sigma_5+\sigma_6=0,$$

于是

$$\sigma_1+\sigma_2=\frac{\varepsilon_0 U_0}{d_1+d_2}=\frac{Q_A}{S},$$

$$\sigma_5+\sigma_6=-\frac{\varepsilon_0 U_0}{d_1+d_2}=\frac{Q_C}{S}.$$

代入(1)问的解答中，

$$\begin{cases}\sigma_1=0,\\ \sigma_2=\dfrac{\varepsilon_0 U_0}{d_1+d_2}=\dfrac{8.85\times10^{-12}\times300}{11\times10^{-3}}\mathrm{C/m^2}=2.41\times10^{-7}\mathrm{C/m^2},\\ \sigma_3=-\dfrac{\varepsilon_0 U_0}{d_1+d_2}=-2.41\times10^{-7}\mathrm{C/m^2},\\ \sigma_4=\dfrac{\varepsilon_0 U_0}{d_1+d_2}=2.41\times10^{-7}\mathrm{C/m^2},\\ \sigma_5=-\dfrac{\varepsilon_0 U_0}{d_1+d_2}=-2.41\times10^{-7}\mathrm{C/m^2},\\ \sigma_6=0,\end{cases}$$

$$U_{AB}=\frac{U_0 d_1}{d_1+d_2}=218.2\mathrm{V},$$

$$U_{BC}=\frac{U_0 d_2}{d_1+d_2}=81.8\mathrm{V}.$$

2.3　导体球面感应电荷分布

一个中性导体球置于均匀电场 $\boldsymbol{E}_0$ 之中，如本题图示，假定外场 $\boldsymbol{E}_0$ 恒定且区域甚大，可忽略边界效应.

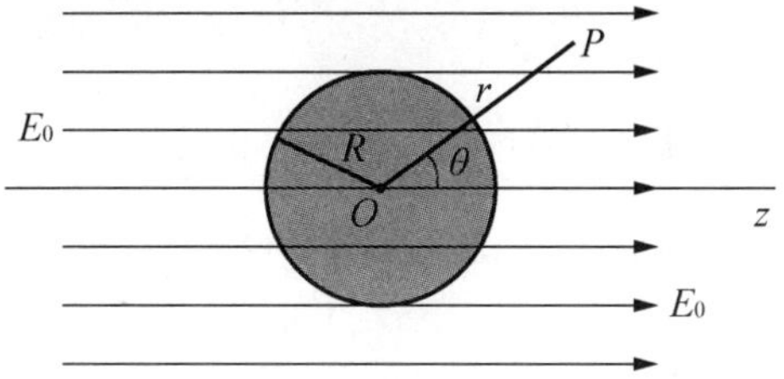

习题 2.3、2.4 图

(1) 试给出导体球感应的面电荷密度分布 $\sigma(\theta)$.

(2) 求出该导体球外电场 $\boldsymbol{E}(r,\theta)$ $(r>R)$.

(3) 求出相应的电势分布 $U(r,\theta)$ $(r\geqslant R)$；这里，选择球心 O 为电势参考点，来表达电势函数 $U(r,\theta)$.

提示：联系余弦型球面电荷及其场强分布特点.

解 (1) 在均匀外电场$\boldsymbol{E}_0$作用下，导体球必将响应一个余弦型球面电荷分布，$\sigma(\theta)=K\cos\theta$，在球体内产生一个反向均匀场$\boldsymbol{E}_0'$，以完全抵消$\boldsymbol{E}_0$，使球内部场强为零. 即，在 $r<R$ 区间：

$$\sigma(\theta)\to\boldsymbol{E}'=-\frac{K}{3\varepsilon_0}\hat{\boldsymbol{z}},\quad \text{（见书(1.58)式）}$$

令 $\boldsymbol{E}'=-\boldsymbol{E}_0$，即$-\frac{K}{3\varepsilon_0}\hat{\boldsymbol{z}}=-E_0\hat{\boldsymbol{z}}$，得

$$K=3\varepsilon_0E_0,\quad \sigma(\theta)=3\varepsilon_0E_0\cos\theta.$$

(2) 球外电场等于均匀外场$\boldsymbol{E}_0$与$\sigma(\theta)$产生的偶极场 $\boldsymbol{E}'$之叠加，即 $\boldsymbol{E}=\boldsymbol{E}_0+\boldsymbol{E}'$，取极坐标$(r,\theta)$表达 $\boldsymbol{E}(r,\theta)=\boldsymbol{E}_0(r,\theta)+\boldsymbol{E}'(r,\theta)$，于是，在 $r>R$ 区间：

$$E_r(r,\theta)=E_{0r}(r,\theta)+E_r'(r,\theta)=E_0\cos\theta+k_e\frac{2p_{\text{eff}}\cos\theta}{r^3},$$

$$E_\theta(r,\theta)=E_{0\theta}(r,\theta)+E_\theta'(r,\theta)=-E_0\sin\theta+k_e\frac{p_{\text{eff}}\sin\theta}{r^3}.$$

注意到等效偶极矩

$$p_{\text{eff}}=\frac{4\pi}{3}R^3K=\frac{4\pi}{3}R^3\cdot3\varepsilon_0E_0=4\pi\varepsilon_0R^3E_0,$$

故最终给出

$$E_r(r,\theta)=\left(\frac{2R^3\cos\theta}{r^3}+\cos\theta\right)E_0,$$

$$E_\theta(r,\theta)=\left(\frac{R^3\sin\theta}{r^3}-\sin\theta\right)E_0.$$

(3) 电势等于场强的线积分，与积分路径无关，现取路径逆矢径 $\boldsymbol{r}$ 方向，

$$U(r,\theta)=\int_r^R E_r(r,\theta)\mathrm{d}r=E_0\cos\theta\int_r^R\left(1+\frac{2R^3}{r^3}\right)\mathrm{d}r$$

$$=E_0\cos\theta(R-r)+2R^3E_0\cos\theta\left(-\frac{1}{2}\right)\frac{1}{r^2}\bigg|_r^R$$

$$=\frac{E_0R^3\cos\theta}{r^2}-E_0r\cos\theta.$$

2.4　导体球面感应电荷分布

同上题图，一个带电量为 Q 的导体球置于均匀电场 $\boldsymbol{E}_0$ 之中，假定外场 $\boldsymbol{E}_0$ 恒定且区域甚大，可忽略边界效应.

(1) 试给出导体球表面电荷密度分布 $\sigma(\theta)$；

(2) 进而给出该导体球外电场 $\boldsymbol{E}(r,\theta)(r>R)$.

提示：联系余弦型球面电荷及其场强分布特点.

解　(1) 导体球响应一个余弦型球面电荷分布 $\sigma(\theta)=K\cos\theta$，以其产生的电场在体内完全抵消外场 $\boldsymbol{E}_0$，据此定出 $K=3\varepsilon_0 E_0$（见习题 2.3)；故总电量 Q 依然均匀分布于表面，唯有此才能保证体内总场强为 0. 于是，目前场合，总的面电荷密度分布为

$$\sigma(\theta)=3\varepsilon_0 E_0\cos\theta+\frac{Q}{4\pi R^2}.$$

(2) 同理，在 $r>R$ 区域，空间场强分布为

$$E_r(r,\theta)=\frac{2R^3E_0\cos\theta}{r^3}+E_0\cos\theta+\frac{Q}{4\pi\varepsilon_0 r^2},$$

$$E_\theta(r,\theta)=\frac{R^3E_0\sin\theta}{r^3}-E_0\sin\theta.$$

（均匀带电球壳对横向电场无贡献）

2.5　导体球内有空腔

如图，一电中性导体球置于均匀电场 $\boldsymbol{E}_0$ 之中，其内部出现两个空腔，一者为球形空腔且球心有一点电荷 q_1，另者为非规则空腔且内部有一点电荷 q_2. 假定外电场 $\boldsymbol{E}_0$ 恒定且区域甚大，可忽略边界效应.

(1) 试给出导体球外表面电荷分布 $\sigma(\theta)$.

(2) 求出该导体球外空间电场分布 $\boldsymbol{E}(r,\theta)$ $(r>R)$. 提示：联系余弦型球面电荷及其场强分布特点.

(3) 求出 q_1 所在空腔内的电场 $\boldsymbol{E}$ 分布.

(4) 粗略而正确地画出 q_2 所在空腔内的电场 $\boldsymbol{E}$ 线.

解　含 q_1 空腔表面响应一个 $(-q_1)$ 电荷，含 q_2 空腔表面响应一个 $(-q_2)$ 电荷. 由电荷守恒知，导体球外表面带有电量 $Q=q_1+q_2$，以维持其电中性；在均匀外场作用下，导体球外表面又响应一个余弦型面电荷分布 $\sigma_0(\theta)=3\varepsilon_0 E_0\cos\theta$，并注意到 $\sigma(\theta)$ 对全球面积分值

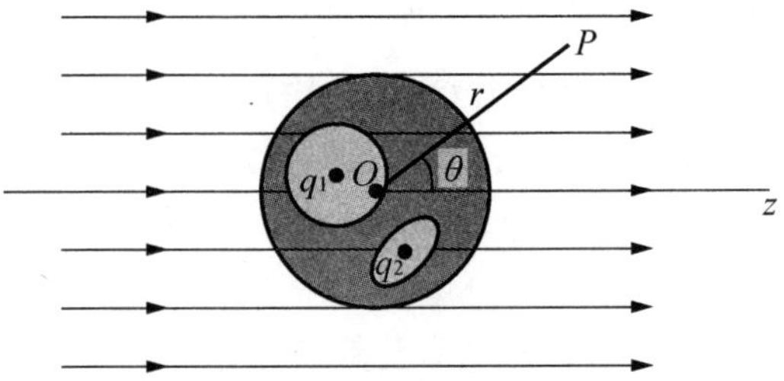

习题 2.5 图

为 0. 唯有如此电荷分布才满足当下导体静电平衡条件. 这样一来，本题与题 2.4 情况无异，只要将其结果中的 Q 换为(q_1+q_2)便可.

(1) $\sigma(\theta)=3\varepsilon_0 E_0\cos\theta+\dfrac{q_1+q_2}{4\pi R^2}$.

(2) 在 $r>R$ 区域，

$$E_r(r,\theta)=\frac{2R^3E_0\cos\theta}{r^3}+E_0\cos\theta+\frac{q_1+q_2}{4\pi\varepsilon_0 r^2},$$

$$E_\theta(r,\theta)=\frac{R^3E_0\sin\theta}{r^3}-E_0\sin\theta.$$

(3)由于 q_1 在球形空腔中心，故

$$\boldsymbol{E}(\boldsymbol{r}_1)=\frac{q_1}{4\pi\varepsilon_0 r_1^2}\boldsymbol{r}_1.\quad（位矢\boldsymbol{r}_1在空腔内）$$

2.6　电像法——源电荷与像电荷

导体静电学中有一个所谓电像法，它成功地用于求解在点电荷电场中，存在特定形状导体时的电场分布. 电像法的基本思想是，将导体上所感应的一种非均匀电荷分布，等效于一个特定的点电荷 q'，以满足导体作为等势体的边界条件，从而方便地求出整个空间的电场分布；称 q' 为像电荷或虚电荷，称那个引起导体感应的点电荷 q 为源电荷或实电荷；源电荷与像电荷一起，既满足了导体边界条件，又未改变导体外部空间真实电荷分布，其解正确且唯一. 电像法是导体静电平衡唯一性定理的一个精彩应用. 电像法的关键是确定像电荷包括其电量和位置，这要凭借先前获悉的知识和经验.

具体说明电像法的最好方式是举例. 参见本题图(a)，一半径为 R 的导体球或球壳，置于点电荷 q 的电场中，导体球接地以维持其电

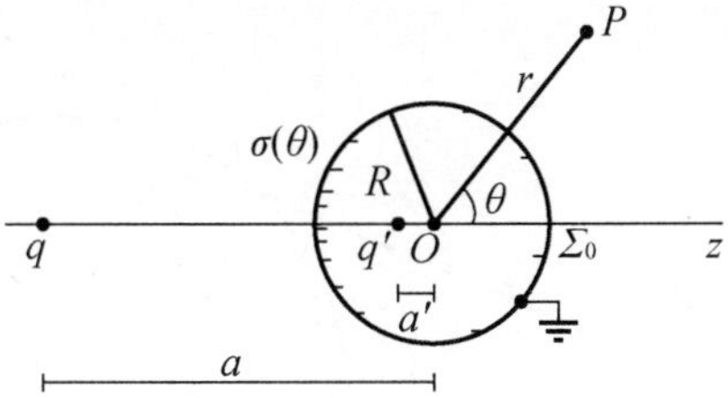

习题 2.6 图(a)

势为零；在 q(设其为正)电场作用下，导体上出现了特定分布的负电荷分布，以保证其球面为零等势面. 由第 1 章已经获知，两个不等量且异号点电荷，其零等势面为一个球面；凭借那里(1.38″)式，便确定了目前场合的像电荷及其位置(q', a')，由以下两式给出

$$aa' = R^2, \quad q' = -\frac{R}{a}q.$$

(1) 试证明，如此一对点电荷，即源电荷(q, a)和像电荷(q', a')，其零等势面正是这个导体球面.

(2) 试导出其空间电势场 $U(r,\theta)$ ($r \geqslant R$)；这里，取平面极坐标，其原点设为导体球心，极轴沿对称轴即 z 轴.

(3) 如果你有兴趣的话，还可以导出球面电荷分布 $\sigma(\theta)$；再对 $\sigma(\theta)$ 在全球面 Σ_0 上积分，而得到真实感应电荷总量 q_0；审核这 q_0 值是否相等于像电荷 q' 值.

解　(1) 采取解析几何方法予以证明.

其实，本命题的普遍表述为，一动点与两个定点的距离之比值保持为一常数，则这动点的轨迹为一个特定的球面.

参见图 2.6(b). 设点 q 坐标为(0,0)，点($-q'$)坐标为(x_0,0)，而动点 M 坐标为(x,y). M 与两个定点距离之比值为

$$\frac{r_0}{r} = K(\text{常数})；$$

对于本题，零电势要求 $K = \frac{q'}{q}$. 由解析几何知识得

$$r_0^2 = (x - x_0)^2 + y^2, \quad r^2 = x^2 + y^2, \frac{r_0^2}{r^2} = K^2,$$

于是

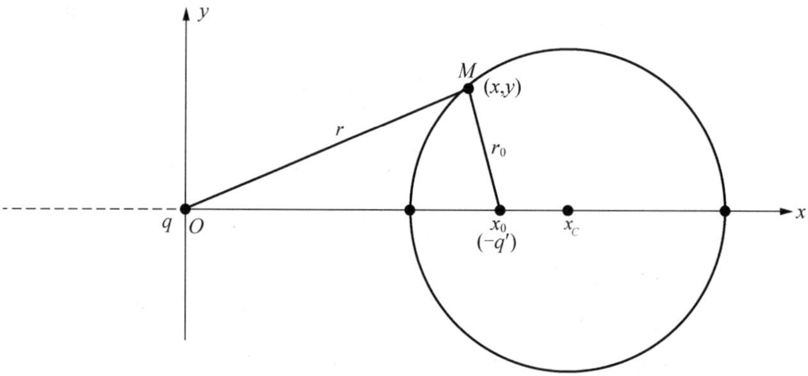

习题 2.6 图(b)

$$(x-x_0)^2+y^2=K^2(x^2+y^2),$$

$$(1-K^2)y^2+(x-x_0)^2-K^2x^2=0,$$

即

$$(1-K^2)y^2+(1-K^2)x^2-\pi x_0x+x_0^2=0,$$

两边除以$(1-K^2)$，并对含 x 项配方，便可整理成以下形式，

$$\left(x-\frac{x_0}{1-K^2}\right)^2+y^2=\left(\frac{Kx_0}{1-K^2}\right)^2,$$

这是一个圆周的标准方程，且得其圆心坐标 x_C 及其半径 R 为

$$x_C=\frac{x_0}{1-K^2}, \qquad ①$$

$$R=\frac{Kx_0}{1-K^2}=Kx_C. \qquad ②$$

既然在(xy)平面上，该动点的轨迹为一特定的圆周，那么，绕 x 轴旋转一周，便形成一个特定的球面. 若令 $K=q'/q$，则表明 q 与$(-q')$产生的零等势面就是如此的一个球面. 比如，令 $q'/q=\frac{1}{3}$，则球心与 q 之距离为 $x_C=\frac{9}{8}x_0$，球半径 $R=\frac{3}{8}x_0$.

下面对以上结果作恰当的改写，旨在更切合实际的物理问题，因为在导体球的静电问题中，已知的是导体球的半径 R 和球外源电荷 q 与球心的距离 x_C，要求解的是像电荷$(-q')$的数值和位置. 此时，常以球心 x_C 处为参考点来标定 q 的距离，设为 a，标定$(-q')$的

距离设为 a'，更为直观，即

$$a=x_C,\quad a'=x_C-x_0=\frac{K^2}{1-K^2}x_0,\text{(这里用上①)}$$

于是

$$aa'=R^2. \qquad ③$$

又，

$$\frac{a'}{R}=\frac{K^2}{1-K^2}x_0\cdot\frac{1-K^2}{Kx_0}=K,$$

即

$$q'=\frac{R}{a}q. \qquad ④$$

公式③和④正是导体球电像法中直接实用的两个公式，即由 $(q,a,R)\rightarrow(a',-q')$.

(2) 电势场

$$U(r,\theta)=\frac{1}{4\pi\varepsilon_0}\left[\frac{q}{\sqrt{a^2+r^2+2ar\cos\theta}}+\frac{q'}{\sqrt{a'^2+r^2+2a'r\cos\theta}}\right]$$

$$=\frac{q}{4\pi\varepsilon_0}\left[\frac{1}{\sqrt{a^2+r^2+2ar\cos\theta}}-\frac{\frac{R}{a}}{\sqrt{\left(\frac{R^2}{a}\right)^2+r^2+2\,\frac{R^2}{a}r\cos\theta}}\right],$$

可见，$U(R,\theta)=0$ 得以满足.

(3) 面电荷

$$\sigma(\theta)=-\varepsilon_0\,\frac{\partial U}{\partial r}\bigg|_{r=R}$$

$$=\frac{q}{4\pi}\,\frac{1}{2}\left[\frac{2r+2a\cos\theta}{\{\sqrt{a^2+r^2+2ar\cos\theta}\}^3}-\frac{\frac{R}{a}(2r+2\,\frac{R^2}{a}\cos\theta)}{\left\{\sqrt{\left(\frac{R^2}{a}\right)^2+r^2+2\,\frac{R^2}{a}r\cos\theta}\right\}^3}\right]\Bigg|_{r=R}$$

$$=\frac{q}{4\pi}\left[\frac{R+a\cos\theta}{\{\sqrt{a^2+R^2+2aR\cos\theta}\}^3}-\frac{\frac{a^3}{R^3}\,\frac{R}{a}\left(R+\frac{R^2}{a}\cos\theta\right)}{\frac{a^3}{R^3}\left\{\sqrt{\left(\frac{R^2}{a}\right)^2+R^2+2\,\frac{R^2}{a}R\cos\theta}\right\}^3}\right]$$

$$=\frac{q}{4\pi}(a^2+R^2+2aR\cos\theta)^{-\frac{3}{2}}\cdot\left[R+a\cos\theta-\frac{a^2}{R}-a\cos\theta\right]$$

$$=\frac{q(R^2-a^2)}{4\pi R}\{a^2+R^2+2aR\cos\theta\}^{-\frac{3}{2}}.$$

感应电荷总量

$$q_0=\int_0^{\pi}\int_0^{2\pi}\frac{q(R^2-a^2)}{4\pi R}\{a^2+R^2+2aR\cos\theta\}^{-\frac{3}{2}}R^2\sin\theta\mathrm{d}\theta\mathrm{d}\varphi$$

$$=\int_0^{\pi}\frac{qR(R^2-a^2)}{2}\{a^2+R^2+2aR\cos\theta\}^{-\frac{3}{2}}\sin\theta\mathrm{d}\theta$$

$$=\frac{q(R^2-a^2)}{2a}\{a^2+R^2+2aR\cos\theta\}^{-\frac{1}{2}}\Big|_{\theta=0}^{\pi}$$

$$=\frac{q(R^2-a^2)}{2a}\left\{\frac{1}{a-R}-\frac{1}{a+R}\right\}$$

$$=-\frac{R}{a}q.$$ （这正是公式④给出的结果）

2.7　电像法——点电荷与导体球

如本题图示，一半径为 R 的导体球壳，充以电量 Q_0，被置于一点电荷之电场 (q,a) 中，这里 a 是导体球壳球心 O 至点电荷 q 的距离.

(1) 试求导体球壳的电势 U_0；

(2) 试求出空间电势场 $U(r,\theta)$ $(r\geqslant R)$. 这里，极坐标系如图示.

提示：要用到像电荷公式、电场叠加原理和电荷守恒方程.

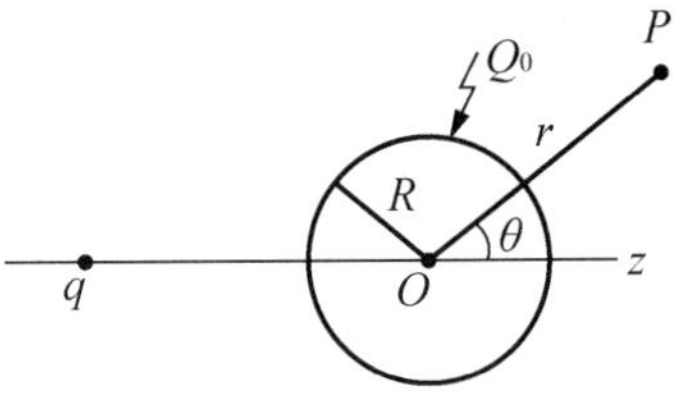

习题 2.7 图

解　在 q 场作用下，导体球壳感应出一个非均匀分布的 $\sigma(\theta)$，它对球壳电势的贡献可由像电荷 $q'=-\dfrac{R}{a}q$ 等效，而 (q,q') 一起提供给球壳的电势值为零；再根据电荷守恒律，此时导体球壳的总电量应当为 $Q_{\mathrm{eff}}=Q_0-q'=Q_0+\dfrac{R}{a}q$，它必须是均匀分布的，才能保证球壳为一等势面. 总之，当下是 $(q,q';Q_{\mathrm{eff}})$ 电荷系决定球壳乃至整个壳外空间的电场.

(1) 故当下球壳电势为

$$U_0=\frac{Q_{\text{eff}}}{4\pi\varepsilon_0 R}=\frac{Q_0+\frac{R}{a}q}{4\pi\varepsilon_0 R}.$$

(2) 设 $U_1(r,\theta)$ 为 (q,q') 提供的电势场，$U_2(r,\theta)$ 为 Q_{eff} 提供的电势场，则

$$U(r,\theta)=U_1(r,\theta)+U_2(r,\theta)$$

$$=\frac{1}{4\pi\varepsilon_0}\left[\frac{q}{\sqrt{a^2+r^2+2ar\cos\theta}}-\frac{\frac{R}{a}q}{\sqrt{\left(\frac{R^2}{a}\right)^2+r^2+2\frac{R^2}{a}r\cos\theta}}\right]$$

$$+\frac{Q_0+\frac{R}{a}q}{4\pi\varepsilon_0 r}.$$

(其中 U_1 函数直接引自 2.6 题结果)

2.8　电像法——一带电球壳与一导体球壳

如本题图示，有两个球壳，左边球壳 Σ_1 带电量 Q_1，均匀分布且固定不变；右边 Σ_2 为电中性的导体球壳，即 $Q_2=0$.

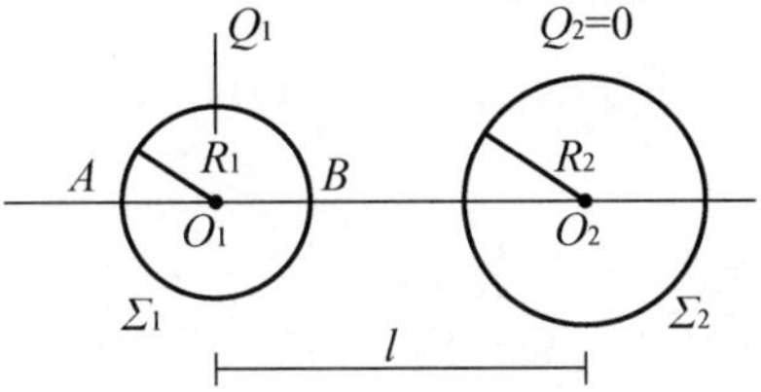

习题 2.8 图

(1) 求两球心间的电势差 U_{12}；

(2) 求球壳 Σ_1 面上 A，B 两点间的电势差 U_{AB}.

解　目前有三个等效点电荷：固定带电球壳(Σ_1)对导体的作用，等效于一个位于球心 O_1 的点电荷 Q_1；导体球壳响应的像电荷 $q'=-\frac{R_2}{l}Q_1$，它与 O_2 的距离为 $a'=\frac{R_2^2}{l}$；中性导体球壳表面又要添加

一份电荷 $q_2=-q'=\frac{R_2}{l}Q_1$，以满足电荷守恒.

(1) 于是，这三者电荷在 O_1 处和 O_2 处贡献的电势分别为

$$U_{O_1}=k_e\frac{Q_1}{R_1}+k_e\frac{q_2}{l}+k_e\frac{q'}{l-a'}$$
$$=k_e\frac{Q_1}{R_1}+k_e\frac{R_2Q_1}{l^2}-k_e\frac{R_2Q_1}{l\left(l-\frac{R_2^2}{l}\right)}$$
$$=k_e\left(\frac{1}{R_1}+\frac{R_2}{l^2}-\frac{R_2}{l^2-R_2^2}\right)Q_1,$$
$$U_{O_2}=k_e\frac{q_2}{R_2}=k_e\frac{R_2Q_1}{lR_2}=k_e\frac{Q_1}{l},$$

注意 (Q_1,q') 对 O_2 处贡献的电势为零.

故两个球心间的电势差为

$$U_{12}=k_e\left(\frac{1}{R_1}+\frac{R_2}{l^2}-\frac{R_2}{l^2-R^2}-\frac{1}{l}\right)Q_1.$$

(2) 在计算带电球壳直径两个端点的电势差时，只需计算 (q_2, q') 的贡献，因为 Q_1 在 A,B 两处贡献相等的电势. 于是，电势差

$$U_{AB}=\left(k_e\frac{q_2}{l+R_1}+k_e\frac{q'}{l+R_1-a'}\right)-\left(k_e\frac{q_2}{l-R_1}+k_e\frac{q'}{l-R_1-a'}\right),$$

代入
$$q_2=\frac{R_2}{l}Q_1,\quad q'=-\frac{R_2}{l}Q_1,\quad a'=\frac{R_2^2}{l},$$

最终得到

$$U_{AB}=k_eQ_1\left\{\frac{R_2}{l(l+R_1)}-\frac{R_2}{l(l-R_1)}-\frac{R_2}{l^2-R_2^2+R_1l}+\frac{R_2}{l^2-R_2^2-R_1l}\right\}.$$

从以上电势差 U_{12}，U_{AB} 与几何参量 (R_1,R_2,l) 函数关系的复杂性中，我们大体可以领略到，求解双导体球电容的难度和复杂性，那里 Σ_1 是个导体球，并非本题给出的电荷分布固定不变的球壳.

2.9 电像法——电偶极子与导体球

如本题图示，一个半径为 R 的导体球，被置于一电偶极子的电场中；偶极子的偶极矩为 $\boldsymbol{p}$，与导体球心距离为 a，导体球接地.

(1) 试证明，为维持零电势，导体球面上非均匀分布的感应电荷，其等效的像电荷含两部分，一者为位于 a' 的像偶极矩 $\boldsymbol{p}'$，另者为

位于 a' 的点电荷 $\Delta q'$，且

$$\boldsymbol{p}'=\frac{R^3}{a^3}\boldsymbol{p},\quad \Delta q'=-\frac{R}{a^2}p,\quad a'=\frac{R^2}{a}.$$

提示：借鉴习题 2.6 中那两个公式，并在偶极间距 $l\to 0$ 条件下作恰当近似，或作微分运算.

(2) 若导体球当初不接地，即一电中性导体球置于偶极场中，求其电势 U_0.

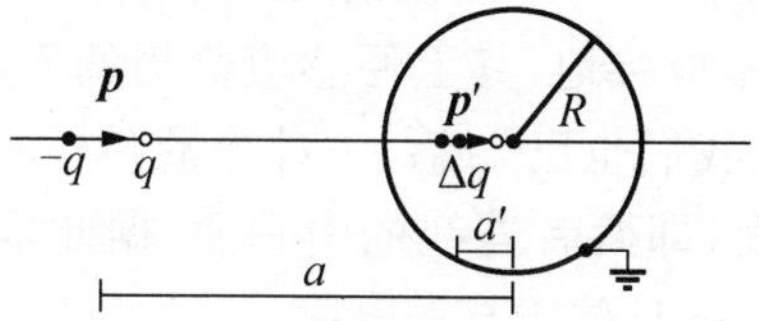

习题 2.9 图

解　(1) 以 $(-q,l,q)$ 表示电偶极子 $\boldsymbol{p}$，由于 $\pm q$ 的位距稍有差别，以致其感应的两个像电荷 q'，q'' 电量绝对值稍有差别，位距 x'，x'' 也稍有差别，兹作近似计算如下.

$$\begin{cases} q \to \quad q'=-\dfrac{R}{a}q, \quad x'=\dfrac{R^2}{a}; \\ -q \to \quad q''=\dfrac{R}{a+l}q, \quad x''=\dfrac{R^2}{a+l}. \end{cases}$$

可见，$(-q)$ 位距远些，则其像电荷数值要小些，其像距也小些，即更靠近球心. q'，q'' 的电量代数和 $\Delta q'$ 与间距 $\Delta x'$ 分别为

$$\begin{cases} \Delta q'=-\dfrac{Rq}{a}+\dfrac{Rq}{a+l}\approx-\dfrac{Rlq}{a^2}=-\dfrac{R}{a^2}p, \quad (l\ll a) \\ \Delta x'=x'-x''=\dfrac{R^2}{a}-\dfrac{R^2}{a+l}\approx\dfrac{R^2}{a^2}l, \quad (l\ll a) \end{cases}$$

$$a'=\frac{1}{2}(x'+x'')\approx\frac{R^2}{a}.$$

我们可以将负电荷 q' 取出一部分 $(-q'')$ 与 q'' 配对成为一对像偶极子，其偶极矩为 $p'=q''\cdot\Delta x'=\dfrac{Rq}{a+l}\cdot\dfrac{R^2}{a^2}l\approx\dfrac{R^3}{a^3}p$.（得证）

(2) 事实上，非均匀地分布于导体球面的电荷 q' 与 q''，其代数和 $q'+q''=\Delta q'\neq 0$，于是，导体球面便感应出电量 $-\Delta q'$，以维持自己的

电中性，且$-\Delta q'$均匀分布于球面，以保证导体球为一等势体. 因为这场合其他带电者(q, q', q'')或$(p, p', \Delta q')$，三者一起已经保证了导体球是零电势体，则此时导体球的电势为

$$U_0 = k_e \frac{-\Delta q'}{R} = k_e \frac{p}{a^2}.$$

2.10 电像法——点电荷与导体平板

如本题图(a)所示，一个面积很大的导体平板，被置于一点电荷q的电场中；当导体板接地，其上便感应恰当的面电荷分布，以保证Σ_0面为零等势面. 我们也已知悉，一对等量异号的点电荷$(q, -q)$，其零等势面为平面，即两者连线的中垂面；据此推定目前场合的等效像电荷为$q' = -q$，且位于与源电荷q镜像对称位置. 由$(q, -q)$所决定的平板左半空间的电场线和等势线被画为实线，如图(b)所示；而右半空间那一组用虚线表示的电场线和等势线，只是顺手画出，它们并非右半空间电场的真实写照. 其实，右半空间无电场，$\boldsymbol{E}_{右} = 0$，因为这个空间里，无真实电荷且其左侧无限大边界电势为零；或者这样看，平板上左侧面的感应电荷完全屏蔽了源电荷在右半空间的电场.

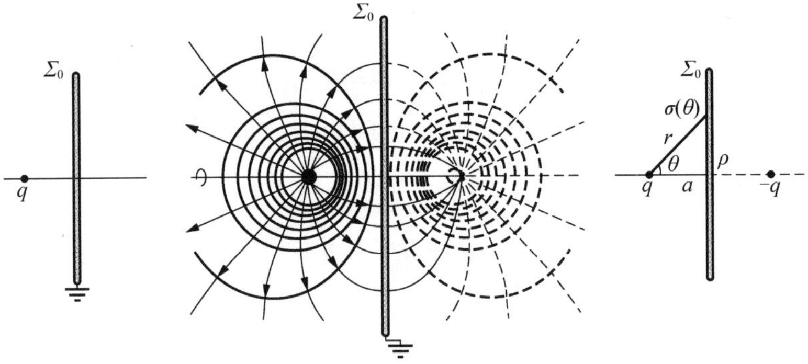

(a) (b) (c)

习题 2.10 图

(1) 试导出感应面电荷密度$\sigma(\theta)$函数，参见图(c)；

(2) 试审核导体面板上感应电荷总量Q_0值是否等于$-q$.

解 (1) 如图(c)，以极坐标(r, θ)标定Σ_0面左侧邻近的场点P，

通过分析获知$(q,-q)$在 P 点贡献的合场强$\boldsymbol{E}_P=\boldsymbol{E}_+ +\boldsymbol{E}_-$,是垂直$\Sigma_0$ 面,且指向 Σ_0,这不难理解,因为导体表面外侧 $\boldsymbol{E}$ 总是与表面正交的. 于是

$$\boldsymbol{E}_P=2E_+\cos\theta(-\hat{\boldsymbol{n}})=-2k_e\frac{q}{r^2}\cos\theta\cdot\hat{\boldsymbol{n}}$$

$$=-\frac{q}{2\pi\varepsilon_0 a^2}\cos^3\theta\cdot\hat{\boldsymbol{n}},\quad\left(\text{因为 } r=\frac{a}{\cos\theta}\right)$$

又根据导体表面电荷两侧 $\boldsymbol{E}$ 的边值关系,

$$\boldsymbol{E}_P=\frac{\sigma}{\varepsilon_0}\hat{\boldsymbol{n}},$$

于是,$\dfrac{\sigma}{\varepsilon_0}=-\dfrac{q}{2\pi\varepsilon_0 a^2}\cos^3\theta$,得感应电荷面密度 $\sigma(\theta)=-\dfrac{q\cos^3\theta}{2\pi a^2}$.

(2) $\sigma(\theta)$分布具有轴对称性,对称轴为 q 与 $-q$ 连线. 兹将 Σ_0 面分割为一系列平面环带,其半径为 ρ,宽度为 $\mathrm{d}\rho$,于是,环带面积

$$\mathrm{d}S=2\pi\rho\mathrm{d}\rho=2\pi a\tan\theta\cdot\frac{a}{\cos^2\theta}\mathrm{d}\theta$$

$$=2\pi a^2\frac{\sin\theta}{\cos^3\theta}\mathrm{d}\theta,\quad(\text{注意},\mathrm{d}\rho\cos\theta=r\mathrm{d}\theta)$$

其所含电量

$$\mathrm{d}q=\sigma(\theta)\mathrm{d}S=-q\sin\theta\mathrm{d}\theta,$$

总感应电量

$$Q_0=\int\mathrm{d}q=-q\int_0^{\frac{\pi}{2}}\sin\theta\mathrm{d}\theta=-q(-\cos\theta)\Big|_0^{\frac{\pi}{2}}=-q.\ (\text{审定自洽})$$

2.11 电像法——点电荷与直角导体板

如图(a),一个面积很大的直角导体板,被置于点电荷 q 之电场中,且导体板接地以维持其零电势.

(1) 试确定其像电荷的个数、电量和位置. 提示:应有三个像电荷;

(2) 求出三个特殊场点 P,M 和 O 处的电场 $\boldsymbol{E}_P,\boldsymbol{E}_M$ 和 $\boldsymbol{E}_O$;

(3) 求出这三处的感应电荷面密度 σ_P,σ_M 和 σ_O.

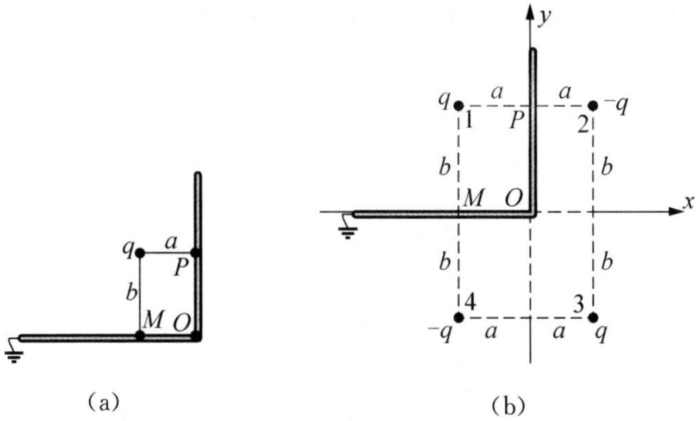

习题 2.11 图

解 (1) 源电荷及其三个像电荷的电量和坐标如图(b)所示，唯此才能保证这两个正交的导体平板为零电势.

(2) 如图(b)，为叙述方便，特将这四个点电荷分别编号为 1，2，3，4.

对 M 点：

$$(q_1, q_4) \to \boldsymbol{E}_{1,4} = 2k_e \frac{q}{b^2}(-\hat{\boldsymbol{y}}),$$

$$(q_2, q_3) \to \boldsymbol{E}_{2,3} = 2k_e \frac{q}{b^2+4a^2} \cdot \frac{b}{\sqrt{b^2+4a^2}}\hat{\boldsymbol{y}},$$

最终给出

$$\boldsymbol{E}_M = -2k_e q\left(\frac{1}{b^2} - \frac{b}{(b^2+4a^2)^{3/2}}\right)\hat{\boldsymbol{y}}.$$

对 P 点：根据对应量的轮换对称性，立马可以由 $\boldsymbol{E}_M$ 式推写出

$$\boldsymbol{E}_P = -2k_e q\left(\frac{1}{a^2} - \frac{a}{(a^2+4b^2)^{3/2}}\right)\hat{\boldsymbol{x}}.$$

对 O 点：

$$\boldsymbol{E}_{1,3} = 0, \boldsymbol{E}_{2,4} = 0, \text{则 } \boldsymbol{E}_O = 0.$$

(3) 根据导体表面 $\boldsymbol{E}$ 的边值关系 $\boldsymbol{E} = \frac{\sigma_0}{\varepsilon_0}\hat{\boldsymbol{n}}$，立马可以求出，

$$\sigma_M=\varepsilon_0 E_M=\frac{-q}{2\pi}\left(\frac{1}{b^2}-\frac{b}{(b^2+4a^2)^{3/2}}\right),$$

$$\sigma_P=\varepsilon_0 E_P=\frac{-q}{2\pi}\left(\frac{1}{a^2}-\frac{a}{(a^2+4b^2)^{3/2}}\right),$$

$$\sigma_O=0.$$

2.12　电像法——天线的像电流

用于电磁波辐射和接收的天线，经常被安装在导体表面附近，参见本题图示，其中，平放着的 Σ_0 面表示导体平板，上面那段短线就是天线，其旁带箭头实线表示天线瞬时电流 $i(t)$之方向，Σ_0 面下方的虚线与上方天线成镜像对称. 电流意味电荷流动，由于导体感应，运动于导体附近的源电荷，便伴随有像电荷及其流动，而形成像电流 $i'(t)$.

试确定图(a)、(b)和(c)显示的天线三种取向时，像电流 i'的瞬时方向(用箭头短线表示之).

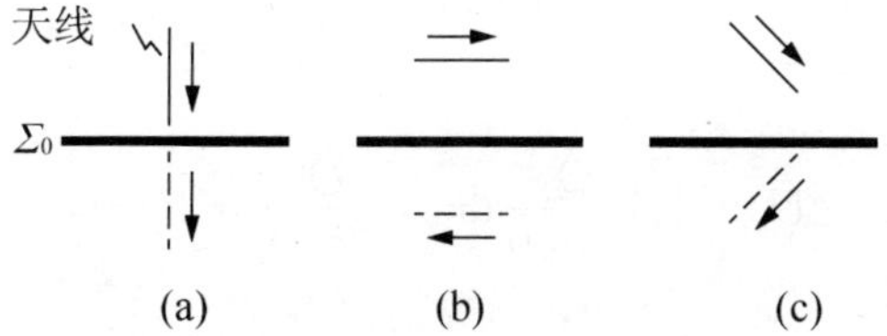

习题 2.12 图

解　像电流方向如题图所示，须知，负电荷运动方向之逆向才是电流 $i'(t)$方向.

2.13　真空电容器

(1) 试导出真空平行板电容器的电容公式

$$C=\varepsilon_0\,\frac{S}{d},$$

这里，S 为极板面积，d 为两极板之间距；且 $d\ll\sqrt{S}$，可忽略边缘效应，上式才精确成立.

(2) 试导出真空圆柱形电容器的电容公式

$$C=2\pi\varepsilon_0\,\frac{l}{\ln(R/r)},$$

这里，r 为内筒半径，R 为外筒内径，l 为轴向长度；且 $l \gg R$，可忽略边缘效应，上式才精确成立.

(3) 试导出真空球形电容器的电容公式，

$$C=4\pi\varepsilon_0 \frac{rR}{R-r},$$

这里，r 为内球壳的外半径，R 为外球壳的内半径. 对于球形，无边缘畸变，故上式精确成立.

解 (1) 在两平行板间加上电压 ΔU，使正极板带电 Q_0，则

$$\Delta U=Ed=\frac{\sigma_0}{\varepsilon_0}d=\frac{\sigma_0 S}{\varepsilon_0 S}d=\frac{Q_0}{\varepsilon_0 S}d,$$

于是

$$C=\frac{Q_0}{U}=\frac{\varepsilon_0 S}{d}.$$

(2) 令内筒带电 Q_0，

$$E(r)\cdot 2\pi rl=\frac{Q_0}{\varepsilon_0}.$$

于是

$$\Delta U=\int_r^R \frac{Q_0}{2\pi\varepsilon_0 rl}\mathrm{d}r=\frac{Q_0}{2\pi\varepsilon_0 l}\ln(R/r),$$

因此

$$C=\frac{Q_0}{\Delta U}=\frac{2\pi\varepsilon_0 l}{\ln(R/r)}.$$

(3) 令内球带电 Q_0，

$$E(r)\cdot 4\pi r^2=\frac{Q_0}{\varepsilon_0},$$

于是

$$\Delta U=\int_r^R \frac{Q_0}{4\pi\varepsilon_0 r^2}\mathrm{d}r=-\frac{Q_0}{4\pi\varepsilon_0}\left(\frac{1}{R}-\frac{1}{r}\right),$$

因此

$$C=\frac{Q_0}{\Delta U}=4\pi\varepsilon_0 \frac{rR}{R-r}.$$

说明 在这三种电容器中，球形电容器最单纯，因为它无边缘效应，其电容公式在理论上是精确成立的. 然而，在电气工程中却极

少采用球形电容器，因为从内球壳穿过外球壳的电极引线，必将引起电场线弯曲和等势面畸变，在高压电气设备中更要戒备这畸变，以保证高压绝缘安全.

2.14　介质电容器

试证明，凡闭合型电容器中充满一种均匀线性介质，则其电容 C_r 必为其真空时电容 C_0 的 ε_r 倍，即

$$C_r=\varepsilon_r C_0. \quad (\varepsilon_r \text{ 为介质相对介电常数})$$

解　采取有效面电荷概念给予证明最直截了当. 设电容器中一个电极带自由电量为 Q_0，则与其密接的介质层必响应一符号相反的极化电量 Q'，而决定电容器中电场的应是这两者的代数和 $Q_{eff}=Q_0+Q'$，可以证明这有效电量 $Q_{eff}=\dfrac{Q_0}{\varepsilon_r}$，可参见书第 102 页(2.28)式.

于是，充满介质时，两极电压

$$\Delta U' \propto Q_{eff},$$

真空时，两极电压

$$\Delta U_0 \propto Q_0,$$

得

$$\frac{\Delta U'}{\Delta U_0}=\frac{Q_{eff}}{Q_0}=\frac{1}{\varepsilon_r}.$$

而按电容量之定义，

$$C_r=\frac{Q_0}{\Delta U'}=\frac{Q_0}{\dfrac{1}{\varepsilon_r}\cdot\Delta U_0}=\varepsilon_r\frac{Q_0}{\Delta U_0}=\varepsilon_r C_0. \text{（得证）}$$

2.15　卷筒式介质电容器

在电气工程和电子线路中，广泛使用平行板类型的电容器. 为了使大面积极板占空缩小，常将其制成金属薄膜，其间用一层介质膜隔开，当然其两个外表面也要敷以绝缘层，最后将它们紧密卷缩为一圆筒形，其电容 C 值可用平行板电容公式计算.

(1) 设金属膜宽度 $l=30$ mm，长度 $b=1.0\times10^3$ cm，中间介质膜材料为二氧化钛，其厚度 $d=50$ μm，试算出其电容为多少 μF(微法)?

(2) 将其紧密卷缩为一圆筒形，其半径 r 为多少 mm? 设五个

膜层的总厚度 d_0 为 100 μm.

(3) 该电容器耐压 U_M 为多少? 关于二氧化钛(TiO_2): 相对介电常数 $\varepsilon_r \approx 80$,击穿场强即破坏场强 $E_d \approx 2.5\times10^4$ V/mm.

解 (1) 按公式计算,

$$C=\varepsilon_r C_0=\varepsilon_r\varepsilon_0 \frac{S}{d}=80\times8.85\times10^{-12}\times\frac{30\times10^{-3}\times10}{50\times10^{-6}}\text{F}$$

$$\approx4.25\times10^{-6}\text{F}=4.25\mu\text{F}.$$

(2) 按体积守恒,列出方程:

平面型体积

$$V_1=bld_0,$$

密接卷筒型体积

$$V_2=\pi r^2\cdot l,$$

$$V_1=V_2,\quad 即\quad bld_0=\pi r^2\cdot l,$$

得卷筒半径

$$r=\sqrt{\frac{bd_0}{\pi}}.$$

代入数据 $b=1.0\times10^3$ cm, $d_0=100\mu$m$=1.0\times10^{-2}$ cm,算出

$$r\approx1.8\text{cm}.$$

(3) 耐压

$$U_M=E_d\cdot d=2.5\times10^4\text{V/mm}\times50\times10^{-3}\text{mm}\approx1.25\times10^3\text{V}.$$

2.16 地球的电容

地球表面约 70%面积为海洋,而海水是导电的;地下水层和地下矿藏也是导电的. 若将地球视作一个导电球壳,其电容为多少 μF? 地球半径 R 为 6370 km.

解 按单一导体球的电容公式计算,

$$C=4\pi\varepsilon_0 R=4\pi\times8.85\times10^{-12}\times6.37\times10^6\text{F}$$

$$\approx7.08\times10^{-4}\text{F}=708\mu\text{F}.$$

2.17 静电高压球

某科技馆有一个半径为 20 cm 的静电高压导体球,试问,若在夏日湿热空气中,它可能获得的最高电压 U_M 为多少 kV? 此时它表面积累的总电量为多少 μC(微库仑)? 湿热空气的击穿场强 E_d 约为

1.5 kV/mm.

解　按单一导体球的最高耐压公式计算，

$$U_M = RE_d = 20\text{cm} \times 1.5 \times 10^3 \text{V/mm} = 3.0 \times 10^5 \text{V}.（30 万伏）$$

相应的球面总电量为

$$Q = 4\pi\varepsilon_0 RU_M = 4\pi \times 8.85 \times 10^{-12} \times 2.0 \times 10^{-1} \times 3.0 \times 10^5 \text{C}$$
$$\approx 667 \times 10^{-8} \text{C} \approx 6.7 \mu\text{C}.（约 7 微库仑）$$

2.18　偏离平行板电容器

一平行板电容器的两个极板之平行度出现了偏差，其夹角为 θ，参见本题图，极板宽为 a，长为 b，左端间距为 d. 其边缘效应可忽略的条件是

$$d \ll a, b;\quad d' \ll a, b,\quad 即\quad \theta \ll 1\ (\text{rad}).$$

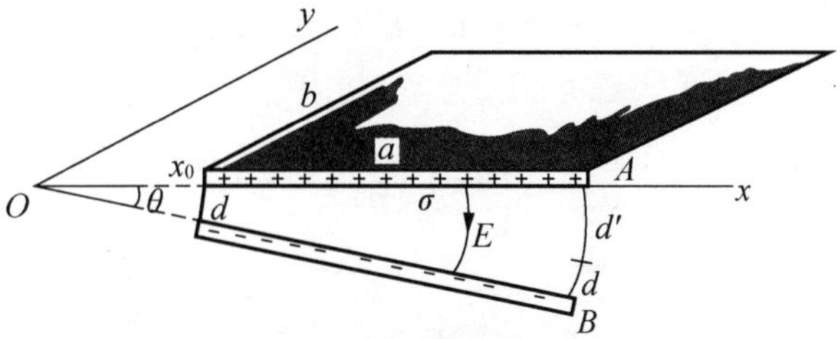

习题 2.18 图

(1) 在此近似条件下，试证明其电容为

$$C = \varepsilon_0 \frac{b}{\theta} \ln\left(1 + \frac{a\theta}{d}\right).$$

提示：建议给定电压 U，求 $E(x)$ 得电荷面密度 $\sigma(x)$，积分得总电量 Q；不推荐用电容并联公式推演.

(2) 设 $\theta = 0.05(\text{rad}) \approx 2.9°$，$a = 20\text{ cm}$，$b = 40\text{ cm}$，$d = 6.0\text{ mm}$，问该电容为多少 pF(皮法)？并与 $\theta = 0$ 的电容 C_0 作一比较.

解　先作几何描述. 上下两个极板平面被设为 A 面和 B 面，两者外延而相交成一直线设为 y 轴，与 y 轴正交的剖面图如题图所示，其中 O 点选为 x 轴原点，A 面左侧端点坐标为 x_0，右侧端点坐标为 $(x_0 + a)$，整个 A 面被分割为宽度 $\mathrm{d}x$、长度 b 的一系列细条，其面积 $\mathrm{d}S = b\mathrm{d}x$. 接着重点分析该电容器内部空间的电场特点. 显然，A 面和 B 面是两个等势平面；值得注意的是，其间还有一个零电势平

面 Σ_0，它是 θ 角平分线与 y 轴构成的平面. 相对 Σ_0 面而言，上下正负电荷分布是镜像对称的，故它们对 Σ_0 面上各点贡献的电势代数和为零；于是，在内部空间呈现了这样一幅电场图景，从 A 面任意 x 处出发的 $\boldsymbol{E}$ 线，先后分别与 A 面、Σ_0 面和 B 面正交而成为一条曲线；有理由认定，这些 $\boldsymbol{E}$ 线是一段以 O 点为中心的圆弧 $\widehat{l}$，且其上各点 E 值相同，故 $\widehat{l}(x)=\theta x$，这个结论在较大 θ 角范围中是相当精确成立的，它并不受限于 $\theta\ll 1\text{rad}$. 据上述分析进行相关运算.

(1) 给定电压 U，则

$$\int_A^B \boldsymbol{E}\cdot \mathrm{d}\boldsymbol{l}=U,\quad (\text{与 } x \text{ 无关})$$

又

$$\int_{(\text{沿}E\text{线})} \boldsymbol{E}\cdot \mathrm{d}\boldsymbol{l}=El(x)=E\theta x,$$

得

$$E(x)=\frac{U}{\theta x},$$

进而得

$$\sigma(x)=\varepsilon_0 E(x)=\frac{\varepsilon_0 U}{\theta x}.$$

对面电荷密度 $\sigma(x)$ 积分得极板总电量

$$\begin{aligned}Q&=\int\sigma(x)\cdot b\mathrm{d}x=\frac{\varepsilon_0 b}{\theta}U\int_{x_0}^{x_0+a}\frac{1}{x}\mathrm{d}x=\frac{\varepsilon_0 b}{\theta}U(\ln(x_0+a)-\ln x_0)\\&=\frac{\varepsilon_0 b}{\theta}U\ln\left(1+\frac{a}{x_0}\right)=\frac{\varepsilon_0 b}{\theta}U\ln\left(1+\frac{a\theta}{d}\right),\quad \left(\text{因为 } \theta=\frac{d}{x_0}\right)\end{aligned}$$

最终得此电容器电容算式为

$$C=\frac{Q}{U}=\varepsilon_0\ \frac{b}{\theta}\ln\left(1+\frac{a\theta}{d}\right).$$

再次指出该式并不受限于 $\theta\ll 1\text{rad}$ 这小角范围.

(2) 代入数据算出

$$\begin{aligned}C&=8.85\times10^{-12}\times\frac{0.4}{0.05}\times\ln\left(1+\frac{0.2\times0.05}{0.006}\right)\text{F}\\&\approx 69\times10^{-12}\text{F}=69\text{pF},\end{aligned}$$

$$C_0=\lim_{\theta\to0}\left(\varepsilon_0\ \frac{b}{\theta}\ln\left(1+\frac{a\theta}{d}\right)\right)=\varepsilon_0\ \frac{ab}{d}$$

$$=8.85\times10^{-12}\times\frac{0.2\times0.4}{0.006}\mathrm{F}\approx118\times10^{-12}\mathrm{F}=118\mathrm{pF}.$$

可见，C 与 C_0 的差值还是比较大的.

2.19　分子偶极矩数量级

结构化学表明，水分子 H_2O 系有矩分子，其 H 和 O 间的两个化学键之夹角为 104.5°，而 H—O 之距离为 95.84 pm，约 0.1 nm.

(1) 求单个水分子偶极矩 $\boldsymbol{p}_子$ 值，以 C·m 为单位；

(2) 若让 1 cm^3 水的所有 $\boldsymbol{p}_子$ 皆规则地定向排列，其极化强度矢量 $\boldsymbol{P}$ 值为多少 $\mathrm{mC/cm^2}$？

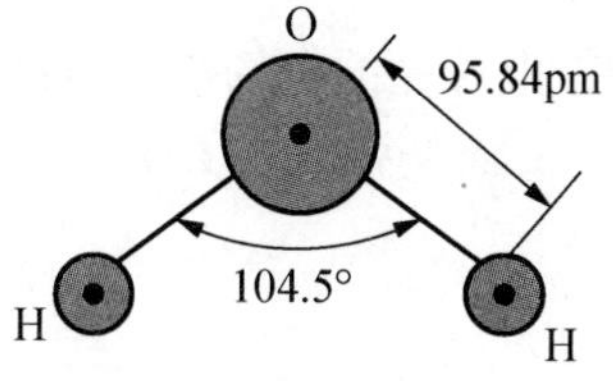

习题 2.19 图

解　(1) 其正负电中心之距离 $l=95.84\times\cos\dfrac{\theta}{2}\mathrm{pm}$，故其固有分子偶极矩

$$p_子=(2e)\cdot l=(2\times1.6\times10^{-19}\times95.84\times10^{-12}\times\cos52.3)^{\circ}\mathrm{C\cdot m}$$
$$\approx1.88\times10^{-29}\mathrm{C\cdot m}.$$

(2) 水的比重为 $1\mathrm{g/cm^3}$，其含水分子数为

$$N=\frac{10^{-3}}{18\times1.67\times10^{-27}}\frac{1}{\mathrm{cm}^3}\approx3.33\times10^{22}\frac{1}{\mathrm{cm}^3},$$

相应的极化强度矢量之数值为

$$P=Np_子\approx6.25\times10^{-5}\mathrm{C/cm^2}=6.25\times10^{-2}\mathrm{mC/cm^2},$$

这是一个极高数量级的值.

2.20　导体球外有电介质

在半径为 R_0 的金属球之外有一层半径为 R 的均匀电介质层，见本题图. 设电介质的相对介电常量为 ε_r，金属球带电量为 Q_0，求：

(1) 介质层内、外的场强分布；

(2) 介质层内、外的电势分布；

(3) 金属球的电势；

(4) 极化面电荷密度 $\sigma'(R_0)$，$\sigma'(R)$.

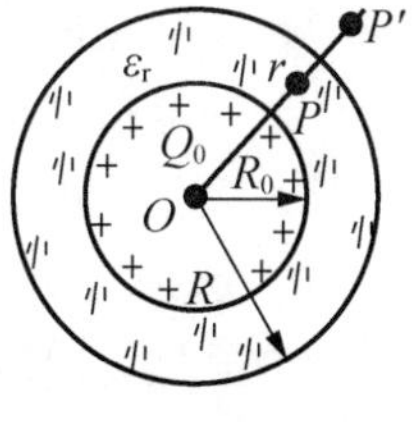

习题 2.20 图

解　此带电体系及其电场具有球对称性,可采用有效面电荷概念求解之,也可采用电位移 $\boldsymbol{D}$ 通量定理求解,这里采用前者. 半径 R_0 球面上,有效面电荷 $Q_{\text{eff}}=\dfrac{Q_0}{\varepsilon_r}$,其上极化电荷 $Q'=\dfrac{1-\varepsilon_r}{\varepsilon_r}Q_0$,因而,半径 R 介质外球面上的极化电荷为 $-Q'=\dfrac{\varepsilon_r-1}{\varepsilon_r}Q_0$,据此,并借助均匀带电球壳的电场知识,我们几乎能立马得到本题结果.

(1) 场强分布 $\boldsymbol{E}(\boldsymbol{r})$:

$$r>R,\boldsymbol{E}(\boldsymbol{r})=k_e\frac{Q_0}{r^2}\hat{\boldsymbol{r}};$$

$$R>r>R_0,\quad \boldsymbol{E}(\boldsymbol{r})=k_e\frac{Q_{\text{eff}}}{r^2}\hat{\boldsymbol{r}}=k_e\frac{Q_0}{\varepsilon_r r^2}\hat{\boldsymbol{r}};$$

$$r<R_0,\quad \boldsymbol{E}(\boldsymbol{r})=0.$$

(2) 电势分布 $U(\boldsymbol{r})$:

$$r\geqslant R,\quad U(\boldsymbol{r})=k_e\frac{Q_0}{r};$$

$$R\geqslant r\geqslant R_0,\quad U(\boldsymbol{r})=k_e\frac{-Q'}{R}+k_e\frac{Q_{\text{eff}}}{r}=k_e\frac{(\varepsilon_r-1)Q_0}{\varepsilon_r R}+k_e\frac{Q_0}{\varepsilon_r r}.$$

(3) 令上述结果中 $r=R_0$,得金属球电势

$$U_0=k_e\frac{(\varepsilon_r-1)Q_0}{\varepsilon_r R}+k_e\frac{Q_0}{\varepsilon_r R_0}\quad (r\leqslant R_0).$$

(4) $\sigma'(R_0)=\dfrac{Q'}{4\pi R_0^2}=\dfrac{(1-\varepsilon_r)Q_0}{4\pi R_0^2\varepsilon_r},\quad \sigma'(R)=\dfrac{(\varepsilon_r-1)Q_0}{4\pi R^2\varepsilon_r}.$

2.21　两平行导电板中有介质

如本题图示,给定导电板的面电荷密度 σ_0 和 $-\sigma_0$,其间插入一片介质板,其厚度为 d_0,介电常数为 ε_r. 忽略边缘效应,求:

(1) 三层空间中的场强 E_1,E_0 和 E_2;

(2) 导电板间的电势差 U_{AB};

(3) 极化面电荷密度 σ'.

解　这是一个均匀电场和均匀极化的问题.

(1) 显然,介质板上出现的 $\pm\sigma'$ 两层极化电荷,在外部空间的电场为零,于是,

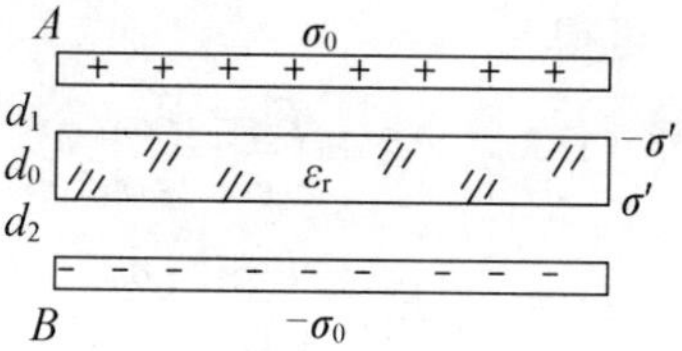

习题 2.21 图

$$E_1=E_2=\frac{\sigma_0}{\varepsilon_0}.$$

为考量介质板内的电场,不妨应用 $\boldsymbol{D}$ 通量定理求之——作一个小圆柱体,一个底面 ΔS 在介质板中,另一底面 $\Delta S'$ 在 A 板内,小柱体轴线与板面正交,故其侧面 $\boldsymbol{D}$ 通量为 0,于是,

$$\oiint \boldsymbol{D}\cdot \mathrm{d}\boldsymbol{S}=D_0\Delta S=\sigma_0\Delta S,$$

得

$$D_0=\sigma_0,\quad E_0=\frac{D_0}{\varepsilon_r\varepsilon_0}=\frac{\sigma_0}{\varepsilon_r\varepsilon_0}.$$

也可以由 σ' - P - E - σ' 之关系的联立方程组中求出介质板内 E_0.

(2) 电势差

$$U_{AB}=\int_A^B \boldsymbol{E}\cdot \mathrm{d}\boldsymbol{l}=E_1d_1+E_0d_0+E_2d_2=\frac{\sigma_0}{\varepsilon_0}(d_1+d_2)+\frac{\sigma}{\varepsilon_r\varepsilon_0}d_0.$$

(3) 极化面电荷密度 $\sigma'=P_n=P_0=\chi_e\varepsilon_0E_0=\frac{\varepsilon_r-1}{\varepsilon_r}\sigma_0$.

2.22　两平行导电板中有介质

如本题图示,已知导电板上面电荷密度 $\pm\sigma_0$,其间充满两层介质,其厚度和介电常数分别为 (d_1,ε_1) 和 (d_2,ε_2). 忽略边缘效应,求:

(1) 两层介质中的场强 E_1 和 E_2;

(2) 两层介质中的极化强度 P_1 和 P_2;

(3) 导电板间的电势差 U_{AB};

(4) 三处极化面电荷密度 σ_1', σ_2' 和 σ'.

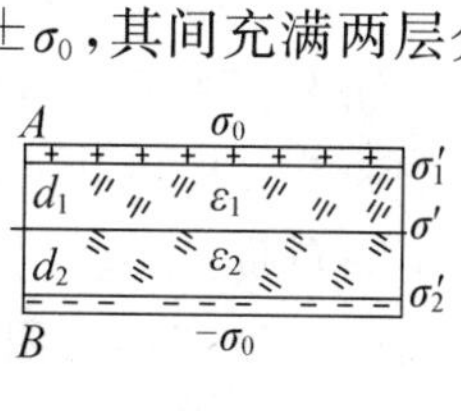

习题 2.22 图

解　(1) 可仿照题 2.21 求介质板中电场的方法,作一个小柱体

而应用 $\boldsymbol{D}$ 通量定理,可得

$$D_1=\sigma_0,E_1=\frac{D_1}{\varepsilon_1\varepsilon_0}=\frac{\sigma_0}{\varepsilon_1\varepsilon_0};$$

$$D_2=\sigma_0,E_2=\frac{D_2}{\varepsilon_2\varepsilon_0}=\frac{\sigma_0}{\varepsilon_2\varepsilon_0}.$$

(2) 极化强度

$$P_1=\chi_1\varepsilon_0E_1=\frac{\varepsilon_1-1}{\varepsilon_1}\sigma_0;$$

$$P_2=\chi_2\varepsilon_0E_2=\frac{\varepsilon_2-1}{\varepsilon_2}\sigma_0.$$

(3) 电势差

$$U_{AB}=\int_A^B\boldsymbol{E}\cdot d\boldsymbol{l}=E_1d_1+E_2d_2=\frac{\sigma_0}{\varepsilon_0}\left(\frac{d_1}{\varepsilon_1}+\frac{d_2}{\varepsilon_2}\right).$$

(4) 极化面电荷密度:

与导体板 A 密接的介质层,

$$\sigma_1'=\frac{1-\varepsilon_1}{\varepsilon_1}\sigma_0;$$

与导体板 B 密接的介质层,

$$\sigma_2'=\frac{1-\varepsilon_2}{\varepsilon_2}(-\sigma_0);$$

中间的介质界面,

$$\sigma'=(-\sigma_1')+(-\sigma_2')=\left(\frac{1}{\varepsilon_2}-\frac{1}{\varepsilon_1}\right)\sigma_0.$$

设 $\sigma_0>0$,当选 $\varepsilon_1>\varepsilon_2$ 则 $\sigma'>0$,这与定性分析结果一致.

2.23 两平行导电板中有介质

如本题图示,一对平行导电板,通过直流电源而维持其电势差恒定为 U_0,其间左、右两个空间充满两种不同介质,介电常数分别为 ε_1 和 ε_2,其与电极板密接面积分别为 S_1 和 S_2.忽略边缘效应,求:

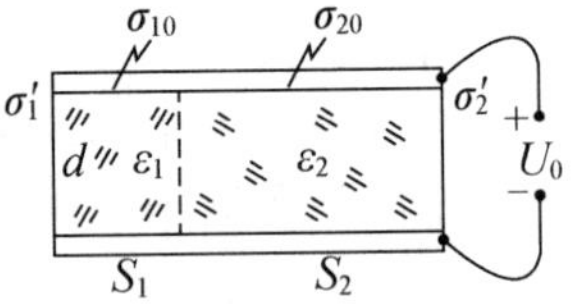

习题 2.23 图

(1) 电极板上总电量 $\pm Q_0$;

(2) 左、右两处界面层的自由电荷

面密度 σ_{10}，σ_{20} 和极化电荷面密度 σ_1'，σ_2'.

提示：推荐采用导体/介质界面有效面电荷概念 σ_{eff} 推算将更便捷.

解　(1) 左右两部分有共同的电压 U_0，因而有相同的场强 E 值，从而有相等的有效面电荷密度 σ_e 值，即

$$\sigma_{1e}=\sigma_{2e}=\sigma_e,\quad \frac{\sigma_e}{\varepsilon_0}=E=\frac{U_0}{d};\qquad ①$$

且

$$\sigma_{1e}=\frac{\sigma_{10}}{\varepsilon_1},\quad \sigma_{2e}=\frac{\sigma_{20}}{\varepsilon_2}.\qquad ②$$

于是，得极板上自由电荷总量为

$$\begin{aligned}Q_{10}&=\sigma_{10}S_1+\sigma_{20}S_2=\varepsilon_1\sigma_e S_1+\varepsilon_2\sigma_e S_2\\&=\varepsilon_1\varepsilon_0\frac{U_0}{d}S_1+\varepsilon_2\varepsilon_0\frac{U_0}{d}S_2,\end{aligned}$$

即

$$Q_0=\varepsilon_0(\varepsilon_1S_1+\varepsilon_2S_2)\frac{U_0}{d}.\qquad ③$$

(2) 从①、②两式分别得左右部分自由电荷面密度为

$$\sigma_{10}=\varepsilon_1\varepsilon_0\frac{U_0}{d},\quad \sigma_{20}=\varepsilon_2\varepsilon_0\frac{U_0}{d}.$$

相密接的极化面电荷密度为

$$\sigma_1'=\frac{1-\varepsilon_1}{\varepsilon_1}\sigma_{10}=(1-\varepsilon_1)\varepsilon_0\frac{U_0}{d},$$

$$\sigma_2'=\frac{1-\varepsilon_2}{\varepsilon_2}\sigma_{20}=(1-\varepsilon_2)\varepsilon_0\frac{U_0}{d}.$$

顺便说明，从③式可得到该电容器的电容

$$\begin{aligned}C&=\frac{Q_0}{U_0}=\varepsilon_1\varepsilon_0S_1/d+\varepsilon_2\varepsilon_0S_2/d\\&=C_1+C_2.\ (\text{电容并联})\end{aligned}$$

2.24　多层介质电容器

对于共轴圆筒电容器或同心球壳电容器，填充多层介质可使场强分布均匀化，以提高电容器耐压，如果多层介电常数 ε_r 选择恰当的话. 兹考量一个三层介质共轴圆筒电容器，如本题图(a)，设

$$\varepsilon_2=\frac{1}{2}\varepsilon_1,\quad \varepsilon_3=\frac{1}{3}\varepsilon_1;$$

$$R_1=2R_0,\quad R_2=3R_0,\quad R_3=4R_0.$$

(1) 求其间场强分布 $E(r)$，$r\in(R_0,R_3)$；设内筒 A 面上面电荷密度为 σ_0.

(2) 画出 $E(r)$ 曲线，看看其场强均匀性如何.

(3) 如果不断升高电压，这电容器首先在哪处被击穿？设这三种介质的破坏强度即击穿场强 E_d 值相近.

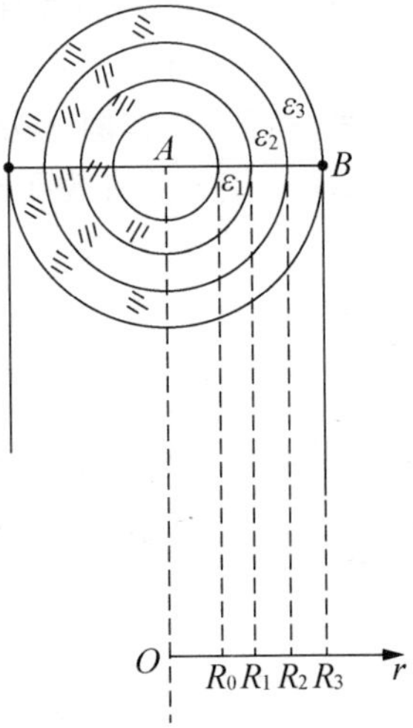

习题 2.24 图(a)

解 (1) 本场合的电场 $\boldsymbol{E},\boldsymbol{D}$ 均具有高度轴对称性，故可直接借用无限长均匀带电圆筒的场强公式，参见书 28 页 (1.21)式，而立马得到 $r\in(R_0,R_3)$ 区间的电位移分布

$$\boldsymbol{D}(\boldsymbol{r})=\frac{\sigma_0 R_0}{r}\hat{\boldsymbol{r}}.$$

据此，分区求解场强 $\boldsymbol{E}$ 分布，由 $\boldsymbol{D}=\varepsilon_r\varepsilon_0\boldsymbol{E}$，得

$$R_0<r<R_1,\quad \boldsymbol{E}(\boldsymbol{r})=\frac{\sigma_0 R_0}{\varepsilon_1\varepsilon_0 r}\hat{\boldsymbol{r}};$$

$$R_1<r<R_2,\quad \boldsymbol{E}(\boldsymbol{r})=\frac{\sigma_0 R_0}{\varepsilon_2\varepsilon_0 r}\hat{\boldsymbol{r}};$$

$$R_2<r<R_3,\quad \boldsymbol{E}(\boldsymbol{r})=\frac{\sigma_0 R_0}{\varepsilon_3\varepsilon_0 r}\hat{\boldsymbol{r}}.$$

可见，在介质界面，即 $r=R_1$ 或 $r=R_2$ 处，场强 $\boldsymbol{E}$ 要突变，因为这里存在未被抵消的净极化面电荷 σ'.

(2) 图(b)显示了 $E(r)$ 曲线，在本题给定的条件下，三个分区的场强极大值 E_M 刚巧相等；$E(r)$ 曲线下的面积正是内筒与外筒之电势差 U_{AB}，对于本题，锯齿型 $E(r)$ 线下面积约二倍于单一 ε_1 介质时 $E(r)$ 线下之面积，换言之，该多层介质电容器的耐压提高了两倍.

(3) 当 $E_M>E_d$，这三个分区的介质几乎同时被击穿.

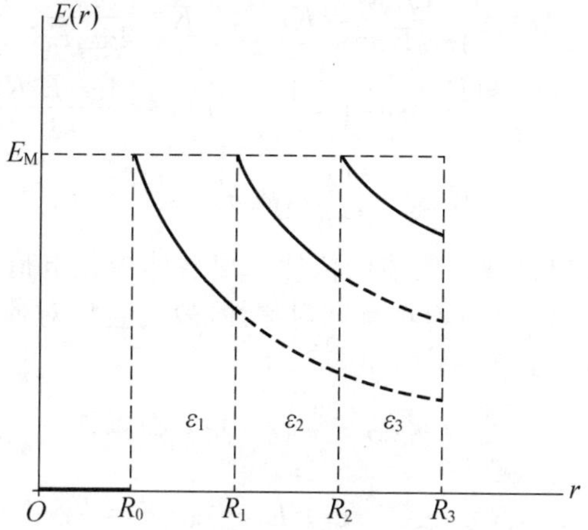

习题 2.24 图(b)

2.25　变介电常数的介质电容器

对于共轴圆筒电容器或同心球壳电容器,其间填充多层介质可使场强均匀化,以利于提高电容器的耐压值,如果那多层介电常数 ε_r 值选择恰当的话;更有甚者,拟可填充一种 ε_r 值连续变化的介质(变介电常数介质),使场强 $E(r)$值保持为一常数.兹考量一个充以变介电常数 $\varepsilon(r)$的同心球壳电容器,其内壳半径为 R_1,外壳内径为 R_2,充以电量$\pm Q_0$.

(1) 证明,要求其间场强为一常数值 E_0 的变介电常数,应当满足

$$\varepsilon(r)=Kr^{-2},\quad r\in(R_1,R_2),$$

并要求确定系数 K 值;

(2) 求内球壳处的极化面电荷密度 σ'_1;

(3) 求介质内部的极化体电荷密度 $\rho'(r)$.

提示:可直接应用静电场通量定理于 r—$r+\mathrm{d}r$ 球壳层.

解　(1) 应用 $\boldsymbol{D}$ 通量定理,求得

$$D(r)=\frac{Q_0}{4\pi r^2},$$

则

$$E(r)=\frac{D(r)}{\varepsilon_0\varepsilon(r)}=\frac{Q_0}{4\pi\varepsilon_0\varepsilon(r)r^2},$$

令 $E(r)=E_0$(常数),遂得变介电常数函数形式为

$$\varepsilon(r)=\frac{Q_0}{4\pi\varepsilon_0 E_0 r^2}=Kr^{-2},\quad K\equiv\frac{Q_0}{4\pi\varepsilon_0 E_0}.$$

(2) $$\sigma_1'=\frac{1-\varepsilon(R_1)}{\varepsilon(R_1)}\sigma_0=\left(\frac{1}{\varepsilon(R_1)}-1\right)\sigma_0=\frac{4\pi\varepsilon_0 E_0 R_1^2}{Q_0}\sigma_0-\sigma_0,$$

注意到自由电荷面密度 $\sigma_0=\dfrac{Q_0}{4\pi R_1^2}$，故 $\sigma_1'=\varepsilon_0 E_0-\sigma_0$.

(3) 变介电常数介质体内依然会出现体极化电荷，注意到目前场合 $E(r)$，$\varepsilon(r)$，$\rho'(r)$ 均具有球对称性，故可直接对薄球壳(r—$r+\mathrm{d}r$)应用 $\boldsymbol{E}$ 通量定理，

$$\oiint \boldsymbol{E}\cdot\mathrm{d}\boldsymbol{S}=\frac{1}{\varepsilon_0}4\pi r^2\mathrm{d}r\cdot\rho'(r),$$

又 $$\oiint \boldsymbol{E}\cdot\mathrm{d}\boldsymbol{S}=4\pi(r+\mathrm{d}r)^2E_0-4\pi r^2E_0\approx 8\pi r\mathrm{d}rE_0,$$

于是得

$$\rho'(r)=\frac{2\varepsilon_0 E_0}{r}\propto\frac{1}{r}.$$

也可应用极化强度矢量 $\boldsymbol{P}$ 的散度方程，而求得

$$\rho'=-\nabla\cdot\boldsymbol{P}=-\nabla\cdot(\chi_e\varepsilon_0\boldsymbol{E})=\varepsilon_0E_0\nabla\cdot(1-\varepsilon(r))\hat{\boldsymbol{r}},$$

然而这微商运算要比上述积分运算显得麻烦些，其结果是一致的.

2.26 均匀外场中的介质球腔——余弦型球面电荷

一个半径为 R、介电常数为 ε_r 的介质球，置于均匀外场 $\boldsymbol{E}_0$ 之中，其中央出现了一个半径为 R_0 的同心球形空腔，如本题图示. 忽略远场边缘效应.

(1) 求含空腔介质球表面的极化面电荷密度 $\sigma'(\theta)$ 和 $\sigma''(\theta)$.

提示：以余弦型球面电荷试探之，尔后联立方程、自洽定解.

(2) 求电场 $\boldsymbol{E}(r,\theta)$，当 $r<R_0$ 及当 $R_0<r<R$.

(3) 求电场 $\boldsymbol{E}(r,\theta)$，当 $r>R$.

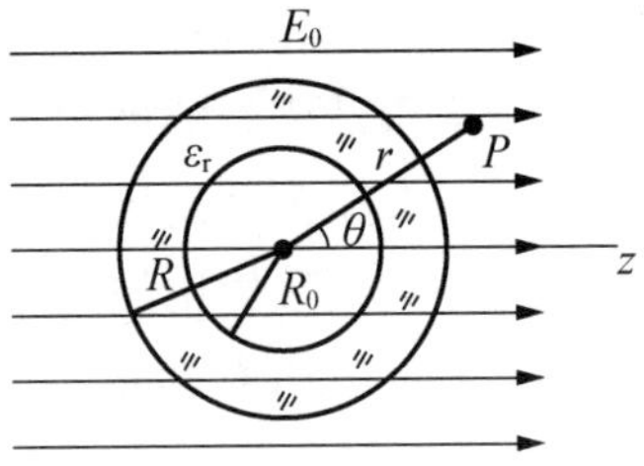

习题 2.26 图

解 (1) 我们已经讨论了一个实心介质球置于均匀外场中的问题，并给出相应结果，参见书 115 页，而目前其内部出现了一球形空腔，就将出现一新的极性相反的电荷分布 $\sigma_0''(\theta)$，它将改变介质中的

电场分布，因而情况变得较为复杂. 基于定性分析，不妨假设极化面电荷分布具有余弦型函数形式，即

$$\sigma'(\theta)=K\cos\theta,\quad \sigma''(\theta)=-K_0\cos\theta.$$

于是，空间电场 $\boldsymbol{E}$ 由三部分叠加，$\boldsymbol{E}=\boldsymbol{E}_0+\boldsymbol{E}'+\boldsymbol{E}''$，其中 $\boldsymbol{E}'$ 系 $\sigma'(\theta)$ 产生的电场，它在内部包括空腔内是均匀场；$\boldsymbol{E}''$ 系 $\sigma''(\theta)$ 产生的电场，它在外部包括介质壳内是偶极场. 故，目前在介质壳内的电场 $\boldsymbol{E}$ 是非均匀场——$\boldsymbol{E}_0$ 均匀场、$\boldsymbol{E}'$ 均匀场和 $\boldsymbol{E}''$ 偶极场.

以下推演旨在求得 (K,K_0) 作为 $(E_0,R,R_0,\varepsilon_{\mathrm{r}})$ 函数的关系式，并考核以上试探 $\sigma'(\theta)$，$\sigma''(\theta)$ 函数形式的合理性. 现首先关注这三个电场在球面内侧 (R^-) 和腔面外侧 (R_0^+) 的径向分量，以便应用线性极化规律和极化面电荷公式：

$$\begin{cases} E_r(R^-,\theta)=E_{0r}+E'_r+E''_r=E_0\cos\theta-\dfrac{K}{3\varepsilon_0}\cos\theta-\dfrac{2K_0R_0^3}{3\varepsilon_0R^3}\cos\theta, \\ \sigma'(\theta)=P_r(\theta)=\chi\varepsilon_0E_r(\theta)=\chi\varepsilon_0\left(E_0-\dfrac{K}{3\varepsilon_0}-\dfrac{2K_0}{3\varepsilon_0}\beta\right)\cos\theta\quad\left(\beta\equiv\dfrac{R_0^3}{R^3}\right). \end{cases}$$

$$\begin{cases} E_r(R_0^+,\theta)=E_{0r}+E'_r+E''_r=E_0\cos\theta-\dfrac{K}{3\varepsilon_0}\cos\theta-\dfrac{2K_0}{3\varepsilon_0}\cos\theta, \\ \sigma''(\theta)=-P_r(\theta)=-\chi\varepsilon_0E_r(\theta)=-\chi\varepsilon_0\left(E_0-\dfrac{K}{3\varepsilon_0}-\dfrac{2K_0}{3\varepsilon_0}\right)\cos\theta. \end{cases}$$

令 $\sigma'(\theta)=K\cos\theta$（自洽），$\sigma''(\theta)=-K_0\cos\theta$（自洽）；遂得

$$\begin{cases} K=\chi\varepsilon_0E_0-\dfrac{\chi K}{3}-\dfrac{2\chi K_0}{3}\beta, & ① \\ K_0=\chi\varepsilon_0E_0-\dfrac{\chi K}{3}-\dfrac{2\chi K_0}{3}. & ② \end{cases}$$

不妨将①、②式整理成二元联立方程组的标准形式，

$$\begin{cases} (3+\chi)K+2\chi\beta K_0=3\chi\varepsilon_0E_0, & ③ \\ \chi K+(3+2\chi)K_0=3\chi\varepsilon_0E_0, & ④ \end{cases}$$

引入系数缩写符号，

$$a_1=3+\chi,\quad b_1=2\chi\beta,\quad c_1=3\chi\varepsilon_0E_0,$$
$$a_2=\chi,\quad b_2=3+2\chi,\quad c_2=3\chi\varepsilon_0E_0,$$

于是，③、④式之解为

$$\begin{cases} K=\dfrac{c_1b_2-c_2b_1}{a_1b_2-a_2b_1}=\dfrac{6\chi^2(1-\beta)+9\chi}{2\chi^2(1-\beta)+9\chi+9}\varepsilon_0E_0, \\ K_0=\dfrac{a_1c_2-a_2c_1}{a_1b_2-a_2b_1}=\dfrac{9\chi}{2\chi^2(1-\beta)+9\chi+9}\varepsilon_0E_0. \end{cases}$$

举个数字例题.设该介质相对介电常数 $\varepsilon_r=3$,则 $\chi_e=2$;设半径 $R=2R_0$,则 $\beta=\dfrac{1}{8}$,得

$$K=\frac{39}{34}\varepsilon_0E_0,\quad K_0=\frac{18}{34}\varepsilon_0E_0.\quad (\text{均小于 } 2\varepsilon_0E_0,\text{合理})$$

(2) 在空腔区域($r<R_0$),电场含有三个均匀场,

$$\boldsymbol{E}=E_0\hat{\boldsymbol{z}}-\frac{K}{3\varepsilon_0}\hat{\boldsymbol{z}}+\frac{K_0}{3\varepsilon_0}\hat{\boldsymbol{z}}.$$

在介质壳内($R_0<r<R$),电场含有两个均匀场和一个偶极场 $\boldsymbol{E}''$,

$$\boldsymbol{E}=E_0\hat{\boldsymbol{z}}-\frac{K}{3\varepsilon_0}\hat{\boldsymbol{z}}+\boldsymbol{E}''(r,\theta),$$

其中,

$$E''_r(r,\theta)=\frac{2p''_e\cos\theta}{4\pi\varepsilon_0r^3},\quad E''_\theta(r,\theta)=\frac{p''_e\sin\theta}{4\pi\varepsilon_0r^3},$$

这个等效偶极矩

$$p''_e=-\frac{4\pi}{3}R_0^3K_0.$$

(3) 在介质球以外空间,电场含有一个均匀场和两个极性相反的偶极场 $\boldsymbol{E}'$ 与 $\boldsymbol{E}''$,

$$\boldsymbol{E}=E_0\hat{\boldsymbol{z}}+\boldsymbol{E}'(r,\theta)+\boldsymbol{E}''(r,\theta),$$

其中

$$E'_r(r,\theta)=\frac{2p'_e\cos\theta}{4\pi\varepsilon_0r^3},\quad E'_\theta(r,\theta)=\frac{p'_e\sin\theta}{4\pi\varepsilon_0r^3},$$

这个等效偶极矩

$$p'_e=\frac{4\pi}{3}R^3K.$$

$E''_r(r,\theta)$ 和 $E''_\theta(r,\theta)$ 的表达式同(2),在此不复写.

2.27　均匀外场中的双层介质球——余弦型球面电荷

一半径为 R_1、介电常数为 ε_1 的介质球，被一个半径为 R_2、介质常数为 ε_2 的介质球壳所包围，置于均匀外场 $\boldsymbol{E}_0$ 之中. 忽略远场边缘效应.

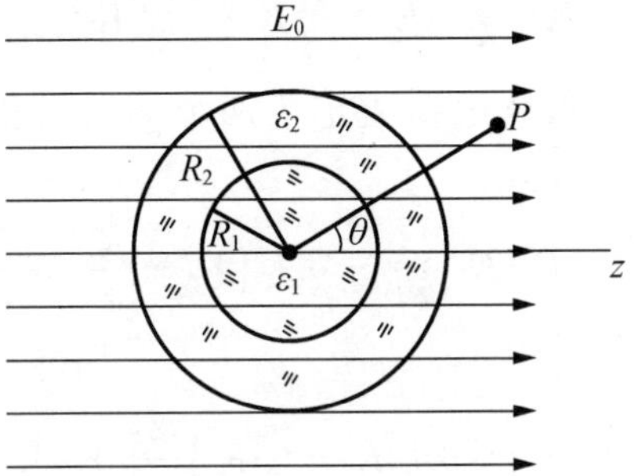

习题 2.27 图

(1) 求两处球面的极化面电荷密度 $\sigma'(\theta)$ 和 $\sigma''(\theta)$；可设 $\varepsilon_1>\varepsilon_2$.

提示：以余弦型球面电荷试探之，尔后联立方程，自洽定解.

(2) 求电场 $\boldsymbol{E}(r,\theta)$，当 $r<R_1$ 及当 $R_1<r<R_2$.

(3) 求电场 $\boldsymbol{E}(r,\theta)$，当 $r>R_2$.

解　(1) 依然，设余弦型函数作为极化电荷的试探解，即

在 R_2 球面上　　　　$\sigma'=K\cos\theta$；

在 R_1 球面上　　　　$\sigma''=K_0\cos\theta$.

这里 σ'' 是两部分的代数和：

内侧(R_1^-)介质 ε_1 贡献　$\sigma_1'=K_1\cos\theta$；

外侧(R_1^+)介质 ε_2 贡献　$\sigma_2'=K_2\cos\theta$.

即

$$\sigma_1'+\sigma_2'=\sigma'',K_0\cos\theta=K_1\cos\theta+K_2\cos\theta,K_0=K_1+K_2.$$

仿照 2.26 题的推演程序，而建立 $\sigma'\to\boldsymbol{E}\to\boldsymbol{P}\to\sigma'$ 之联立方程. 决定 σ' 的场强径向分量含有三部分，分别由均匀外场 $\boldsymbol{E}_0$，σ' 产生的均匀场 $\boldsymbol{E}'$ 和 σ'' 产生的偶极场 $\boldsymbol{E}''$ 提供，即

$$E_r(R_2^-)=E_{0r}+E_r'+E_r''=E_0\cos\theta-\frac{K}{3\varepsilon_0}\cos\theta+\frac{2\beta K_0}{3\varepsilon_0}\cos\theta,\quad\left(\beta\equiv\frac{R_1^3}{R_2^3}\right)$$

相应的极化面电荷密度

$$\sigma'=P_r(R_2^-)=\chi_2\varepsilon_0 E_r(R_2^-)=\chi_2\varepsilon_0\left(E_0-\frac{K}{3\varepsilon_0}+\frac{2\beta K_0}{3\varepsilon_0}\right)\cos\theta,$$

可见，设σ'具余弦型函数形式在理论上是自洽的，同时得方程

$$K=\chi_2\varepsilon_0 E_0-\frac{\chi_2}{3}K+\frac{2\chi_2\beta}{3}K_0. \quad ①$$

同理，R_1^+ 球面处的极化电荷决定于两个均匀场和一个偶极场，结果为

$$\sigma_2'(R_1^+)=-P_r(R_1^+)=-\chi_2\varepsilon_0\left(E_0-\frac{K}{3\varepsilon_0}+\frac{2K_0}{3\varepsilon_0}\right)\cos\theta,$$

即

$$K_2=-\left(\chi_2\varepsilon_0 E_0-\frac{\chi_2}{3}K+\frac{2\chi_2}{3}K_0\right). \quad ②$$

而 R_1^- 球面上的极化电荷决定于三个均匀场，结果为

$$\sigma_1'(R_1^-)=P_r(R_1^-)=\chi_1\varepsilon_0\left(E_0-\frac{K}{3\varepsilon_0}-\frac{K_0}{3\varepsilon_0}\right)\cos\theta,$$

即

$$K_1=\chi_1\varepsilon_0 E_0-\frac{\chi_1}{3}K-\frac{\chi_1 K_0}{3}. \quad ③$$

将②、③两式相加，并注意到 $K_0=K_1+K_2$，得

$$K_0=(\chi_1-\chi_2)\varepsilon_0 E_0-\frac{\chi_1-\chi_2}{3}K-\frac{\chi_1}{3}K_0-\frac{2\chi_2}{3}K_0. \quad ④$$

方程①、④是关于(K,K_0)的二元一次方程组，兹将其整理成如下标准形式，

$$\begin{cases}(3+\chi_2)K-2\chi_2\beta K_0=3\chi_2\varepsilon_0 E_0, \quad \beta\equiv\dfrac{R_1^3}{R_2^3}, & ⑤\\ (\chi_1-\chi_2)K+(3+\chi_1+2\chi_2)K_0=3(\chi_1-\chi_2)\varepsilon_0 E_0, & ⑥\end{cases}$$

引入系数缩写符号，

$$a_1=3+\chi_2, \quad b_1=-2\chi_2\beta, \quad c_1=3\chi_2\varepsilon_0 E_0,$$
$$a_2=\chi_1-\chi_2, \quad b_2=3+\chi_1+2\chi_2, \quad c_2=3(\chi_1-\chi_2)\varepsilon_0 E_0,$$

其解为

$$\begin{cases} K=\dfrac{c_1b_2-c_2b_1}{a_1b_2-a_2b_1}=\dfrac{6\chi_2^2(1-\beta)+9\chi_1\chi_2+9\chi_2}{2\chi_2^2(1-\beta)+\chi_1\chi_2(1+2\beta)+9\chi_2+3\chi_1+9}\varepsilon_0E_0, \\ K_0=\dfrac{a_1c_2-a_2c_1}{a_1b_2-a_2b_1}=\dfrac{9(\chi_1-\chi_2)}{2\chi_2(1-\beta)+\chi_1\chi_2(1+2\beta)+9\chi_2+3\chi_1+9}\varepsilon_0E_0. \end{cases}$$

最终给出,均匀外场中双层介质球的极化面电荷密度公式为

$$\sigma'(\theta)=K\cos\theta,\quad \sigma''(\theta)=K_0\cos\theta.$$

讨论

(i) 关于(K,K_0)的正负号问题. K 总是正号,$K>0$,与(χ_1,χ_2)取值大小比较无关. 而 $K_0>0$,当 $\chi_1>\chi_2$,$K_0<0$,当 $\chi_1<\chi_2$,这与定性分析给出的物理图像一致.

(ii) 令 $\chi_1=0$,便是含空腔介质球的场合,也正是题 2.26 情形.

(iii) 一个双层介质球,可否被看作一个含空腔介质大球与一个实心介质小球的叠加,从而试图取后两者已有的解之叠加,而立马给出前者的解? 其答案是否定的,因为那两者电场之间有相互作用,并非独立互不影响,(K_1,K_0)表达式中,出现了交叉项$(\chi_1\cdot\chi_2)$正是这种相互作用的体现.

(2) 求电场 $\boldsymbol{E}(\boldsymbol{r})$.

在 R_1 球内$(r<R_1)$,电场 $\boldsymbol{E}$ 系三个均匀场之叠加,

$$\boldsymbol{E}=E_0\hat{\boldsymbol{z}}-\frac{K_0}{3\varepsilon_0}\hat{\boldsymbol{z}}-\frac{K}{3\varepsilon_0}\hat{\boldsymbol{z}}.$$

在 R_1 至 R_2 壳层内$(R_1<r<R_2)$,电场 $\boldsymbol{E}$ 系两个均匀场与一个偶极场之叠加,

$$\boldsymbol{E}=E_0\hat{\boldsymbol{z}}-\frac{K}{3\varepsilon_0}\hat{\boldsymbol{z}}+\boldsymbol{E}''(r,\theta),$$

这里,$\boldsymbol{E}''$是$\sigma''(\theta)$产生的偶极场,

$$E_r''(r,\theta)=\frac{2p_e''\cos\theta}{4\pi\varepsilon_0r^3},\quad E_\theta''(r,\theta)=\frac{p_e''\sin\theta}{4\pi\varepsilon_0r^3},$$

且等效偶极矩

$$p_e''=\frac{4\pi}{3}R_1^3K_0.$$

(3) 在介质球外$(r>R_2)$,电场 $\boldsymbol{E}$ 系一个均匀外场与两个偶极场之叠加,

$$\boldsymbol{E}=E_0\hat{\boldsymbol{z}}+\boldsymbol{E}'(r,\theta)+\boldsymbol{E}''(r,\theta),$$

其中 $\boldsymbol{E}'$是$\sigma'(\theta)$产生的偶极场，

$$E_r'(r,\theta)=\frac{2p_e'\cos\theta}{4\pi\varepsilon_0 r^3},\quad E_\theta'(r,\theta)=\frac{p_e'\sin\theta}{4\pi\varepsilon_0 r^3},$$

且等效偶极矩

$$p_e'=\frac{4\pi}{3}R_2^3K.$$

而 E''是$\sigma''(\theta)$产生的偶极场，其表达式同(2)，恕不复写.

2.28 驻极棒

一长度为 l 的圆柱形驻极棒，截面直径为 d，且 $l\gg d$，冻结于其中的固有极化强度为 $\boldsymbol{P}_0$ 沿轴，如本题图示.

(1) 试问，其极化面电荷出现在何处？并求出其面电荷密度 σ'；

(2) 求出中点 O 处的场强矢量 $\boldsymbol{E}_0$ 和电位移矢量 $\boldsymbol{D}_0$；

(3) 求出端面两侧 1、2 两处的电场($\boldsymbol{E}_1,\boldsymbol{D}_1$)和($\boldsymbol{E}_2,\boldsymbol{D}_2$).

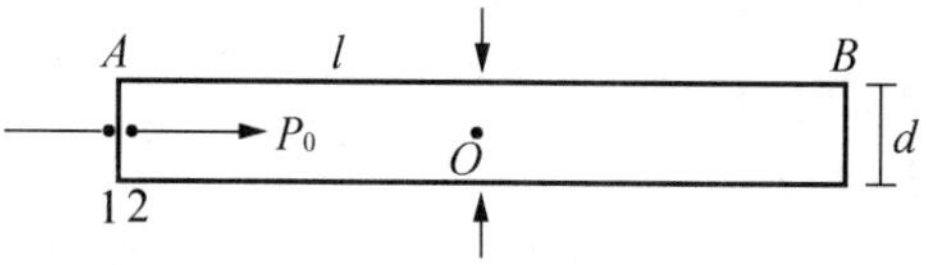

习题 2.28、2.29 图

解 (1) 此棒侧面无极化电荷，因为侧面$\boldsymbol{P}_0$ 无法向分量. 出现于两个端面的极化面电荷密度为

$$\sigma_A'=P_{nA}=-P_0,\text{(负电荷)}$$

$$\sigma_B'=P_{nB}=P_0.\text{(正电荷)}$$

(2) 这两部分在 O 处产生的场强方向相同，均与$\boldsymbol{P}_0$ 方向相反，而数值相等. 可借用均匀带电圆盘轴上场强公式(见书(1.24)式)，立马写出

$$E_0=2E_{0A}=2\,\frac{P_0}{2\varepsilon_0}\left(1-\frac{l}{\sqrt{d^2+l^2}}\right),$$

即

$$\boldsymbol{E}_0=-\frac{1}{\varepsilon_0}\left(1-\frac{l}{\sqrt{d^2+l^2}}\right)\boldsymbol{P}_0,$$

$$\boldsymbol{D}=\varepsilon_0\boldsymbol{E}+\boldsymbol{P}_0=\frac{l}{\sqrt{d^2+l^2}}\boldsymbol{P}_0,$$

当 $d\ll l$,许可近似给出 $\boldsymbol{E}_0\approx 0$, $\boldsymbol{D}_0=\boldsymbol{P}_0$.

(3) 对于无限靠近端面 A 两侧的场点,可视 σ_A 为无限大均匀带电平面,且可忽略 σ_B 面的影响,于是,

$$\boldsymbol{E}_1=-\frac{\sigma_A'}{2\varepsilon_0}\hat{\boldsymbol{n}}=\frac{1}{2\varepsilon_0}\boldsymbol{P}_0,\quad \boldsymbol{D}_1=\varepsilon_0\boldsymbol{E}_1=\frac{\boldsymbol{P}_0}{2};$$

$$\boldsymbol{E}_2=\frac{\sigma_A'}{2\varepsilon_0}\hat{\boldsymbol{n}}=-\frac{1}{2\varepsilon_0}\boldsymbol{P}_0,\quad \boldsymbol{D}_2=\varepsilon_0\boldsymbol{E}_2+\boldsymbol{P}_0=\frac{\boldsymbol{P}_0}{2}(=\boldsymbol{D}_1).$$

可见,在端面法向方向,$\boldsymbol{E}$ 突变,而 $\boldsymbol{D}$ 连续.

2.29　驻极棒

同上题图,固有极化强度为 $\boldsymbol{P}_0$ 的一细长驻极棒,其中部被锯开. 试问,至少要用多大的拉力 F,才能将它左右两段分开? 可忽略远处两个端面(A,B)的影响. 设

$$P_0=5.0\,\mu\text{C/cm}^2,\quad l=20\,\text{cm},\quad d=1.4\,\text{cm}.$$

解　中部切面一旦被拉开一丝距离,其相对的两个剖面就分别有了 $\pm\sigma'$ 的极化面电荷,则立即出现一库仑引力 F_C 而抗拒被拉开,故外力 $F\geqslant F_C$ 才能将这个有剖面的驻极棒拉开成为两段. 据此计算,

$$\sigma'=P_0,\quad F_C=\frac{(\sigma')^2}{2\varepsilon_0}\Delta S,\quad 即\ F_C=\frac{P_0^2}{2\varepsilon_0}\Delta S,$$

代入数据,

$$F_C=\frac{(5.0\times10^{-6})^2}{2\times8.85\times10^{-12}\times10^{-4}}\times1.4^2\,\text{N}\approx2.7\times10^4\,\text{N}.$$

相比一个人的力气,这个 F_C 值是个很大的力,相当于 2.7 吨的重力. 上述受力密度公式 $f=\sigma^2/2\varepsilon_0$,可参阅书(2.2)式.

2.30　驻极环

在历炼驻极材料的工艺流程中,最后将一细长驻极棒弯曲成一个闭合环,如本题图示,其固有极化强度 $\boldsymbol{P}_0$ 沿环线而取向,且数值均匀. 求环内电场 $\boldsymbol{E}$ 和 $\boldsymbol{D}$.

解　这驻极环表面处处无极化电荷,因为其极化强度矢量 $\boldsymbol{P}_0$ 处

处沿表面切线方向，而无法向分量，故处处 $\sigma'=0$. 于是，环内

$$\boldsymbol{E}_{\text{in}}=0, \quad \boldsymbol{D}_{\text{in}}=\boldsymbol{P}_0,$$

环外，

$$E_{\text{os}}=0, \quad D_{\text{os}}=0.$$

这个结果适用于任意形状的驻极环. 换言之，一旦将驻极体弯成闭合环，则消除了退极化场，即 $\boldsymbol{E}'=0$.

习题 2.30 图

2.31 驻极球内含球形空腔

一个半径为 R、固有极化强度为 $\boldsymbol{P}_0$ 的驻极球，其内部出现了一个球形空腔，空腔半径为 r_0，其球心在 O' 处，如本题图示.

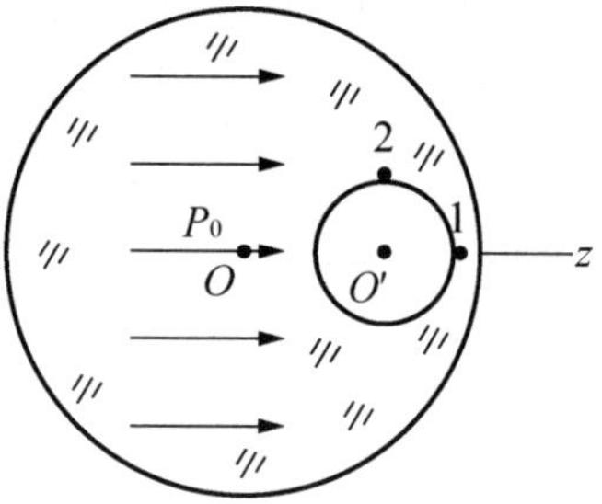

习题 2.31 图

(1) 求出空腔中心 O' 处的场强 $\boldsymbol{E}'_0$.

(2) 求出驻极球中心 O 处的电场 $\boldsymbol{E}_0$.

(3) 试定性描述球腔外部的场强分布 $\boldsymbol{E}(\boldsymbol{r})$，注意应分别驻极球体内和体外而给以描述.

(4) 求出图中标明的贴近空腔表面 1、2 两处的场强 $\boldsymbol{E}_1$ 和 $\boldsymbol{E}_2$；并以 $\boldsymbol{E}$ 的边值关系之眼光，审视你给出的结果.

(5) 求出与上述场强矢量 $\boldsymbol{E}$ 对应的电位移矢量 $\boldsymbol{D}$,即 $\boldsymbol{D}'_0$,$\boldsymbol{D}_0$,$\boldsymbol{D}_1$ 和 $\boldsymbol{D}_2$;并以 $\boldsymbol{D}$ 的边值关系之眼光,审视你给出的结果.

(6) 若空腔之中心 O' 不在 z 轴即离轴情形,以上结果是否有变化,试逐一给出说明.

提示:凡均匀极化的介质球,必呈现余弦型球面电荷.

解 (1) 均匀极化场 $\boldsymbol{P}_0$,为两个球面提供了极性相反的两个余弦型极化面电荷,即

$$\sigma'(\theta)=P_0\cos\theta,\text{(在外球面)}$$
$$\sigma''(\theta')=-P_0\cos\theta'.\text{(在内球面)}$$

对于本题,采取双极坐标系是合宜的,即 (r,θ) 与 (r',θ'),分别以球心 O 与球心 O' 为原点,基轴均为 z 轴,且设 O 与 O' 之距离矢量为 $\boldsymbol{d}$.

$\sigma'(\theta)$ 在球内包括空腔区产生均匀场 $\boldsymbol{E}'$,$\sigma''(\theta')$ 在空腔内也产生一个均匀场 $\boldsymbol{E}''$,且

$$\boldsymbol{E}'=-\frac{\boldsymbol{P}_0}{3\varepsilon_0},\quad \boldsymbol{E}''=\frac{\boldsymbol{P}_0}{3\varepsilon_0},$$

故腔内

$$\boldsymbol{E}=\boldsymbol{E}'+\boldsymbol{E}''=0.$$

即,空腔内无电场,当然 $\boldsymbol{E}'_0=0$.

(2) $\sigma''(\theta)$ 在球腔外部 $(r'>r_0)$,产生一个偶极场 $E''(r',\theta')$,其一般表达式为

$$E''_r(r',\theta')=-\frac{2P_0r_0^3\cos\theta'}{3\varepsilon_0 r'^3},\quad E''_\theta(r',\theta')=-\frac{P_0r_0^3\sin\theta'}{3\varepsilon_0 r'^3}.$$

对于球心 O 点,$\theta'=\pi$,$r'=d$,于是,

$$E''_r(d,\pi)=\frac{2r_0^3P_0}{3\varepsilon_0 d^3},\quad E''_\theta(d,\pi)=0,\quad \text{即 } \boldsymbol{E}''_O=-\frac{2r_0^3\,\boldsymbol{P}_0}{3\varepsilon_0 d^3},$$

故 O 点的电场

$$\boldsymbol{E}_0=-\frac{\boldsymbol{P}_0}{3\varepsilon_0}-\frac{2r_0^3\,\boldsymbol{P}_0}{3\varepsilon_0 d^3}=-\frac{\boldsymbol{P}_0}{3\varepsilon_0}\left(1+2\,\frac{r_0^3}{d^3}\right).$$

(3) 空间总电场

$$\boldsymbol{E}=\boldsymbol{E}'+\boldsymbol{E}''.$$

空腔区域 $(r'<r_0)$, $\boldsymbol{E}=0$.

在腔外体内, $\boldsymbol{E}=\boldsymbol{E}'$(均匀场)$+\boldsymbol{E}''$(偶极场).

在体外$(r>R)$，

$$\boldsymbol{E}=\boldsymbol{E}'(\text{偶极场})+\boldsymbol{E}''(\text{偶极场}),$$

其中等效偶极矩

$$\boldsymbol{p}'_{\text{eff}}=\frac{4\pi}{3}R^3\cdot\boldsymbol{P}_0,\text{位于 } O \text{ 点};$$

$$\boldsymbol{p}''_{\text{eff}}=-\frac{4\pi}{3}r_0^3\cdot\boldsymbol{P}_0,\text{位于 } O' \text{ 点}.$$

据此可以写出体外场强$\boldsymbol{E}(r,\theta;r',\theta')$的一般表达式，读者试为之.

(4) 在1处：$\boldsymbol{E}'_1=-\dfrac{\boldsymbol{P}_0}{3\varepsilon_0}$，　$\boldsymbol{E}''_1(r'=r_0,\theta'=0)=-\dfrac{2\boldsymbol{P}_0}{3\varepsilon_0}$，则

$$\boldsymbol{E}_1=-\frac{\boldsymbol{P}_0}{\varepsilon_0};$$

在2处：$E'_2=-\dfrac{P_0}{3\varepsilon_0}$，　$E''_2\left(r'=r_0,\theta'=\dfrac{\pi}{2}\right)=\dfrac{2P_0}{3\varepsilon_0}$，则

$$\boldsymbol{E}_2=0.$$

两者$\boldsymbol{E}_1$与$\boldsymbol{E}_2$均满足$\boldsymbol{E}$边值关系，读者试审之，要注意到内侧$E_n=E_t=0$，且

$$\sigma''\left(\theta'=\frac{\pi}{2}\right)=0,\quad \sigma''(\theta'=0)=-P_0.$$

(5) 据电位移矢量$\boldsymbol{D}=\varepsilon_0\boldsymbol{E}+\boldsymbol{P}$，得

$$\boldsymbol{D}'_0=0,\quad \boldsymbol{D}_0=\varepsilon_0\left[-\frac{\boldsymbol{P}_0}{3\varepsilon_0}\left(1+2\frac{r_0^3}{d^3}\right)\right]+\boldsymbol{P}_0=\frac{2}{3}\boldsymbol{P}_0\left(1-\frac{r_0^3}{d^3}\right),$$

$$\boldsymbol{D}_1=\varepsilon_0\boldsymbol{E}_1+\boldsymbol{P}_0=0,\quad \boldsymbol{D}_2=\varepsilon_0\boldsymbol{E}_2+\boldsymbol{P}_0=\boldsymbol{P}_0.$$

以上$\boldsymbol{D}$值均满足$\boldsymbol{D}$之边值关系，读者不妨审核之.

(6) 当空腔位置任意，即O'相对O之位矢$\boldsymbol{d}$任意，则空腔内依然$\boldsymbol{E}=0$，上述$\boldsymbol{E}_1$，$\boldsymbol{E}_2$结果也不变，因为它们与$\boldsymbol{d}$无关，而$\boldsymbol{E}_0$要作相应改变. 对于$\boldsymbol{D}$，也得类似结论.

2.32 驻极球内含管状空腔

一个半径为R、固有极化强度为$\boldsymbol{P}_0$的驻极球，其内部出现了一个细长管状空腔，其轴线平行z轴，如本题图示.

(1) 求出图上标明的六处的场强$\boldsymbol{E}_i$，$i=1,\cdots,5,6$；这些结果是否满足$\boldsymbol{E}$之边值关系，试审视之.

(2) 求出相应的电位移矢量 $\boldsymbol{D}_i$，$i=1,\cdots,5,6$.

解　(1) 在管腔两个端面出现了 $\pm\sigma'$ 的极化电荷，且 $\sigma_{左}=P_0$，$\sigma_{右}=-P_0$；在球面上出现了余弦型电荷分布，$\sigma'(\theta)=P_0\cos\theta$，无疑它在球内包括腔内产生一个均匀场，$\boldsymbol{E}_0=-\dfrac{\boldsymbol{P}_0}{3\varepsilon_0}$，而 $\pm\sigma'$ 产生的电场分布就相当复杂. 不过，对于本题指出的若干处的电场，在管长 $l\gg d$（管径）条件下，可近似给出以下结果：

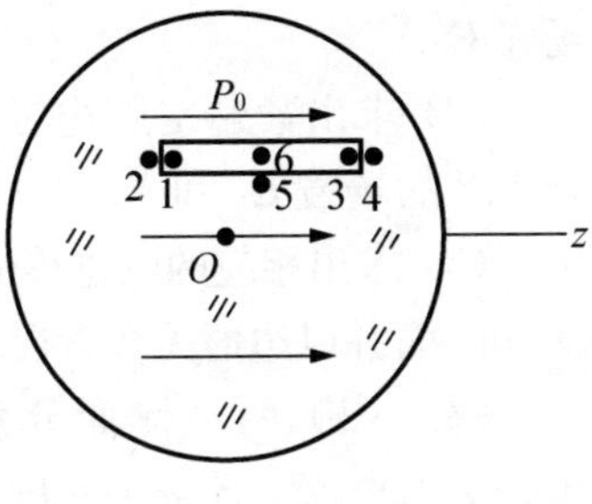

习题 2.32 图

$$\boldsymbol{E}_1=\frac{\boldsymbol{P}_0}{2\varepsilon_0}-\frac{\boldsymbol{P}_0}{3\varepsilon_0}=\frac{1}{6\varepsilon_0}\boldsymbol{P}_0,$$

$$\boldsymbol{E}_2=-\frac{\boldsymbol{P}_0}{2\varepsilon_0}-\frac{\boldsymbol{P}_0}{3\varepsilon_0}=-\frac{5}{6\varepsilon_0}\boldsymbol{P}_0,$$

$$\boldsymbol{E}_3=\frac{1}{6\varepsilon_0}\boldsymbol{P}_0,\quad \boldsymbol{E}_4=-\frac{5}{6\varepsilon_0}\boldsymbol{P}_0,$$

$$\boldsymbol{E}_5=\boldsymbol{E}_6\approx-\frac{\boldsymbol{P}_0}{3\varepsilon_0}.\ (\boldsymbol{E}\text{ 切向分量连续})$$

(2) 根据 $\boldsymbol{D}=\varepsilon_0\boldsymbol{E}+\boldsymbol{P}$，得

$$\boldsymbol{D}_1=\frac{1}{6}\boldsymbol{P}_0,$$

$$\boldsymbol{D}_2=-\frac{5}{6}\boldsymbol{P}_0+\boldsymbol{P}_0=\frac{1}{6}\boldsymbol{P}_0,$$

$$\boldsymbol{D}_3=\frac{1}{6}\boldsymbol{P}_0+0=\frac{1}{6}\boldsymbol{P}_0,$$

$$\boldsymbol{D}_4=-\frac{5}{6}\boldsymbol{P}_0+\boldsymbol{P}_0=\frac{1}{6}\boldsymbol{P}_0,$$

$$\boldsymbol{D}_5=\frac{2}{3}\boldsymbol{P}_0,\boldsymbol{D}_6=-\frac{1}{3}\boldsymbol{P}_0.$$

以上关于 $\boldsymbol{E}$,$\boldsymbol{D}$ 的 12 个结果均满足 $\boldsymbol{E}$ 或 $\boldsymbol{D}$ 的边值关系，读者不妨自己审核之.

2.33　驻极球内含扁平空腔

一个固有极化强度为 $\boldsymbol{P}_0$ 的驻极球，体内出现了一个扁盒状圆形空腔,其中心轴平行 z 轴,厚度为 l、半径为 r_0,且 $l\ll r_0$,如本题图示.

(1) 求出扁平空腔中心 O' 处的场强 $\boldsymbol{E}'_0$.

(2) 求出紧贴空腔边缘内外两处 1、2 的场强 $\boldsymbol{E}_1$ 和 $\boldsymbol{E}_2$.

(3) 求出相应的电位移矢量 $\boldsymbol{D}'_0$,$\boldsymbol{D}_1$ 和 $\boldsymbol{D}_2$;并以边值关系审视之.

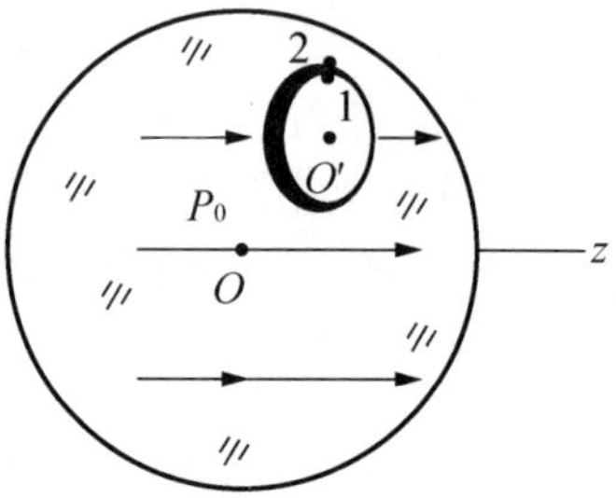

习题 2.33 图

解 (1) 两个侧面分别出现 $\pm\sigma'$ 极化电荷,且 $\sigma_{左}=P_0$,$\sigma_{右}=-P_0$;当然,$\boldsymbol{P}_0$ 贡献于球面上的余弦型极化电荷,在球内包括空腔内产生一个均匀场,$\boldsymbol{E}_0=-\dfrac{1}{3\varepsilon_0}\boldsymbol{P}_0$. 在 $l\ll r_0$ 条件下,可视侧面为无限大均匀带电平面,故

$$\boldsymbol{E}'_0=\frac{\boldsymbol{P}_0}{\varepsilon_0}-\frac{\boldsymbol{P}_0}{3\varepsilon_0}=\frac{2}{3\varepsilon_0}\boldsymbol{P}_0.$$

(2) 对于边缘 1、2 两点,可忽略 $\pm\sigma'$ 对其电场的贡献,于是

$$\boldsymbol{E}_1=\boldsymbol{E}_2=-\frac{1}{3\varepsilon_0}\boldsymbol{P}_0.\quad (\boldsymbol{E}\text{ 切向分量连续})$$

(3) 据 $\boldsymbol{D}=\varepsilon_0\boldsymbol{E}+\boldsymbol{P}$,得

$$\boldsymbol{D}'_0=\varepsilon_0\,\boldsymbol{E}'_0+0=\frac{2}{3}\boldsymbol{P}_0,$$

$$\boldsymbol{D}_1=\varepsilon_0\,\boldsymbol{E}_1+0=-\frac{1}{3}\boldsymbol{P}_0,\quad \boldsymbol{D}_2=\varepsilon_0\,\boldsymbol{E}_2+\boldsymbol{P}_0=\frac{2}{3}\boldsymbol{P}_0.$$

($\boldsymbol{D}$ 切向分量不连续)

2.34 驻极球与导体球

一驻极球与一导体球并列,相距 l,冻结于驻极球的固有极化强度为 $\boldsymbol{P}_0$,而导体球电中性即其带电量 $Q_0=0$,且两球心连线沿 $\boldsymbol{P}_0$ 方向设为 z 轴,其半径分别为 R_1 和 R_2,如本题图(a)示.

(1) 求出导体球电势 U_0. 提示:借鉴本章习题 2.9 结果.

(2) 试导出两球外部空间的电势场 $U(\boldsymbol{r})$.

(3) 求出驻极球表面特定两点间的电势差 U_{ba}.

提示:该电场由四部分电荷所贡献——驻极球等效偶极矩 $\boldsymbol{p}_{\text{eff}}$,

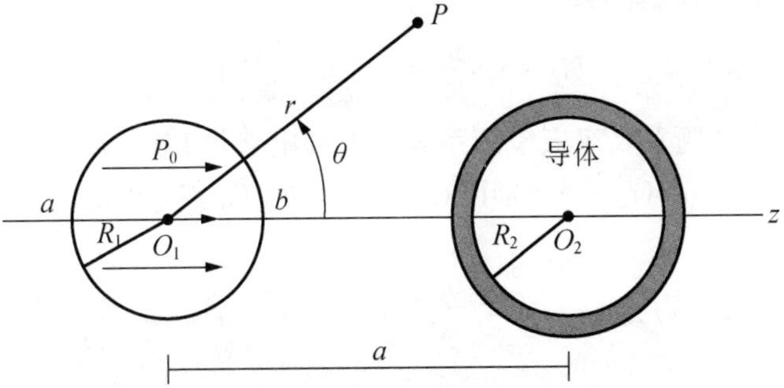

习题 2.34 图(a)

其像偶极矩 $\boldsymbol{p}'$，多余像电荷 $\Delta q'$，以及均匀分布于导体球表面的电荷 $\Delta q=-\Delta q'$；看来这 $U(r,\theta)$ 表达式之长度将是蛮长的.

解　均匀极化的驻极球，其表面出现了余弦型电荷分布 $\sigma'(\theta)=P_0\cos\theta$，对其外部导体的作用相当于一个偶极矩 $\boldsymbol{p}_e$；反过来，导体球出现的感应电荷将影响驻极球内部的电场 $\boldsymbol{E}$，但不改变其极化状态 $\boldsymbol{P}_0$，因为它是驻极体. 这样就使本题变得简单了，简化为在固定偶极矩作用下的导体球问题，这一模型正是 2.9 题的情势. 倘若置于导体球外的是一个线性介质球，即便其初态是均匀极化的，在导体球感应电荷的反作用下，其最终的平衡态必为非均匀，其情况就将相当复杂.

直接应用 2.9 题结果，首先确定当下四个带电者的量值和位置：

①驻极球的等效偶极矩 $\boldsymbol{p}_e=\dfrac{4\pi}{3}R_1^3\,\boldsymbol{P}_0$，位于球心 O_1 处.

②导体球壳感应的像偶极矩 $\boldsymbol{p}_e'=\dfrac{R_2^3}{a^3}\boldsymbol{p}_e$，位于 O_2 左侧 $a'=\dfrac{R_2^2}{a}$.

③多余像电荷 $\Delta q'=-\dfrac{R_2}{a^2}p_e$，位于 a' 处.

④均匀分布于球面上的电量 $\Delta q_0=-\Delta q'=\dfrac{R_2}{a^2}p_e$，以维持导体球电中性且为等势体.

(1) 其中①、②和③一起保证了球壳为零电势，故当下导体球电

势 U_0 仅由④贡献，即

$$U_0=k_e\frac{\Delta q_0}{R_2}=k_e\frac{p_e}{a^2}=\frac{R_1^3P_0}{3\varepsilon_0a^2}.$$

（2）本题采取双极坐标系表达外部电势场 $U(r,\theta;r',\theta')$，参见图(b)，(r,θ) 与 (r',θ') 分别以 O_1 处与 a' 处为原点，均以 z 轴为基轴，于是，

$$\boldsymbol{p}_e\to U_1(r,\theta)=k_e\frac{p_e\cos\theta}{r^2},\quad \boldsymbol{p}'_e\to U_2(r',\theta')=k_e\frac{p'_e\cos\theta'}{r'^2},$$

$$\Delta q'\to U_3(r')=k_e\frac{\Delta q'}{r'},\quad \Delta q_0\to U_4(r_0)=k_e\frac{\Delta q_0}{r_0},$$

由电势叠加原理得总电势

$$U(r,\theta;r',\theta')=U_1(r,\theta)+U_2(r',\theta')+U_3(r')+U_4(r_0),$$

这里
$$r_0=(r^2+a^2-2ra\cos\theta)^{\frac{1}{2}}.$$

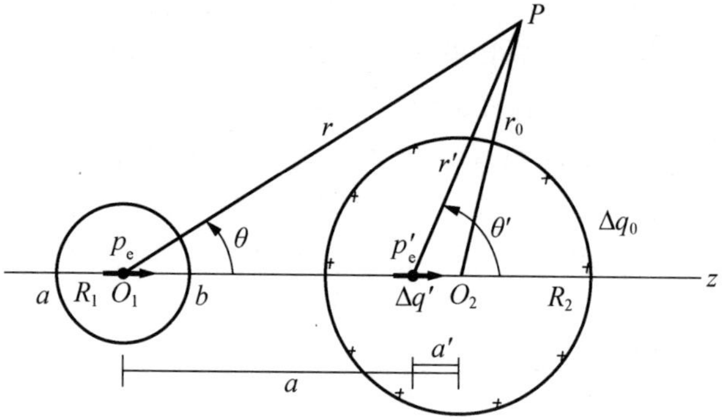

习题 2.34 图(b)

（3）对于 b 点：$r=R_1,\theta=0$； $r'=a-a'-R_1,\theta'=\pi$.

$$U_{1b}=k_e\frac{p_e}{R_1^2},\quad U_{2b}=-k_e\frac{p'_e}{(a-a'-R_1)^2},$$

$$U_{3b}=k_e\frac{\Delta q'}{(a-a'-R_1)},\quad U_{4b}=k_e\frac{\Delta q_0}{(a-R_1)};$$

得

$$U_b=k_ep_e\left(\frac{1}{R_1^2}-\frac{R_2^3}{a^3(a-a'-R_1)^2}-\frac{R_2}{a^2(a-a'-R_1)}+\frac{R_2}{a^2(a-R_1)}\right).$$

对于 a 点： $r=R_1,\theta=\pi$； $r'=a-a'+R_1,\theta'=\pi$.

$$U_{1a}=-k_e\frac{p_e}{R_1^2},\quad U_{2a}=-k_e\frac{p_e'}{(a-a'+R_1)^2},$$

$$U_{3a}=k_e\frac{\Delta q'}{(a-a'+R_1)},\quad U_{4a}=k_e\frac{\Delta q_0}{(a+R_1)};$$

得

$$U_a=k_e p_e\left(-\frac{1}{R_1^2}-\frac{R_2^3}{a^3\ (a-a'+R_1)^2}-\frac{R_2}{a^2(a-a'+R_1)}+\frac{R_2}{a^2(a+R_1)}\right).$$

最终可以表达电势差 U_{ba}，并注意到 $p_e=\frac{4\pi}{3}R_1^3P_0$；不过，保留以上分式对于电脑运算是方便的，而对 U_b-U_a 勉强地施行代数式上的合并并无多大计算价值.

2.35　静电能与电容器串并联

有两个电容器，其电容为 C_1 和 C_2，且 $C_1=3C_2$.

(1) 当两者串联一起连接于一直流电源时，求其储能之比值 W_1/W_2；

(2) 当两者并联一起连接于一直流电源时，求其储能之比值 W_1/W_2.

解　(1) 串联，等 Q 过程，因此

$$\frac{W_1}{W_2}=\frac{\frac{Q^2}{2C_1}}{\frac{Q^2}{2C_2}}=\frac{C_2}{C_1}=\frac{1}{3}.$$

(2) 并联，等 U 过程，因此

$$\frac{W_1}{W_2}=\frac{\frac{C_1U^2}{2}}{\frac{C_2U^2}{2}}=\frac{C_1}{C_2}=3.$$

2.36　静电能与电容器并联

有两个电容器，其带电量和电容分别为($\pm Q_1,C_1$)和($\pm Q_2,C_2$)，且 $C_1=3C_2,Q_2=2Q_1$；现将两者正极板并接一起，两者负极板也并接一起.

(1) 试考量电容器储能增量 ΔW;这里,ΔW 等于并联时储能 W_{12} 与未并联时储能(W_1+W_2)之差,即

$$\Delta W = W_{12} - (W_1 + W_2).$$

(2) 其结果 $\Delta W<0$;你对并联时的储能亏损作何理解?

解 (1) 并联时 $C_{\text{total}}=C_1+C_2=4C_2$,

$$W_{12}=\frac{(Q_1+Q_2)^2}{2C_{\text{total}}}=\frac{\left(\frac{3}{2}Q_2\right)^2}{8C_2}=\frac{9}{32}\frac{Q_2^2}{C_2},$$

而
$$W_1+W_2=\frac{1}{2}\left(\frac{Q_1^2}{C_1}+\frac{Q_2^2}{C_2}\right)=\frac{13}{24}\frac{Q_2^2}{C_2},$$

因此,

$$\Delta W=W_{12}-(W_1+W_2)=-\frac{25}{96}\frac{Q_2^2}{C_2}.$$

(2) 储能亏损原因:

(i) 两个电容器和导线系统产生的焦耳热能;

(ii) 短暂脉冲电流产生的少量电磁波辐射能.

2.37 电容器极板位移时的功能关系

以平行板电容器为考量对象,如本题图示,设其极板面积为 S,初始间距为 l,通过一直流电源给它充电,已获得电量 $\pm Q_0$;然后断开电源,以维持电量不变. 现施以外力 F,克服极板间的电吸力,使极板间距缓慢增加为 $3l$.

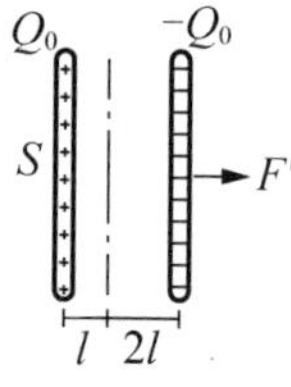

习题 2.37 图

(1) 求该电容器储能之增量,即终态与初态储能之差 $\Delta W=W'-W_0$.

(2) 求极板间的吸引力 F;进而求出 $l\to 3l$ 过程中外力所做的功 A.

(3) 审核 $\Delta W=A$ 是否成立.

解 (1)
$$C_0=\varepsilon_0\frac{S}{l};C'=\varepsilon_0\frac{S}{3l}.$$

从而

$$W_0=\frac{1}{2}\frac{Q_0^2}{C_0}=\frac{1}{2}\frac{Q_0^2 l}{\varepsilon_0 S};$$

$$W'=\frac{1}{2}\frac{Q_0^2}{C'}=\frac{3}{2}\frac{Q_0^2 l}{\varepsilon_0 S}.$$

因此
$$\Delta W=W'-W_0=\frac{Q_0^2 l}{\varepsilon_0 S}.$$

(2) 由(1)易知板间距为 x 时，

$$W(x)=\frac{1}{2}\frac{Q_0^2 x}{\varepsilon_0 S},$$

$$F(x)=-\frac{\partial W(x)}{\partial x}=-\frac{1}{2}\frac{Q_0^2}{\varepsilon_0 S},$$

与间距无关，即 $F=-\frac{1}{2}\frac{Q_0^2}{\varepsilon_0 S}$(吸引力).

外力为 $F'=-F(x)$，由于是恒力，故

$$A=-F(x)\cdot\Delta x=\frac{1}{2}\frac{Q_0^2}{\varepsilon_0 S}\cdot 2l=\frac{Q_0^2 l}{\varepsilon_0 S}.$$

(3) 可见 $\Delta W=A$ 成立.

2.38　电容器极板位移时的功能关系

以平行板电容器为考量对象. 设其极板面积为 S，初始间距为 l，连接一直流电源其电动势为 $\mathscr{E}$. 现施予一个外力 F 以克服电吸力，将极板间距增加为 $3l$；在此过程中电源线不断开，以保持电容器之电压不变，$U=\mathscr{E}$. 参见本题图.

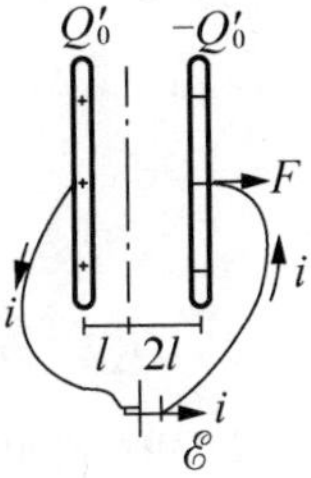

习题 2.38 图

(1) 求出该电容器储能之增量 $\Delta W=W'-W_0$；这里，W' 和 W_0 系终态与初态电容器的储能.

(2) 求出此过程中外力的功 A；注意此外力为变力.

(3) 如果你的推演正确，则结果表明 $\Delta W<0$，而 $A>0$；即，外力对电容器作正功，而电容器储能却减少. 对此你作何理解？

(4) 设初态极板电量为 $\pm Q_0$，终态为 $\pm Q'_0$，试求出电量增量 $\Delta Q_0=Q'_0-Q_0$；其结果 $\Delta Q_0<0$，表明此过程中电量倒流，电源被充电而吸收能量 $\Delta W_{\mathscr{E}}$；试根据方程 $\Delta W_{\mathscr{E}}=\mathscr{E}\cdot|\Delta Q_0|$，导出 $\Delta W_{\mathscr{E}}$ 表达式.

(5) 审核 $\Delta W_{\mathscr{E}}=A-\Delta W$ 是否成立？如是，则说明什么？

解 （1） $$C_0=\varepsilon_0\frac{S}{l};\quad C'=\varepsilon_0\frac{S}{3l}.$$

保持恒压 $U=\mathscr{E}$，

$$W_0=\frac{1}{2}C_0U^2=\frac{\varepsilon_0 S\mathscr{E}^2}{2l};$$

$$W'=\frac{1}{2}C'U^2=\frac{\varepsilon_0 S\mathscr{E}^2}{6l};$$

$$\Delta W=W'-W_0=-\frac{\varepsilon_0 S\mathscr{E}^2}{3l}.$$

（2）同样 $W(x)=\dfrac{\varepsilon_0 S\mathscr{E}^2}{2x}$，因此，两板间的吸引力为

$$F(x)=-\frac{\partial W(x)}{\partial x}=-\frac{\varepsilon_0 S\mathscr{E}^2}{2x^2}.$$

外力为 $-F(x)$，于是

$$A=\int_l^{3l}-F(x)\mathrm{d}x=-\frac{\varepsilon S\mathscr{E}^2}{2x}\bigg|_{x=l}^{3l}=\frac{\varepsilon_0 S\mathscr{E}^2}{3l}.$$

（3）外力做功增加系统电势能或者说给电源充电，电容器储能减少也等于将能量储入电源了，同样也是给电源充电.

（4） $$\Delta Q_0=(C'-C_0)\mathscr{E}=-\frac{2\varepsilon_0 S\mathscr{E}}{3l},$$

$$\Delta W_{\mathscr{E}}=\mathscr{E}\cdot|\Delta Q|=\frac{2\varepsilon_0 S\mathscr{E}^2}{3l}.$$

（5）$\Delta W_{\mathscr{E}}=A+(-\Delta W)$ 成立，说明了（3）的解释是合理的.

2.39 带电液滴的分离——静电排斥力与表面张力之间的抗衡

有不少设备利用液体的带电微粒，比如用于敷漆的静电喷射枪、墨水喷射打印机和宇宙飞船中的胶体推进器. 下面的讨论将使我们看到，液滴的大小取决于其荷电率 q_{m}，它的单位是 C/kg，即库仑/千克.

（1）一带电液滴的初始半径为 R_0，其表面电量为 Q_0，倘若它被分离为两个相同半径的液滴，则凭借库仑排斥力，两者开始分离，渐行渐远. 试证明，这一分为二所带来的静电能改变量为

$$\Delta W_q=-0.37\frac{Q_0^2}{8\pi\varepsilon_0 R_0}\quad（两液滴相隔较远时）.$$

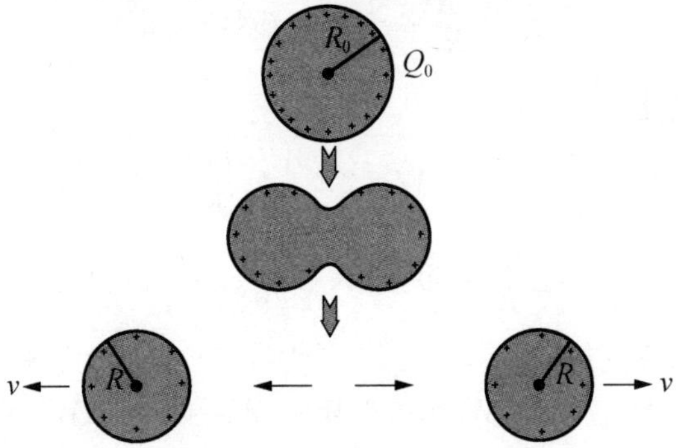

习题 2.39 图

(2) 表面张力的抗衡.　如果单纯考量静电效应,液滴一分为二则极易发生,因为其静电能减少了,转化为液滴分离动能.然而,液滴一分为二时,其表面积增加,与此相联系的表面张力做负功,因为表面张力 $\boldsymbol{T}$ 的方向是向内的,它要抗衡表面积的扩张.或者说,液滴表面积的增加,蕴含着该系统某种热力学能量的增加,简称其为液体表面能的增加,这是不会自然发生的.

表面积增量 ΔS 与表面能增量 ΔW_S 之间有一个简单比例关系,其系数 σ_T 称为表面张力系数,即

$$\Delta W_S = \sigma_T \Delta S,\quad \sigma_T \text{ 单位:J/m}^2 \text{ 或 N/m.}$$

表面张力系数 σ_T 是表征液体表面物性的重要参数,它与液态物质有关,比如,水(H_2O)在 20℃时, $\sigma_T=7.275\times10^{-2}\ \mathrm{J/m^2}$. 当一个半径为 R_0 的液滴一分为二,成为两个相同半径的液滴,试证明,其表面能增量为

$$\Delta W_S = +0.26\times 4\pi R_0^2\sigma_T.$$

(3) 某水滴半径 R_0 为 1 μm,其荷电率 q_{m} 为 1.2 C/kg. 试问该水滴会自行分裂吗? 提示:要考量能量增量的代数和($\Delta W_q+\Delta W_S$)是正值还是负值.

(4) 荷电率 q_{m} 为 1.2 C/kg 的稳定水滴,其最大半径 r_{M} 为多少(μm)?

解　(1) 体积不变,$2V=V_0$,即 $2R^3=R_0^3$,得

$$\frac{R}{R_0}=\frac{1}{\sqrt[3]{2}}\approx 0.794,$$

相应的静电能，

$$W_0=\frac{1}{2}k_e\frac{Q_0^2}{R_0},\quad W=2\times\frac{1}{2}k_e\frac{Q^2}{R},\quad 2Q=Q_0,$$

即 $$\frac{W}{W_0}=2\frac{R_0}{R}\cdot\frac{Q^2}{Q_0^2}=2\times\frac{1}{0.794}\times\frac{1}{4}\approx 0.63.$$

故静电能的改变量

$$\Delta W_q=W-W_0\approx 0.63W_0-W_0=-0.37W_0,$$

或 $$\Delta W_q\approx -0.37\frac{Q_0^2}{8\pi\varepsilon_0 R_0}.\qquad ①$$

（2）表面积增量为

$$\Delta S=2\times 4\pi R^2-4\pi R_0^2=\left(2\frac{R^2}{R_0^2}-1\right)4\pi R_0^2$$

$$=(2\times 0.794^2-1)4\pi R_0^2\approx 0.26\times 4\pi R_0^2,$$

相应的表面能增量为

$$\Delta W_S\approx 0.26\times 4\pi R_0^2\sigma_T.\qquad ②$$

（3）半径为 R_0 液滴含电量

$$Q_0=mq_m=\frac{4\pi}{3}R_0^3\rho q_m.$$

代入①式，得其一分为二带来的静电能增量公式，

$$\Delta W_q=-0.37\frac{\left(\frac{4\pi}{3}R_0^3\rho q_m\right)^2}{8\pi\varepsilon_0 R_0}=-0.37\frac{4\pi R_0^5\rho^2q_m^2}{18\varepsilon_0},\qquad ③$$

代入数据，$R_0=1\mu\text{m}=10^{-6}\text{m}$，$\rho_{水}=10^3\text{kg/m}^3$，$q_m=1.2\text{C/kg}$，算出

$$\Delta W_q\approx -4.2\times 10^{-14}\text{J}.$$

另一方面，该液滴一分为二引起的表面能增量，按②式算出

$$\Delta W_S\approx 0.26\times 4\pi\times 10^{-12}\times 7.275\times 10^{-2}\text{J}\approx 23.8\times 10^{-14}\text{J}.$$

显然

$$(\Delta W_q+\Delta W_S)\approx 19.6\times 10^{-14}\text{J}>0.$$（该水滴不会自行分裂）

（4）从③、②式看出，$|\Delta W_q|\propto R_0^5$，而 $\Delta W_S\propto R_0^2$，这表明液滴半径 R_0 值越大，则它越易于自行分裂. 为求临界值，令 $|\Delta W_q|=$

ΔW_S，即

$$\frac{0.37\times4\pi R_0^5\rho^2 q_m^2}{18\varepsilon_0}=0.26\times4\pi R_0^2\sigma_T,$$

$$0.37\times R_0^3\rho^2 q_m^2=18\times0.26\times\varepsilon_0\sigma_T,$$

满足这一方程的 R_0 值，就是该液滴能维持稳定态的最大半径 r_M，即

$$r_M=\left(\frac{18\times0.26\times\varepsilon_0\sigma_T}{0.37\times\rho^2 q_m^2}\right)^{\frac{1}{3}}. \qquad ④$$

对于水滴，算出 $r_M^3\approx6.00\times10^{-18}\,\text{m}^3$，即 $r_M\approx1.82\times10^{-6}\,\text{m}=1.82\,\mu\text{m}$.

2.40　介质板被加速

当介质体开始进入外电场，其局部先被极化，出现的极化电荷便受到外场力的牵引作用，而加速地推进到外场区中. 参见本题图，外电场由两块平行导体板提供，其面电荷密度为 $\pm\sigma_0$，面积 S 很大；一块同样面积的介质板从右侧平行地插入，厚度为 d_0，其先头部分被明显极化而出现极化电荷 $\pm q'$，其所受电场力之合力方向朝左，拉拽介质板向左加速，直至它完全置于外场中.

(1) 导出当介质板完全置于外场时所获得的动能 W_k 作为 σ_0，S，d_0，ε_r 的函数；这里忽略可能存在的摩擦热耗散和极化电流热耗散，故你所得 W_k 是介质板的最大动能.

(2) 给定以下数据：σ_0 为 $2.4\times10^{-5}\,\text{C/m}^2$，$S$ 为 $0.5\,\text{m}^2$，d_0 为 $10\,\text{cm}$，$\varepsilon_r=10$；求动能 W_k 值为多少 J(焦耳)？

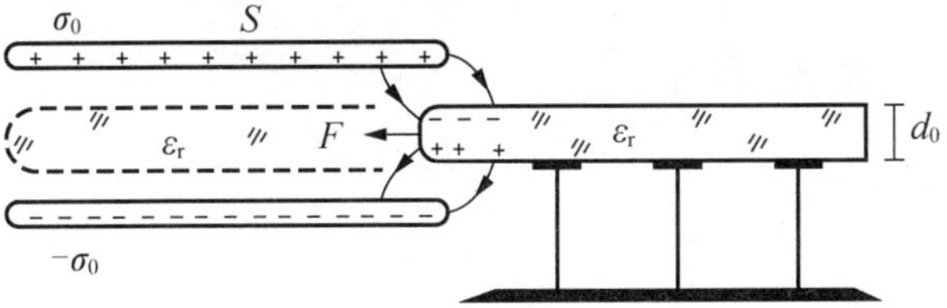

习题 2.40 图

解　(1) 放入介质板前后，由于两板间非介质层电场 $E_0=\dfrac{\sigma_0}{\varepsilon_0}$ 不变，因此 $D=\sigma_0$ 不变.

而 $W_0=\frac{1}{2}DE_0Sd$,其中 d 为板间距. 由 2.21 题的相关结论,放入介质板后,$E=\frac{E_0}{\varepsilon_r}=\frac{\sigma_0}{\varepsilon_0\varepsilon_r}$,则

$$W_1=\frac{1}{2}DE_0S(d-d_0)+\frac{1}{2}DESd_0.$$

于是

$$\Delta W=W_1-W_0=\frac{1}{2}D(E-E_0)Sd_0=\frac{(1-\varepsilon_r)\sigma_0^2Sd_0}{2\varepsilon_r\varepsilon_0},$$

而

$$W_k=-\Delta W=\frac{(\varepsilon_r-1)\sigma_0^2Sd_0}{2\varepsilon_r\varepsilon_0}.$$

(2) 代入数据,

$$\begin{aligned}W_k&=\frac{(\varepsilon_r-1)\sigma_0^2Sd_0}{2\varepsilon_r\varepsilon_0}\\&=\frac{9\times2.4^2\times10^{-10}\times0.5\times0.1}{2\times10\times8.85\times10^{-12}}\text{J}\\&=1.46\text{J}.\end{aligned}$$

第 3 章　恒定电流场　直流电路

3.1　电流密度与电流强度

(1) 线径为 5 mm 的绝缘铜导线，其额定电流(强度)约为100 A，其额定电流密度 j_0 为多少(A/mm^2)?

(2) 线径为 5 mm 的绝缘铁导线，其额定电流(强度)约为 30 A，相应的额定电流密度 j_0 为多少(A/mm^2)?

(3) 以上两个 j_0 值不同，对此你作何理解?

解　对于线型电流，$I=\frac{\pi}{4}d^2 j$，于是：

(1) 额定电流密度

$$j_0 = I_0 \cdot \left(\frac{\pi}{4}d^2\right)^{-1} = 100\times(0.8\times25)^{-1}\,A/mm^2$$

$$\approx 5.1\,A/mm^2.$$

(2) 对于铁丝，$j_0 = 30\times(0.8\times25)^{-1}\,A/mm^2 \approx 1.5\,A/mm^2$.

(3) 铜的导电性能好于铁，同样线径的铜丝其电阻小于铁丝，故其电流的热效应要弱于铁，不易被电流熔断；当然，不同材质有不同的熔点，也是制约额定电流的一个因素，不过铁的熔点倒稍高于铜的.

3.2　金属中传导电子的漂移速度

以金属铜为例. 铜(Cu)的质量密度为 8.9 g/cm^3，铜的原子量为 63.75 g/mol，金属铜里每个铜原子提供一个自由电子($-e$)，$e=1.6\times10^{-19}$ C，阿伏伽德罗常量 $N_A=6.02\times10^{23}$/mol，铜的电阻率 ρ 在 18℃时为 $1.68\times10^{-8}\ \Omega\cdot m$. 据这些基本数据，请作出以下推算.

(1) 金属铜中传导电子数密度 n_0 为多少($1/cm^3$)?

(2) 金属铜中传导电荷体密度 ρ_0 为多少(C/cm^3)?

(3) 金属铜中传导电子迁移率 μ 为多少($m^2/(V\cdot s)$)?

(4) 金属铜中传导电子漂移速度 v 为多少(mm/s)? 设

$j=10\ A/mm^2$.

(5) 从微观上看,金属铜中传导电子平均自由漂移时间 $\bar{\tau}$ 为多少(ms)?

解 (1) $n_0=\dfrac{6.02\times10^{23}}{\dfrac{63.75}{8.9}}cm^{-3}\approx8.404\times10^{22}cm^{-3}$.

(2) $\rho_0=-en_0=-1.6\times10^{-19}\times8.40\times10^{22}C/cm^3$

$\approx-1.35\times10^4C/cm^3$.

(3) 根据电导率 $\sigma=\rho_0\mu$,即迁移率 $\mu=\dfrac{\sigma}{\rho_0}$,或 $\mu=\dfrac{1}{\rho_0\rho}$,算出

$$\mu=-\frac{1}{(1.35\times10^4\times10^6)\times(1.68\times10^{-8})}m^2/(V\cdot s)$$

$$\approx-4.43\times10^{-3}m^2/(V\cdot s).$$

(4) 根据 $v=\mu E=\mu\rho j$,算出传导电子漂移速度为

$$v=4.43\times10^{-3}\times1.68\times10^{-8}\times10\times10^6m/s$$

$$\approx7.4\times10^{-4}m/s=0.74mm/s.$$

(5) 根据 $\bar{\tau}=\dfrac{2m_e\mu}{e}$,算出传导电子平均漂移时间

$$\bar{\tau}=\frac{2\times9.11\times10^{-31}\times4.43\times10^{-3}}{1.6\times10^{-19}}s$$

$$\approx5.04\times10^{-14}s=5.04\times10^{-5}ns(纳秒).$$

3.3 电导率与载流子的迁移率

在地面附近的大气里,由于土壤的放射性和宇宙线的作用,平均每 1 cm^3 的大气里约有 5 对离子. 已知大气中正离子的迁移率为 $1.37\times10^{-4}\ m^2/(s\cdot V)$,负离子的迁移率为 $1.91\times10^{-4}\ m^2/(s\cdot V)$,正负离子所带的电量数值都是 1.60×10^{-19} C. 求地面大气的电导率 σ.

解 根据电导率 σ 与迁移率 μ 之关系式

$$\sigma=n_+q_+\mu_++n_-q_-\mu_-,$$

算出

$$\sigma=5\times10^6\times1.6\times10^{-19}\times(1.37+1.91)\times10^{-4}(\Omega\cdot m)^{-1}$$

$$\approx2.62\times10^{-16}(\Omega\cdot m)^{-1}.$$

这量级相当于其电阻率 $\rho\approx4\times10^{-15}\Omega\cdot m$,已属于绝缘介质范

围了，比如，橡胶 $\rho\approx1.6\times10^{-15}\,\Omega\cdot\mathrm{m}$. 故，通常情况下将干燥的空气视作不导电的介质.

3.4　电导率与载流子的迁移率

空气中有一对平行放着的极板，相距 2.00 cm，面积都是 300 cm²．在两板上加 150 V 的电压，这个值远小于使电流达到饱和所需的电压．今用 X 射线照射板间空气，使其电离，于是两板间便有 4.00 μA的电流通过．设正负离子的电量都是 1.6×10^{-19} C，已知其中正离子的迁移率为 $1.37\times10^{-4}\ \mathrm{m^2/(s\cdot V)}$，负离子的迁移率为 $1.91\times10^{-4}\ \mathrm{m^2/(s\cdot V)}$，求这时板间离子的浓度.

解　先由实验数据($U,I;l,S$)算出极板间这电离空气的电导率，

$$\sigma=\frac{1}{R}\cdot\frac{l}{S}=\frac{I}{U}\cdot\frac{l}{S}=\frac{4.00\times10^{-6}\times2.00\times10^{-2}}{150\times300\times10^{-4}}(\Omega\cdot\mathrm{m})^{-1}$$

$$\approx1.78\times10^{-8}(\Omega\cdot\mathrm{m})^{-1},$$

再根据电导率与迁移率之关系式

$$\sigma=n_+e\mu_++n_-e\mu_-=ne(\mu_++\mu_-),$$

算出离子浓度，

$$n=\frac{\sigma}{e(\mu_++\mu_-)}=\frac{1.78\times10^{-8}}{1.6\times10^{-19}\times(1.37+1.91)\times10^{-4}}\mathrm{m^{-3}}$$

$$\approx3.4\times10^{14}\,\mathrm{m^{-3}}.$$

3.5　本征半导体的电导率

未掺杂的本征半导体，其载流子为自由电子和空穴，两者成对出现，因而浓度相等，即$n=p$. 对于锗(Ge)，$n=p=2.38\times10^{10}/\mathrm{cm^3}$，其电子迁移率 $\mu_\mathrm{n}=3900\ \mathrm{cm^2/(V\cdot s)}$，空穴迁移率 $\mu_\mathrm{p}=1900\ \mathrm{cm^2/(V\cdot s)}$. 求锗本征半导体的电导率 $\sigma(\Omega^{-1}\cdot\mathrm{m}^{-1})$.

解　根据电导率与迁移率之关系式 $\sigma=ne\mu_\mathrm{n}+pe\mu_\mathrm{p}$ 算出

$$\sigma=2.38\times10^{10}\times10^{6}\times1.6\times10^{-19}(3900+1900)\times10^{-4}(\Omega\cdot\mathrm{m})^{-1}$$

$$\approx2.21\times10^{-3}(\Omega\cdot\mathrm{m})^{-1}.$$

3.6　电流热效应——焦耳热功率

载流导线可允许的最大电流即额定电流，主要取决于焦耳热功

率和金属熔点. 已知在 18℃时铜电阻率 ρ_1 为 $1.68\times10^{-8}\ \Omega\cdot\text{m}$,铁电阻率 ρ_2 为 $9.9\times10^{-8}\ \Omega\cdot\text{m}$,两者比值 $\rho_2/\rho_1\approx6$,而铜的熔点略低于铁.

(1) 若要求两者焦耳热功率体密度相等,则其相应的电流密度比值 j_2/j_1 为多少?

(2) 若要求两者焦耳热功率体密度相等,则电场强度比值 E_2/E_1 应为多少?

解 (1) 根据焦耳热功率体密度公式(见书 160 页(3.22)式) $p=\rho j^2$,得

$$\frac{j_2}{j_1}=\sqrt{\frac{\rho_1}{\rho_2}}\approx\sqrt{\frac{1}{6}}\approx0.41,$$

这表明铁内部电流密度约为铜的 40%时,两者的热效应却是同等的,因而,铁导线的额定电流要小于铜导线,约为后者 30%,参见3.1 题.

(2) 根据 $\rho=\sigma E^2$,得 $\dfrac{E_2}{E_1}=\sqrt{\dfrac{\sigma_1}{\sigma_2}}=\sqrt{\dfrac{\rho_2}{\rho_1}}\approx\sqrt{6}\approx2.45.$

换言之,在同样场强条件下,铜导线体内的热效应要高于铁导线,是后者的 6 倍.

3.7 旋转带电体的电流场

(1) 一均匀带电圆环绕中心轴转动,试证明该圆环上线电流强度为

$$I=\eta\omega R,\quad (\text{A})$$

这里,η 为其线电荷密度(C/m),ω 为其角速度,R 为圆环半径.

(2) 一均匀带电圆片绕其中心轴转动,试证明该圆片上面电流密度分布为

$$i(r)=\sigma\omega r,\quad (\text{A/m})$$

这里,σ 为其面电荷密度(C/m^2),ω 为其角速度,r 为场点至圆心的距离.

(3) 一均匀带电球体绕圆心轴转动,试证明其体电流密度分布为

$$j(r,\theta)=\rho\omega r\sin\theta,\quad (\text{A/m}^2)$$

这里，ρ 为其电荷体密度(C/m^3)，ω 为其角速度，场点位置坐标为(r,θ,φ)，其中 θ 为位矢 $\boldsymbol{r}$ 相对转轴的极角.

解　(1) 不妨选定带电圆环某处作为一观测点，试看 dt 时间中通过该处的电量 dQ 值；看出弧长为 vdt 所含的电量 $\eta v dt$，恰巧全部通过了该处，即 $dQ=\eta v dt$，则

$$I\equiv\frac{dQ}{dt}=\eta v=\eta\omega R.$$

(2) 不妨在带电圆片(r—$r+dr$)处设定一个观测点，试看在 dt 时间中通过 dr 宽度(截线)的电量 dQ 值；不难看出环带上一段面积为 $vdtdr$ 所含电量 $dQ=\sigma v dt dr$，恰巧全部通过了截线 dr，按面电流密度定义，

$$i\equiv\frac{dQ}{dt dr}=\sigma v=\sigma\omega r.$$

(3) 体电流密度 j 与体电荷(ρ,v)关系已导出，即 $j=\rho v$；结合本题情况，注意到在球坐标系 r 处的体电荷，其旋转半径为 $r\sin\theta$，故其线速度为 $v=\omega r\sin\theta$，代入上式得

$$j=\rho\omega r\sin\theta.$$

3.8　旋转均匀带电球壳产生的电流场

面电荷密度为 σ 的一球壳绕其球心轴转动，角速度为 ω，转轴设为 z 轴，如本题图示.

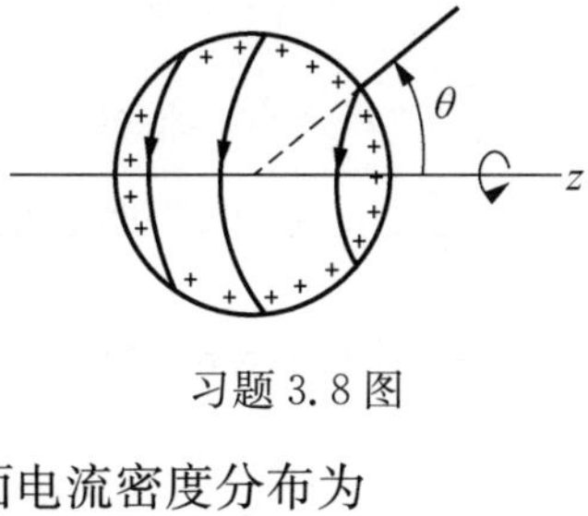

习题 3.8 图

(1) 试证明其面电流密度分布为

$$i(\theta)=\sigma\omega R\sin\theta.\quad(\text{正弦型球面电流场})$$

说明：正弦型球面电流场所产生的磁场分布，具有典型意义，这将在下一章论述.

(2) 设地球表面的电荷密度均匀分布，且 $\sigma\approx-8.9\times10^{-10}\ C/m^2$，

求我国北京地区的面电流密度 i；北京处于北纬约 40°.

解 (1) 在球面上 (R,θ) 处的面电荷密度为 σ，其旋转半径为 $R\sin\theta$，故其线速度 $v=\omega R\sin\theta$；按 $(\sigma,\boldsymbol{v},i)$ 三者之一般关系式 $\boldsymbol{i}=\sigma\boldsymbol{v}$，遂得本题结果，

$$i(\theta)=\sigma\omega R\sin\theta.$$

(2) 须知，地理上的纬度角 φ 与极角 θ 的关系为 $\varphi+\theta=90°$；又，地球自转角速度

$$\omega=\frac{2\pi}{24\times3.6\times10^3}\,\mathrm{rad/s}\approx7.3\times10^{-5}\,\mathrm{rad/s};$$

算出

$$\begin{aligned}i(\text{北京})&=-8.9\times10^{-10}\times7.3\times10^{-5}\times6370\times10^3\times\sin50°\,\mathrm{A/m}\\&\approx-3.17\times10^{-7}\,\mathrm{A/m},\end{aligned}$$

其前面"－"号表示地表电流旋转方向相反于地球自转方向.

3.9 旋转驻极球产生的电流场

一驻极球的固有极化强度为 $\boldsymbol{P}_0$，其方向设为 z 轴，让球体沿 z 轴以角速度 ω 旋转起来，如本题图示. 试导出它产生的电流场 $i(\theta)$.

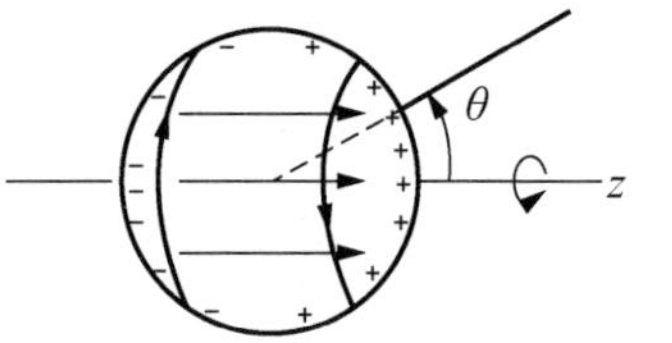

习题 3.9 图

解 极化强度 $\boldsymbol{P}_0$ 产生一余弦型球面电荷 $\sigma(\theta)=P_0\cos\theta$，代入公式 $\boldsymbol{i}=\sigma\boldsymbol{v}$，而 $v=\omega R\sin\theta$，于是，旋转驻极球产生的面电流场为

$$i(\theta)=P_0\omega R\cos\theta\sin\theta.$$

可见，在右半球面，$\theta\in\left(0,\frac{\pi}{2}\right)$，$i>0$，表明 $\boldsymbol{i}$ 方向与 $\boldsymbol{\omega}$ 方向相同；在左半球面，$\theta\in\left(\frac{\pi}{2},\pi\right)$，$i<0$，表明 $\boldsymbol{i}$ 与 $\boldsymbol{\omega}$ 反向，如题图所示.

3.10 导电球壳的电阻

电流强度为 I 的线电流，通过一个导电薄球壳，其电导率为 σ_0 $(\Omega^{-1}\cdot\mathrm{m}^{-1})$，半径为 a，厚度为 b，且 $b\ll a$，参见本题图(a)；且设导线与球面接触处的焊点半径为 r_0.

(1) 试导出其体电流密度 $j(\theta)$；本题图(b)是一提示.

(2) 求出该导电球壳的电阻 R. 提示：计算场强 $\boldsymbol{E}$ 的积分而得电压 U_{AB}.

(3) 若导电球壳被替换为实心导体球，半径依然为 a，总电流依然为 I，试导出电流密度 $j(r,\theta)$, $r\in(0,a)$；进而导出其电阻 R.

提示：这也许是个难题.

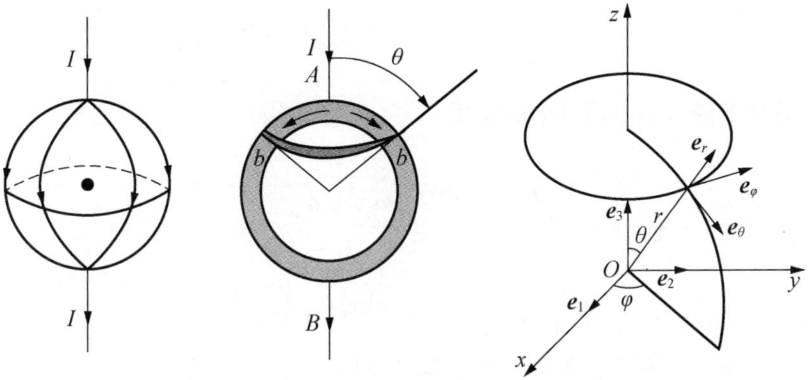

(a)　　(b)　　(c)

习题 3.10 图

解　(1) 注入电流 I 自 A 处向四周发散，沿球壳薄层而流动，汇聚于下端 B 处流出. 显然，电流 I 通过的环带正截面积 ΔS 随 θ 角而变，对应 θ 角的环带，其周长半径为 $a\sin\theta$，宽度为 b，故其 $\Delta S=2\pi ab\sin\theta$，于是，其体电流密度函数为

$$j(\theta)=\frac{I}{\Delta S(\theta)}=\frac{I}{2\pi ab\sin\theta},\quad \alpha\leqslant\theta\leqslant\pi-\alpha,\quad \alpha=\arcsin\frac{r_0}{a}.$$

这里，引入小角 α 以限定 θ 角范围，是为了避开当 $\theta=0,\pi$ 时，j 出现无穷大的发散困惑；事实上焊点是有线度的，题中已设其半径为 r_0.

(2) 从 $j(\theta)$ 出发，得到 j 线沿途的电场 $E(\theta)=j(\theta)/\sigma_0$，然后积分给出电压

$$U_{AB}=\int_A^B \boldsymbol{E}\cdot \mathrm{d}\boldsymbol{l}=\int_A^B \frac{I}{2\pi ab\sigma_0\sin\theta}\cdot a\mathrm{d}\theta=\frac{I}{2\pi b\sigma_0}\int_\alpha^{\pi-\alpha}\frac{1}{\sin\theta}\mathrm{d}\theta;$$

借助复变函数中欧拉公式，可推演出一个积分公式，

$$\int\frac{1}{\sin\theta}\mathrm{d}\theta=\int\frac{2\mathrm{i}}{1-\mathrm{e}^{-2\mathrm{i}\theta}}\mathrm{e}^{-\mathrm{i}\theta}\mathrm{d}\theta=\int\left(\frac{1}{1+\mathrm{e}^{-\mathrm{i}\theta}}+\frac{1}{1-\mathrm{e}^{-\mathrm{i}\theta}}\right)\mathrm{d}\mathrm{e}^{-\mathrm{i}\theta}$$

$$=\ln\frac{1+e^{-i\theta}}{1-e^{-i\theta}}+C=\ln\left(i\frac{\sin\frac{\theta}{2}}{\cos\frac{\theta}{2}}\right)+C,$$

于是，

$$\int_{\alpha}^{\pi-\alpha}\frac{d\theta}{\sin\theta}=\ln\frac{\cos^2\frac{\alpha}{2}}{\sin^2\frac{\alpha}{2}}=\ln\frac{1+\cos\alpha}{1-\cos\alpha},\cos\alpha=\frac{\sqrt{a^2-r_0{}^2}}{a},$$

最终求得这空心薄球壳的电阻

$$R=\frac{U_{AB}}{I}=\frac{1}{2\pi b\sigma_0}\ln\frac{a+\sqrt{a^2-r_0{}^2}}{a-\sqrt{a^2-r_0{}^2}}.$$

在 $r_0 \ll a$ 条件下，

$$\ln\frac{a+\sqrt{a^2-r_0{}^2}}{a-\sqrt{a^2-r_0{}^2}}\approx\ln\left(4\left(\frac{a}{r_0}\right)^2\right).$$

(3) 本题拟取球坐标来分析电流场 $\boldsymbol{j}(r,\theta,\varphi)$，参见图(c). 注意到该 $\boldsymbol{j}$ 具有轴对称性，故它可表示为 $\boldsymbol{j}(r,\theta)$，与横向角 φ 无关. 现从恒定电流场的散度方程 $\nabla\cdot\boldsymbol{j}=0$ 出发，试图导出 $\boldsymbol{j}(r,\theta)$. 这里，不妨借用数学场论中一个关于球坐标系 (r,θ,φ) 中的散度表示式，即，对于矢量场 $\boldsymbol{A}$，有

$$\nabla\cdot\boldsymbol{A}=\frac{1}{r^2}\cdot\frac{\partial}{\partial r}(r^2A_r)+\frac{1}{r\sin\theta}\cdot\frac{\partial}{\partial\theta}(\sin A_\theta)+\frac{1}{r\sin\theta}\cdot\frac{\partial A_\varphi}{\partial\varphi}.\quad ①$$

应用于本题，一般而言，$\boldsymbol{j}$ 有三个正交分量 (j_r,j_θ,j_φ)，然而目前其径向分量 $j_r=0$，否则便违背其通量定理，$\oiint\boldsymbol{j}\cdot d\boldsymbol{S}=0$；其横向分量 $j_\varphi=0$，否则便违背其环路定理 $\oint\boldsymbol{j}\cdot d\boldsymbol{l}=\sigma_0\oint\boldsymbol{E}\cdot d\boldsymbol{l}=0$；$\boldsymbol{j}$ 唯有纵向分量 j_θ，写为 $j(r,\theta)$，它沿经线即子午线方向，见图(c). 于是，由①式得 j 微分方程

$$\frac{1}{r\sin\theta}\cdot\frac{\partial}{\partial\theta}(\sin\theta j)=0,$$

即

$$\frac{1}{r\sin\theta}\left(\cos\theta j+\sin\theta\frac{\partial j}{\partial\theta}\right)=0,$$

$$\frac{1}{r}\frac{\partial j}{\partial\theta}+\frac{\cos\theta}{r\sin\theta}j=0.\quad ②$$

设其试探解为

$$j(r,\theta)=K\frac{1}{r\sin\theta},$$

经检验该解满足方程②. 其中待定系数 K 可由以下方式予以确定：选取 $\theta=\frac{\pi}{2}$ 的横截面 Σ_0，它是一个半径为 a 的圆平面，$\boldsymbol{j}$ 对 Σ_0 的面积分应等于总电流 I，即

$$\iint_{(\Sigma_0)}\boldsymbol{j}\cdot \mathrm{d}\boldsymbol{S}=I,\quad K\int_0^a\frac{1}{r}\cdot 2\pi r\mathrm{d}r=I,\quad K\cdot 2\pi a=I,$$

最终得

$$K=\frac{I}{2\pi a},\quad \boldsymbol{j}=\frac{I}{2\pi a r\sin\theta}\boldsymbol{e}_\theta. \qquad ③$$

进而，导出其电阻 R. 从 A 处出发沿任意一条子午线至 B 处，作 $\boldsymbol{E}$ 的线积分而求得电压，

$$U_{AB}=\int_A^B\boldsymbol{E}\cdot \mathrm{d}\boldsymbol{l}=\frac{1}{\sigma_0}\int_A^B\boldsymbol{j}\cdot \mathrm{d}\boldsymbol{l}=\frac{I}{2\pi a\sigma_0}\int_\alpha^{\pi-\alpha}\frac{1}{r\sin\theta}r\,\mathrm{d}\theta.$$

此积分结果已在(2)中给出，最终得这实心金属球的电阻为

$$R=\frac{U_{AB}}{I}=\frac{1}{2\pi a\sigma_0}\ln\frac{a+\sqrt{a^2-r_0^2}}{a-\sqrt{a^2-r_0^2}}.$$

以上采取同心球壳模型看待该电流场，这并不完善，在轴线上，即当 $\theta=0$ 或 π 出现疑难；也可以选择其他模型比如橄榄球模型，而精确求解仍遇到数学上的困难. 待到学习数理方法课程时，试以拉普拉斯方程边值定解.

3. 11　不同电阻率介质界面的电荷积累

铜线与康铜线连接即得一种常用的热电偶，两者电阻率不同，前者约三倍于后者. 普遍而言，两个不同电阻率元件串联，当电流通过时，在其密接的界面将出现电荷积累，参见本题图.

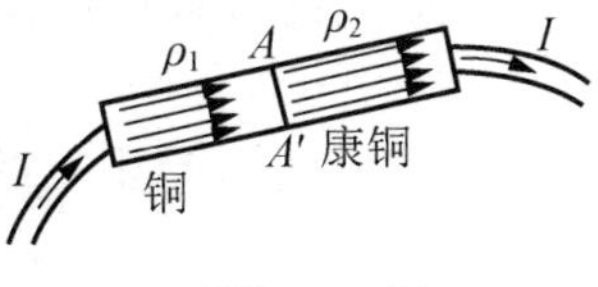

习题 3. 11 图

(1) 试导出界面 AA' 的面电荷密度 σ_0 作为 ρ_1,ρ_2,I,S 的函数；这里 S 为元件横截面积.

提示：应用 $\boldsymbol{j},\boldsymbol{E}$ 边值关系.

(2) 设 $I=200\,\text{mA}$, $S=6.0\,\text{mm}^2$，铜 $\rho_1=1.68\times10^{-8}\ \Omega\cdot\text{m}$，康铜 $\rho_2=0.5\times10^{-8}\ \Omega\cdot\text{m}$；算出 σ_0 值(C/m^2)，并换算为电子数面密度 $n_0(1/\text{mm}^2)$.

解 (1) 对于 AA'界面，$j_{2n}=j_{1n}=\dfrac{I}{S}$，又 $E_{2n}=\rho_2 j_{2n}$，$E_{1n}=\rho_1 j_{1n}$

且满足 $\boldsymbol{E}$ 边值关系，$E_{2n}-E_{1n}=\dfrac{\sigma_0}{\varepsilon_0}$，最终得此界面的自由电荷面密度

$$\sigma_0=\varepsilon_0(\rho_2-\rho_1)\frac{I}{S}.$$

(2) 代入数据，

$$\sigma_0=8.85\times10^{-12}\times(0.5-1.68)\times10^{-8}\times\frac{200\times10^{-3}}{6.0\times10^{-6}}\text{C/m}^2$$

$$\approx-3.48\times10^{-15}\text{C/m}^2.$$

这“－”号表示此处积累了负电荷；若电流反向，则 AA'界面积累正电荷. 这 σ_0 值的量级甚小，换算为电子数密度

$$n_0=\frac{\sigma_0}{(-e)}\approx2.2\times10^{-2}/\text{mm}^2.$$

不同电阻率导线的接触面，将出现电荷积累，这一概念是重要的. 在集成电路和微结构电子器件中，要关注这种面电荷及其电场可能带来的不利影响.

3.12 不同电阻率且不同介电常数介质界面的电荷积累

通常电介质既有介电常数 ε_r 又有电阻率 ρ，分别以表征其电极化性能和导电性能. 兹考量电路中两种不同介质元件串联时的电荷积累，参见本题图，已知电流 I，横截面积 S，两种介质的参量(ε_1,ρ_1)和(ε_2,ρ_2).

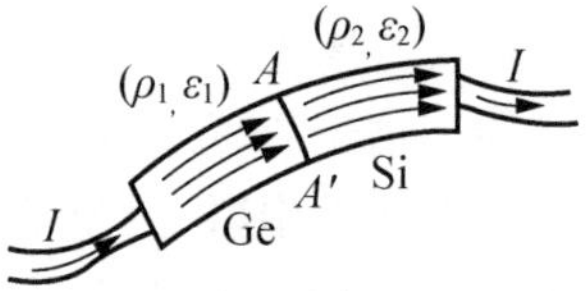

习题 3.12 图

(1) 求界面 AA'积累的面电荷密度 $\sigma_{总}$.

(2) 分别求出极化电荷面密度 σ'，自由电荷面密度 σ_0.

提示：应用 $\boldsymbol{j},\boldsymbol{E},\boldsymbol{P}$ 边值关系；注意 $\sigma_{总}=\sigma'+\sigma_0$.

(3) 设这两个元件为锗本征半导体和硅本征半导体，已知，

锗(Ge)，$\varepsilon_1=16$，$\rho_1=4.5\times10^2\ \Omega\cdot\text{m}$，

硅(Si)，$\varepsilon_2=11.8$，$\rho_2=1.8\times10^3\ \Omega\cdot\text{m}$，

且 $I=200\,\text{mA}$，$S=5.0\,\text{mm}^2$；

试算出 $\sigma_总$，σ' 和 σ_0 值.

解 (1) 注意到电场 $\boldsymbol{E}$ 边值关系 $E_{2n}-E_{1n}=\dfrac{\sigma}{\varepsilon_0}$ 中的面电荷 σ 是总电荷，它是不分电荷品种的，即

$$\sigma_总=\varepsilon_0(E_{2n}-E_{1n})=\varepsilon_0(\rho_2-\rho_1)j_n,$$

即
$$\sigma_总=\varepsilon_0(\rho_2-\rho_1)\frac{I}{S}.$$

(2) 电位移边值关系 $D_{2n}-D_{1n}=\sigma_0$ 中的 σ_0，特指自由电荷面密度，即

$$\sigma_0=D_{2n}-D_{1n}=\varepsilon_0(\varepsilon_2E_{2n}-\varepsilon_1E_{1n})=\varepsilon_0(\varepsilon_2\rho_2-\varepsilon_1\rho_1)\frac{I}{S},$$

于是，此界面的极化电荷面密度为

$$\sigma'=\sigma_总-\sigma_0=\varepsilon_0\ \frac{I}{S}((\rho_2-\rho_1)-\varepsilon_2\rho_2+\varepsilon_1\rho_1),$$

即
$$\sigma'=-\varepsilon_0\ \frac{I}{S}((\varepsilon_2-1)\rho_2-(\varepsilon_1-1)\rho_1).$$

(3) 代入数据，

$$\sigma_总=8.85\times10^{-12}\times(18-4.5)\times10^2\times\frac{200\times10^{-3}}{5\times10^{-6}}\text{C/m}^2$$
$$=4.78\times10^{-4}\text{C/m}^2;$$

$$\sigma_0=8.85\times10^{-12}\times(11.8\times18-16\times4.5)\times10^2\times\frac{200\times10^{-3}}{5\times16^{-6}}\text{C/m}^2$$
$$=4.97\times10^{-3}\text{C/m}^2;$$

$$\sigma'=\sigma_总-\sigma_0=(4.78\times10^{-4}-4.97\times10^{-3})\text{C/m}^2$$
$$=-4.49\times10^{-3}\text{C/m}^2.$$

3.13 电动势与电源能

一个电容为 C_0 的真空电容器，由一个电动势为 $\mathscr{E}$ 的直流电源供电，经历一短暂的充电过程而达到定态，此过程中瞬态电流变化为

$$i(t)=\frac{\mathscr{E}}{R}\text{e}^{-t/\tau},\quad \tau\equiv RC_0;$$

据此讨论相关能量转化事宜，参见本题图.

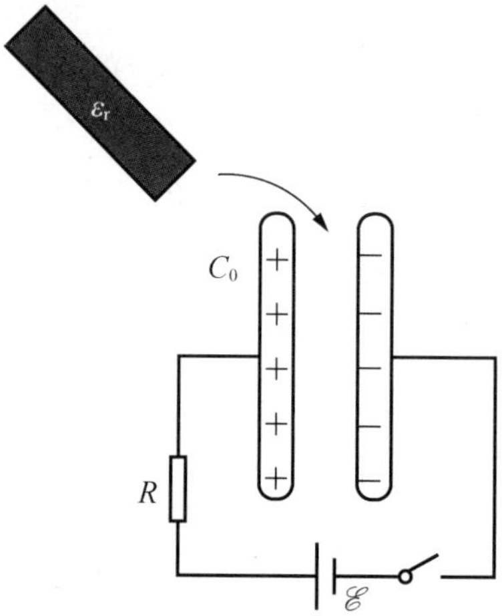

习题 3.13 图

(1) 求全过程中电源释放的电源能 $W_{\mathscr{E}}$.

(2) 求全过程中电阻元件消耗的焦耳热能 W_R.

(3) 试由 $(W_{\mathscr{E}}-W_R)$ 得出电容器储能 W_C 公式.

(4) 现将介电常数为 ε_r 的一块介质插入且充满电容器. 试求达到定态之后，极板积累的自由电荷增量 ΔQ_0；求出电源能增量 $\Delta W_{\mathscr{E}}$；求出电容器储能增量 ΔW_C；审核 $\Delta W_C=\Delta W_{\mathscr{E}}$ 是否成立，并作出解释.

解　(1) 电源提供的瞬时功率为 $i(t)\mathscr{E}$，故在充电全过程中电源供出的能量

$$W_{\mathscr{E}}=\int_0^{\infty} i\mathscr{E}\mathrm{d}t=\int_0^{\infty}\frac{\mathscr{E}^2}{R}\mathrm{e}^{-\frac{t}{\tau}}\,\mathrm{d}t=\frac{\mathscr{E}^2\tau}{R}，\quad 或\ W_{\mathscr{E}}=\mathscr{E}^2C_0.$$

(2) 焦耳热功率为 i^2R，故在充电全过程中电阻元件耗散的焦耳热能

$$W_R=\int_0^{\infty} i^2R\mathrm{d}t=\int_0^{\infty}\frac{\mathscr{E}^2}{R}\mathrm{e}^{-\frac{2t}{\tau}}\,\mathrm{d}t=\frac{1}{2}\,\frac{\mathscr{E}^2\tau}{R}，\quad 或\ W_{\mathscr{E}}=\frac{1}{2}\mathscr{E}^2C_0.$$

(3) 以上结果表明，电源能有一半转化为电阻上的焦耳热，还有另一半用于建立电容器内部电场，换言之，电容器储能为

$$W_C=W_{\mathscr{E}}-W_R=\frac{1}{2}\mathscr{E}^2C_0.$$

注意到充电过程的终态，电容器电压 $U=\mathscr{E}$，故上式可表达为

$$W_C=\frac{1}{2}C_0U^2,$$

这与其他方式导出的电容器储能公式是一致的. 这里是以三者（$\mathscr{E}$，R，C）之能量转化和守恒的方式导出 W_C.

(4) 插入的介质以其极化电荷 $\pm\sigma'$ 及其退极化场 $\boldsymbol{E}'$，而削弱 $\boldsymbol{E}_0$，从而降低了电容器电压，立马电源就向极板充以电量 ΔQ_0，以维持电压 $U=\mathscr{E}$. 根据电容定义式 $C=\dfrac{Q_0}{U}$，得极板自由电荷增量

$$\Delta Q_0=C\mathscr{E}-C_0\mathscr{E}=(C-C_0)\mathscr{E}=(\varepsilon_r C_0-C_0)E,$$

即

$$\Delta Q_0=(\varepsilon_r-1)C_0\mathscr{E}=\chi_e C_0\mathscr{E}.$$

电量 Q_0 或 ΔQ_0 是可以由电量计测出的，故上式提供了一种测量材料介电参数的实验方法.

相应的电源能增量为

$$\Delta W_{\mathscr{E}}=\Delta Q_0\cdot\mathscr{E}=\chi_e C_0\mathscr{E}^2.$$

相应的电容器储能增量为

$$\Delta W_C=\frac{1}{2}C\mathscr{E}^2-\frac{1}{2}C_0\mathscr{E}^2=\frac{1}{2}\varepsilon_r C_0\mathscr{E}^2-\frac{1}{2}C_0\mathscr{E}^2,$$

即

$$\Delta W_C=\frac{1}{2}\chi_e C_0\mathscr{E}^2.$$

可见，$\Delta W_{\mathscr{E}}=2\Delta W_C$，换言之，电源提供的能量增量有一半耗散在电阻元件上.

3.14　热电偶

镍铬-镍（NiCr-Ni）热电偶常被用在炼铜术. 其工作温区在 0℃—1200℃，其高温端 T 恰高于铜熔点（约 1080℃）；现由电势差计测得一镍铬-镍热电偶电动势为 45.6 mV，低温端为 0℃，求高温端温度 T（要求三位有效数字）.

提示：利用正文图 3.20 给出的曲线.

解　该热电偶电动势 $\mathscr{E}$-ΔT 曲线，在 0—1200℃温区有很好的线性，其变化率为 40mV/1000℃，于是，对应 $\mathscr{E}=45.6$mV 的温差为

$$\Delta T=45.6\times\frac{1000}{40}℃=1.14\times10^{3}℃.$$

该热电偶工作时低温端 $T_0=0℃$，故被测对象的温度为

$$T=\Delta T+T_0=1.14\times10^{3}℃.$$

3.15 测量电动势和内阻

如本题图所示，当连接一个 $R_1=10.0\ \Omega$ 的电阻时，测出端电压为 8.0 V；若将 R_1 换成 $R_2=5.0\ \Omega$ 的电阻时，其端电压为 6.0 V. 求此电池的电动势 $\mathscr{E}$ 和内阻 r.

解 列出两个方程

$$U_1=\frac{R_1}{R_1+r}\mathscr{E},\quad U_2=\frac{R_2}{R_2+r}\mathscr{E}.$$

代入数据，

$$\begin{cases}8(10+r)=10\mathscr{E},\\ 6(5+r)=5\mathscr{E},\end{cases}$$

解出，$\mathscr{E}=12\text{V}$，$r=5\Omega$.

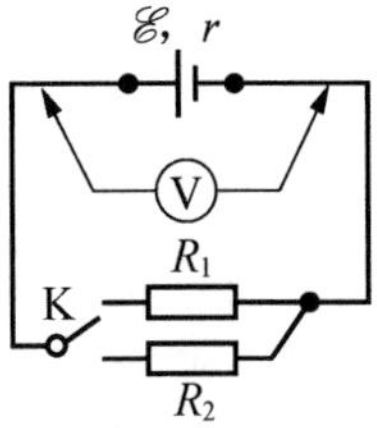

习题 3.15 图

3.16 检测干电池

为了检测一节已使用一段时间的干电池的性能，可采取本题图所示方法，伏特计的内阻为 300 Ω，在开关 K 未合上时其电压读数为 1.46 V，开关合上时其读数为 1.10 V，求电池的电动势和内阻.

解 注意到 300Ω 与 40Ω 并联时的等效电阻 $R\approx35\Omega$. 列出两个数字方程：

$$\begin{cases}1.46\times(300+r)=300\mathscr{E},\\ 1.10\times(35+r)=35\mathscr{E}.\end{cases}$$

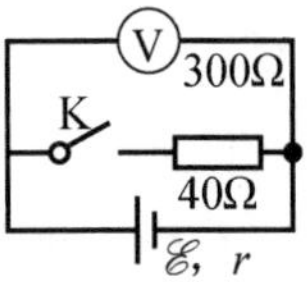

习题 3.16 图

解出，内阻

$$r=\frac{300\times35\times(1.46-1.10)}{300\times1.10-35\times1.46}\Omega\approx13.6\Omega,$$

电动势
$$\mathscr{E}=\frac{1.10\times(35+13.6)}{35}\text{V}\approx1.53\text{V}.$$

该结果表明，一个老旧电池的主要标志，是其内阻明显增加，并非其 $\mathscr{E}$ 有明显下降. 这一点只有在低阻负载时才能暴露出来，表现为

其端电压有明显下降；若用单一伏特计（含高内阻）测其端电压，是无法充分暴露内阻的变化.

3.17　电桥法检测电话线

甲乙两站相距 50 km，其间有两条相同的电话线，有一条因在某处触地而发生故障，为找出触地点到甲站的距离 x，甲站的检修人员用本题图所示的办法，让乙站把两条电话线短路，调节 r 使通过检流计 G 的电流为 0. 已知电话线每千米长的电阻为 6.0 Ω，测得此时 $r=360\ \Omega$，求 x.

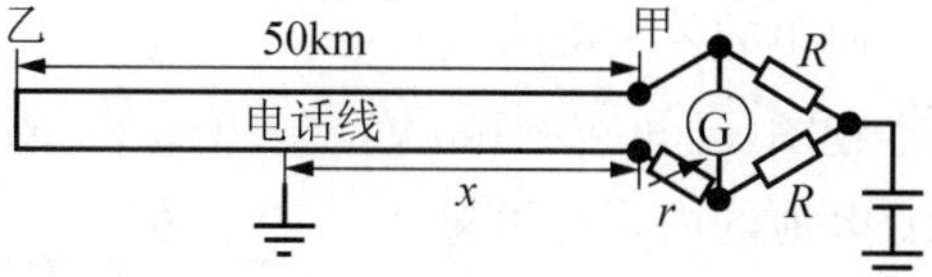

习题 3.17 图

解　设 $\beta=6.0\Omega/\text{km}$，由于两臂电阻（$R$，$R$）相等，当 G 示零时，另两臂电阻也应相等，即

$$(100-x)\beta=x\beta+r,$$

解出

$$x=\left(50-\frac{r}{2\beta}\right)\text{km}=\left(50-\frac{360}{2\times6.0}\right)\text{km}=20\text{km}.$$

3.18　电桥法检测电缆

为了找出电缆在某处由于损坏而通地的地方，也可以用本题图所示的装置. AB 是一条长为 100 cm 的均匀电阻线，接触点 S 可在它上面滑动. 已知电缆长 7.8 km，设当 S 滑到 $SB=41$ cm 时，通过电流计 G 的电流为 0. 求电缆损坏处到 B 的距离 x.

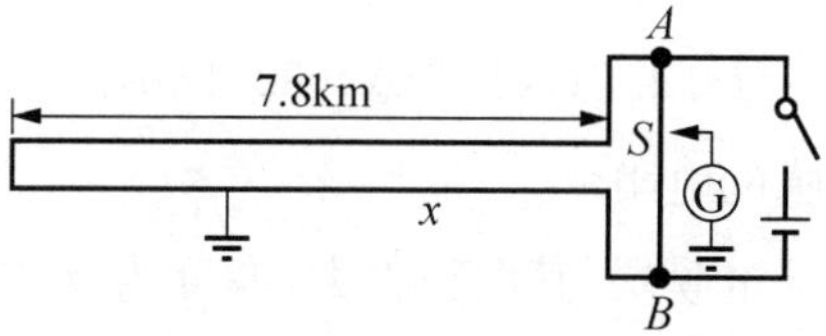

习题 3.18 图

解　列出电桥平衡方程，

$$\frac{2\times 7.8-x}{x}=\frac{R_{SA}}{R_{SB}},$$

且
$$\frac{R_{SA}}{R_{SB}}=\frac{\overline{SA}}{\overline{SB}}=\frac{100-41}{41},$$

于是，$15.6-x=\frac{59}{41}x$，解出

$$x=\frac{15.6\times 41}{100}\text{km}\approx 6.4\text{km}.$$

3.19　一个简单的复杂电路

一电路如本题图，已知 $\mathscr{E}_1=1.5\,\text{V}$，$\mathscr{E}_2=1.0\,\text{V}$，$R_1=50\,\Omega$，$R_2=80\,\Omega$，$R=10\,\Omega$，电池的内阻都可忽略不计. 求通过 R 的电流.

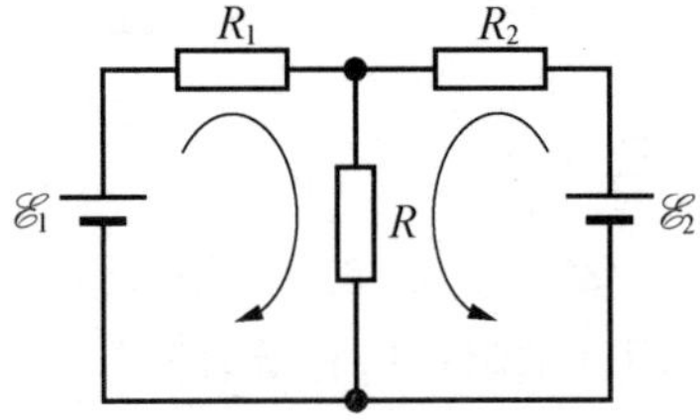

习题 3.19 图

解　设通过 R 的电流为 I，则其电压降为 $U=IR$，于是，通过 R_1，R_2 的电流分别为

$$I_1=\frac{\mathscr{E}_1-U}{R_1},\quad I_2=\frac{\mathscr{E}_2-U}{R_2},$$

且
$$I_1+I_2=I,$$

即
$$I=\frac{\mathscr{E}_1-IR}{R_1}+\frac{\mathscr{E}_2-IR}{R_2},$$

解出

$$I=\frac{\dfrac{\mathscr{E}_1}{R_1}+\dfrac{\mathscr{E}_2}{R_2}}{1+\left(\dfrac{1}{R_1}+\dfrac{1}{R_2}\right)R},$$

代入数据算得

$$I=3.21\times 10^{-2}\,\text{A}=32.1\text{mA}.$$

3.20　导电膜的电阻

有一平面型导电膜层，其面积很大，厚度为 d，电阻率为 ρ，如本题图示；一电流 I 从 a 处注入，从 b 处流出，a，b 两处远离薄膜边缘，相距 l，两处触点半径为 r_0，且 $r_0\ll l$.

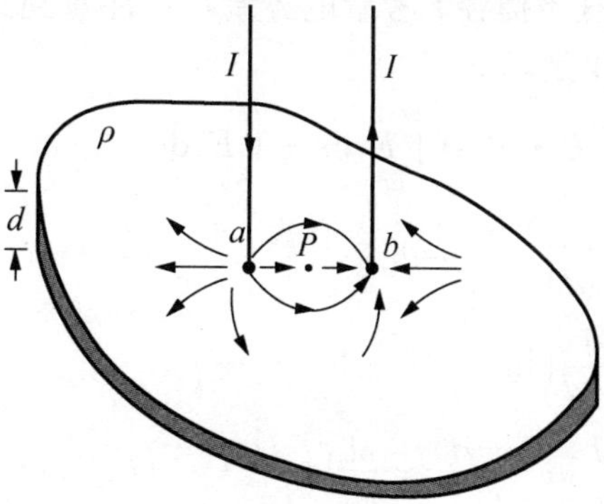

习题 3.20 图

(1) 证明，a,b 之间的电势差为

$$U_{ab} = \frac{\rho I}{\pi d}\ln\frac{l}{r_0};$$

(2) 求导电膜的电阻 R_{ab}；

(3) 给定一组数据：$\rho = 10^{-4}\ \Omega\cdot\mathrm{m}$，$d = 100\ \mu\mathrm{m}$，$r_0 = 10\ \mu\mathrm{m}$，$l = 2.0\ \mathrm{mm}$,试算出此导电膜的电阻值.

说明:有关直流电路还有一批颇有意思的题目,它们均系某些特殊电阻网络或特殊电路,相应地有若干特定的巧妙求解方法,比如,对称性分析等电势方法、叠加互易法、等效电源法、Δ-Y 变换法,等等. 对这类习题本书不作演练,留待电路分析课程去探究. 有意思的是,本章习题以导电薄膜电阻问题结束,恰与书正文的安排首尾呼应,本章正是以二维电流场开始论述的.

解　(1) 这是一个二维电流场的问题,忽略膜层边缘效应,可应用电流叠加原理求解之. 电流 I 从 a 处注入,向四周散开且各向同性;以 a 处为原点,距 a 处为 r 的环带面积为 $2\pi rd$,于是,

$$j_1(r) = \frac{I}{2\pi rd},\quad E_1(r) = \frac{\rho I}{2\pi rd}.$$

同理,当电流 I 在 b 处流出,势必 $\boldsymbol{j}$ 是从四周各向同性会聚于 b,距 b 处为 r'的环带面积为 $2\pi r'd$,于是,

$$j_2(r') = \frac{I}{2\pi r'd},\quad E_2(r') = \frac{\rho I}{2\pi r'd}.$$

选取 $a\to b$ 这条捷径 $\boldsymbol{l}$ 考量电势差 U_{ab}，注意到其间，$\boldsymbol{j}_1$，$\boldsymbol{E}_1$，$\boldsymbol{j}_2$，$\boldsymbol{E}_2$ 均平行于 $\boldsymbol{l}$，于是，

$$\begin{aligned} U_{ab} &= \int_{a\,(\boldsymbol{l})}^{b} \boldsymbol{E}\cdot \mathrm{d}\boldsymbol{l} = \int_a^b E_1\,\mathrm{d}r + \int_a^b E_2\,\mathrm{d}r \\ &= \frac{\rho I}{2\pi d}\left(\int_{r_0}^{l-r_0} \frac{1}{r}\mathrm{d}r + \int_{r_0}^{l-r_0} \frac{1}{l-r}\mathrm{d}r\right) \qquad (r' = l-r) \\ &= \frac{\rho I}{2\pi d}\left(\ln\frac{l-r_0}{r_0} + \ln\frac{l-r_0}{r_0}\right) \\ &= \frac{\rho I}{\pi d}\ln\frac{l-r_0}{r_0} \approx \frac{\rho I}{\pi d}\ln\frac{l}{r_0}. \qquad (l \gg r_0) \end{aligned}$$

可见，此场合电极引线的线径 r_0，对其结果有显著影响. 这二维电流场 $\boldsymbol{j}(\boldsymbol{r})$ 图像，十分相似于两个点电荷 $(q, -q)$ 产生的电力线 $\boldsymbol{E}(\boldsymbol{r})$ 图像. 事实上，由于引线与导电膜有不同的电阻率，在两个电极处确实有电荷积累，比如，$q(a\text{ 处})>0$，$q(b\text{ 处})<0$.

(2) 导电膜的等效电阻 $R_{ab}=\dfrac{U_{ab}}{I}=\dfrac{\rho}{\pi d}\ln\dfrac{l}{r_0}$.

(3) 代入数据，

$$R_{ab}=\frac{10^{-4}}{3.14\times 100\times 10^{-6}}\times \ln\frac{2.0}{10\times 10^{-3}}\,\Omega\approx 1.69\,\Omega.$$

第4章　恒定磁场

4.1　载流正方形线圈的磁场

如本题图所示，考量一个边长为 a、电流为 I 的正方形线圈的磁场.

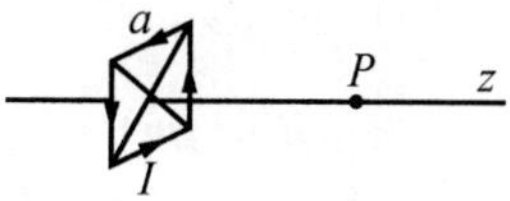

习题 4.1 图

(1) 求出其几何中心处的磁感 B'_0，并将其与通电圆线圈中心处磁感 B_0 作比较，给出比率 $K\equiv B'_0/B_0$，设圆线圈直径为 $2a$；

(2) 求出其正交轴即 z 轴上的磁感分布 $B(z)$；

(3) 试以其磁矩 $\boldsymbol{m}$ 表达其远场区域的磁感 $\boldsymbol{B}_{\mathrm{f}}(\boldsymbol{m},z)$，远场条件为 $z\gg a$.

解　(1) 可直接套用一段载流直线的磁感公式 $B(\theta_1,\theta_2)$，见书 190 页(4.6)式，$B(\theta_1,\theta_2)=k_{\mathrm{m}}I(\cos\theta_1-\cos\theta_2)/r_0$，而得到

$$B'_0=4\times k_{\mathrm{m}}I\,\frac{\cos\dfrac{\pi}{4}-\cos\dfrac{3\pi}{4}}{\dfrac{a}{2}}=8\sqrt{2}\,k_{\mathrm{m}}\,\frac{I}{a};$$

对于直径为 $2a$ 的载流圆圈，其圆心处的磁感 $B_0=k_{\mathrm{m}}\,\dfrac{2\pi I}{a}$，故比值

$$K=\frac{B'_0}{B_0}=\frac{8\sqrt{2}}{2\pi}\approx 1.8.$$

(2) 注意到此时 $r_0=\sqrt{z^2+\left(\dfrac{a}{2}\right)^2}$，

$$\cos\theta_1=\frac{a}{2}\cdot\frac{1}{\sqrt{r_0^2+\left(\dfrac{a}{2}\right)^2}}=\frac{a}{2}\cdot\frac{1}{\sqrt{z^2+\dfrac{a^2}{2}}},$$

且一边贡献的$\boldsymbol{B}_1$ 向 z 轴投影分量为 $B_1\cos\alpha$，而

$$\cos\alpha=\frac{a}{2}\cdot\frac{1}{r_0},$$

最终写出总磁感

$$\boldsymbol{B}(z)=4\times k_{\mathrm{m}}I\times\frac{a}{2}\cdot\frac{2}{\left(z^2+\frac{a^2}{2}\right)^{\frac{1}{2}}}\times\frac{a}{2}\cdot\frac{1}{r_0^2}\hat{\boldsymbol{z}}$$

$$=2k_{\mathrm{m}}I\frac{a^2}{\left(z^2+\frac{a^2}{4}\right)\left(z^2+\frac{a^2}{2}\right)^{\frac{1}{2}}}\hat{\boldsymbol{z}}.$$

(3) 在远场，$z\gg a$，

$$\boldsymbol{B}_{\mathrm{f}}(z,\boldsymbol{m})\approx k_{\mathrm{m}}\frac{2Ia^2}{z^3}\hat{\boldsymbol{z}}=k_{\mathrm{m}}\frac{2\boldsymbol{m}}{z^3},\quad 磁矩\ \boldsymbol{m}=Ia^2\hat{\boldsymbol{z}}.$$

4.2 载流三角形线圈的磁场

如本题图(a)所示，考量一个边长为 a，电流为 I 的正三角形线圈的磁场.

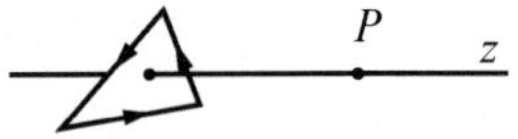

习题 4.2 图 (a)

(1) 求出其几何中心处的磁感 B'_0，并将其与通电圆线圈中心处磁感 B_0 作一比较，给出比率 $K\equiv B'_0/B_0$，设圆线圈直径为 $2a$；

(2) 求出其正交轴即 z 轴上的磁感分布 $B(z)$；

(3) 试以其磁矩 $\boldsymbol{m}$ 表达其远场区域的磁感 $B_{\mathrm{f}}(\boldsymbol{m},z)$，设 $z\gg a$.

解 参见图(b)和(c)，先将有关几何上的边角关系明确如下：

$$b+c=\frac{\sqrt{3}}{2}a,\quad b=\frac{1}{3}(b+c)=\frac{\sqrt{3}}{6}a,$$

面积
$$\Delta S=\frac{1}{2}\left(\frac{\sqrt{3}}{2}a\times a\right)=\frac{\sqrt{3}}{4}a^2,$$

磁矩
$$\boldsymbol{m}=\frac{\sqrt{3}}{4}a^2I\hat{\boldsymbol{z}},$$

$$r_0=\sqrt{z^2+b^2}=\sqrt{z^2+\frac{a^2}{12}},\quad r=\sqrt{r_0^2+\frac{a^2}{4}}=\sqrt{z^2+\frac{a^2}{3}},$$

$$\cos\theta_1'=\frac{\frac{a}{2}}{r}=\frac{a}{2\sqrt{z^2+\frac{a^2}{3}}},\quad \cos\alpha=\frac{b}{r_0}=\frac{\sqrt{3}a}{6\sqrt{z^2+\frac{a^2}{12}}}.$$

(1) 直接借助一段载流直线磁感公式 $B(\theta_1,\theta_2)$，见书(4.6)式，

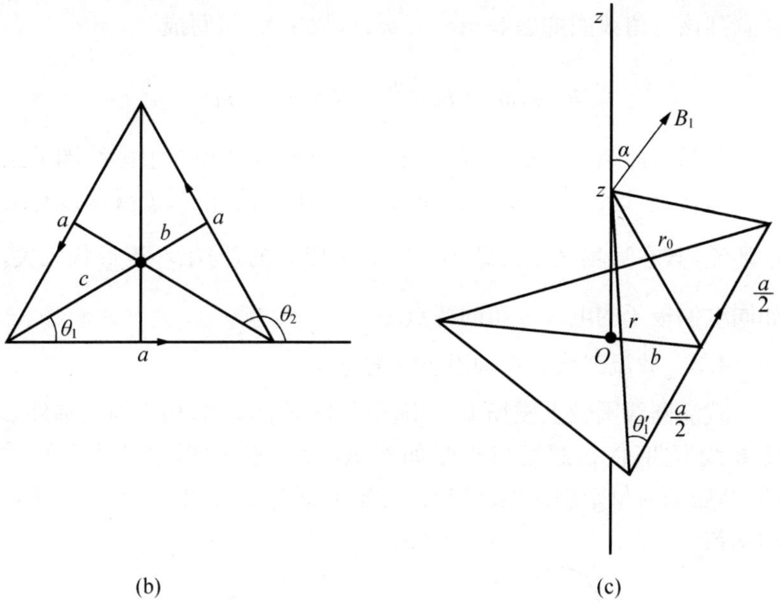

习题 4.2 图

$B(\theta_1,\theta_2)=k_{\mathrm{m}}I\,\dfrac{1}{r_0}(\cos\theta_1-\cos\theta_2)$，立马得到中心 O 处的磁感为

$$B_0'=3k_{\mathrm{m}}I\,\frac{1}{b}\left(\cos\frac{\pi}{6}-\cos\frac{5\pi}{6}\right)=18k_{\mathrm{m}}\,\frac{I}{a},$$

而直径为 $2a$ 的载流圆圈在圆心的磁感 $B_0=k_{\mathrm{m}}\,\dfrac{2\pi I}{a}$，故两者比值

$$K=B_0'/B_0=9/\pi\approx2.9\,.$$

(2) 应用上述 $B(\theta_1,\theta_2)$ 公式，得 z 轴上磁感分布为

$$\begin{aligned}\boldsymbol{B}(z)&=3\times k_{\mathrm{m}}I\cdot\frac{1}{r_0}\times2\cos\theta_1'\times\cos\alpha\,\hat{\boldsymbol{z}}\\&=\frac{\sqrt{3}}{2}k_{\mathrm{m}}I\,\frac{a^2}{\left(z^2+\dfrac{a^2}{12}\right)\left(z^2+\dfrac{a^2}{3}\right)^{\frac{1}{2}}}\hat{\boldsymbol{z}}.\end{aligned}$$

(3) 在远场区，$z\gg a$，则

$$\boldsymbol{B}_{\mathrm{f}}(z)\approx\frac{\sqrt{3}}{2}k_{\mathrm{m}}I\,\frac{a^2}{z^3}\hat{\boldsymbol{z}},$$

注意到该三角线圈的磁矩 $\boldsymbol{m}=\frac{\sqrt{3}}{4}a^2 I\hat{z}$，故$\boldsymbol{B}_\mathrm{f}(z)$可写成

$$\boldsymbol{B}_\mathrm{f}(z,\boldsymbol{m})=k_\mathrm{m}\frac{2\boldsymbol{m}}{z^3}. \quad (\propto\frac{1}{z^3},\propto\boldsymbol{m})$$

联想 此结果表示式，曾在上一题方形线框和原书圆线圈的情形中出现过，这说明此式具有普适价值，即，对于小载流线圈或称为小环流，其在远场区的磁感 $B\propto\frac{m}{z^3}$ 总是成立的，与小环流形状无关，如同电偶极子的电场分布的特点.

4.3 载流圆线圈近轴磁感线的弯曲

载流圆线圈轴上磁场 $B(z)$随距离增加而减弱，相应地其轴外磁感 $\boldsymbol{B}$ 线弯曲，使磁感管口扩张如喇叭，参见本题图，这两者互相关联，乃磁场通量定理使然. 试导出近轴 $\boldsymbol{B}$ 线弯曲之倾角 α 作为 I,R,z 的函数.

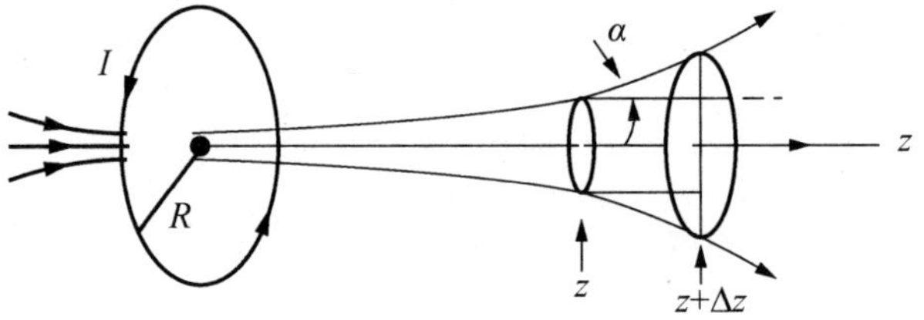

习题 4.3 图

解 以 z 轴为中心轴，沿 $\boldsymbol{B}$ 线作一个喇叭形的闭合面，令其两个端面分别处于 $z,z+\Delta z$ 处；由于侧面上 $\boldsymbol{B}$ 线掠面而过，其磁感通量为零，故通过任一端面的磁通必然相等，即

$$\Phi=\text{常数};$$

$$\text{近轴范围}, B(z)\cdot S(z)=\text{常数}. \qquad ①$$

令 $\Delta z\to 0$，对①式作全微分运算，

$$B\mathrm{d}S+S\mathrm{d}B=0, \quad \text{即 } \mathrm{d}S=-S\frac{\mathrm{d}B}{B}, \qquad ②$$

其中

$$S=\pi r^2, \quad \mathrm{d}S=2\pi r\mathrm{d}r,$$

$$B(z)=k_\mathrm{m}2\pi R^2 I(z^2+R^2)^{-\frac{3}{2}},$$

$$\mathrm{d}B=B'(z)\mathrm{d}z,$$

$$B'(z)=-k_{\mathrm{m}}(2\pi R^2 I)3z\,(z^2+R^2)^{-\frac{5}{2}},$$

于是，$\frac{\mathrm{d}B}{B}=-3z\,(z^2+R^2)^{-1}\mathrm{d}z$，代入②式，最终得近轴 $\boldsymbol{B}$ 线的斜率

$$\tan\alpha=\frac{\mathrm{d}r}{\mathrm{d}z}=\frac{3rz}{2(z^2+R^2)}.$$

4.4 估算载流圆线圈在圆面上的磁场

即使对于圆线圈这么一个单纯的具有横向轴对称的电流场，囿于数学上积分推演的困难，我们也只能求得其轴上磁场分布 $B(z)$ 的解析表达式；然而，凭借磁场的基本定理和普遍属性，还是可以获得特定磁场的某些特征. 比如，对于载流圆线圈在圆线圈所构成圆面上平均磁感 $\overline{\boldsymbol{B}}$ 的考量，旨在算出其磁通 $\Phi=\overline{B}(\pi R^2)$，为日后计算其自感系数留作备用.

试以两种方式来近似估算 $\overline{B}$.

(1) 方式一：选取 $\overline{B}=\frac{1}{2}(B_0+B_{R^-})$，其中 B_0 为圆心处的磁感，B_{R^-} 为靠近载流导线处的磁感，并以无限长直载流导线来近似计算 B_{R^-}，且设导线之线径为 d ($d\ll R$).

(2) 方式二：参见本题图，认为圆面上各处磁感值 $B(x,y)$ 相等，等同于圆心处的磁感，即 $B(x,y)=B_0$. 其根据是应用安培环路定理于一个细长矩形环路($abcd$)，其宽度 $\Delta z\to 0$，其长度为 y，推演如下：

$$\oint \boldsymbol{B}\cdot\mathrm{d}\boldsymbol{l}=\int_a^b \boldsymbol{B}(y)\cdot\mathrm{d}\boldsymbol{l}+\int_b^c \boldsymbol{B}(y)\cdot\mathrm{d}\boldsymbol{l}+\int_c^d \boldsymbol{B}(y)\cdot\mathrm{d}\boldsymbol{l}+\int_d^a \boldsymbol{B}(y)\cdot\mathrm{d}\boldsymbol{l}$$

$$=B(y)\Delta z+0+(-B_0)\Delta z+0=0,$$

其中，第二项和第四项路径积分为零，是因为圆面上各点 $\boldsymbol{B}$ 之方向均垂直于圆面. 由上式得

$$(B(y)-B_0)\Delta z=0,$$

故 $B(y)=B_0$，亦即 $B(x,y)=B_0$.

(3) 试对以上两种估算 $\overline{B}$ 方式作出你的评价.

(4) 设 $R=20\,\mathrm{mm}$，线径 $d=1.0\,\mathrm{mm}$，$I=15\,\mathrm{A}$，分别用上述两种方式估算出该圆线圈平面上圆内平均磁感 $\overline{B}$ 和磁通 $\overline{\Phi}$.

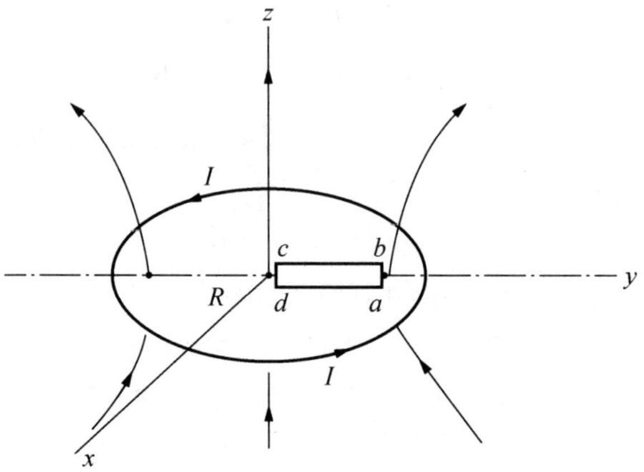

习题 4.4 图

解 (1) 根据 $B_0=k_m\dfrac{2\pi I}{R}=\mu_0\dfrac{I}{2R}$，$B_{R^-}=k_m\dfrac{2I}{\frac{d}{2}}=\mu_0\dfrac{I}{\pi d}$，

得平均磁感

$$\overline{B}=\frac{1}{2}\mu_0 I\left(\frac{1}{\pi d}+\frac{1}{2R}\right). \qquad ①$$

(2) 以这种方式考量圆面上的磁感 $B(r)$，$r\in(0,R)$，其结论是 $B(r)=B_0$，与轴距 r 无关，即

$$\overline{B}=B_0=\mu_0\frac{I}{2R}. \qquad ②$$

(3) 在①式中，$d\ll R$. 故对 $\overline{B}$ 的贡献主要来自第一项，因此其变动范围大，准确度较差. 相比之下②式较为合理.

(4) 代入数据，按①式得

$$\overline{B}=2\times3.14\times10^{-7}\times\left(\frac{1}{3.14\times10^{-3}}+\frac{1}{2\times20\times10^{-3}}\right)\times15\text{T}$$
$$\approx3.23\times10^{-3}\text{T},$$

磁通

$$\overline{\Phi}=\overline{B}\pi R^2=3.14\times(20\times10^{-3})^2\times3.23\times10^{-3}\text{T}\cdot\text{m}^2$$
$$\approx4.1\times10^{-6}\text{T}\cdot\text{m}^2;$$

按②式得

$$\overline{B}=\frac{4\pi\times10^{-7}\times15}{2\times20\times10^{-3}}\text{T}\approx4.7\times10^{-4}\text{T},$$

$$\overline{\Phi}=\overline{B}\pi R^2=3.14\times(20\times10^{-3})^2\times4.7\times10^{-4}\text{T}\cdot\text{m}^2$$
$$\approx5.9\times10^{-7}\text{T}\cdot\text{m}^2.$$

说明 通过对磁通 $\overline{\Phi}$ 的计算,更显②式的合理性,因为线径的边缘效应对 $\overline{\Phi}$ 带来的影响,仅限于很窄的一个环带,它对整个圆面积磁通的贡献是很小的.

4.5 亥姆霍兹线圈

试粗略而正确地描绘出亥姆霍兹线圈的磁感 **B** 线图像.

(1) 当间距 $2a>R$;

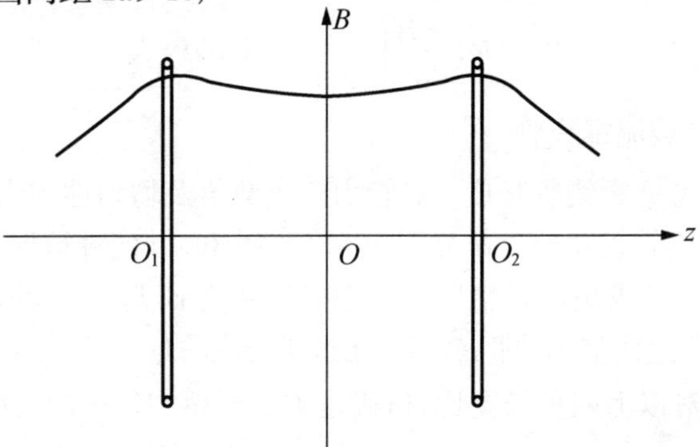

(a) $2a>R$

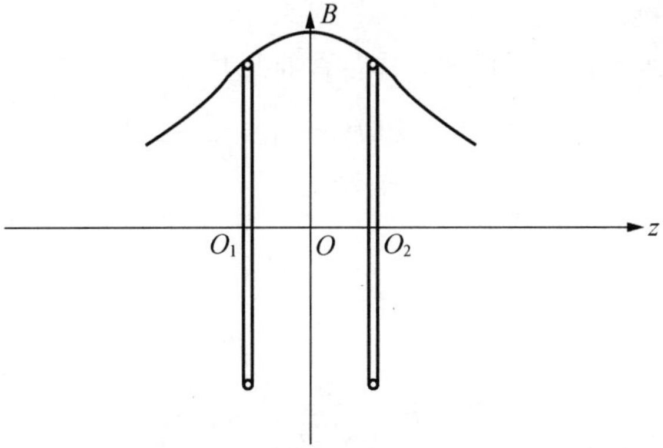

(b) $2a<R$

习题 4.5 图

(2) 当间距 $2a<R$.

提示：参考正文图 4.13，$2a=R$ 时的图像.

解 当间距 $2a>R$，则 $B(z)$ 曲线在中点呈现凹陷，$B(0)$ 为极小值；如图(a)；当 $2a<R$，则 $B(z)$ 曲线呈现凸头，$B(0)$ 为极大值，如图(b). 书中 194 页(4.9)式给出了二阶导数 $\mathrm{d}^2B/\mathrm{d}z^2$ 函数式，据之可明确地得到上述结论：

$$\frac{\mathrm{d}^2B}{\mathrm{d}z^2}(z=0)\propto -3K(R^2-4a^2)\ ,$$

故

$$\begin{cases} 2a>R,\left.\dfrac{\mathrm{d}^2B}{\mathrm{d}z^2}\right|_{z=0}>0, B(0)\text{极小}; \\ 2a<R,\left.\dfrac{\mathrm{d}^2B}{\mathrm{d}z^2}\right|_{z=0}<0, B(0)\text{极大}. \end{cases}$$

4.6 载流螺线管

定量考察螺线管长度 l 对管内磁场数值及均匀性的影响.

设螺线管长宽比 l/d 分别为 5,10,20 和 40 四种情形.

(1) 分别求出四种情形管轴中点磁感值 B_0' 与 l 为无限长时中点磁感值 B_0 之比值 K，即 $K\equiv B_0'/B_0$，$B_0=\mu_0 nI$.

(2) 对以上四种长宽比，试确定轴上磁感均匀区的长度 Δx 与 d 之比值 $K'\equiv\Delta x/d$；这里约定 $B\left(\pm\dfrac{\Delta x}{2}\right)\Big/B_0'=98\%$ 为均匀区长度 Δx 的定量标准.

解 面电流密度设为 $i=nI$，管轴上 P 点磁感强度

$$B_P=\frac{1}{2}\mu_0 nI(\cos\alpha_1-\cos\alpha_2).$$

(1) 管轴中点处 $B_0'=\dfrac{1}{2}B_0(\cos\alpha_1-\cos\alpha_2)$.

(i) $\dfrac{l}{d}=5$：　　$\cos\alpha_1=-\cos\alpha_2=\dfrac{5}{\sqrt{26}}$,

$$K=\frac{B_0'}{B_0}=\frac{5}{\sqrt{26}}=\frac{5\sqrt{26}}{26}.$$

(ii) $\dfrac{l}{d}=10$：　$\cos\alpha_1=-\cos\alpha_1=-\cos\alpha_2=\dfrac{10}{\sqrt{101}}$,

$$K=\frac{B_0'}{B_0}=\frac{10}{\sqrt{101}}=\frac{10\sqrt{101}}{101}.$$

(iii) $\frac{l}{d}=20$：　$\cos\alpha_1=-\cos\alpha_2=\frac{20}{\sqrt{401}}$,

$$K=\frac{B_0'}{B_0}=\frac{20}{\sqrt{401}}=\frac{20\sqrt{401}}{401}.$$

(iv) $\frac{l}{d}=40$：　$\cos\alpha_1=-\cos\alpha_2=\frac{40}{\sqrt{1601}}$,

$$K=\frac{B_0'}{B_0}=\frac{40}{\sqrt{1601}}=\frac{40\sqrt{1601}}{1601}.$$

(2) 设 $\Delta x=l-2x$,则

$$\frac{\frac{1}{2}\mu_0 nI\left(\frac{x}{\sqrt{\frac{d^2}{4}+x^2}}+\frac{l-x}{\sqrt{\frac{d^2}{4}+(l-x)^2}}\right)}{\mu_0 nIK}=0.98,$$

即

$$\frac{l-\Delta x}{\sqrt{d^2+(l-\Delta x)^2}}+\frac{l+\Delta x}{\sqrt{d^2+(l+\Delta x)^2}}=1.96K,$$

亦即

$$\frac{\frac{l}{d}-K'}{\sqrt{1+\left(\frac{l}{d}-K'\right)^2}}+\frac{\frac{l}{d}+K'}{\sqrt{1+\left(\frac{l}{d}+K'\right)^2}}=1.96K,$$

其中 $K'=\frac{\Delta x}{d}$ 即为所求. 此形式不易精确求解. 可用如下两方法：

方法一：数值求解.

(i) $\frac{l}{d}=5, K=\frac{5\sqrt{26}}{26}$,解出 $K'=2.453$.

(ii) $\frac{l}{d}=10, K=\frac{10\sqrt{101}}{101}$,解出 $K'=6.889$.

(iii) $\frac{l}{d}=20, K=\frac{20\sqrt{401}}{401}$,解出 $K'=16.662$.

(iv) $\dfrac{l}{d}=40, K=\dfrac{40\sqrt{1601}}{1601}$,解出 $K'=36.595$.

方法二:近似解(泰勒展开)的办法.

$$1-\frac{1}{2}\frac{1}{\left(\frac{l}{d}-K'\right)^2}+1-\frac{1}{2}\frac{1}{\left(\frac{l}{d}+K'\right)^2}\approx 1.96K,$$

于是

$$\frac{\frac{l^2}{d^2}+K'^2}{\left(\frac{l^2}{d^2}-K'^2\right)^2}=2-1.96K.$$

方程可以化解为关于 K' 的 4 次方程,但含有重根,其中 $K'>\dfrac{l}{d}$ 的解和负值的解,要舍去.

$$(2-1.96K)K'^4-\left[(4-3.92K)\frac{l^2}{d^2}+1\right]K'^2+(2-1.96K)\frac{l^4}{d^4}-\frac{l^2}{d^2}=0,$$

得

(i) $\dfrac{l}{d}=5$:$K=\dfrac{5\sqrt{26}}{26}$,解出 $K'=2.30$.

(ii) $\dfrac{l}{d}=10$:$K=\dfrac{10\sqrt{101}}{101}$,解出 $K'=6.77$.

(iii) $\dfrac{l}{d}=20$:$K=\dfrac{20\sqrt{401}}{401}$,解出 $K'=16.55$.

(iv) $\dfrac{l}{d}=40$:$K=\dfrac{40\sqrt{1601}}{1601}$,解出 $K'=36.49$.

这种近似求解也能获得不错的结果. 但注意适用范围,$\dfrac{1}{\left(\frac{l}{d}\pm K'\right)^2}\ll 1$ 时候效果较为理想.

说明 如本题图所示,两组数据均表明,准匀场范围 K' 即 $\dfrac{\Delta x}{d}$ 随螺管长度 $\dfrac{l}{d}$ 的加长而非线性增长,且增长斜率略有上升,比如

$$\frac{K'\left(\frac{l}{d}=20\right)}{K'\left(\frac{l}{d}=5\right)}=\frac{16.7}{2.45}\approx 6.8\text{ 倍}；\quad \frac{K'\left(\frac{l}{d}=40\right)}{K'\left(\frac{l}{d}=5\right)}=\frac{36.6}{2.45}\approx 15\text{ 倍}.$$

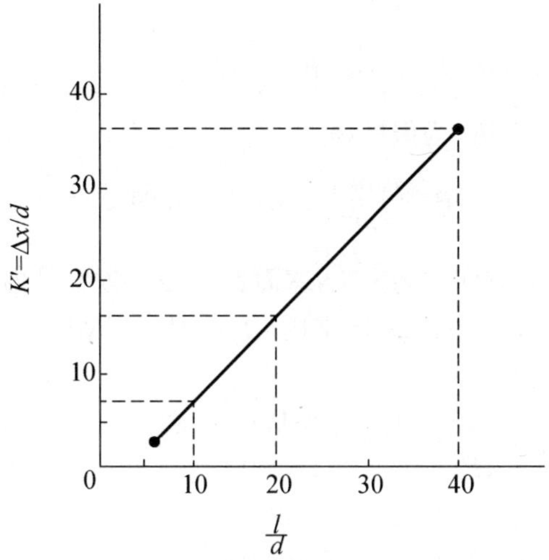

习题 4.6 图　长直螺线管内部准匀场范围 K' 随管长 l/d 的加长而扩大

4.7　轴对称横向电流场产生的磁场

一个半径为 R 的球面，以 z 轴为对称轴，在其横向密绕上载流导线，如本题图所示. 针对以下两种横向密绕方式，求出相应的磁场.

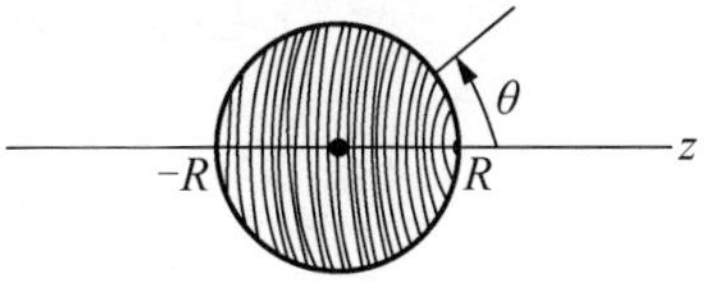

习题 4.7 图

(1) 若按直径方向，其绕线密度 n(圈/米)均匀，设电流为 I，求出全空间磁场分布 $\boldsymbol{B}(\boldsymbol{r})$.

提示：可借鉴正文中论及的正弦型球面电流场及其磁场的结果.

(2) 若沿圆弧即子午线，其绕线密度 n(圈/米)均匀，设电流为

I,求出其球心磁场 B_0 和轴上磁场分布 $B(z)$.

解　(1) 沿着 $\hat{z}$ 方向均匀密绕,球面上 θ—$\theta+\mathrm{d}\theta$ 窄带内,面电流密度 $i=nI\sin\theta$,形成的有效磁矩为 $\boldsymbol{m}_{\text{eff}}=\frac{4\pi}{3}R^3nI\hat{\boldsymbol{z}}$,参考正弦型球面电流结论(见书 212 页)可知:

(i) 球内 $r<R$,为均匀场,$\boldsymbol{B}=\frac{2}{3}\mu_0 nI\hat{\boldsymbol{z}}$.

(ii) 球外 $r>R$,为偶极场,

$$\boldsymbol{B}=\frac{\mu_0 m_{\text{eff}}}{4\pi r^3}\{2\cos\theta\hat{\boldsymbol{r}}+\sin\theta\hat{\boldsymbol{\theta}}\}.$$

(2) 沿着 $\hat{\boldsymbol{\theta}}$ 方向均匀密绕,球面上 θ—$\theta+\mathrm{d}\theta$ 窄带内,面电流密度 $i=nI$,$\mathrm{d}l=R\mathrm{d}\theta$,$r=R\sin\theta$,环带内 $\mathrm{d}I=i\mathrm{d}l=nIR\mathrm{d}\theta$. 于是,轴上 z 处沿轴向磁感强度

$$\begin{aligned}
B(z)&=k_{\mathrm{m}}\int\frac{2\pi R^2\sin^2\theta\mathrm{d}I}{(R^2+z^2-2Rz\cos\theta)^{\frac{3}{2}}}\\
&=k_{\mathrm{m}}\int\frac{2\pi nIR^3\sin^2\theta\mathrm{d}\theta}{(R^2+z^2-2Rz\cos\theta)^{\frac{3}{2}}}\\
&=2\pi nIR^3k_{\mathrm{m}}\int\frac{-1}{Rz}\sin\theta\mathrm{d}\frac{1}{(R^2+z^2-2Rz\cos\theta)^{\frac{1}{2}}}\\
&=-\frac{\mu_0 nIR^2}{2z}\int\sin\theta\mathrm{d}\frac{1}{(R^2+z^2-2Rz\cos\theta)^{\frac{1}{2}}}\\
&=-\frac{\mu_0 nIR^2}{2z}\left[\frac{\sin\theta}{(R^2+z^2-2Rz\cos\theta)^{\frac{1}{2}}}\bigg|_{\theta=0}^{\pi}\right.\\
&\qquad\left.-\int_0^{\pi}\frac{\cos\theta}{(R^2+z^2-2Rz\cos\theta)^{\frac{1}{2}}}\mathrm{d}\theta\right]\\
&=-\frac{\mu_0 nIR^2}{2z}\left[\frac{\sin\theta}{(R^2+z^2-2Rz\cos\theta)^{\frac{1}{2}}}\bigg|_{\theta=0}^{\pi}\right.\\
&\qquad\left.+\frac{\partial}{\partial t}\int_0^{\pi}\frac{1}{2Rz}\sqrt{(R^2+z^2-2Rzt\cos\theta)}\,\mathrm{d}\theta\bigg|_{t=1}\right],
\end{aligned}$$

其中,第二项积分 $\int\sqrt{a+b\cos\theta}\,\mathrm{d}\theta$ 系椭圆弧长型积分,此类积分一般无解析表达式,数学家如是说. 当然,我们也可以级数展开方式表

示这积分,此处从略. 对于中心 $z=0$ 处,磁感 B_0 的积分表达式是简单可积的,

$$\begin{aligned}B_0 &= k_m \int \frac{2\pi R^2 \sin^2\theta \mathrm{d}I}{R^3} \\ &= k_m \int_0^{\pi} 2\pi n I \sin^2\theta \mathrm{d}\theta \\ &= k_m \int_0^{\pi} 2\pi n I \frac{1-\cos(2\theta)}{2} \mathrm{d}\theta \\ &= \frac{\pi}{4}\mu_0 n I,\end{aligned}$$

方向指向 $\hat{z}$.

4.8 轴对称纵向电流场产生的磁场

一根长直载流导线的中段连接上一个导体球壳,其半径为 R,其壳层厚度 $d \ll R$,可忽略此厚度影响,视为一个纵向面电流场,总电流为 I.

(1) 试求出球面电流密度 $i(\theta)$.

(2) 试求出相应的空间磁场 $\boldsymbol{B}(\boldsymbol{r})$,指出 $\boldsymbol{B}$ 的方向,以及闭合磁感 $\boldsymbol{B}$ 线的空间图像.

提示: 若以坐标 (r,θ) 标定场点位置,则应针对 $r<R$ 和 $r>R$ 两个区域,分别给出磁场分布 $B(r,\theta)$.

(3) 若导线中段接上一个实心导体球,其磁场分布将有怎样变化?

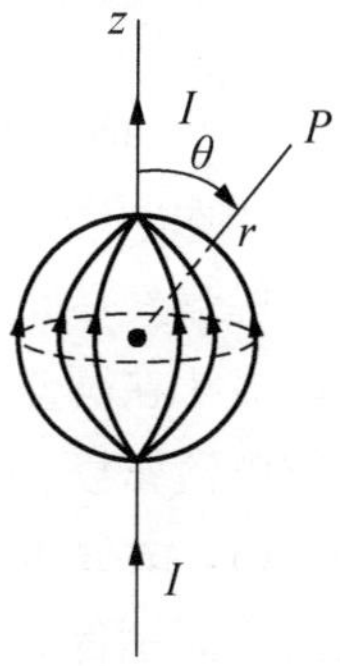

习题 4.8 图

提示: 这可能是个难题,难在精确求得体内电流密度函数 $j(r,\theta)$;不妨先设电流密度 j 均匀分布于每个横截面(圆形)上,如此它便不是一个难题.

解 (1) 该电流线恰巧沿子午线,与其正交的纬圈半径为 $R\sin\theta$,相应的圆周长度为 $l=2\pi R\sin\theta$,故该面电流场的密度函数为

$$i(\theta)=\frac{I}{2\pi R\sin\theta}.$$

(2) 以球坐标 (r,θ,φ) 的眼光看 $i(\theta)$,与 φ 无关,故具有纵向轴对称性,它连同上部线电流和下部线电流产生的磁场 $\boldsymbol{B}$,具有横向轴

对称性，其 $\boldsymbol{B}$ 线是一系列绕轴的闭合圆圈，躺在与 z 轴正交的一系列纬圈面上，与无限长直载流导线的景象无异，故可成功应用安培环路定理求解本题：

$$r>R\text{（球壳外）},B=\mu_0\frac{I}{2\pi r_P},\text{轴距 } r_P=r\sin\theta,\quad \boldsymbol{B}/\!/(\hat{\boldsymbol{z}}\times\hat{\boldsymbol{r}});$$

$$r<R\text{（球壳内）},B=0.$$

(3) 球体内出现了体电流场，其密度 $j(r,\theta)$ 与 φ 无关，依然系轴对称纵向电流场，故依然产生了一个横向轴对称 $\boldsymbol{B}$ 场. 在 $r\geqslant R$（球体外），$\boldsymbol{B}/\!/\hat{\boldsymbol{z}}$ 全同于(2). 在 $r\leqslant R$（球体内），以平均体电流密度 $\boldsymbol{j}$ 处置，与场点 $P(r,\theta)$ 共面的球体横截面积为 $\Delta S=\pi[R^2-(r\cos\theta)^2]$，故 $\bar{j}(r,\theta)=\dfrac{I}{\pi(R^2-r^2\cos^2\theta)}$；应用安培环路定理得

$$B(r,\theta)=\mu_0 I\frac{r\sin\theta}{2\pi(R^2-r^2\cos^2\theta)},\quad \boldsymbol{B}/\!/(\hat{\boldsymbol{z}}\times\hat{\boldsymbol{r}}).$$

4.9 轴对称纵向电流场产生的磁场

如本题图示，它是圆盘形的纵向轴对称电流场，一长直线电流 I 在中段流经一个金属圆盘，其半径为 R，厚度为 d. 设电流 I 在圆盘横截面上的电流分配是均匀的，即其体电流密度 $j=I/\pi R^2$.

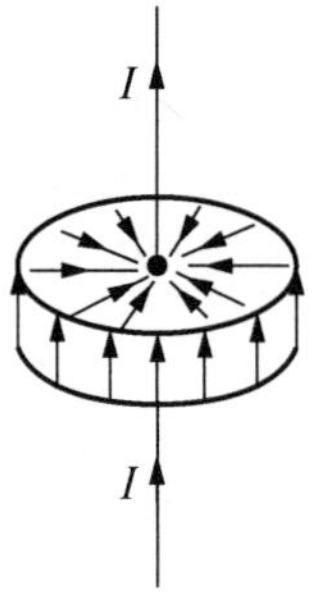

习题 4.9 图

(1) 试分析说明磁场 $\boldsymbol{B}$ 的方向，及其闭合磁感线的空间图像；

(2) 求出空间磁场分布 $\boldsymbol{B}(\boldsymbol{r})$.

备注：本题意类似于第 8 章将论及的电容器内部出现的位移电流及其磁效应.

解 (1) 其电流场 $\boldsymbol{j}(r,\theta)$ 与 φ 无关，且在子午面内，故具有纵向轴对称性. 于是，其产生的磁场 $\boldsymbol{B}$ 具有横向轴对称性，$\boldsymbol{B}$ 线是一系列绕轴的圆圈，$\boldsymbol{B}$ 线环绕方向与对称轴构成右手螺旋关系，此图景与无限长直载流导线的情形无异.

(2) 基于上述 $\boldsymbol{B}$ 的横向轴对称性，可成功应用安培环路定理求解磁场 $B(r)$，这里 r 为轴距.

(i) 在 $z>\frac{d}{2}$ 或 $z<-\frac{d}{2}$ 或 $r>R$,即圆盘外部,有

$$\oint \boldsymbol{B}\cdot \mathrm{d}\boldsymbol{l}=2\pi r B(r)=\mu_0 I,$$

得 $$B(r)=\mu_0 \frac{I}{2\pi r},\quad \boldsymbol{B}/\!/(\hat{\boldsymbol{z}}\times\hat{\boldsymbol{r}}).$$

(ii) 在圆盘内部,即 $-\frac{d}{2}<z<\frac{d}{2}$,且 $r<R$,则

$$\oint \boldsymbol{B}\cdot \mathrm{d}\boldsymbol{l}=2\pi r B(r),$$

又 $$\oint \boldsymbol{B}\cdot \mathrm{d}\boldsymbol{l}=\mu_0(\pi r^2 j)=\mu_0\frac{\pi r^2}{\pi R^2}I,$$

得 $$B(r)=\mu_0 I\frac{r}{2\pi R^2},\quad \boldsymbol{B}/\!/(\hat{\boldsymbol{z}}\times\hat{\boldsymbol{r}}).$$

4.10 一对镜像对称电流元产生的磁场

一对电流元 $I\boldsymbol{l}$ 和 $I\boldsymbol{l}'$,以 xy 平面为镜面而对称,如本题图示,它俩在 xy 面上任一点所贡献的合磁场为

$$\boldsymbol{B}_P=\boldsymbol{B}_{0P}+\boldsymbol{B}'_{0P}.$$

(右边两项分别为两电流元产生的磁场)

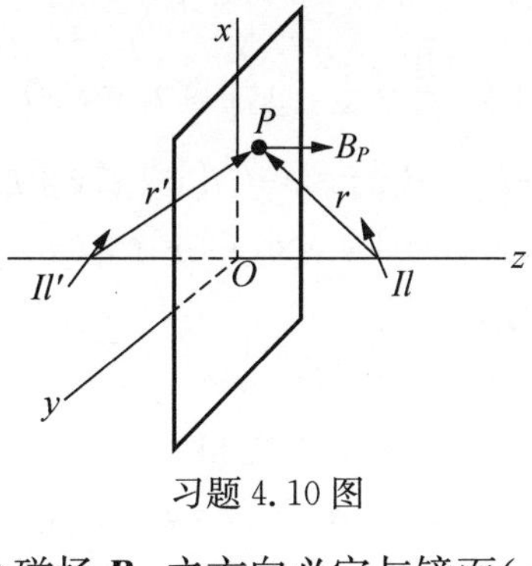

习题 4.10 图

(1) 试证明,合磁场 $\boldsymbol{B}_P$ 之方向必定与镜面(xy)正交.

提示:对 $\boldsymbol{l}$ 和 $\boldsymbol{l}'$ 作正交分解为(l_x, l_y, l_z)和(l'_x, l'_y, l'_z),且 $l'_x=l_x, l'_y=l_y, l'_z=-l_z$;对于场点位矢 $\boldsymbol{r}$ 和 $\boldsymbol{r}'$,有两个关系可供利用:

$$(\boldsymbol{r}+\boldsymbol{r}')\ /\!/\ xy\text{ 平面},\quad (\boldsymbol{r}-\boldsymbol{r}')\perp xy\text{ 平面}.$$

(2) 推论.基于以上命题,可进一步推定出一个有实用价值的结

论:轴对称纵向电流场所产生的磁场,必定是一个轴对称横向磁场,即其磁场 $\boldsymbol{B}$ 线是一系列共轴的圆周,躺在与对称轴正交的一系列横平面上,这些横平面可称为纬圈面.试论证此推论.

提示:对任何一个包含对称轴的平面,即对子午面而言,轴对称纵向电流场皆具镜像对称性.其实,4.8 题和 4.9 题是两个轴对称纵向电流场的好实例,而 4.7 题是一个轴对称横向电流场的又一个实例,它产生了轴对称纵向磁场.对于轴对称电流场与其磁场的关系,简言之,横生纵,纵生横;这源于磁场为横场、闭合的磁场线与电流线互相套连,以及磁场遵循安培环路定理.

解 (1) 先明确若干几何关系作为准备知识.一对电流元 $I\boldsymbol{l}$ 与 $I\boldsymbol{l}'$,满足以 xy 平面为镜像对称的条件有二:

(i) 取向条件:$l'_x=l_x, l'_y=l_y, l'_z=-l_z$.

(ii) 位置条件:设 $I\boldsymbol{l}$ 中心坐标为$(0,0,z)$,则 $I\boldsymbol{l}'$中心坐标为$(0,0,-z)$.于是,场点 $P(x,y,0)$相对两个中心的位矢 $\boldsymbol{r}$ 与 $\boldsymbol{r}'$,分别表示为 $\boldsymbol{r}(x,y,-z)$,$\boldsymbol{r}'(x,y,z)$,故

$(\boldsymbol{r}+\boldsymbol{r}')=(2x,2y,0)$,无 z 分量,即$(\boldsymbol{r}+\boldsymbol{r}')\,/\!/\,(xy)$平面;

$(\boldsymbol{r}-\boldsymbol{r}')=(0,0,-2z)$,仅有 z 分量,即$(\boldsymbol{r}-\boldsymbol{r}')\perp(xy)$平面.

考量磁场

$$\begin{aligned}\boldsymbol{B}_P &= k_{\mathrm{m}}\frac{I\boldsymbol{l}\times\boldsymbol{l}}{r^3}+k_{\mathrm{m}}\frac{I\boldsymbol{l}'\times\boldsymbol{r}'}{(r')^3}\quad (\text{注意 } r^3=r'^3)\\ &=K[(l_x\hat{\boldsymbol{x}}+l_x\hat{\boldsymbol{y}}+l_x\hat{\boldsymbol{z}})\times\boldsymbol{r}+(l'_x\hat{\boldsymbol{x}}+l'_x\hat{\boldsymbol{y}}+l'_x\hat{\boldsymbol{z}})\times\boldsymbol{r}']\\ &=K[l_x\hat{\boldsymbol{x}}\times(\boldsymbol{r}+\boldsymbol{r}')+l_y\hat{\boldsymbol{y}}\times(\boldsymbol{r}+\boldsymbol{r}')+l_z\hat{\boldsymbol{z}}\times(\boldsymbol{r}-\boldsymbol{r}')],\end{aligned}$$

注意到括号中第 3 项,

$$l_z\hat{\boldsymbol{z}}\times(\boldsymbol{r}-\boldsymbol{r}')=0,$$

因为$(\boldsymbol{r}-\boldsymbol{r}')\,/\!/\,\hat{\boldsymbol{z}}$;第 1 项与第 2 项之和

$$(l_x\hat{\boldsymbol{x}}+l_y\hat{\boldsymbol{y}})\times(\boldsymbol{r}+\boldsymbol{r}')\,/\!/\,\hat{\boldsymbol{z}},$$

因为这两个合矢量均平行 xy 面.

这就证明了,一对镜像对称的电流元在镜面上的合磁场必定与镜面正交;而一对镜像对称的点电荷在镜面上的合电场,必定与镜面平行.

(2) 对推论的论证在此从略.

4.11 长直线电流产生磁场的正中效应

参见本题图示，以场点之轴距 r_0 为尺度，将长直导线依次分段($0,r_0,2r_0,3r_0,\cdots$)，用以考量不同线段对磁场贡献的权重.

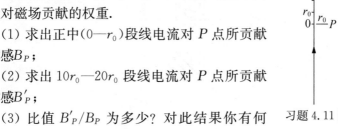

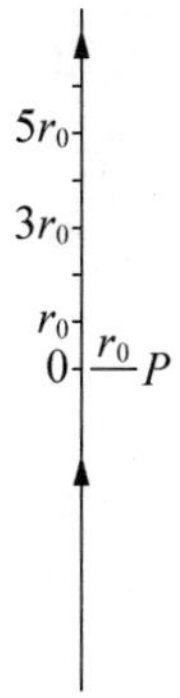

习题4.11图

(1) 求出正中($0—r_0$)段线电流对 P 点所贡献的磁感B_P；

(2) 求出 $10r_0—20r_0$ 段线电流对 P 点所贡献的磁感B'_P；

(3) 比值 B'_P/B_P 为多少？对此结果你有何感想？

解 (1) 无限长载流直线的磁场 $B_0=k_m\dfrac{2I}{r_0}$，不妨以之为参考值. 一段 $l\in(0,r_0)$线电流贡献的磁感为

$$B_P=k_m\frac{I}{r_0}\left(\cos\frac{\pi}{2}-\cos\frac{3\pi}{4}\right)=k_m\frac{I}{r_0}\cdot\frac{\sqrt{2}}{2},$$

相应的权重 $p_1\equiv\dfrac{B_P}{B_0}=\dfrac{\sqrt{2}}{4}\approx0.3536.$

(2) 非正中一段 $l\in(10r_0,20r_0)$线电流贡献的磁感为

$$B'_P=k_m\frac{I}{r_0}\left(-\frac{10}{\sqrt{101}}-\left(-\frac{20}{\sqrt{401}}\right)\right)=k_m\frac{I}{r_0}\cdot0.0037,$$

即相应的权重 $p_2\approx0.0019.$

(3) 以上定量结果表明，

$$\frac{B'_P}{B_P}=\frac{0.0037}{\sqrt{2}/2}\approx0.005.$$

即，非正中一段长为 $10r_0$ 线电流贡献的 B'_P，竟只有正中一段 r_0 线电流贡献的0.5%，或者说，无限长线电流产生的 B 中，竟有70%是正中一小段($-r_0,r_0$)所贡献的.

4.12 平面电流场产生的磁场

一平面电流场如本题图(a)，宽度为 $2a$，长度为 b，且 $b\gg a$，可视为无限长以作近似处理；其面电流密度为 i(A/m)，且均匀分布.

(1) 求出沿 y 轴磁场 $\boldsymbol{B}$ 的方向和 $B(y)$函数；

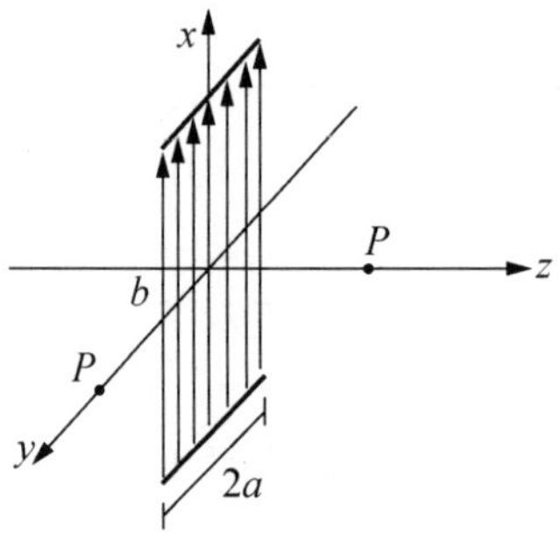

习题 4.12 图(a)

(2) 求出沿 z 轴磁场 $\boldsymbol{B}$ 的方向和 $B(z)$ 函数.

解 为避免积分变量和常量在符号上的混淆,特设线电流在 y 轴上的位置坐标为 u,即该平面电流场定域于 $u\in(-a,a)$,u—$u+\mathrm{d}u$ 窄条的电流 $\mathrm{d}I=i\mathrm{d}u$,以无限长线电流看待之.

(1) 注意到,对于不同区段的场点 $P(y)$,那些线电流产生的 $\boldsymbol{B}$ 方向有所不同,拟应分区考量积分.

(i) $y>a$,即场点在面电流左侧空间,u—$u+\mathrm{d}u$ 窄条与 P 点距离为$(y-u)$,则

$$B(y)=k_{\mathrm{m}}\int_{-a}^{a}\frac{2i\mathrm{d}u}{y-u}=2k_{\mathrm{m}}i\ln\frac{y+a}{y-a},\text{且}\quad \boldsymbol{B}/\!/\hat{\boldsymbol{z}}.$$

(ii) $0<y<a$,即场点在面电流内部的左侧,

$$B(y)=k_{\mathrm{m}}\lim_{\varepsilon\to0}\left(\int_{-a}^{y-\varepsilon}\frac{2i\mathrm{d}u}{y-u}+\int_{y+\varepsilon}^{a}\frac{2i\mathrm{d}u}{y-u}\right)$$

$$=2k_{\mathrm{m}}i\ln\frac{y+a}{a-y},\quad \text{且}\ \boldsymbol{B}/\!/\hat{\boldsymbol{z}}.$$

(iii) $0>y>-a$,即场点在面电流内部的右侧,可由定性分析知,这区段的 $\boldsymbol{B}$ 与(ii)中的 $\boldsymbol{B}_2$ 是反对称的,

$$\boldsymbol{B}(y)=-\boldsymbol{B}_2(-y),\text{即}\ B(y)=2k_{\mathrm{m}}i\ln\frac{a-y}{a+y},\quad \text{且}\ \boldsymbol{B}/\!/(-\hat{\boldsymbol{z}}).$$

(iv) $y<-a$,即场点在面电流右侧空间,无疑,这区段的 $\boldsymbol{B}$ 与(i)中的 $\boldsymbol{B}_1$ 是反对称的,

$$\boldsymbol{B}(y)=-\boldsymbol{B}_1(-y),\text{即}\ B(y)=2k_{\mathrm{m}}i\ln\frac{y-a}{y+a},\quad \text{且}\ \boldsymbol{B}/\!/(-\hat{\boldsymbol{z}}).$$

(2) 参见俯视图(b)，y—$y+\mathrm{d}y$ 线电流产生的 $\mathrm{d}\boldsymbol{B}$ 与 $-y$—$-y+\mathrm{d}y$ 线电流产生的 $\mathrm{d}\boldsymbol{B}'$，在 z 轴的分量相抵消，仅保留 y 轴的分量，即

$$\mathrm{d}B_y = \mathrm{d}B \cdot \cos\alpha = k_{\mathrm{m}} \frac{2i\mathrm{d}y}{r} \cdot \frac{z}{r} = 2k_{\mathrm{m}} i \frac{z}{z^2+y^2}\mathrm{d}y,$$

$$B = \int_{-a}^{a} \mathrm{d}B_y = 2k_{\mathrm{m}} iz \int_{-a}^{a} \frac{1}{z^2+y^2}\mathrm{d}y.$$

借助积分公式 $\displaystyle\int \frac{1}{b^2+x^2}\mathrm{d}x = \frac{1}{b}\arctan\frac{x}{b} + C$

得 $$B(z) = 2k_{\mathrm{m}} i\left(\arctan\frac{a}{z} - \arctan\frac{-a}{z}\right)$$

$$= 4k_{\mathrm{m}} i\arctan\frac{a}{z};$$

当 $z>0$，$\boldsymbol{B}/\!/(-\hat{\boldsymbol{y}})$，当 $z<0$，$\boldsymbol{B}/\!/\hat{\boldsymbol{y}}$.

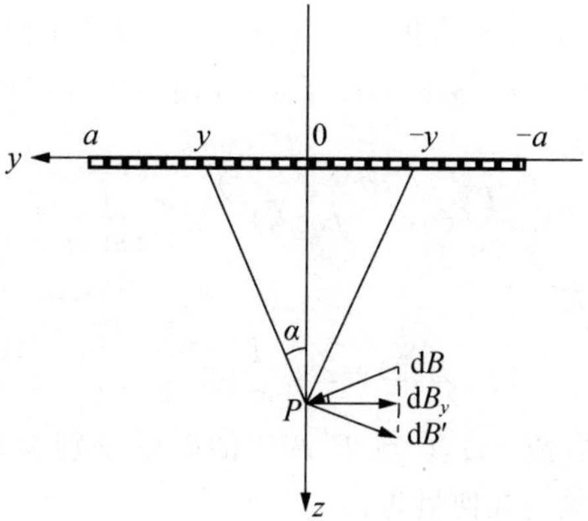

习题 4.12 图(b)

讨论 当 $z \to 0^+$，

$$\boldsymbol{B}(0^+) = 4\frac{\mu_0}{4\pi} i \cdot \frac{\pi}{2}(-\hat{\boldsymbol{y}}) = -\frac{1}{2}\mu_0 i\hat{\boldsymbol{y}};$$

当 $z \to 0^-$，

$$\boldsymbol{B}(0^-) = 4\frac{\mu_0}{4\pi} i\left(-\frac{\pi}{2}\right)(-\hat{\boldsymbol{y}}) = \frac{1}{2}\mu_0 i\hat{\boldsymbol{y}}.$$

上述结果满足边值关系 $B_{2t} - B_{1t} = \mu_0 i$，注意，$-\hat{\boldsymbol{y}}/\!/(\boldsymbol{i}\times\hat{\boldsymbol{n}})$，正是

切向 $\hat{t}$ 的方向. 其实,存在面电流 i 的任何面元,均可视作无限大的面电流,对无限靠近它的两侧场点而言;相应的 $\boldsymbol{B}$ 在两侧,数值相等,为 $\frac{1}{2}\mu_0 i$,方向相反,沿切向.

4.13 弯折的长直线电流

如图(a)所示,一无限长载流导线被弯折,其夹角为 2α. 设拐点 O 为原点,角平分线为 z 轴,轴外场点位置以平面极坐标(r,θ)表示.

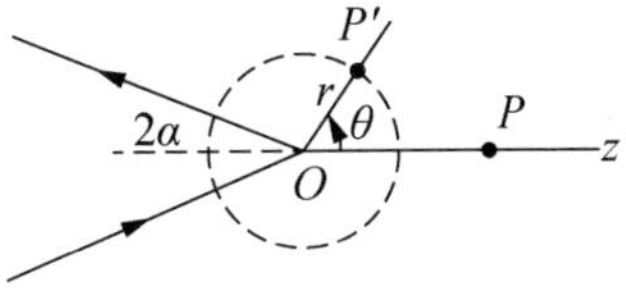

习题 4.13 图(a)

(1) 求出 z 轴上的磁场 $B(z)$;

(2) 求出轴外磁场分布 $B(r,\theta)$;

(3) 对于轴外磁场 $B(r,\theta)$,保持 r 不变,磁场 $B(\theta)$ 随 θ 角变化可能出现极值吗? 试具体讨论之.

解 (1) 两段线电流在 P 点产生的磁场 $\boldsymbol{B}$ 方向相同,因为 P 点均在其右侧;与 P 点垂直距离 $r_0=z\sin\alpha$;线电流 1 两端相对 P 点的方位角分别为 $\theta_1=\pi-\alpha,\theta_2=\pi$. 于是,应用书中(4.6)式,得眼下 z 轴上的磁感分布为

$$B(z)=2k_{\mathrm{m}}\frac{I}{r_0}(\cos\theta_1-\cos\theta_2)=2k_{\mathrm{m}}\frac{I}{z\sin\alpha}(1-\cos\alpha),$$

可将上式化简为

$$B(z)=2k_{\mathrm{m}}\frac{I}{z}\tan\frac{\alpha}{2}.$$

(2) 设线电流 1,2 在点 P' 产生的磁感分别为 $\boldsymbol{B}_1$ 和 $\boldsymbol{B}_2$,参见图(b),获悉相关的几何量为:

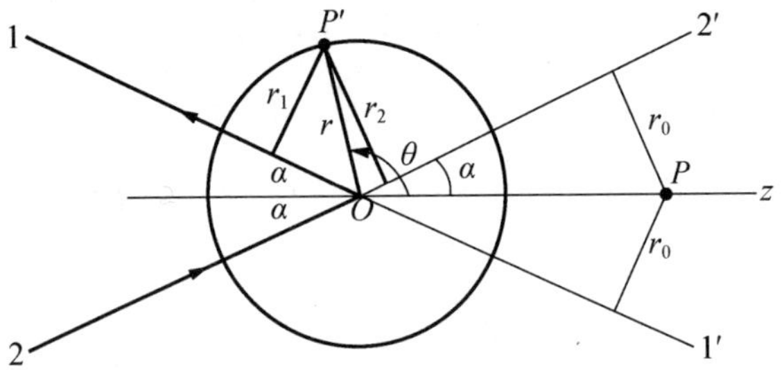

习题 4.13 图(b)

$$\begin{cases}\text{垂直距离 } r_1 = r\sin(\pi-\theta-\alpha) = r\sin(\theta+\alpha),\\ \text{与线电流 1 两个端点对应的方位角为 } \theta_1 = \pi-(\theta+\alpha), \theta_2 = \pi;\end{cases}$$

$$\begin{cases}\text{垂直距离 } r_2 = r\sin(\theta-\alpha),\\ \text{与线电流 2 两个端点对应的方位角为 } \theta_1' = 0, \theta_2' = \theta-\alpha.\end{cases}$$

于是，

$$B(r,\theta) = B_1 + B_2 = k_m I \frac{1-\cos(\theta+\alpha)}{r\sin(\theta+\alpha)} - k_m I \frac{1-\cos(\theta-\alpha)}{r\sin(\theta-\alpha)}.$$

这里，第 2 项前加"－"号，是因为此场合 P' 点在电线 1 右侧而在电线 2 左侧，以致 $\boldsymbol{B}_1$ 与 $\boldsymbol{B}_2$ 反向. 上式可以进一步被化简，为此先引入缩写符号 $\beta \equiv (\theta+\alpha)$，$\gamma \equiv (\theta-\alpha)$，于是，

$$\begin{aligned}B(r,\theta) &= k_m I \left(\frac{\sin\frac{\beta}{2}}{\cos\frac{\beta}{2}} - \frac{\sin\frac{\gamma}{2}}{\cos\frac{\gamma}{2}}\right)\frac{1}{r}\\ &= k_m \frac{I}{r} \frac{\sin\left(\frac{\beta}{2}-\frac{\gamma}{2}\right)}{\cos\frac{\beta}{2}\cdot\cos\frac{\gamma}{2}}\\ &= k_m \frac{I}{r} \frac{\sin\alpha}{\frac{1}{2}\left[\cos\left(\frac{\beta}{2}+\frac{\gamma}{2}\right)+\cos\left(\frac{\beta}{2}-\frac{\gamma}{2}\right)\right]}\\ &= k_m \frac{2I}{r}\cdot\frac{\sin\alpha}{\cos\theta+\cos\alpha}.\end{aligned}$$

(3) 讨论 $B(\theta)$ 函数的特性：

(i) 有两个极值点. 当 $\theta=0$，$B(0)$ 为极小值；当 $\theta=\pi$，$B(\pi)$ 为极大值，这时 $B(\pi)$ 为负值，表明 $\boldsymbol{B}(\pi)$ 方向与 $\boldsymbol{B}(0)$ 方向相反.

(ii) 有两个奇点. 当 $\theta\to(\pi-\alpha)$，或 $\theta\to(\pi+\alpha)$，则 $\cos\theta\to-\cos\alpha$，$B(\theta)\to\infty$. 这不难理解，此两个角方位正是场点 P' 无限靠近线电流 1 或线电流 2，理当磁感值 B 为无限大.

4.14　北京地区的地磁场

由地球物理观测获知，北京地区的磁场 $B=0.548$ Gs，其磁倾角 $\alpha=57.1°$，磁偏角 $\delta=-6°$. 这里，磁倾角定义为磁场 $\boldsymbol{B}$ 与当地水平面之夹角，磁偏角定义为 $\boldsymbol{B}$ 在水平面之投影 B_t 与当地子午线之夹角，

其负号表示偏西，参见本题图示(b). 磁偏角 δ 不为零表明地磁场之极轴与地理自转轴并不一致. 当下，地磁极与地理极稍有偏离，且磁北极在地南极附近，磁南极在地北极附近.

低空区域的地磁场近似于一偶极场，相应地有一个位于地心的等效磁矩 $\boldsymbol{m}_{\text{eff}}$，忽略地磁极与地理极的偏离，即取 $\delta\approx0$，求解以下问题.

(1) 求出与地磁偶极场对应的等效磁矩 $\boldsymbol{m}_{\text{eff}}$；

(2) 求出北极处或南极处的磁感值 B_0；

(3) 若认为这偶极地磁场是由地球表面正弦型面电流 $i(\theta)$ 所诱发，试估算地球赤道圈的面电流密度 i_0.

提示：还要用到两个数据，北京纬度(角)≈39.5°，地球半径 $R\approx 6.4\times10^3$ km. 参见本题图示(a).

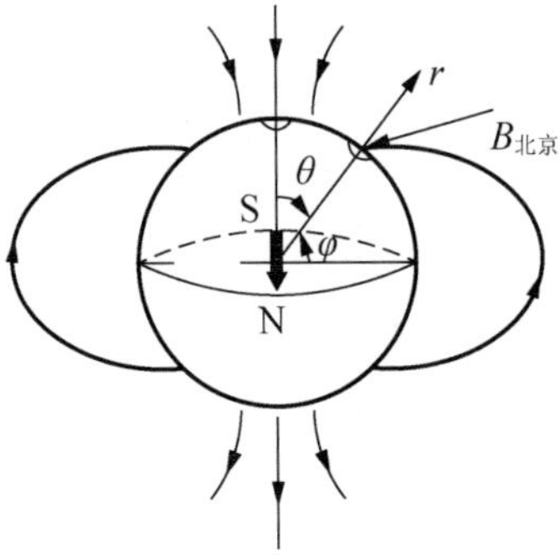

(a)

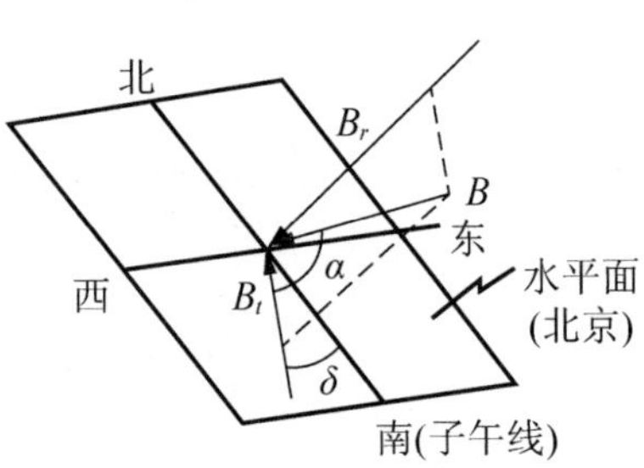

(b)

习题 4.14 图

解 (1) 设位于地心的等效磁矩为 m_{eff}，它在地面上的磁场径向分量为

$$B_r(R)=\frac{\mu_0}{4\pi}\cdot\frac{2m_{\text{eff}}\cos\theta}{R^3}, \qquad ①$$

又 $$B_r=B\sin\alpha,\quad 且\ \varphi+\theta=90^\circ.$$

据题意，$B=B_{北京}$ 已知，由①式反推出

$$m_{\text{eff}}=\frac{2\pi R^3B_{北京}\sin\alpha}{\mu_0\cos\theta}=\frac{2\pi R^3B_{北京}\sin\alpha}{\mu_0\sin\varphi} \qquad ②$$

$$=\frac{6.28\times6.4^3\times10^{18}\times0.548\times10^{-4}\sin 57.1^\circ}{4\times3.14\times10^{-7}\sin 39.5^\circ}\text{A}\cdot\text{m}^2$$

$$\approx 9.7\times 10^{22}\,\mathrm{A\cdot m^2}.$$

(2) 南极或北极处(所在纬度角 $\theta_0=0$ 或 π),仅有径向分量的磁场 B_r,即

$$B_0=\frac{\mu_0}{4\pi}\cdot\frac{2m_{\mathrm{eff}}}{R^3}=\frac{\sin\alpha}{\cos\theta}\cdot B_{\text{北京}} \qquad ③$$

$$=\frac{\sin 57.1^\circ}{\cos(90-39.5)^\circ}\times 0.548\mathrm{Gs}\approx 0.739\mathrm{Gs}.$$

(3) 设等效球面电流密度为 $i(\theta)=i_0\sin\theta$,则相应的等效磁矩 $m_{\mathrm{eff}}=\frac{4\pi}{3}R^3 i_0$,于是

$$i_0=\frac{3m_{\mathrm{eff}}}{4\pi R^3},$$

代入②式,得

$$i_0=\frac{3\sin\alpha}{2\mu_0\sin\varphi}B_{\text{北京}}=\frac{3\times\sin 57.1^\circ\times 0.548\times 10^{-4}}{2\times 4\pi\times 10^{-7}\sin 39.5^\circ}\mathrm{A/m}$$

$$\approx 88.3\mathrm{A/m}.$$

4.15　载流螺线管

一螺线管长 1.0 m,管平均直径为 3.0 cm,它有五层绕组,每层有 850 匝,通过电流 5.0 A,中心的磁感应强度是多少 Gs?

解　目前管长 $l=100\mathrm{cm}\gg d=3.0\mathrm{cm}$(管径),可以当作无限长直螺线管计算而获得很好的近似,其中心磁感为

$$B_0=\mu_0 nI=\mu_0\frac{N}{l}I$$

$$=4\pi\times 10^{-7}\times\frac{5\times 850}{1.0}\times 5.0\mathrm{T}\approx 2.68\times 10^{-2}\mathrm{T}$$

$$\approx 268\mathrm{Gs}.\quad (1\mathrm{T}=10^4\mathrm{Gs})$$

4.16　氢原子中的电子环流

氢原子处在正常状态(基态)时,它的电子可看作是在半径为 $a_0=0.53\times 10^{-8}$ cm 的轨道(玻尔轨道)上作匀速圆周运动,速率为 $v=2.2\times 10^8$ cm/s. 已知电子电荷的大小为 $e=1.6\times 10^{-19}$ C,求电子的这种运动在轨道中心产生的磁感应强度 $\boldsymbol{B}$ 的值.

解　运动带电粒子(q,v,a_0)产生的等效电流

$$I^{*}=\frac{v}{2\pi a_0}q,$$

其在中心贡献的磁感为

$$B=\frac{\mu_0}{4\pi}\cdot\frac{2\pi a_0 I^{*}}{a_0^2}=\frac{\mu_0}{4\pi}\cdot\frac{vq}{a_0^2}$$

$$=10^{-7}\times\frac{2.2\times10^{6}\times1.6\times10^{-19}}{(0.53\times10^{-10})^2}\mathrm{T}$$

$$\approx12.5\mathrm{T}.$$（这是一个很强的磁场）

4.17 载流直圆管

有一很长的载流导体直圆管，内半径为 a，外半径为 b，电流为 I，电流沿轴线方向流动，并且均匀分布在管壁的横截面上（见本题图）. 空间某一点到管轴的垂直距离为 r，求

(1) $r<a$;

(2) $a<r<b$;

(3) $r>b$

等处的磁感应强度.

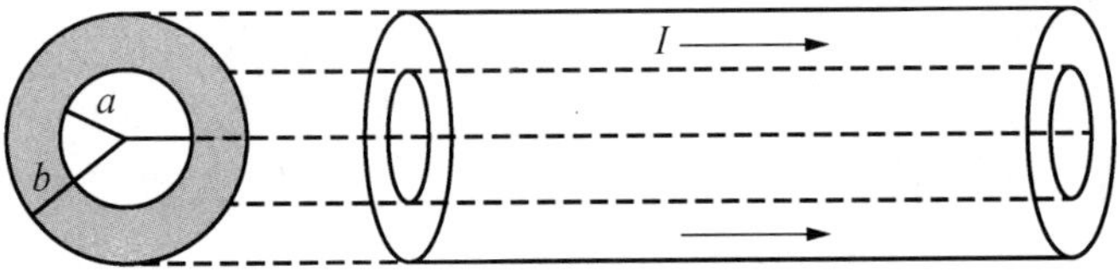

习题 4.17 图

解 这是一个轴对称纵向电流场，相应的磁场 $\boldsymbol{B}(r)$ 具有横向轴对称性，$\boldsymbol{B}$ 线是一系列绕轴同心圆，故可成功应用安培环路定理求出 $\boldsymbol{B}(r)$.

(1) $r<a$: $B(r)=0$.

(2) $a<r<b$: 应用环路定理，$2\pi rB(r)=\mu_0\frac{r^2-a^2}{b^2-a^2}I$，得

$$B(r)=\frac{\mu_0}{2\pi}\frac{(r^2-a^2)I}{(b^2-a^2)r}.$$

(3) $r>b$: 应用环路定理，$2\pi rB(r)=\mu_0 I$，得 $B(r)=\frac{\mu_0}{2\pi}\cdot\frac{I}{r}$.

4.18 同轴电缆

同轴电缆由一导体圆柱和一共轴的导体圆筒构成，电流 I 从圆柱流进，而从圆筒流出，电流都均匀分布在横截面上. 设圆柱的半径为 r_1，圆筒的内外半径分别为 r_2 和 r_3（见本题图），r 为场点到轴线的垂直距离，求 r 从 0 到∞的范围内各处的磁感应强度 $\boldsymbol{B}$.

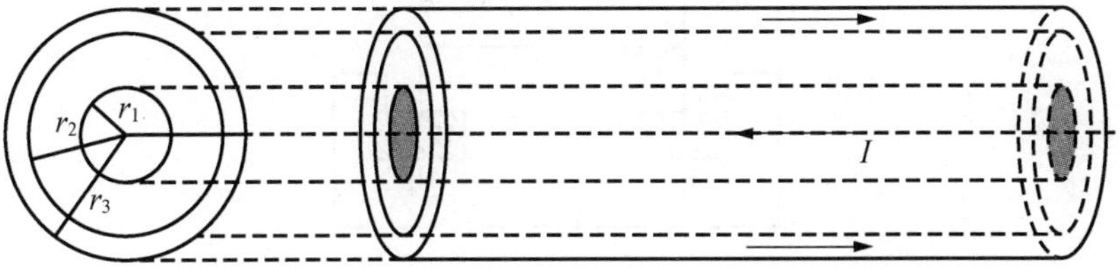

习题 4.18 图

解 这是一个轴对称纵向电流场，产生一个轴对称横向磁场 $\boldsymbol{B}(r)$，$\boldsymbol{B}$ 线是一系列绕轴的圆周，故可成功应用安培环路定理求出$\boldsymbol{B}(r)$.

(i) $r<r_1$. 由环路定理 $2\pi r B(r)=\mu_0 \dfrac{r^2}{r_1^2} I$，得

$$B(r)=\frac{\mu_0}{2\pi}\cdot\frac{r}{r_1^2}I,\quad \boldsymbol{B}/\!/(\boldsymbol{I}\times\boldsymbol{r}).$$

(ii) $r_1<r<r_2$. 由环路定理 $2\pi r B(r)=\mu_0 I$，得

$$B(r)=\frac{\mu_0}{2\pi}\cdot\frac{I}{r},\quad \boldsymbol{B}/\!/(\boldsymbol{I}\times\boldsymbol{r}).$$

(iii) $r_2<r<r_3$. 由环路定理 $2\pi r B(r)=\mu_0 I\left(1-\dfrac{r^2-r_2^2}{r_3^2-r_2^2}\right)$，得

$$B(r)=\frac{\mu_0}{2\pi}\frac{(r_3^2-r^2)I}{(r_3^2-r_2^2)r},\quad \boldsymbol{B}/\!/(\boldsymbol{I}\times\boldsymbol{r}).$$

(iv) $r>r_3$，　$B(r)=0$.

4.19 安培力——跳槽实验

一段导线弯成如本题图所示的形状，它的质量为 m，上面水平一段的长度为 l，处在均匀磁场中，磁感应强度为 $\boldsymbol{B}$，$\boldsymbol{B}$ 与导线垂直；导线下面两端分别插在两个水银槽里，两槽水银与一带开关 K 的外电源连接. 当 K 一接通，导线便从水银槽里跳起来.

(1) 设跳起来的高度为 h，求出通过导线的电量 Δq；

(2) 当 $m=10\,\mathrm{g}$, $l=20\,\mathrm{cm}$, $h=6.0\,\mathrm{cm}$, $B=0.10\,\mathrm{T}$ 时，求 Δq 的量值.

提示：此场合安培力系短暂的冲击力.

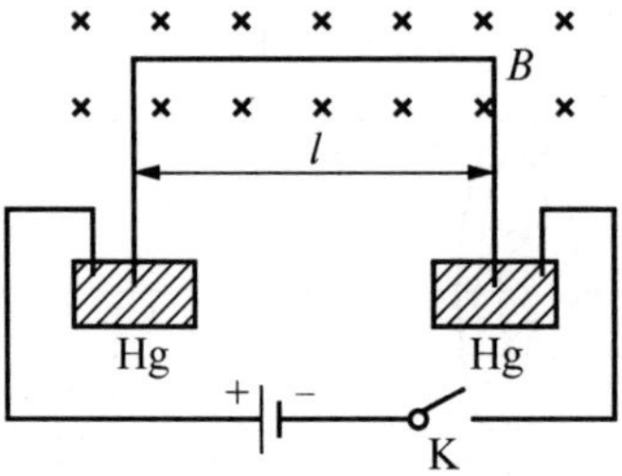

习题 4.19 图

解 (1) 冲击力特点是，作用时间 Δt 很短，而力 f 并不小，以致受力对象的末动量 $mv=f\Delta t$ 不可忽略，而其位移量 $\Delta s\propto\Delta t^2$ 可被忽略. 设暂态电流为 $i(t)$，Δt 时间中通过电量 $\Delta q=i\Delta t$. 于是，安培力冲量

$$f\Delta t=ilB\cdot\Delta t=lB\Delta q.$$

由力学定理

$$mv=f\Delta t,\quad \frac{1}{2}mv^2=mgh,$$

两式联立，得电量

$$\Delta q=\frac{m\sqrt{2gh}}{lB}.$$

(2) 代入数据，

$$\Delta q=\frac{10\times10^{-3}\times\sqrt{2\times9.8\times6.0\times10^{-2}}}{20\times10^{-2}\times0.1}\mathrm{C}\approx0.542\mathrm{C}.$$

4.20 安培秤

安培秤如本题图所示，它的一臂下面挂有一个矩形线圈，线圈共有 N 匝，线圈的下部悬挂在均匀磁场 B 内，下边一段长为 l，与 $\boldsymbol{B}$ 垂直. 当线圈的导线中通有电流 I 时，调节砝码使两臂达到平衡；然后使电流反向，这时需要在一臂上加质量为 m 的砝码，才能使两臂

再达到平衡.

(1) 求磁感应强度 B 值；

(2) 当 $N=9, l=10.0\,\mathrm{cm}$, $I=0.100\,\mathrm{A}$, $m=8.78\,\mathrm{g}$ 时，设 $g=9.80\,\mathrm{m/s^2}$，B 值为多少？

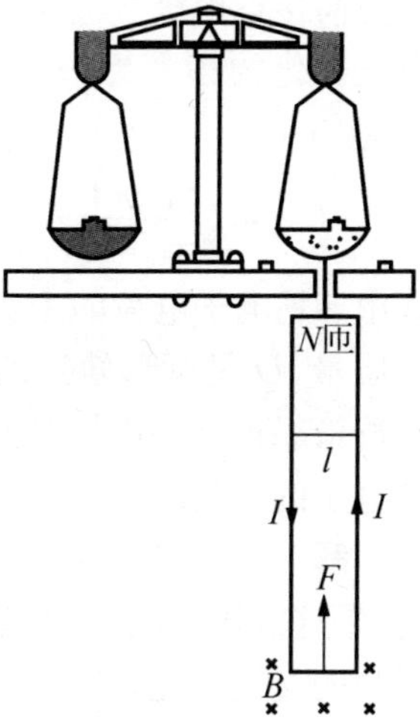

习题 4.20 图

解　(1) 电流 I 一正一反，则安培力 F 一上一下，相差 $2F$，按题意，应有

$$2F=mg,$$

且
$$F=NIlB,$$

得
$$B=\frac{mg}{2NIl}.$$

(2) 代入数据，

$$B=\frac{8.78\times10^{-3}\times9.8}{2\times9\times0.1\times10^{-1}}\mathrm{T}\approx0.453\mathrm{T}.$$

4.21　安培力矩

一螺线管长 3.0 cm，横截面的直径为 15 mm，由表面绝缘的细导线密绕而成，每厘米绕有 100 匝. 当导线中通有 2.0 A 的电流后，把这螺线管放到 $B=4.0\,\mathrm{T}$ 的均匀磁场中，求：

(1) 螺线管的磁矩；

(2) 螺线管所受力矩的最大值.

解　(1) 通电螺线管每一匝均有磁矩 $\boldsymbol{m}_0=I\,\Delta\boldsymbol{S}$，且同向，故其总磁矩

$$m_{总}=NI\Delta S=lnI\times\frac{\pi}{4}d^2$$
$$=\frac{\pi}{4}\times3.0\times100\times2.0\times(15\times10^{-3})^2\mathrm{A\cdot m^2}\approx0.11\mathrm{A\cdot m^2}.$$

(2) 磁矩 $\boldsymbol{m}$ 在外磁场 $\boldsymbol{B}$ 中受力矩 $\boldsymbol{M}=\boldsymbol{m}\times\boldsymbol{B}$；当 $\boldsymbol{m}\perp\boldsymbol{B}$，其受力矩最大，$M_{\max}=mB$，于是，本题

$$M_{\max}=0.11\times4.0\mathrm{N\cdot m}=0.44\mathrm{N\cdot m}.$$

4.22　微波技术中的磁控管

本题图是微波技术中用的一种磁控管的示意图. 一群电子在垂

直于磁场 **B** 的平面内作圆周运动. 在运行过程中它们时而接近电极 1,时而接近电极 2,从而使两电极间的电势差作周期性变化. 试证明电压变化的频率为 $eB/2\pi m$,电压的幅度为

$$U_0=\frac{Ne}{4\pi\varepsilon_0}\left(\frac{1}{r_1}-\frac{1}{r_1+D}\right),$$

式中 e 是电子电荷的绝对值,m 是电子的质量,D 是圆形轨道的直径,r_1 是电子群最靠近某一电极时的距离,N 是这群电子的数目.

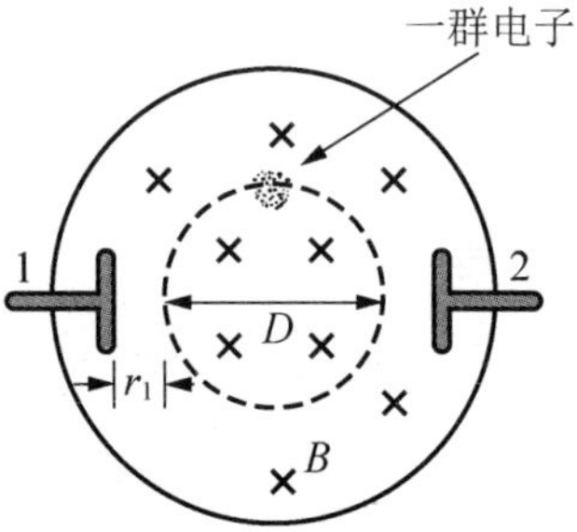

习题 4.22 图

解 决定这局域空间电场的源电荷,是这群运动电子:它们作周期运动而产生的两极之电势差呈现同频的交流变化,即

$$U_{21}(t)=U_0\cos(2\pi ft+\varphi_0),$$

其中,频率 f 等于电子回旋运动周期 T 之倒数,即 $f=\dfrac{1}{T}=\dfrac{eB}{2\pi m}$.

交变电压幅值为

$$\begin{aligned}U_0&=U_2(r_1+D)-U_1(r_1)=k_{\mathrm{m}}\frac{-Ne}{(r_1+D)}-k_{\mathrm{m}}\frac{-Ne}{r_1}\\&=k_{\mathrm{m}}Ne\left(\frac{1}{r_1}-\frac{1}{r_1+D}\right).\end{aligned}$$

4.23 洛伦兹力

在空间有互相垂直的均匀电场 **E** 和均匀磁场 **B**,**B** 沿 x 方向,**E** 沿 z 方向,一电子开始时以速度 v 沿 y 方向前进(见本题图),问电子运动的轨迹如何?

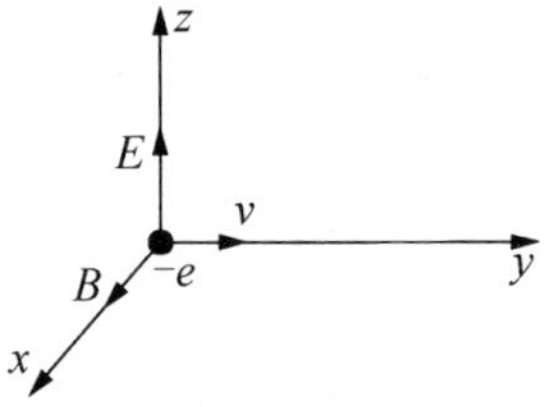

习题 4.23 图

解 先作定性分析,电子同时受到库仑力和洛伦兹力的作用,

$$\boldsymbol{F}=(q\boldsymbol{E}+q\boldsymbol{v}\times\boldsymbol{B}),\text{且 }q=-e.$$

磁场 **B** 约束电子在 yz 平面中作逆时针圆周运动,电场 **E** 驱使电子沿($-\hat{z}$)方向作匀加速直线运动;两种运动

的叠加，使电子运动既有回旋成分，又有平移成分，且始终约束在 yz 平面内.

下面来作定量描写. 由解析几何和力学获知，一个逆时针即左旋圆周运动，可以被分解为两个正交同频简谐振动的合成，即

$$\begin{cases} y_1(t)=R\cos(\omega_0 t+\varphi_0)+C_1, & \text{回旋半径 } R=\dfrac{mv}{eB}, \\ z_1(t)=R\cos\left(\omega_0 t+\varphi_0-\dfrac{\pi}{2}\right)+C_2, & \text{回旋角频率 } \omega_0=\dfrac{eB}{m}. \end{cases}$$

为满足初条件：

$$y_1(0)=0,(\mathrm{d}y_1/\mathrm{d}t)_0=v,\quad z_1(0)=0,\quad (\mathrm{d}z_1/\mathrm{d}t)_0=0,$$

上述 3 个待定常数被确定为

$$\varphi_0=-\frac{\pi}{2},\quad C_1=0,\quad C_2=R.$$

于是，仅回旋运动的轨道方程为

$$\begin{cases} y_1(t)=R\cos\left(\omega_0 t-\dfrac{\pi}{2}\right), \\ z_1(t)=R\cos(\omega_0 t-\pi)+R. \end{cases}$$

沿$(-\hat{z})$方向作匀加速直线运动的轨道方程为

$$z_2(t)=\frac{1}{2}\cdot\frac{(-e)E}{m}t^2,$$

且满足初条件　　$z_2(0)=0,\left(\dfrac{\mathrm{d}z_2}{\mathrm{d}t}\right)_0=0.$

最终得这电子运动的轨道方程为

$$\begin{cases} y(t)=y_1(t)=R\cos\left(\omega_0 t-\dfrac{\pi}{2}\right), & (\omega_0 R=v) \\ z(t)=z_1(t)+z_2(t)=R\cos(\omega_0 t-\pi)-\dfrac{1}{2}\dfrac{eE}{m}t^2+R. \end{cases}$$

4.24　金属霍尔效应

一铜片厚为 $d=1.0$ mm，放在 $B=1.5$ T 的磁场中，磁场方向与铜片表面垂直(见本题图). 已知铜片里每立方厘米有 8.4×10^{22} 个自由电子，每个电子电荷的大小 $e=1.6\times10^{-19}$ C，当铜片中有 $I=200$ A的电流时，

(1) 求铜片两边的电势差 $U_{aa'}$；

(2) 铜片宽度 b 对 $U_{aa'}$ 有无影响？为什么？

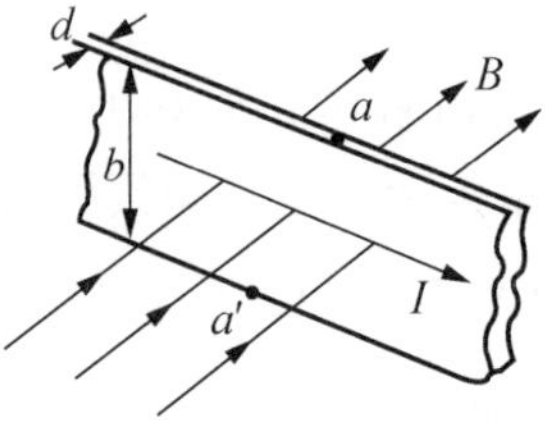

习题 4.24 图

解 (1) 霍尔电压

$$U_{aa'}=\frac{1}{-ne}\cdot\frac{IB}{d}$$

$$=-\frac{1}{8.4\times10^{22}\times10^{6}\times1.6\times10^{-19}}\times\frac{200\times1.5}{10^{-3}}\text{V}$$

$$\approx2.23\times10^{-5}\text{V}=2.23\times10^{-2}\text{mV}.$$

(2) 霍尔电压与样品横向宽度 b 无关，仅与样品在 $\boldsymbol{B}$ 方向宽度 d 成反比，故 b 的变化不影响 $U_{aa'}$.

4.25 半导体霍尔效应

一块半导体样品的体积为 $a\times b\times c$，如本题图所示，沿 x 方向有电流 I，在 z 轴方向加有均匀磁场 B，实验数据为 $a=0.10$ cm，$b=0.35$ cm，$I=1.0$ mA，$B=3000$ Gs，片两侧的电势差 $U_{AA'}=-6.55$ mV.

(1) 问这半导体是正电荷导电(p 型)还是负电荷导电(n 型)？

(2) 求载流子浓度(即单位体积内参加导电的带电粒子数).

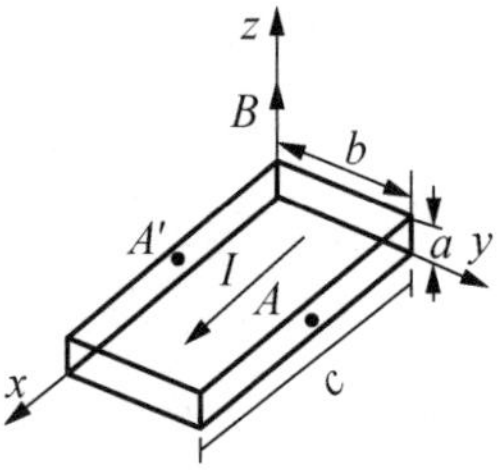

习题 4.25 图

解 (1) 根据本题给出的 $\boldsymbol{I}$ 方向和 $\boldsymbol{B}$ 方向，相应的洛伦兹力 $\boldsymbol{F}_{\mathrm{L}}=q\boldsymbol{v}\times\boldsymbol{B}/\!/(-\hat{\boldsymbol{y}})$. 如果 $q>0$，则 A'面积累正电荷，$U_{A'}>U_A$；反之，如果 $q<0$，则 A'面积累负电荷，$U_A>U_{A'}$；目前实验结果 $U_{AA'}<0$，说明载流子 $q>0$，该样品为 p 型半导体.

(2) 根据霍尔电压公式 $U_{A'A}=\frac{1}{nq}\cdot\frac{IB}{a}$，得载流子浓度

$$n=\frac{IB}{qaU_{A'A}}=\frac{1.0\times10^{-3}\times3000\times10^{-4}}{1.6\times10^{-19}\times0.1\times10^{-2}\times6.55\times10^{-3}}\mathrm{m}^{-3}$$

$$\approx2.86\times10^{20}\mathrm{m}^{-3}.$$

这量级远小于金属中传导电子的浓度量级.

4.26 太阳黑子中心的磁感应强度

观测太阳黑子光谱中的塞曼效应表明，其中心存在达 $B=0.4\ \mathrm{T}$ 的磁感应强度. 所谓塞曼效应是，当气体置于强磁场中，其发光谱线将分裂为若干分量；这种谱线分裂可用以测定磁感应强度.

设想这磁场是由黑子中旋转电子圆盘产生的，其半径 R 为 $10^7\ \mathrm{m}$，角速度 ω 为 $3\times10^{-2}\ \mathrm{rad/s}$，圆盘厚度远小于它的半径，视作旋转均匀带电圆片处理.

(1) 证明，达到 0.4 T 磁感所需要的电子面密度 n 约为 10^{19} 个/m^2；

(2) 证明，该圆盘总电流为约 $3\times10^{12}\ \mathrm{A}$；

(3) 鉴于库仑斥力十分巨大，这样大的电子密度是难以维持的，那么为何会有上述电流存在呢？

解 (1) 旋转均匀带电圆盘(σ,ω,R)，在轴上的磁感 $B(z)$分布，可参见书 199 页(4.12′)式，

$$B(z)=K\frac{\left(\sqrt{R^2+z^2}-z\right)^2}{\sqrt{R^2+z^2}},\quad K\equiv\frac{1}{2}\mu_0\sigma\omega,$$

$$B_0(z=0)=KR=\frac{1}{2}\mu_0\sigma\omega R,$$

得太阳黑子圆盘面电荷密度为

$$\sigma=\frac{2B_0}{\mu_0\omega R}=\frac{2\times0.4}{4\pi\times10^{-7}\times3\times10^{-2}\times10^{7}}\mathrm{C/m^2}\approx2.12\mathrm{C/m^2};$$

如果认为这面电荷是电子贡献的，则电子数面密度为

$$n=\frac{\sigma}{e}=\frac{2.12}{1.6\times10^{-19}}\mathrm{m}^{-2}\approx1.3\times10^{19}\text{个}/\mathrm{m}^2.$$

(2) 相应的面电流密度 $i(r)=\sigma\omega r$，故这黑子转盘的总电流强度为

$$I=\int_0^R i\mathrm{d}r=\int_0^R\sigma\omega r\mathrm{d}r=\frac{1}{2}\sigma\omega R^2$$

$$=\frac{1}{2}\times2.12\times3\times10^{-2}\times10^{14}\mathrm{A}\approx3.2\times10^{12}\mathrm{A}.$$

(3) 其实，在高温炽热的黑子区域，应当还有正离子气存在，与自由电子气共同组成等离子态，两者面电荷之代数和 $\sigma_+ + \sigma_- = 0$，故此场合的库仑力几乎为 0；然而，两者的旋转角速度可以不相同，$\omega_+ \neq \omega_-$，正是这 $\Delta\omega = \omega_+ - \omega_-$ 产生了有效面电流 i_{eff} 及其磁效应，如本题所述. 当然这只是一种可能的解释，况且这场合依然存在安培力，它是一种离轴的扩张力.

4.27 旋转带电导体球——正弦型球面电流

一半径 R 为 10 cm 的导体球，充电到电势 U_0 为 10 kV，以角速度 ω 绕其直径旋转，转速为 10^4 转/分.

(1) 证明，其面电流密度 $i(\theta) = \varepsilon_0 \omega U_0 \sin\theta$，这里 θ 为相对于旋转对称轴的极角；

(2) 求出导体球内磁感应强度 B 值.

解 (1) 旋转均匀带电球壳可以产生一个正弦型球面电流场，是个物理模型，其最好的实例就是本题给出的旋转导体球. 当其电势为 U_0，相应的带电量为 Q_0，满足 $\frac{1}{4\pi\varepsilon_0}\frac{Q_0}{R} = U_0$，于是，导体球表面均匀分布的面电荷密度 $\sigma_0 = \frac{Q_0}{4\pi R^2} = \frac{\varepsilon_0 U_0}{R}$；当它以角速度 ω 旋转起来，则相应的面电流密度为

$$i_0(\theta) = \sigma_0 v(\theta) = \sigma_0 \omega r(\theta) = \sigma_0 \omega R \sin\theta = \varepsilon_0 \omega U_0 \sin\theta.$$

(2) 这个正弦型球面电流 $i(\theta)$ 将在球内产生一均匀磁场

$$B(r<R) = \frac{2}{3}\mu_0 i_0 = \frac{2}{3}\mu_0 \varepsilon_0 \omega U_0,$$

代入数据，

$$B = \frac{2}{3} \times \frac{1}{(3\times10^8)^2} \times \frac{2\pi\times10^4}{60} \times 10^4\,\mathrm{T} \approx 7.76\times10^{-11}\,\mathrm{T}.$$

4.28 反向亥姆霍兹线圈用于线性位移传感器

一对彼此电流反向的亥姆霍兹线圈如本题图(a)所示，线圈半径为 a，相距为 $2a$，对称轴设为 z 轴.

(1) 试导出 z 轴上的磁场 $B(z)$ 作为位置 z 的函数.

(2) 试描绘出磁场 $B(z)$ 曲线，z 的范围从 $-a$ 至 a，注意到这函

数曲线在大部分区域里是线性的. 利用这一性质,可以建造一个线性位移传感器,用以精确测量物体的位移. 做法是,在待测物体上安装一个霍尔探头,置于这样一个反向亥姆霍兹线圈之中,且能在其轴上移动.

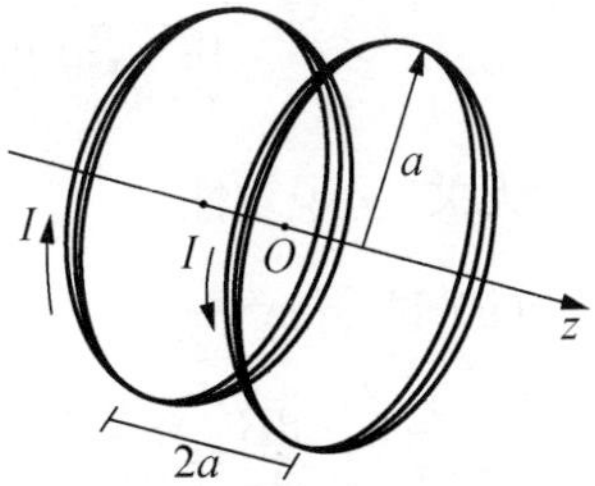

习题 4.28 图(a)

(3) 设其每个线圈有 40 匝,每匝通以电流 10 A,半径 a 为30 cm. 试求该反向亥姆霍兹线圈提供的位移灵敏度 $\mathrm{d}B/\mathrm{d}z$, $z\in(-a,a)$,并以 Gs/mm 为单位表示之.

解 (1) 直接借用载流圆线圈在轴上的磁场公式,

$$B(z)=B_{右}+B_{左}$$

$$=k_{\mathrm{m}}2\pi R^2 I\left[\frac{1}{(R^2+(z-a)^2)^{3/2}}-\frac{1}{(R^2+(z+a)^2)^{3/2}}\right]$$

$$=K\left[\frac{1}{(a^2+(z-a)^2)^{3/2}}-\frac{1}{(a^2+(z+a)^2)^{3/2}}\right],K\equiv k_{\mathrm{m}}2\pi a^2 I.$$

(2) 如图(b)所示.

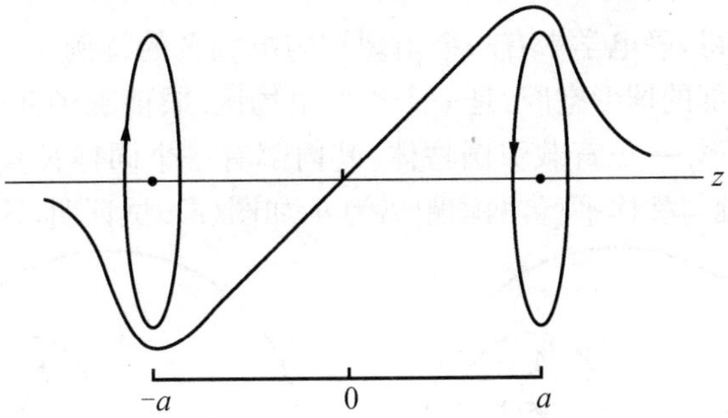

习题 4.28 图(b)

(3) 直接求导 $\mathrm{d}B/\mathrm{d}z$,看它在 $z=0$ 邻近区域是否为一个与 z 无关的常数,可参见书 194 页(4.9′)式,尚需将其中间"+"号改为"−"号,即

$$\frac{\mathrm{d}B}{\mathrm{d}z}=-\frac{3}{2}K\left[\frac{2(z-a)}{(a^2+(z-a)^2)^{5/2}}-\frac{2(z+a)}{(a^2+(z+a)^2)^{5/2}}\right].$$

(i) 在$|z|\ll a$,

$$\frac{\mathrm{d}B}{\mathrm{d}z}=-\frac{3}{2}K\frac{-4a}{(2a^2)^{5/2}}=\frac{6}{\sqrt{32}}\frac{K}{a^4},$$

与z无关,呈现线性.

(ii) 试令$z=\frac{a}{2}$,

$$\frac{\mathrm{d}B}{\mathrm{d}z}=\frac{3}{2}\left(\frac{32}{5^{5/2}}+\frac{3\times32}{13^{5/2}}\right)\frac{K}{a^4}\approx1.098\times\frac{K}{a^4},$$

而

$$\frac{\mathrm{d}B}{\mathrm{d}z}(|z|\ll a)=\frac{6}{\sqrt{32}}\frac{K}{a^4}\approx1.061\times\frac{K}{a^4},$$

两者差别约在4%,可见,反向亥姆霍兹线圈的$B(z)$,在$z\in\left(-\frac{a}{2},\frac{a}{2}\right)$区间具有良好的线性.

代入数据:

$$\frac{\mathrm{d}B}{\mathrm{d}z}\approx1.06\times\frac{\mu_0}{4\pi}\cdot2\pi\cdot\frac{I}{a^2}=\frac{1.06\times10^{-7}\times6.28\times40\times10}{(30\times10^{-2})^2}\mathrm{T/m}$$

$$\approx2.96\times10^{-3}\,\mathrm{T/m}\approx30\,\mathrm{Gs/m}=30\times10^{-3}\,\mathrm{Gs/mm}.$$

4.29 出现均匀磁场区的一个特例

曾记得,静电学中有一个出现均匀电场区的特例——在均匀带电球体内部的球形空腔,是一个均匀电场区.眼前磁场部分,也有一个类似情形.一长直载流圆柱体,其内部有一个同样长直的圆柱形空腔,其轴与柱体平行,两轴距离为b,如图(a).试证明,该空腔内的

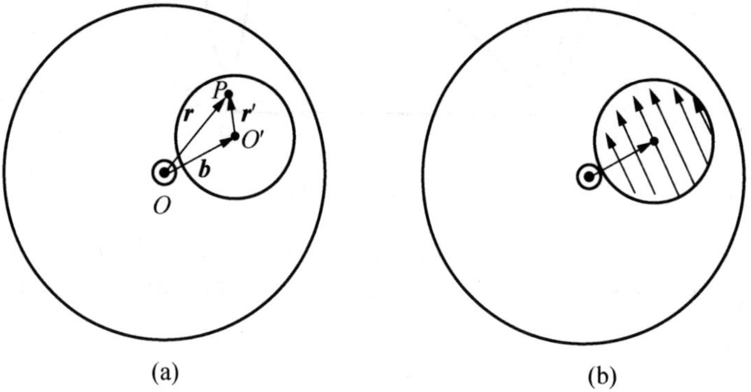

习题4.29图

磁场 $\boldsymbol{B}_0$ 是均匀的,且

$$B_0 = \frac{\mu_0}{2\pi} \cdot \frac{bI}{(R^2 - a^2)}, \quad \text{（要求指明 } \boldsymbol{B}_0 \text{ 之方向）}$$

这里(R,a)分别为柱体和柱形空腔横截面的半径,总电流 I 均匀分布于横截面上.

解 可用叠加方法处理,将含腔柱体看作一个实心柱体减除一个腔形细柱体,参见题图(a),设腔体内任一场点 P,相对 O 轴的轴矢为 $\boldsymbol{r}$,相对腔轴 O'的轴距为 $\boldsymbol{r}'$,而 O'相对 O 的轴距为 $\boldsymbol{b}$,显然 $\boldsymbol{b}'+\boldsymbol{r}'=\boldsymbol{r}$. 实心柱体和腔形细柱体在 P 点的磁场分别为

$$\boldsymbol{B}(\boldsymbol{r})=\frac{1}{2}\mu_0 j r \boldsymbol{e}_\varphi=\frac{1}{2}\mu_0 \boldsymbol{j}\times\boldsymbol{r}, \quad \boldsymbol{B}'(\boldsymbol{r}')=\frac{1}{2}\mu_0 \boldsymbol{j}\times\boldsymbol{r}',$$

于是,腔内

$$\boldsymbol{B}_0(P)=\boldsymbol{B}(\boldsymbol{r})-\boldsymbol{B}'(\boldsymbol{r}')=\frac{1}{2}\mu_0 \boldsymbol{j}\times(\boldsymbol{r}-\boldsymbol{r}')=\frac{1}{2}\mu_0 \boldsymbol{j}\times\boldsymbol{b}.$$

这是个常矢量,与场点位矢 $\boldsymbol{r}$ 或 $\boldsymbol{r}'$无关,此均匀场 $\boldsymbol{B}_0$ 方向与 $\boldsymbol{b}$ 正交,如图(b)所示,数值为

$$B_0=\frac{\mu_0}{2\pi}\frac{bI}{(R^2-a^2)}. \quad \left(j=\frac{I}{\pi(R^2-a^2)}\right)$$

此场合腔外 $\boldsymbol{B}$ 图像较为复杂,失去了横向轴对称性.

4.30 平面电荷平动造成的磁场

在范德格喇夫(Van de Graaff)静电高压装置里,利用带电的绝缘皮带,反复不断地将电荷输送至高压电极,如本题图示. 设驱动滑轮的直径为 10 cm,转速为 50 转/秒,传送带的宽度 d 为 30 cm.

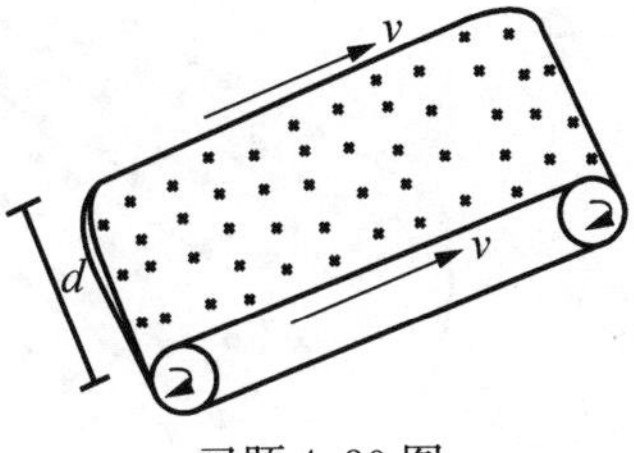

习题 4.30 图

(1) 如果传送带表面中心附近的电场强度为 2 kV/m,计算皮带上的面电流密度 i(A/m),允许忽略边缘效应;

(2) 计算紧靠皮带表面处的磁感 B_0 值.

解 (1) 传送带的线速度 $v=(\pi d)f$,这里 f 为转速;运动面电

荷密度 σ 产生的面电流密度 $i=\sigma v$；而 σ 可由电场 E_0 得到，$E_0 \doteq \dfrac{\sigma}{2\varepsilon_0}$，故 $\sigma=2\varepsilon_0 E_0$. 最终给出算式

$$i=2\pi d\varepsilon_0 E_0 f=6.28\times10^{-1}\times8.85\times10^{-12}\times2\times10^{3}\times50\,\mathrm{A/m}$$
$$\approx5.56\times10^{-7}\,\mathrm{A/m}.$$

(2) 直接采用无限大面电流在两侧的磁感公式，

$$B_0=\frac{1}{2}\mu_0 i=\frac{1}{2}\times4\pi\times10^{-7}\times5.56\times10^{-7}\,\mathrm{T}\approx3.5\times10^{-13}\,\mathrm{T}.$$

4.31 离子束横向发散性——洛伦兹力与电场力之合力

设一正离子束，其初态呈现为一长圆柱形射束，z 轴为对称轴，如本题图示. 正离子电量为 q，沿轴速度为 v，横截面半径为 R. 现考量一个正离子所受的电磁力，它同时受到两个力，一是电场力 $\boldsymbol{F}_\mathrm{E}=q\boldsymbol{E}$，其方向为横向离轴朝外；二是洛伦兹力 $\boldsymbol{F}_\mathrm{L}=q\boldsymbol{v}\times\boldsymbol{B}$，其方向也为横向而朝里. 离子数密度 n 巨大，可取其体电荷连续分布模型作近似处理.

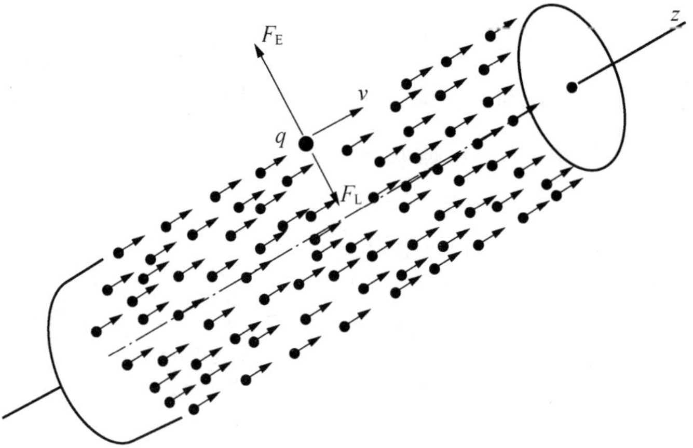

习题 4.31 图

(1) 证明，合力 $(F_\mathrm{E}-F_\mathrm{L})$ 正比于 $(1-\varepsilon_0\mu_0 v^2)$，即正比于 $\left(1-\dfrac{v^2}{c^2}\right)$. 这里，$c$ 为真空中光速值，可参见书中(1.4)式或(8.23′)式.

从这正比关系中看出，正离子受合力为正，离轴向外，离子束将

要发散;当 $v\to c$,合力趋向零.

(2) 以上结论同样适用于负离子束吗?

解 (1) 这正离子电荷分布及其运动所形成的正离子束流,均具高度轴对称,因而其电场 $\boldsymbol{E}(r)$ 和磁场 $\boldsymbol{B}(r)$ 均具横向轴对称性,可成功应用静电场通量定理求出 $\boldsymbol{E}(r)$,应用静磁场环路定理求出 $\boldsymbol{B}(r)$,这里 r 为轴距.

在 $r<R$ 区间,由静电场通量定理,

$$(2\pi r\Delta z)E(r)=\frac{1}{\varepsilon_0}(\pi r^2\Delta z)\rho_+,$$

得

$$E(r)=\frac{1}{2\varepsilon_0}\rho_+ r,\boldsymbol{E}/\!/\boldsymbol{r},(\text{离轴})$$

库仑力

$$F_{\mathrm{C}}=\frac{1}{2\varepsilon_0}q\rho_+ r.$$

由静磁场环路定理,$2\pi rB(r)=\mu_0(\pi r^2)j$,得

$$B(r)=\frac{1}{2}\mu_0 jr=\frac{1}{2}\mu_0\rho_+ vr,\quad \boldsymbol{B}/\!/(\boldsymbol{j}\times\boldsymbol{r}),(\text{绕轴})$$

洛伦兹力

$$F_{\mathrm{L}}=qvB=\frac{1}{2}\mu_0 q\rho_+ v^2 r.(\text{向轴})$$

两者之合力

$$\begin{aligned}\Delta F&=F_{\mathrm{C}}-F_{\mathrm{L}}=\frac{1}{2\varepsilon_0}q\rho_+ r-\frac{\mu_0}{2}q\rho_+ v^2 r\\&=\frac{1}{2\varepsilon_0}q\rho_+ r(1-\varepsilon_0\mu_0 v^2)\\&=\frac{1}{2\varepsilon_0}nq^2 r\left(1-\frac{v^2}{c^2}\right).(\text{根据 }\varepsilon_0\mu_0 c^2=1,\text{且 }\rho_+=nq)\end{aligned}$$

鉴于粒子速度 v 总是小于真空光速 c,这合力总为正,离轴向外,即离子束流呈现横向发散性.

(2) 由于 $\Delta F\propto q^2$,系粒子电量的平方效应,与 q 正负号无关,以上结果同样适用于负离子;即,离轴扩张的库仑力依然大于向轴挤压的洛伦兹力.

4.32 洛伦兹力——带电粒子回旋磁矩

运动于磁场中的带电粒子 q，速度为 $\boldsymbol{v}\,(v_{\perp},v_{/\!/})$，其中与磁场 $\boldsymbol{B}$ 正交的横向速度招致的洛伦兹力，使粒子绕磁感线作回旋运动，从而产生一回旋磁矩 $\boldsymbol{m}$.

(1) 证明，回旋磁矩包括其方向和量值可表示为

$$\boldsymbol{m}=-\left(\frac{1}{2}m_e v_{\perp}^2\right)\frac{\boldsymbol{B}}{B^2},\quad (m_e\text{ 为粒子质量})$$

其前负号表明此回旋运动的逆向磁效应；

(2) 倘若粒子向着磁场 $\boldsymbol{B}$ 增强方向，作回旋螺线运动，即纵向速度 $\boldsymbol{v}_{/\!/}/\!/\boldsymbol{B}$，试问：其纵向运动是加速还是减速？其横向运动速率 $v_{\perp}$ 是增加还是减少？其回旋磁矩 m 是增还是减？

解 (1) 按磁矩 $\boldsymbol{m}=I\,\Delta\boldsymbol{S}_0$ 计量，为此确定回旋面积 ΔS_0 和回旋等效电流 I：

$$\Delta S_0=\pi r_{\text{旋}}^2=\pi\left(\frac{m_e v_{\perp}}{qB}\right)^2,\quad I=\frac{q}{T}=\frac{q^2B}{2\pi m_e},$$

于是，

$$m=\frac{\pi m_e^2 v_{\perp}^2}{q^2B^2}\,\frac{q^2B}{2\pi m_e}=\frac{1}{2}m_e v_{\perp}^2\cdot\frac{1}{B},$$

计及此回旋方向相反于 $\boldsymbol{B}$，即 $\Delta\boldsymbol{S}_0/\!/(-\boldsymbol{B})$，最终表达运动粒子回旋磁矩

$$\boldsymbol{m}=-\left(\frac{1}{2}m_e v_{\perp}^2\right)\frac{\boldsymbol{B}}{B^2}. \qquad ①$$

该式在均匀磁场中严格成立.

(2) (i) 在非均匀磁场中，虽然①式并非严格成立，但回旋运动的逆向磁效应即 $\boldsymbol{m}/\!/(-\boldsymbol{B})$ 依然正确，故 $\boldsymbol{m}$ 受磁场力，驱使其趋向弱场区或阻碍其向强场区运动. 对于本题给定的场合，粒子纵向 $v_{/\!/}$ 减速，则横向 $v_{\perp}$ 加速，而维持其动能 $\left(\frac{1}{2}m_e v_{\perp}^2+\frac{1}{2}m_e v_{/\!/}^2\right)$ 不变，因为洛伦兹力始终是法向力，它不会改变粒子的动能.

(ii) 非均匀场中运动粒子的磁矩问题比较复杂，其回旋半径在不断变化，故只能定义当时当地的磁矩. 在初始 $v_{\perp}^0$ 不是很大，磁场非均匀性不是很显著的条件下，可取①式，对 $\boldsymbol{m}$ 的变化作出近似分析：

据①,沿 $\boldsymbol{B}$ 方向其分母、分子值同时增加,故磁矩 m 值的变化甚小,近似不变.

4.33 磁矢势和 A-B 效应

参见正文图 4.29——电子双缝干涉实验及其条纹移动. 现在要求电子波干涉条纹相移 δ 为 3π,即移动 1.5 个条纹,求出那细长螺线管应提供多大磁通 Φ(Wb)? 其等效面电流密度 i_0 为多少(A/m)? 设螺线管截面积 $\Delta S\approx 4.0\ \mathrm{mm}^2$.

解 电子双缝干涉场点相位差的改变量 δ 与磁通 Φ 的关系为

$$\delta = \frac{q}{\hbar}\oint \boldsymbol{A}\cdot \mathrm{d}\boldsymbol{l} = \frac{q}{\hbar}\Phi\ ,\text{(见书 216 页(4.28)式)}$$

得磁通

$$\Phi=\frac{\hbar}{q}\delta=\frac{6.582\times 10^{-16}\,\mathrm{eV\cdot s}}{e}\times 3\pi\approx 6.20\times 10^{-15}\,\mathrm{Wb};$$

而细长密绕螺线管提供的磁通为

$$\Phi=\mu_0 i_0 \Delta S,$$

于是

$$i_0=\frac{\Phi}{\mu_0\Delta S}=\frac{6.2\times 10^{-15}}{4\pi\times 10^{-7}\times 4.0\times 10^{-6}}\,\mathrm{A/m}$$
$$\approx 1.23\times 10^{-3}\,\mathrm{A/m}.$$

第5章　磁　介　质

5.1　分子磁矩和介质磁化强度

以氢原子(H)基态为例，其基本数据为经典轨道半径 $a_0 = 5.3\times10^{-2}$ nm，环绕速率 $v=2.2\times10^6$ m/s.

(1) 算出氢原子的轨道磁矩 $\boldsymbol{m}_{子}$ 数值；

(2) 若将大量氢原子密集而凝聚为一个半径为 1 mm 的氢原子球，并使其 $\boldsymbol{m}_{子}$ 在外磁场中定向排列，试估算出相应的磁化强度 M 的数量级，要求以 A/m 为单位示之.

解　(1) 其等效电流 $I=\dfrac{ev}{2\pi a_0}$，环绕面积 $\Delta S_0=\pi a_0^2$，得其磁矩

$$m_{子}=I\Delta S_0=\frac{eva_0}{2}=\frac{1.6\times10^{-19}\times2.2\times10^6\times5.3\times10^{-11}}{2}\,\mathrm{A\cdot m^2}$$
$$\approx9.3\times10^{-24}\,\mathrm{A\cdot m^2}.$$

(2) 按磁化强度 M 的定义——单位体积中的分子或原子磁矩的矢量和，

$$M=\frac{\Delta N\cdot m_{子}}{\Delta V}=\frac{\dfrac{r^3}{a_0^3}\cdot m_{子}}{\dfrac{4\pi}{3}r^3}=\frac{m_{子}}{\dfrac{4}{3}\pi a_0^3}$$
$$=\frac{3}{4}\times\frac{9.3\times10^{-24}}{3.14\times0.53^3\times10^{-30}}\,\mathrm{A/m}$$
$$\approx1.5\times10^7\,\mathrm{A/m}.$$

这是一个很大的量级. 注意，M 算式表明其值与 H 原子球半径值无关.

5.2　磁化体电流密度 $\boldsymbol{j}'$的通量定理

被磁化的磁介质，其体内可能出现磁化体电流 $\boldsymbol{j}'(\boldsymbol{r})$，当介质体内存在传导电流 $\boldsymbol{j}_0$，或当介质为非均匀介质时. 试证明，在任何场合磁化电流场 $\boldsymbol{j}'(\boldsymbol{r})$为一无散场，即

$$\oiint j' \cdot dS = 0, \quad 或 \quad \nabla \cdot j' = 0.$$

解 根据介质磁化电流定理，

$$j' = \nabla \times M,$$

又根据数学场论中的一个恒等式，$\nabla \cdot (\nabla \times A) \equiv 0$，$A$ 为任意矢量场，因此

$$\nabla \cdot j' = \nabla \cdot \nabla \times M \equiv 0,$$

或

$$\oiint j' \cdot dS = \iiint (\nabla \cdot j') dV = 0.$$

其实，磁化体电流源于微观上的分子环流，这些分子环流总是自我循环，属于束缚电流，它们永远不会产生电荷积累，在宏观上就表现为 j' 场为无散场，对于变化的 j' 场也是如此，即 $\nabla \cdot j'(t) \equiv 0$.

5.3 空心薄磁片

由永磁材料制成一个圆形薄磁片，厚度为 l，半径为 R，且 $l \ll R$；其固有磁化强度为 M_0，方向沿圆片对称轴. 现抠除其中央部位，而形成一个半径为 r 的圆孔，如本题图示. 求出其中心处局域磁场 B_0.

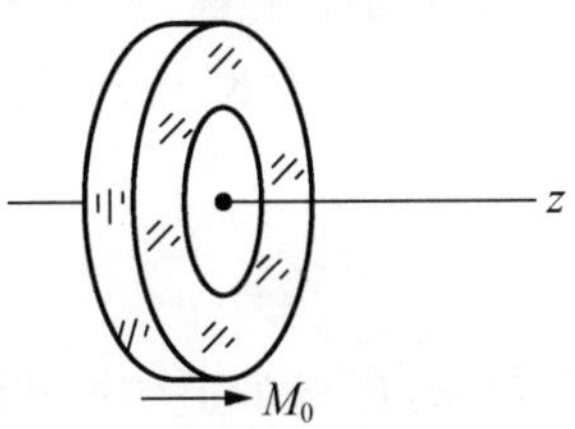

习题 5.3 图

解 根据磁化面电流密度公式 $i' = M \times \hat{n}$，确定本题 i' 仅出现在磁片外缘表面 (i'_1) 和内缘表面 (i'_2)，两者流向相反，且 $i'_1 = i'_2 = M_0$；因为 $l \ll R$，i'_1 或 i'_2 流动就近似为一个载流圆线圈，可直接套用后者在圆心处的磁感公式 $B_0 = \frac{1}{2}\mu_0 \frac{I}{R}$，得本题

$$B_0 = \frac{1}{2}\mu_0 \frac{i'_1 l}{R} - \frac{1}{2}\mu_0 \frac{i'_2 l}{r} = \frac{1}{2}\mu_0 M_0 l \left(\frac{1}{R} - \frac{1}{r}\right), \quad B_0 \,/\!/\, (-\hat{z}).$$

5.4 永磁体的形状因子和退磁因子

以一般粗细 (l, d) 的永磁棒为典型，l 为其纵向长度，d 为其横向宽度即圆截面之直径，试导出其形状因子 K 和退磁因子 K'.

解 如图，选择永磁棒几何中心 O 点的磁感 B_0 为代表，

$$B_0 = \frac{1}{2}\mu_0 i' (\cos\alpha_1 - \cos\alpha_2) = \frac{1}{2}\mu_0 M_0 \cdot 2\cos\alpha_1,$$

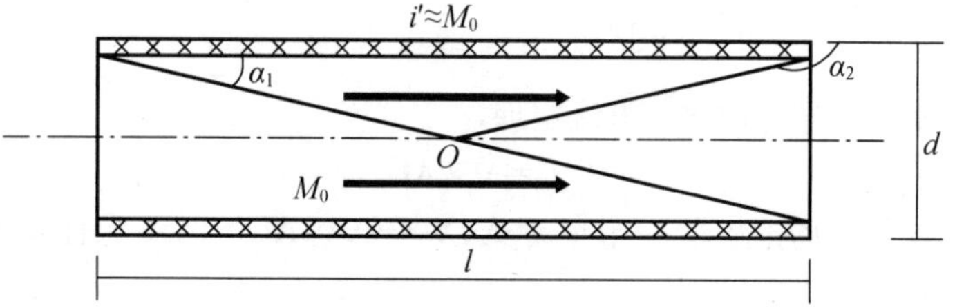

习题 5.4 图

$$\cos\alpha_1=\frac{l}{\sqrt{l^2+d^2}}=\frac{1}{\sqrt{1+\left(\frac{d}{l}\right)^2}},$$

于是,得永磁棒的形状因子

$$K=\frac{B_0}{\mu_0 M_0}=\frac{1}{\sqrt{1+\left(\frac{d}{l}\right)^2}}.$$

当 $l\gg d$,细长磁棒,$K\approx 1$;当 $l\ll d$,薄磁片,$K\approx 0$.

退磁因子 K' 与 K 之和为 1,故永磁棒的退磁因子为

$$K'=1-\frac{1}{\sqrt{1+\left(\frac{d}{l}\right)^2}}.$$

当 $l\gg d$,$K'\approx 0$,退磁场甚弱;当 $l\ll d$,$K'\approx 1$,退磁场最强.

5.5 永磁球的磁场($\boldsymbol{B},\boldsymbol{H}$)

如图,给定一永磁球的固有磁化强度 M_0 为 3.6×10^4A/m,半径 R 为 2.5 cm.

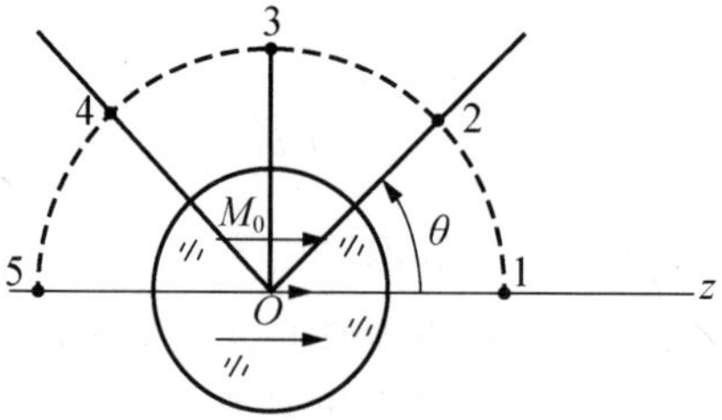

习题 5.5 图

(1) 求出球内磁感 B_0 和磁场强度 H_0;

（2）求出距球心 r 为 5.0 cm 圆周上，1,2,3,4,5 等处的磁感强度 $\boldsymbol{B}_1,\boldsymbol{B}_2,\boldsymbol{B}_3,\boldsymbol{B}_4$ 和 $\boldsymbol{B}_5$，这几处的方位角分别为 $\theta=0^\circ,45^\circ,90^\circ,135^\circ,180^\circ$.

解 （1）其表面磁化面电流 $i'(\theta)=M_0\sin\theta$，系正弦型球面电流分布. 在球内产生一均匀场，

$$B_0=\frac{2}{3}\mu_0M_0=\frac{2}{3}\times4\times3.14\times10^{-7}\times3.6\times10^4\,\mathrm{T}=3.01\times10^{-2}\,\mathrm{T},$$

$$\boldsymbol{B}_0 /\!/ \boldsymbol{M}_0.$$

$$\boldsymbol{H}_0=\frac{\boldsymbol{B}_0}{\mu_0}-\boldsymbol{M}_0,$$

即
$$H_0=\frac{B_0}{\mu_0}-M_0=-\frac{1}{3}M_0=-1.2\times10^4\,\mathrm{A/m},$$

$$\boldsymbol{H}_0 /\!/ -\boldsymbol{M}_0.\text{（退磁场）}$$

（2）正弦型球面电流在球外（$r>R$）产生一偶极场，

$$\boldsymbol{B}(r,\theta)=B_r\hat{\boldsymbol{r}}+B_\theta\hat{\boldsymbol{\theta}}=\frac{\mu_0}{4\pi}m_{\mathrm{eff}}(2\cos\theta\cdot\hat{\boldsymbol{r}}+\sin\theta\cdot\hat{\boldsymbol{\theta}})\frac{1}{r^3},$$

等效磁矩
$$m_{\mathrm{eff}}=\frac{4\pi}{3}R^3M_0.$$

本题

$$m_{\mathrm{eff}}=\frac{4}{3}\times3.14\times(2.5\times10^{-2})^3\times3.6\times10^4\,\mathrm{A\cdot m^2}$$
$$\approx2.36\,\mathrm{A\cdot m^2},$$
$$\frac{1}{r^3}=\frac{1}{(5.0\times10^{-2})^3}\,\mathrm{m^{-3}}=8.00\times10^3\,\mathrm{m^{-3}},$$

据以上公式和数据算出，

$$\boldsymbol{B}_1(\theta=0)=(3.8\times10^{-3}\,\mathrm{T})\hat{\boldsymbol{r}},$$

$$\boldsymbol{B}_2(\theta=45^\circ)=(2.66\times10^{-3}\,\mathrm{T})\hat{\boldsymbol{r}}+(1.33\times10^{-3}\,\mathrm{T})\hat{\boldsymbol{\theta}},$$

$$\boldsymbol{B}_3(\theta=90^\circ)=(1.9\times10^{-3}\,\mathrm{T})\hat{\boldsymbol{\theta}},$$

$$\boldsymbol{B}_4(\theta=135^\circ)=-(2.66\times10^{-3}\,\mathrm{T})\hat{\boldsymbol{r}}+(1.33\times10^{-3}\,\mathrm{T})\hat{\boldsymbol{\theta}},$$

$$\boldsymbol{B}_5(\theta=180^\circ)=-(3.8\times10^{-3}\,\mathrm{T})\hat{\boldsymbol{r}}.$$

5.6 永磁球内含球形空腔

一个半径为 R、固有磁化强度为 $\boldsymbol{M}_0$ 的永磁球，其内部出现了一

个球形空腔，半径为 r_0，如本题图示.

(1) 求出空腔内部磁感强度 $\boldsymbol{B}'$.

(2) 求出永磁球中心 O 处磁感强度 $\boldsymbol{B}_0$.

(3) 试定性描述空腔外部空间的磁感分布 $\boldsymbol{B}(\boldsymbol{r})$，应分别永磁球体内和体外两个区域予以描述.

(4) 求出贴近球形空腔表面处 1，2 两点的磁感 $\boldsymbol{B}_1$ 和 $\boldsymbol{B}_2$；并以 $\boldsymbol{B}$ 之边值关系的眼光审视你给出的结果.

(5) 求出相对应的磁场强度 $\boldsymbol{H}'$，$\boldsymbol{H}_0$，$\boldsymbol{H}_1$ 和 $\boldsymbol{H}_2$，并以 $\boldsymbol{H}$ 之边值关系审视之.

(6) 若球形空腔之球心 O' 不在 z 轴上，即离轴情形，以上结果是否有变化，试逐一给予交代.

提示：凡永磁球必呈现正弦型球面磁化电流.

解 永磁球外表面出现正弦型磁化面电流，$i(\theta)=M_0\sin\theta$，球腔表面出现一个反向的磁化面电流 $i'(\theta')=-M_0\sin\theta'$，这里极角 θ 是以 O 为原点、与 z 轴之夹角，θ' 是以 O' 为原点、与 z 轴之夹角. 以下问题的解答皆基于以上 $i(\theta)$，$i'(\theta)$ 的确认.

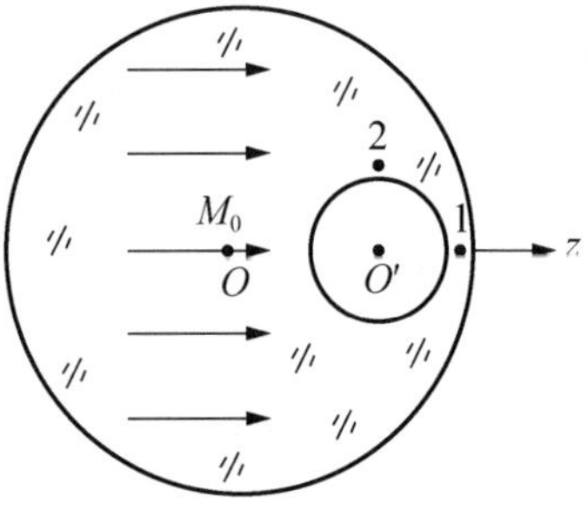

习题 5.6 图

(1) $\boldsymbol{B}'=0$，因为 $i(\theta)$ 和 $i'(\theta)$ 在空腔内的磁场皆为均匀场，且方向相反，数值相等.

(2) $\boldsymbol{B}_0=\boldsymbol{B}_0(i)+\boldsymbol{B}_0(i')$，$i(\theta)$ 在球心 O 处的磁感

$$\boldsymbol{B}_0(i)=\frac{2}{3}\mu_0 M_0\hat{\boldsymbol{z}},$$

$i'(\theta')$ 在球心 O 处的磁感

$$\boldsymbol{B}_0(i',\theta'=\pi)=\frac{\mu_0}{4\pi}m'_{\text{eff}}\frac{2\cos\theta'}{r^3}\hat{\boldsymbol{r}}',$$

这里，

$$\boldsymbol{m}'_{\text{eff}}=\frac{4\pi}{3}r_0{}^3(-M_0)\hat{\boldsymbol{z}},\quad \cos\theta'=-1,\quad r=\overline{O'O}\equiv b,\quad \hat{\boldsymbol{r}}'=-\hat{\boldsymbol{z}},$$

于是，

$$\boldsymbol{B}_0(i',\theta'=\pi)=-\frac{2}{3}\mu_0 M_0\frac{r_0^3}{b^3}\hat{\boldsymbol{z}},$$

最终得 $$\boldsymbol{B}_0=\frac{2}{3}\mu_0 M_0\left(1-\frac{r_0^3}{b^3}\right)\hat{\boldsymbol{z}},\quad \boldsymbol{B}_0/\!/\hat{\boldsymbol{z}}.$$

(3) 球体内且在空腔外部,其总磁场 $\boldsymbol{B}(r',\theta')$ 为一均匀场再叠加一偶极场,即 $\boldsymbol{B}(r',\theta')=\boldsymbol{B}(i)+\boldsymbol{B}(i')$,其中,

$$\boldsymbol{B}(i)=\frac{2}{3}\mu_0 M_0\hat{\boldsymbol{z}},\text{(均匀场)}$$

$$\boldsymbol{B}(i')=\frac{\mu_0}{4\pi}m'_{\text{eff}}\frac{1}{r'^3}(2\cos\theta'\cdot\hat{\boldsymbol{r}}'+\sin\theta'\cdot\hat{\boldsymbol{\theta}}').\text{(偶极场)}$$

球体外部空间,其总磁场 $\boldsymbol{B}$ 为两个偶极场的叠加,即

$$\boldsymbol{B}(r,\theta;r',\theta')=\boldsymbol{B}(i)+\boldsymbol{B}(i'),$$

其中,

$$\boldsymbol{B}(i)=\boldsymbol{B}(r,\theta)=\frac{\mu_0}{4\pi}m_{\text{eff}}\frac{1}{r^3}(2\cos\theta\cdot\hat{\boldsymbol{r}}+\sin\theta\cdot\hat{\boldsymbol{\theta}}),$$

$$i(\theta)\rightarrow\text{等效磁矩 }\boldsymbol{m}_{\text{eff}}=\frac{4\pi}{3}R^3\boldsymbol{M}_0;$$

$$\boldsymbol{B}(i')=\boldsymbol{B}(r',\theta')=\frac{\mu_0}{4\pi}m'_{\text{eff}}\cdot\frac{1}{(r')^3}(2\cos\theta'\cdot\hat{\boldsymbol{r}}'+\sin\theta'\cdot\hat{\boldsymbol{\theta}}'),$$

$$i'(\theta)\rightarrow\text{等效磁矩 }\boldsymbol{m}'_{\text{eff}}=-\frac{4\pi}{3}r_0^3\boldsymbol{M}_0.$$

(4) $$\boldsymbol{B}_1=\boldsymbol{B}_1(i)+\boldsymbol{B}_1(i'),$$

其中,

$$\boldsymbol{B}_1(i)=\frac{2}{3}\mu_0 M_0\hat{\boldsymbol{z}},$$

$$\boldsymbol{B}_1(i',\theta'=0)=\frac{\mu_0}{4\pi}\left(-\frac{4\pi}{3}r_0^3M_0\right)\frac{1}{r_0^3}\cdot 2\hat{\boldsymbol{z}}=-\frac{2}{3}\mu_0 M_0\hat{\boldsymbol{z}},$$

得 $$\boldsymbol{B}_1=0.$$

$$\boldsymbol{B}_2=\boldsymbol{B}_2(i)+\boldsymbol{B}_2(i'),$$

其中,

$$\boldsymbol{B}_2(i)=\frac{2}{3}\mu_0 M_0\hat{\boldsymbol{z}},$$

$$\boldsymbol{B}_2\left(i',\theta'=\frac{\pi}{2}\right)=\frac{\mu_0}{4\pi}\left(-\frac{4\pi}{3}r_0^3M_0\right)\frac{1}{r_0^3}\hat{\boldsymbol{\theta}}'=\frac{1}{3}\mu_0 M_0\hat{\boldsymbol{z}},(\hat{\boldsymbol{\theta}}'=-\hat{\boldsymbol{z}})$$

得
$$\boldsymbol{B}_2=\mu_0 M_0 \hat{\boldsymbol{z}}.$$

兹从 $\boldsymbol{B}$ 之边值关系考察. 对于 1 处,此处 $i'(\theta'=0)=0$,其左侧设为 $1'$处,在空腔内,其磁场 $\boldsymbol{B}_{1'}=0$,即 $B_{n1'}=B_{t1'}=0$;由边值关系,得 $B_{n1}=B_{n1'}=0$,$B_{t1}=B_{t1'}+\mu_0 i'=0$,故 $\boldsymbol{B}_1=0$,一致于上述结果.

再看 2 处,此处 $i'\left(\theta'=\dfrac{\pi}{2}\right)=-M_0$,其下方设为 $2'$处,在空腔内,$\boldsymbol{B}_{2'}=0$,即 $B_{n2'}=B_{t2'}=0$;于是,由边值关系立马得到,$B_{n2}=B_{n2'}=0$,$B_{t2}=B_{t2'}+\mu_0 i'=-\mu_0 M_0$,注意到此处切向 $\hat{\boldsymbol{t}}\,/\!/\,(\boldsymbol{i}'\times\hat{\boldsymbol{n}})$,$\boldsymbol{i}'\times\hat{\boldsymbol{n}}\,/\!/\,\hat{\boldsymbol{z}}$,故 $\boldsymbol{B}_2=\mu_0 M_0 \hat{\boldsymbol{z}}$,一致于上述结果.

(5)
$$\boldsymbol{H}'=\boldsymbol{B}'/\mu_0=0,$$
$$\boldsymbol{H}_0=\frac{\boldsymbol{B}_0}{\mu_0}-\boldsymbol{M}_0=-\frac{1}{3}M_0\left(1+\frac{2r_0^3}{b^3}\right)\hat{\boldsymbol{z}},$$
$$\boldsymbol{H}_1=-M_0\hat{\boldsymbol{z}},\quad \boldsymbol{H}_2=\frac{\boldsymbol{B}_2}{\mu_0}-\boldsymbol{M}_0=0.$$

以上 $\boldsymbol{H}_1$ 值和 $\boldsymbol{H}_2$ 值均满足 1 处两侧 $\boldsymbol{H}$ 的边值关系,亦满足 2 处两侧 $\boldsymbol{H}$ 的边值关系. $\boldsymbol{H}$ 之边值关系为
$$H_{2n}-H_{1n}=M_{1n}-M_{2n};H_{2t}-H_{1t}=i_0=0.\ (\text{目前 } i_0=0)$$
这里,1、2 为界面两侧之场点,$\hat{\boldsymbol{n}}$ 方向约定为 $1\rightarrow 2$.

(6) 如果球腔中心 O'不在 z 轴上. 以上 $\boldsymbol{B}'$,$\boldsymbol{B}_1$,$\boldsymbol{B}_2$ 结果依然适用;唯有 $\boldsymbol{B}_0$ 表达式有所变化.

5.7 永磁球内含管状空腔

一个半径为 R,固有磁化强度为 $\boldsymbol{M}_0$ 的永磁球,内部出现了一个细长圆形管状空腔,其轴线平行 z 轴,如本题图(a).

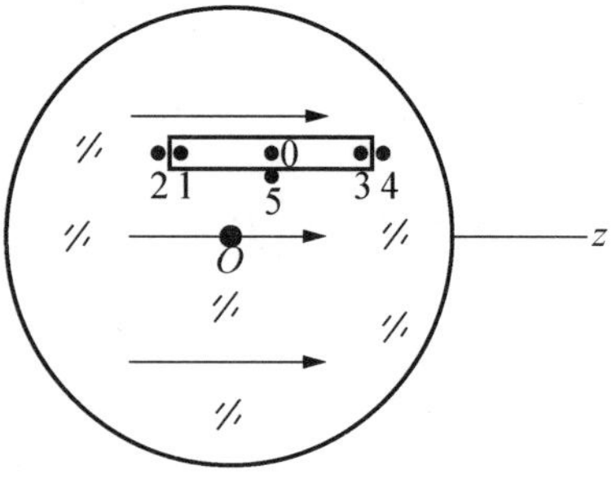

习题 5.7 图(a)

(1) 求出图上标明的六处场点的磁感强度 $\boldsymbol{B}_0,\boldsymbol{B}_1,\boldsymbol{B}_2,\boldsymbol{B}_3,\boldsymbol{B}_4$ 和 $\boldsymbol{B}_5$;并以 $\boldsymbol{B}$ 之边值关系的眼光审视你给出的上述结果.

(2) 求出相应的磁场强度 $\boldsymbol{H}_0,\boldsymbol{H}_1,\boldsymbol{H}_2,\boldsymbol{H}_3,\boldsymbol{H}_4$ 和 $\boldsymbol{H}_5$;这些结果是否满足 $\boldsymbol{H}$ 之边值关系,试审视之.

解 永磁球表面出现正弦型球面电流,$i(\theta)=M_0\sin\theta$,设其产生磁场 $\boldsymbol{B}_\mathrm{i}$;管腔侧面出现磁化面电流 $i'=M_0$,环绕方向如题图(b),宛如一个细长密绕的螺线管,设其产生的磁场为 $\boldsymbol{B}'$. 于是,总磁场

$$\boldsymbol{B}=\boldsymbol{B}_\mathrm{i}+\boldsymbol{B}'.$$

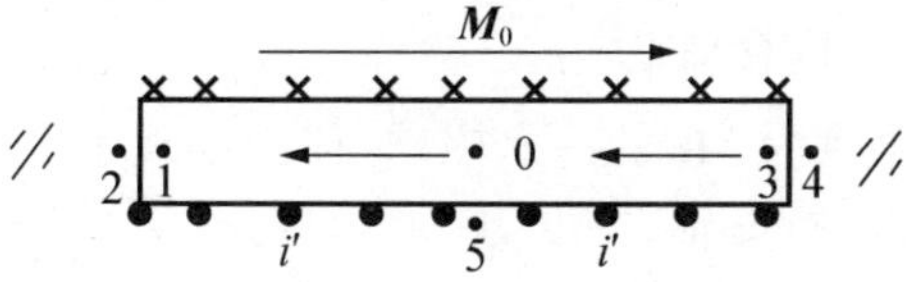

习题 5.7 图(b)

(1) 在球内,

$$\boldsymbol{B}_\mathrm{i}=\frac{2}{3}\mu_0 M_0\hat{\boldsymbol{z}}.\ (\text{均匀场})$$

而磁场 $\boldsymbol{B}'$:

$$\boldsymbol{B}_0'=-\mu_0 i'\hat{\boldsymbol{z}}=-\mu_0 M_0\hat{\boldsymbol{z}},\quad \boldsymbol{B}_5'\approx 0,$$

$$\boldsymbol{B}_1'=\boldsymbol{B}_2'=\boldsymbol{B}_3'=\boldsymbol{B}_4'=-\frac{1}{2}\mu_0 M_0\hat{\boldsymbol{z}}.$$

于是求得这几处的磁场为

$$\left.\begin{aligned}&\boldsymbol{B}_0=\frac{2}{3}\mu_0 M_0\hat{\boldsymbol{z}}-\mu_0 M_0\hat{\boldsymbol{z}}=-\frac{1}{3}\mu_0 M_0\hat{\boldsymbol{z}},\\&\boldsymbol{B}_5=\frac{2}{3}\mu_0 M_0\hat{\boldsymbol{z}},\end{aligned}\right\}(\text{满足}\ \boldsymbol{B}\ \text{切向边值关系})$$

$$\left.\begin{aligned}&\boldsymbol{B}_1=\boldsymbol{B}_2=\frac{1}{6}\mu_0 M_0\hat{\boldsymbol{z}},\\&\boldsymbol{B}_3=\boldsymbol{B}_4=\frac{1}{6}\mu_0 M_0\hat{\boldsymbol{z}}.\end{aligned}\right\}(\text{均满足}\ \boldsymbol{B}\ \text{法向边值关系})$$

(2) 根据 $\boldsymbol{H}=\dfrac{\boldsymbol{B}}{\mu_0}-\boldsymbol{M}$,由以上 $\boldsymbol{B}$ 立马求得

$$\boldsymbol{H}_0=-\frac{1}{3}\boldsymbol{M}_0-0=-\frac{1}{3}\boldsymbol{M}_0,\quad \boldsymbol{H}_5=\frac{2}{3}\boldsymbol{M}_0-\boldsymbol{M}_0=-\frac{1}{3}\boldsymbol{M}_0,$$

$$\boldsymbol{H}_1=\frac{1}{6}\boldsymbol{M}_0,\quad \boldsymbol{H}_2=-\frac{5}{6}\boldsymbol{M}_0,$$

满足 $\boldsymbol{H}$ 法向边值关系；

$$\boldsymbol{H}_3=\frac{1}{6}\boldsymbol{M}_0,\quad \boldsymbol{H}_4=-\frac{5}{6}\boldsymbol{M}_0,$$

满足 $\boldsymbol{H}$ 法向边值关系. 其中，$\boldsymbol{H}_0=\boldsymbol{H}_5=-\frac{1}{3}\boldsymbol{M}_0$，表明了在空腔侧面两旁，$\boldsymbol{H}$ 切向分量是连续的，因为目前侧面无传导电流，$i_0=0$；$\boldsymbol{H}$ 切向边值关系的标准表达式是 $(H_{2t}-H_{1t})=i_0$，且 $\hat{\boldsymbol{t}}\,/\!/\,(\boldsymbol{i}_0\times\hat{\boldsymbol{n}})$.

5.8 永磁球内含扁平空腔

固有磁化强度为 $\boldsymbol{M}_0$ 的一永磁球，体内出现了一个扁盒状圆形空腔，其中心轴平行 z 轴，厚度为 l，半径为 r_0，且 $l\ll r_0$. 如本题图示.

(1) 求出空腔中心 O' 处磁感 $\boldsymbol{B}_{O'}$、磁场强度 $\boldsymbol{H}_{O'}$.

(2) 求出紧贴空腔边缘内外两点 1 处和 2 处的磁感 $\boldsymbol{B}_1$ 和 $\boldsymbol{B}_2$，以及磁场强度 $\boldsymbol{H}_1$ 和 $\boldsymbol{H}_2$，要求你用边值关系来审视结果的正误.

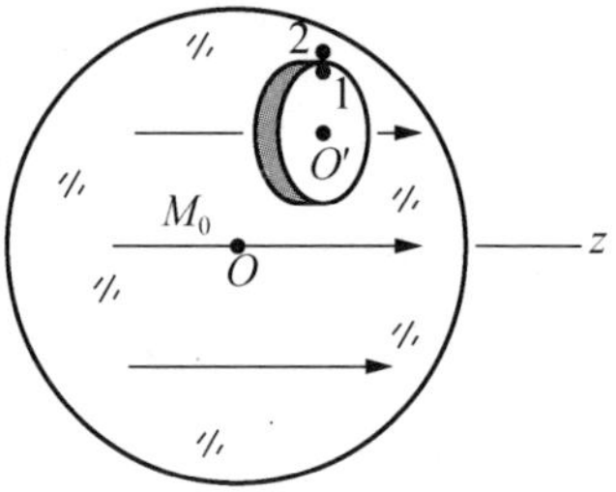

习题 5.8 图

解 (1) 永磁球表面出现正弦型球面电流，$i(\theta)=M_0\sin\theta$，其在球内的磁场 $\boldsymbol{B}_{\rm i}=\frac{2}{3}\mu_0\boldsymbol{M}_0$，系一均匀场. 扁平空腔侧面出现磁化面电流，其密度 $\boldsymbol{i}'=\boldsymbol{M}_0\times\hat{\boldsymbol{n}}$，顺时针环绕，其在圆心 O' 处的磁场 $\boldsymbol{B}'_{O'}$ 与 $\boldsymbol{M}_0$ 反向，借用载流圆线圈在圆心处 $\boldsymbol{B}$ 的公式，写出

$$B'_{O'}=-\frac{1}{2}\mu_0\frac{I'_0}{r_0}=-\frac{1}{2}\mu_0M_0\frac{l}{r_0}.$$

于是，总磁场

$$\boldsymbol{B}_{O'}=\frac{2}{3}\mu_0\boldsymbol{M}_0-\frac{1}{2}\mu_0\boldsymbol{M}_0\frac{l}{r_0}=\left(\frac{2}{3}-\frac{l}{2r_0}\right)\mu_0\boldsymbol{M}_0,\quad \boldsymbol{B}_{O'}\,/\!/\,\boldsymbol{M}_0,$$

$$\boldsymbol{H}_{O'}=\frac{\boldsymbol{B}_{O'}}{\mu_0}-\boldsymbol{M}_{O'}=\left(\frac{2}{3}-\frac{l}{2r_0}\right)\boldsymbol{M}_0.\quad (注意，\boldsymbol{M}_{O'}=0)$$

(2) 对于无限靠近面电流 (li') 两侧 1、2 两点而言，这 li' 可视为无限大载流平面；按 $\boldsymbol{i}'\times\hat{\boldsymbol{n}}\,/\!/\,\boldsymbol{B}'$ 判断出 $\boldsymbol{B}'_1\,/\!/\,(-\boldsymbol{M}_0)$，$\boldsymbol{B}'_2\,/\!/\,\boldsymbol{M}_0$，且

$$\boldsymbol{B}_1' = -\frac{1}{2}\mu_0 i'\hat{\boldsymbol{z}} = -\frac{1}{2}\mu_0 \boldsymbol{M}_0, \quad \boldsymbol{B}_2' = \frac{1}{2}\mu_0 i'\hat{\boldsymbol{z}} = \frac{1}{2}\mu_0 \boldsymbol{M}_0.$$

于是,总磁场为

$$\begin{cases} \boldsymbol{B}_1 = \boldsymbol{B}_i + \boldsymbol{B}_1' = \left(\dfrac{2}{3} - \dfrac{1}{2}\right)\mu_0 \boldsymbol{M}_0 = \dfrac{1}{6}\mu_0 \boldsymbol{M}_0, \\ \boldsymbol{B}_2 = \boldsymbol{B}_i + \boldsymbol{B}_2' = \left(\dfrac{2}{3} + \dfrac{1}{2}\right)\mu_0 \boldsymbol{M}_0 = \dfrac{7}{6}\mu_0 \boldsymbol{M}_0, \end{cases}$$

满足 $\boldsymbol{B}$ 切向边值关系

$$B_{2t} - B_{1t} = \mu_0 i'.$$

相应的磁场强度为

$$\begin{cases} \boldsymbol{H}_1 = \dfrac{\boldsymbol{B}_1}{\mu_0} - \boldsymbol{M}_1 = \dfrac{1}{6}\boldsymbol{M}_0, \quad (\text{注意}, \boldsymbol{M}_1 = 0) \\ \boldsymbol{H}_2 = \dfrac{\boldsymbol{B}_2}{\mu_0} - \boldsymbol{M}_2 = \dfrac{1}{6}\boldsymbol{M}_0, \end{cases}$$

满足 $\boldsymbol{H}$ 切向之边值关系

$$H_{2t} - H_{1t} = i_0 = 0.$$

5.9 均匀外磁场中的介质球

如图所示,一介质球置于均匀外磁场 $\boldsymbol{B}_0$ 之中,介质球半径为 R,磁导率为 μ_r,球外为空气($\mu'_r \approx 1$).

(1) 试求空间磁场分布 $\boldsymbol{B}(\boldsymbol{r})$ 和 $\boldsymbol{H}(\boldsymbol{r})$,拟应分别球内空间和球外空间而定解.

提示:可预先猜想介质球最终被均匀磁化,即 $\boldsymbol{M}$ 为常矢量,且 $\boldsymbol{M} /\!/ \boldsymbol{B}_0$;然后推演,令自洽,联立方程,最终定解.

(2) 若介质球外为另一种磁介质,设其磁导率为 μ'_r,情况会变得怎样?试求空间磁场分布.

解 (1) 方法一 以电流观点求解.有理由猜想此介质球最终被均匀磁化,设其为 $\boldsymbol{M} = M\hat{\boldsymbol{z}}$,相应地出现一正弦型球面电流 $i' = M\sin\theta$.于是,在球内,存在以下几个关系式,

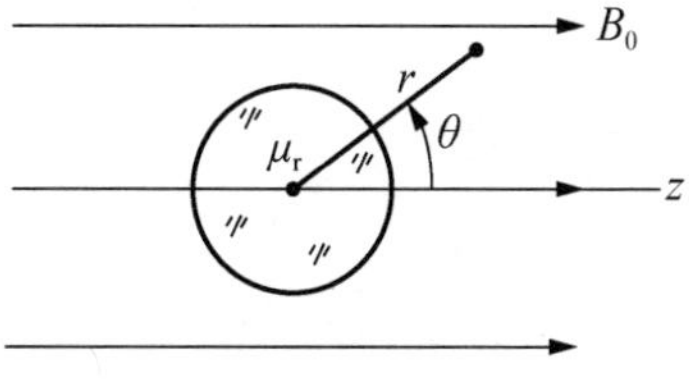

习题 5.9 图

$$\begin{cases}\boldsymbol{B}=\left(B_0+\dfrac{2}{3}\mu_0 M\right)\hat{\boldsymbol{z}}, & ①\\ \boldsymbol{H}=\dfrac{\boldsymbol{B}}{\mu_0}-\boldsymbol{M}=\left(\dfrac{B_0}{\mu_0}-\dfrac{1}{3}M\right)\hat{\boldsymbol{z}}, & ②\\ \boldsymbol{B}=\mu_r\mu_0\boldsymbol{H}. & ③\end{cases}$$

联立①、②、③式，解出 $M=\dfrac{3(\mu_r-1)}{(\mu_r+2)}\cdot\dfrac{B_0}{\mu_0}$，代入①式，得

$$\boldsymbol{B}(r<R)=\frac{3\mu_r}{\mu_r+2}\boldsymbol{B}_0,\quad \boldsymbol{H}(r<R)=\frac{3}{\mu_0(\mu_r+2)}\boldsymbol{B}_0.$$

比如，对于非铁磁质，$\mu_r\approx1$，$\boldsymbol{B}\approx\boldsymbol{B}_0$；对于软铁磁质，$\mu_r\gg1$，$\boldsymbol{B}\approx3\boldsymbol{B}_0$，

结果并非直观上想象的那样 $\boldsymbol{B}\gg\boldsymbol{B}_0$. 因为从③式断定 $\boldsymbol{H}$ 不可能反向于 $\boldsymbol{B}$，再从②式断定，M 存在一极大值 M_{max}，以使 $\left(\dfrac{B_0}{\mu_0}-\dfrac{1}{3}M_{max}\right)=0$，即$M>M_{max}$是不可能出现的，据此得 $M_{max}=3B_0/\mu_0$.

对于球外区域($r>R$)，正弦型球面电流 $i'(\theta)$在球外的磁场为一偶极场，其等效偶极矩(磁矩)$\boldsymbol{m}_{eff}$位于球心，且

$$\boldsymbol{m}_{eff}=\frac{4\pi}{3}R^3\boldsymbol{M}=4\pi R^3\ \frac{\mu_r-1}{\mu_0(\mu_r+2)}\boldsymbol{B}_0,$$

于是，$i'(\theta)$产生的磁场

$$\boldsymbol{B}'(r,\theta)=\frac{\mu_0}{4\pi}m_{eff}\frac{1}{r^3}(2\cos\theta\cdot\hat{\boldsymbol{r}}+\sin\theta\cdot\hat{\boldsymbol{\theta}}),$$

再叠加原始场

$$\boldsymbol{B}_0(r,\theta)=B_0\cos\theta\hat{\boldsymbol{r}}-B_0\sin\theta\cdot\hat{\boldsymbol{\theta}},$$

最终给出球外总磁场

$$\begin{aligned}\boldsymbol{B}(r,\theta)&=\boldsymbol{B}'+\boldsymbol{B}_0\\&=\frac{\mu_r-1}{\mu_r+2}\cdot\frac{R^3}{r^3}B_0(2\cos\theta\cdot\hat{\boldsymbol{r}}+\sin\theta\cdot\hat{\boldsymbol{\theta}})+B_0(\cos\theta\cdot\hat{\boldsymbol{r}}-\sin\theta\cdot\hat{\boldsymbol{\theta}}),\end{aligned}$$

$$\begin{aligned}\boldsymbol{H}(r,\theta)&=\frac{\boldsymbol{B}}{\mu_0}\\&=\frac{\mu_r-1}{\mu_0(\mu_r+2)}\cdot\frac{R^3}{r^3}B_0(2\cos\theta\cdot\hat{\boldsymbol{r}}+\sin\theta\cdot\hat{\boldsymbol{\theta}})+\frac{1}{\mu_0}B_0(\cos\theta\cdot\hat{\boldsymbol{r}}-\sin\theta\cdot\hat{\boldsymbol{\theta}}).\end{aligned}$$

方法二 以磁荷观点求解. 设磁化强度为 $\boldsymbol{M}$，相应的磁极化强度为 $\boldsymbol{J}=\mu_0\boldsymbol{M}$，它产生一余弦型球面磁荷 $\sigma_m(\theta)=J\cos\theta$，在球内产生

一个均匀磁场

$$\boldsymbol{H}'=-\frac{1}{3\mu_0}\boldsymbol{J},$$

总场 $$\boldsymbol{H}=\boldsymbol{H}_0+\boldsymbol{H}'=\frac{1}{\mu_0}\boldsymbol{B}_0-\frac{1}{3\mu_0}\boldsymbol{J}, \qquad ①$$

又 $$\boldsymbol{B}=\mu_0\boldsymbol{H}+\boldsymbol{J}, \qquad ②$$

$$\boldsymbol{B}=\mu_r\mu_0\boldsymbol{H}, \qquad ③$$

得

$$\mu_r\mu_0\left(\frac{1}{\mu_0}\boldsymbol{B}_0-\frac{1}{3\mu_0}\boldsymbol{J}\right)=\boldsymbol{B}_0+\frac{2}{3}\boldsymbol{J},\quad 即\quad (\mu_r-1)\boldsymbol{B}_0=\frac{\mu_r+2}{3}\boldsymbol{J},$$

解出

$$\boldsymbol{J}=\frac{3(\mu_r-1)}{\mu_r+2}\boldsymbol{B}_0,\quad \boldsymbol{M}=\frac{\boldsymbol{J}}{\mu_0}=\frac{3(\mu_r-1)}{\mu_0(\mu_r+2)}\boldsymbol{B}_0.$$

这结果与方法一所得一致. 往下推演和结果 $\boldsymbol{H}(r<R)$，$\boldsymbol{B}(r<R)$ 及 $\boldsymbol{H}(r>R)$，$\boldsymbol{B}(r>R)$ 皆无异于方法一所得，在此从略.

(2) 有理由猜想介质球 μ_r 依然被均匀磁化，相应的磁化面电流依然呈现正弦型，设其为 $i(\theta)=K\sin\theta$；这 $i(\theta)$ 来自两部分 $i(\theta)=i_1(\theta)+i_2(\theta)$，其中介质球 μ_r 贡献 $i_1(\theta)$，球外介质 μ_r' 贡献 $i_2(\theta)$，且 i_1 与 i_2 方向相反，一正一负，$i(\theta)$ 是两者的代数和.

基于 $i(\theta)=K\sin\theta$，可以写出球内 $(r<R)$ 均匀磁场各量：

$$\begin{cases} B=B_0+\dfrac{2}{3}\mu_0K, & \text{(方向均沿 } z \text{ 轴，下同)} \qquad ④\\ H=\dfrac{B}{\mu_r\mu_0}=\dfrac{B_0}{\mu_r\mu_0}+\dfrac{2}{3\mu_r}K, & \qquad ⑤\\ M=\dfrac{B}{\mu_0}-H=\dfrac{\mu_r-1}{\mu_r}\left(\dfrac{B_0}{\mu_0}+\dfrac{2}{3}K\right). & \qquad ⑥\end{cases}$$

再应用 $\boldsymbol{H}$ 切向边值关系，表达 M_{1t}，M_{2t}，进而表达 $i_1(\theta)$，$i_2(\theta)$：

$$H_{2t}=H_{1t}=\left(\frac{B_0}{\mu_r\mu_0}+\frac{2}{3\mu_r}K\right)\sin\theta,$$

(1 点在球面元里侧，2 点在球面元外侧)

$$\begin{cases} i_1(\theta)=M_{1t}=(\mu_r-1)H_{1t}=\dfrac{\mu_r-1}{\mu_r}\left(\dfrac{B_0}{\mu_0}+\dfrac{2}{3}K\right)\sin\theta, \\ i_2(\theta)=-M_{2t}=-(\mu_r'-1)H_{2t}=-\dfrac{\mu_r'-1}{\mu_r}\left(\dfrac{B_0}{\mu_0}+\dfrac{2}{3}K\right)\sin\theta. \end{cases}$$

又 $i_1(\theta)+i_2(\theta)=i(\theta)=K\sin\theta$，于是，得到一方程，

$$\left(\frac{\mu_r-1}{\mu_r}-\frac{\mu_r'-1}{\mu_r}\right)\left(\frac{B_0}{\mu_0}+\frac{2}{3}K\right)\sin\theta=K\sin\theta. \quad ⑦$$

方程⑦的成立，表明最初设定 $i(\theta)$ 具正弦型函数是合理和自洽的，据此解出（令两边 $\sin\theta$ 的系数相等），

$$K=\frac{3(\mu_r-\mu_r')}{\mu_r+2\mu_r'}\cdot\frac{B_0}{\mu_0}. \quad ⑧$$

若令 $\mu_r'=1$，就回到本题(1)的结果，$M=K=\dfrac{3(\mu_r-1)}{\mu_0(\mu_r+2)}B_0$.

将⑧式代回④、⑤、⑥式，最终给出，

$$\begin{cases} \boldsymbol{B}(r<R)=\dfrac{3\mu_r}{\mu_r+2\mu_r'}\boldsymbol{B}_0, \\ \boldsymbol{H}(r<R)=\dfrac{3}{\mu_0(\mu_r+2\mu_r')}\boldsymbol{B}_0, \\ \boldsymbol{M}(r<R)=\dfrac{3(\mu_r-1)}{\mu_0(\mu_r+2\mu_r')}\boldsymbol{B}_0. \end{cases}$$

对于球外区域($r<R$)：正弦型球面电流 $i(\theta)$ 给出了一个偶极场 $\boldsymbol{B}'(r,\theta)$，其等效磁矩 $\boldsymbol{m}_{\text{eff}}=\dfrac{4}{3}\pi R^3K\hat{\boldsymbol{z}}$，且位于球心，相应的磁场为

$$\begin{aligned}\boldsymbol{B}'(r,\theta)&=\frac{\mu_0}{4\pi}\cdot\frac{m_{\text{eff}}}{r^3}(2\cos\theta\cdot\hat{\boldsymbol{r}}+\sin\theta\cdot\hat{\boldsymbol{\theta}})\\ &=\frac{\mu_r-\mu_r'}{\mu_r+2\mu_r'}\cdot\frac{R^3}{r^3}(2\cos\theta\cdot\hat{\boldsymbol{r}}+\sin\theta\cdot\hat{\boldsymbol{\theta}}),\end{aligned}$$

再叠加上原始场 $\boldsymbol{B}_0$，便得到总磁场

$$\boldsymbol{B}(r,\theta)=\boldsymbol{B}'(r,\theta)+\boldsymbol{B}_0,\quad \boldsymbol{B}_0=B_0\cos\theta\cdot\hat{\boldsymbol{r}}-B_0\sin\theta\cdot\hat{\boldsymbol{\theta}}.$$

当然，本题(2)也可采取磁荷观点解之，读者可演练之.

5.10 均匀外磁场中的介质棒

如图所示，一介质圆棒被置于均匀外磁场 B_0 之中，这细长介质

棒纵向长度 l，横向截面半径 R，且 $l \gg R$，材料磁导率为 μ_r，如本题图示. 忽略边缘效应，求介质棒中部轴上 Δz 一段的磁感 $\boldsymbol{B}$ 和磁场强度 $\boldsymbol{H}$.

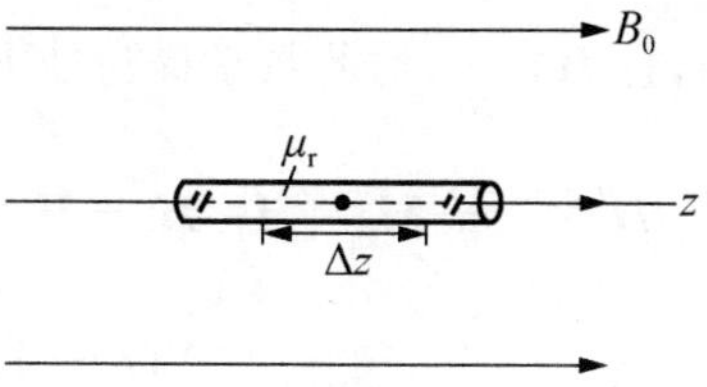

习题 5.10 图

解 在 $\boldsymbol{B}_0$ 场激励下，细长介质棒被磁化，其侧面出现了磁化电流 i'，绕轴环行，使它成为一理想的载流螺线管，相应的 $\boldsymbol{B}'$ 集中于管内并得以强化，$\boldsymbol{B}'$ 方向大体沿轴，在中段几乎均匀. 设其磁化强度为 $\boldsymbol{M}$，且 $\boldsymbol{M} /\!/ \hat{\boldsymbol{z}}$，则

$$i' = M, \quad \boldsymbol{B}' = \mu_0 i' \hat{\boldsymbol{z}} = \mu_0 \boldsymbol{M};$$

于是

$$\boldsymbol{B} = \boldsymbol{B}_0 + \boldsymbol{B}' = \boldsymbol{B}_0 + \mu_0 \boldsymbol{M}, \qquad ①$$

$$\boldsymbol{M} = \chi_m \boldsymbol{H} = (\mu_r - 1)\boldsymbol{H}, \qquad ②$$

$$\boldsymbol{B} = \mu_r \mu_0 \boldsymbol{H}. \qquad ③$$

联立①、②、③式，解出

$$\boldsymbol{H}_{\text{中部}} = \frac{\boldsymbol{B}_0}{\mu_0} \quad (\text{与 } \mu_r \text{ 无关});$$

$$\boldsymbol{B}_{\text{中部}} = \mu_r \boldsymbol{B}_0 \gg \boldsymbol{B}_0, \text{当 } \mu_r \gg 1;$$

$$\boldsymbol{M}_{\text{中部}} = (\mu_r - 1)\boldsymbol{H} \gg \boldsymbol{H}, \text{当 } \mu_r \gg 1.$$

讨论 (i) 如何理解 $\boldsymbol{H}_{\text{中部}} \approx \boldsymbol{B}_0/\mu_0$，与 μ_r 无关? 从磁荷观点易理解此结果. 因为介质棒细长，出现于两个端面的磁荷 $\pm q_m$，离中段相当远，其磁场 $H'_{\text{中部}} \approx 0$，于是按总磁场 $\boldsymbol{H} = \boldsymbol{H}_0 + \boldsymbol{H}'$，$\boldsymbol{H}_{\text{中部}} \approx \boldsymbol{H}_0 = \boldsymbol{B}_0/\mu_0$，或 $\boldsymbol{B}_{\text{中部}} = \mu_r \boldsymbol{B}_0$.

(ii) 联系 5.9 题的结果颇有意思.

那里，高 μ_r 介质球，球内 $\boldsymbol{B} \approx 3\boldsymbol{B}_0$，$\mu_r$ 为10^2，10^3，10^4，均如此;

这里，高 μ_r 介质细长棒，中段 $\boldsymbol{B} = \mu_r \boldsymbol{B}_0$，$\mu_r = 10^2$ 倍，10^3 倍，10^4 倍.

为什么在介质球且高 μ_r 情况下，$\boldsymbol{B}$ 却仅 3 倍于 $\boldsymbol{B}_0$，竟与 μ_r 量级无关? 仍是从磁荷观点来理解之，因为这时介质球出现的余弦型面磁荷 $\sigma_m(\theta) = M\cos\theta$，产生了很强的退磁场 $\boldsymbol{H}'$，以致总 $\boldsymbol{H} = \boldsymbol{H}_0 + \boldsymbol{H}'$很

弱，且 $\boldsymbol{H}\propto\frac{1}{\mu_r}$，对此数学描写如下：

$$\boldsymbol{H}'=-\frac{1}{3}\boldsymbol{M},\quad \boldsymbol{H}=\boldsymbol{H}_0+\boldsymbol{H}'=\frac{\boldsymbol{B}_0}{\mu_0}-\frac{1}{3}\boldsymbol{M}=\frac{\boldsymbol{B}_0}{\mu_0}-\frac{1}{3}(\mu_r-1)\boldsymbol{H},$$

即

$$\frac{1}{3}(\mu_r-1)\boldsymbol{H}+\boldsymbol{H}=\frac{\boldsymbol{B}_0}{\mu_0},$$

解出

$$\boldsymbol{H}=3\frac{\boldsymbol{B}_0}{(\mu_r+2)\mu_0}\approx 3\frac{\boldsymbol{B}_0}{\mu_r\mu_0},\quad 或\ \boldsymbol{B}\approx 3\boldsymbol{B}_0.$$

5.11 长直载流导线周围的介质环

一种磁性材料经研磨、模压和烧结，被制成一个闭合磁环，再用一根长直载流导线，通过介质环的轴线，以作材料磁化实验.

(1) 试求出介质环内的磁场强度 $H(r)$，这里距离 r 为轴距，而对称轴 z 为介质环平面的中心轴，设电流为 I_0，如本题图示；

(2) 该装置是否可用于测量材料 B-H 关系即材料的磁化曲线，试与书上图 5.15 装置作一比较.

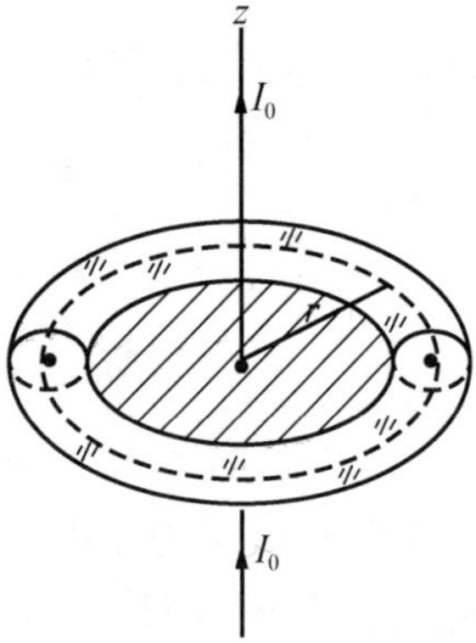

习题 5.11 图

解 (1) 长直载流体的磁场 $\boldsymbol{B}_0$ 具有横向轴对称性，其闭合 $\boldsymbol{B}_0$ 线恰与闭合介质环顺合，如此介质被磁化所出现的磁化面电流 i'，绕磁环轴而运行，其产生的磁场 $\boldsymbol{B}'$ 也具有以 z 轴为参考的横向对称性，最终使总场 $\boldsymbol{B}$ 的横向对称性得以保持. 应用安培环路定理 $2\pi rH(r)=I_0$，得

$$H(r)=\frac{I_0}{2\pi r},\quad \boldsymbol{H}/\!/(\boldsymbol{I}_0\times\boldsymbol{r}).$$

(2) 从原理上看，本题装置可用以测定 B-H 曲线——令外接电源调控 I_0 的数值和方向，用以改变 H，再让介质环某局段绕上几匝线圈作为次级绕组，用以测定 B. 但与课本图 5.15 装置比较，本装置在几何定位上过于严苛，要让 I_0 线通过介质环中心处，且与环平面正交，这在实验上就难以实现，或者说，这在实验上就存在较大误差. 而图 5.15 装置中沿环绕上 N 匝励磁线圈，是简单易行的，无特定几何上的严格要求.

5.12 含铁芯螺绕环

一环形铁芯其横截面的直径为 4.0 mm，环的平均半径 $R=15\,\text{mm}$，环上密绕着 200 匝线圈（见本题图），铁芯的磁导率 $\mu_r=300$，当线圈导线通有 25 mA 的电流时，求通过铁芯横截面的磁通量 Φ.

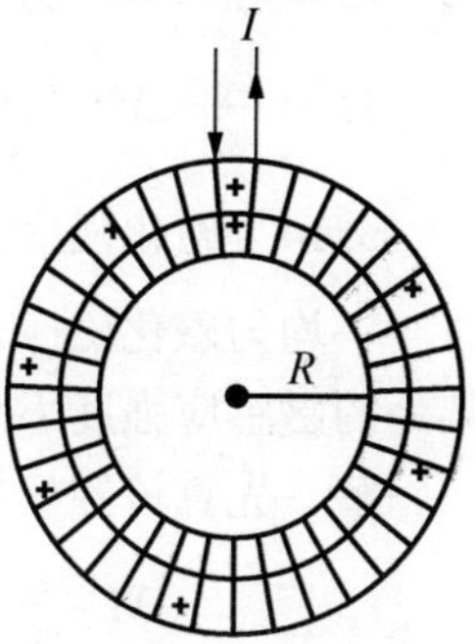

习题 5.12 图

解 由 $\boldsymbol{H}$ 环路定理 $2\pi RH=NI_0$，得芯内

$$H=\frac{NI_0}{2\pi R}.$$

又 $$B=\mu_r\mu_0 H,\Phi=BS,$$

算出此铁环单一横截面磁通

$$\begin{aligned}\Phi&=\mu_r\mu_0 S\frac{NI_0}{2\pi R}\\&=300\times4\pi\times10^{-7}\times\frac{\pi}{4}\times16\times10^{-6}\times\frac{200\times25\times10^{-3}}{2\pi\times15\times10^{-3}}\,\text{Wb}\\&\approx2.51\times10^{-7}\,\text{Wb}.\end{aligned}$$

5.13 磁化强度与磁化面电流

一均匀磁化的磁棒，直径为 25 mm，长为 75 mm，磁矩为 $120\,\text{A}\cdot\text{m}^2$，求棒侧面上的磁化面电流密度 i'，轴上中段的磁场 B_0 和 H_0.

解 磁化强度 M 定义为单位体积中的磁矩，单位为 $\frac{\text{A}\cdot\text{m}^2}{\text{m}^3}$，该磁棒体积 $V=\frac{\pi}{4}d^2 l$，算出

$$\begin{aligned}M&=\frac{m_{\text{棒}}}{V}=\frac{1.2\times10^2\times4}{3.14\times25^2\times10^{-6}\times75\times10^{-3}}\,\text{A/m}\\&\approx3.26\times10^6\,\text{A/m}.\end{aligned}$$

侧面磁化电流密度

$$i'=M\approx3.26\times10^6\,\text{A/m}.$$

其轴上中点处的磁场

$$B_0=\frac{1}{2}\mu_0 i'\times2\cos\alpha,$$

又 $$\cos\alpha=\frac{l}{\sqrt{l^2+d^2}}=\frac{75}{\sqrt{75^2+25^2}}\approx 0.95,$$

得 $B_0=4\pi\times 10^{-7}\times 3.26\times 10^6\times 0.95\,\text{T}\approx 3.9\,\text{T}$,

$$H_0=\frac{B_0}{\mu_0}-M=0.95M-M=-0.05M\approx -16.3\times 10^4\,\text{A/m}.$$

5.14 磁化强度、磁感应强度与磁场强度

一均匀磁化磁棒,体积为 0.01 m³,磁矩为 500 A·m²,棒内沿轴某处的磁感应强度 $B=5.0$ Gs,求该处磁场强度为多少 A/m.

解 先算该磁棒的磁化强度

$$M=\frac{m}{V}=\frac{500\text{A}\cdot\text{m}^2}{0.01\text{m}^3}=5.00\times 10^4\,\text{A/m}.$$

再由($\boldsymbol{B},\boldsymbol{H},\boldsymbol{M}$)三者的定义式,算出该处磁场强度

$$H=\frac{B}{\mu_0}-M=\left(\frac{5.0\times 10^{-4}}{4\pi\times 10^{-7}}-5.00\times 10^4\right)\text{A/m}$$
$$\approx -4.96\times 10^4\,\text{A/m}.$$

5.15 铁磁质起始磁化曲线

本题图是某种铁磁材料的起始磁化曲线,试根据这曲线求出:

(1) 起始磁导率 μ_i;

(2) 最大磁导率 μ_M;

(3) 工作点 d 处的微分磁导率 μ_d;

(4) 绘制出该材料 $\mu(H)$ 曲线, $H\in(0,800\,\text{A/m})$;

(5) 从磁导率非线性曲线中,估算出该材料的平均磁导率 $\bar{\mu}$.

解 (1) 起始磁导率

$$\mu_i=\frac{1}{\mu_0}\left(\frac{\mathrm{d}B}{\mathrm{d}H}\right)_0=\frac{1}{4\times 3.14\times 10^{-7}}\times\frac{0.2}{45}\approx 3.5\times 10^3.$$

(2) 最大磁导率

$$\mu_M=\frac{1}{\mu_0}\left(\frac{B}{H}\right)_{\max}=\frac{1}{4\times 3.14\times 10^{-7}}\times\frac{1.8}{300}\approx 4.8\times 10^3.$$

(3) 局域微分磁导率

$$\mu_d=\frac{1}{\mu_0}\left(\frac{\mathrm{d}B}{\mathrm{d}H}\right)_d=\frac{1}{4\times 3.14\times 10^{-7}}\times\frac{0.1}{100}\approx 800.$$

(4) 描绘 $\mu(H)$ 曲线(从略).

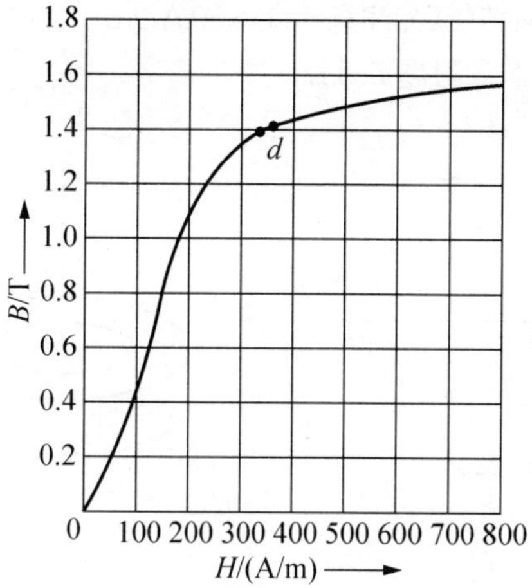

习题 5.15 图

(5) 由(4)$\mu(H)$曲线可以估计出平均磁导率 $\overline{\mu}_r \approx 2.5\times10^3$.

也可以凭借本题 $B(H)$ 曲线，在 $H\in(0,800\text{A/m})$ 区间取 8 个样点，而算出其平均值，

$$\overline{\mu}_r=\frac{\sum\mu_n}{8},\quad \mu_n=\frac{1}{\mu_0}\left(\frac{B_n}{H_n}\right),n=1,2,\cdots,8.$$

B	0.47	1.10	1.35	1.44	1.48	1.52	1.55	1.57
H	100	200	300	400	500	600	700	800
μ_r	3741	4378	3582	2866	2356	2017	1763	1562

$$\overline{\mu}_r\approx2783\approx2.78\times10^3.$$

5.16 矩磁与环形磁芯

矩磁材料具有矩形磁滞回线，见本题图(a)，反向磁场一旦超过矫顽力，磁化方向就立即反转. 矩磁材料的用途是制作电子计算机中存储元件的环形磁芯. 图(b)所示为一种这样的磁芯，其外直径为 0.8 mm，内直径为 0.5 mm，高为 0.3 mm，这类磁芯由矩磁铁氧体材料制成. 若磁芯原来已被磁化，其方向如图所示，现需使磁芯中自内到外的磁化方向全部反转，那么，导线中脉冲电流 i 的峰值 i_0 至少要多大？设该磁芯材料的

矫顽力为 2.0 奥斯特(Oe). 注意 1 Oe≈80 A/m.

提示：联系本章习题 5.11.

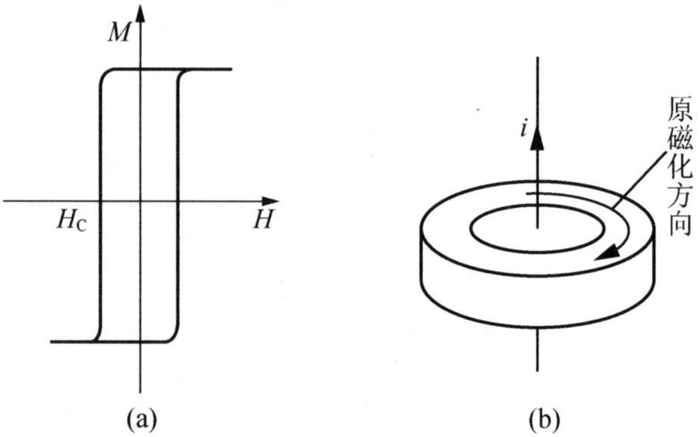

习题 5.16 图

解 该场合磁场具横向轴对称性，此与习题 5.11 雷同，由电流 i 产生的磁场 $H(r)=\dfrac{i}{2\pi r}$，而 $H_C\approx160\text{A/m}$，故外加轴向电流的峰值 i_0 应满足

$$i_0\geqslant2\pi r_{\max}H_C=2\times3.14\times0.4\times10^{-3}\times2\times80\text{A}$$
$$\approx0.402\text{A}.$$

5.17 磁滞损耗与矩形磁芯的热耗散

一矩磁材料，其磁滞回线即 $B(H)$ 闭合曲线几乎呈矩形(横平竖直)，类似于 5.16 题图. 某种矩磁材料的剩磁 B_R 为 1.1 T，矫顽力 H_C 为 480 A/m. 用此材料制作计算机硬件中的运算或存储元件——环形磁芯，设其尺寸为：外直径 0.6 mm，内直径 0.4 mm，方形截面高 0.15 mm.

(1) 求出这样一个磁芯其磁化状态朝上再朝下反转一周所耗散的能量为多少(J)？

(2) 若芯片中有百万个这样的磁芯，设其磁化翻转频率为 10^3 次/秒，试估算因磁滞性而引起的热耗散功率为多少(W)？

解 (1) 先算这环形磁芯的体积，

$$\Delta V=(\pi R^2-\pi r^2)h$$

$$=\frac{\pi}{4}(0.6^2-0.4^2)\times 0.15\times 10^{-9}\,\mathrm{m}^3=2.35\times 10^{-11}\,\mathrm{m}^3.$$

磁滞一周其耗散的能量体密度

$$\omega_h=\oint B\mathrm{d}H=4B_R H_C=4\times 1.1\times 480\,\mathrm{J/m^3}=2112\,\mathrm{J/m^3},$$

于是得该磁芯反转一周所耗散的能量为

$$\Delta W=4B_R H_C\Delta V=2112\times 2.35\times 10^{-11}\,\mathrm{J}=5.0\times 10^{-8}\,\mathrm{J}.$$

(2) 磁滞耗散功率

$$P=Nf\Delta W=10^6\times 10^3(\text{次/秒})\times 5.0\times 10^{-8}\,\mathrm{J}=50\,\mathrm{W}(\text{瓦}).$$

这是一个十分可观的能耗.

5.18 磁场边值关系

对于线性磁介质,试证明,经界面磁场 **B** 线或 **H** 线方向变更满足一个折射定理,

$$\frac{\tan\theta_1}{\tan\theta_2}=\frac{\mu_{1r}}{\mu_{2r}},$$

θ_1,θ_2 为场线与界面法线之夹角.

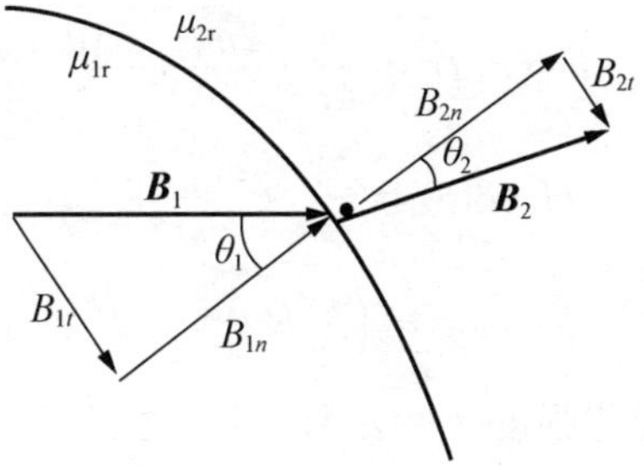

习题 5.18 图,这里设 $\mu_{1r}>\mu_{2r}$.

解 参见题图,

$$\tan\theta_1=\frac{B_{1t}}{B_{1n}},\qquad \tan\theta_2=\frac{B_{2t}}{B_{2n}},$$

于是,

$$\frac{\tan\theta_1}{\tan\theta_2}=\frac{B_{2n}B_{1t}}{B_{1n}B_{2t}}=\frac{B_{1t}}{B_{2t}},\quad (\text{因为 } B_{2n}-B_{1n}=0)$$

又

$$\frac{B_{1t}}{B_{2t}}=\frac{\mu_0\mu_{1r}H_{1t}}{\mu_0\mu_{2r}H_{2t}}=\frac{\mu_{1r}}{\mu_{2r}},$$

（因为 $H_{2t}-H_{1t}=0$，当前传导电流 $i_0=0$）

结果有

$$\frac{\tan\theta_1}{\tan\theta_2}=\frac{\mu_{1r}}{\mu_{2r}}.$$

5.19 磁荷观点下的永磁球——余弦型球面磁荷

一永磁球的固有磁化强度为 $\boldsymbol{M}_0$，半径为 R，试以磁荷观点看待它，并求解其磁场.

（1）试证明，这永磁球表面的磁荷面密度为

$$\sigma_m=\mu_0 M_0\cos\theta,$$

θ 为面元相对对称轴 z 的极角.

（2）试证明，其球内为均匀磁场、球外为偶极磁场，且

$$\boldsymbol{H}(r<R)=-\frac{1}{3}\boldsymbol{M}_0,$$

$\boldsymbol{H}(r>R)$：

$$H_r(r,\theta)=\frac{1}{4\pi}\cdot\frac{2m_{\text{eff}}\cos\theta}{r^3},$$

$$H_\theta(r,\theta)=\frac{1}{4\pi}\cdot\frac{m_{\text{eff}}\sin\theta}{r^3},$$

$$m_{\text{eff}}=\left(\frac{4\pi}{3}R^3\right)M_0.$$

解 （1）磁极化强度 $\boldsymbol{J}_0=\mu_0\boldsymbol{M}_0$，贡献于球面元 $\Delta S(\theta)$ 处的磁荷面密度 $\sigma_m(\theta)=J_n=J_0\cos\theta$，即 $\sigma_m(\theta)=\mu_0 M_0\cos\theta$.（得证）

（2）须知，余弦型球面磁荷 $\sigma_m(\theta)$ 产生磁场 $\boldsymbol{H}(\boldsymbol{r})$ 的函数形式，完全相同于余弦型球面电荷 $\sigma(\theta)=P_0\cos\theta$ 产生 $\boldsymbol{E}(r)$ 的函数，这里 $\boldsymbol{P}_0$ 是驻极球内的电极化强度. 故，只要对相关物理量作对应变换，

$$\varepsilon_0\to\mu_0,\quad \boldsymbol{P}_0\to\boldsymbol{J}_0,$$

便可由 $\boldsymbol{E}(\boldsymbol{r})\to\boldsymbol{H}(\boldsymbol{r})$.

驻极球（$\boldsymbol{P}_0$，R） ⟶ 永磁球（$\boldsymbol{J}_0$，R）

$r<R$：$\boldsymbol{E}(\boldsymbol{r})=-\dfrac{\boldsymbol{P}_0}{3\varepsilon_0}$ ⟶ $\boldsymbol{H}(\boldsymbol{r})=-\dfrac{\boldsymbol{J}_0}{3\mu_0}=-\dfrac{1}{3}\boldsymbol{M}_0$

$r>R$：$\boldsymbol{E}(r,\theta)$为偶极电场 $\longrightarrow$ $\boldsymbol{H}(r,\theta)$为偶极磁场

$$\begin{cases} E_r(r,\theta)=\dfrac{1}{4\pi\varepsilon_0}\cdot p_{\text{eff}}\dfrac{2\cos\theta}{r^3} \\ E_\theta(r,\theta)=\dfrac{1}{4\pi\varepsilon_0}\cdot p_{\text{eff}}\dfrac{\sin\theta}{r^3} \end{cases} \longrightarrow \begin{cases} H_r(r,\theta)=\dfrac{1}{4\pi\mu_0}p_{\text{eff}}\dfrac{2\cos\theta}{r^3} \\ H_\theta(r,\theta)=\dfrac{1}{4\pi\mu_0}\cdot p_{\text{eff}}\dfrac{\sin\theta}{r^3} \end{cases}$$

$$p_{\text{eff}}=\frac{4\pi}{3}R^3P_0 \longrightarrow p_{\text{eff}}=\frac{4\pi}{3}R^3J_0$$

注意到 $\boldsymbol{J}_0=\mu_0\boldsymbol{M}_0$，于是可改写 H_r,H_θ 如下：

$$H_r(r,\theta)=\frac{1}{4\pi}\cdot\frac{2m_{\text{eff}}\cos\theta}{r^3},$$

$$H_\theta(r,\theta)=\frac{1}{4\pi}\cdot\frac{m_{\text{eff}}\sin\theta}{r^3}.$$

永磁球等效磁矩 $\boldsymbol{m}_{\text{eff}}=\dfrac{4\pi}{3}R^3\boldsymbol{M}_0.$

5.20 磁荷观点下含空腔永磁球

以磁荷观点重新求解前 5.6，5.7，5.8 题永磁球内含三种典型空腔时的磁场.

(1) 永磁球内含球形空腔，参见题图(a)，求出磁场强度 $\boldsymbol{H}'$，$\boldsymbol{H}_0$，$\boldsymbol{H}_1$ 和 $\boldsymbol{H}_2$；

(2) 永磁球内含管状空腔，参见题图(b)，求出六处磁场强度 $\boldsymbol{H}_0$，$\boldsymbol{H}_1$，$\boldsymbol{H}_2$，$\boldsymbol{H}_3$，$\boldsymbol{H}_4$ 和 $\boldsymbol{H}_5$；

(3) 永磁球内含扁平空腔，参见题图(c)，求出磁场强度 $\boldsymbol{H}_0'$，$\boldsymbol{H}_1$，$\boldsymbol{H}_2$ 和 $\boldsymbol{H}_0$.

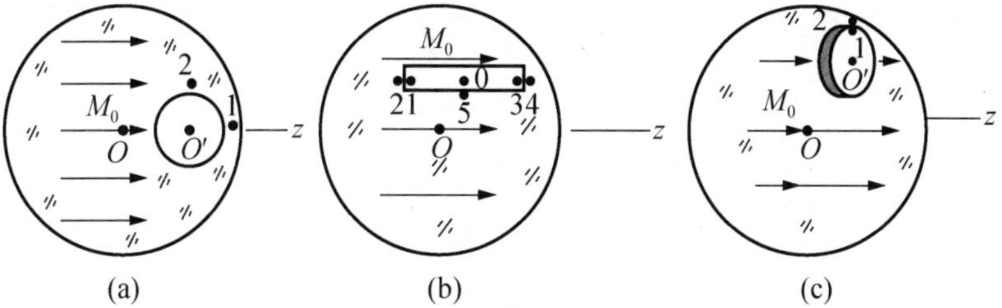

习题 5.20 图

解 磁荷观点下，磁极化强度 $\boldsymbol{J}_0=\mu_0\boldsymbol{M}_0$.

(1) 外表面出现余弦型面磁荷，$\sigma_m(\theta)=J_n=J_0\cos\theta$，内表面出现

反号的余弦型面磁荷 $\sigma_m'(\theta')=-J_0\cos\theta'$. 故空腔内,磁场 $\boldsymbol{H}'=0$. 对于 1 处和 2 处,可由 $\boldsymbol{H}$ 场的边值关系导出:

1 点,$H_{1t}=0$,$H_{1n}=\dfrac{1}{\mu_0}\sigma_m'(\theta'=0)=-\dfrac{1}{\mu_0}J_0=-M_0$,即

$$\boldsymbol{H}_1=-\boldsymbol{M}_0;$$

2 点,$H_{2t}=0$,因 $\sigma_m'\left(\theta'=\dfrac{\pi}{2}\right)=0$,故 $H_{2n}=0$,即

$$\boldsymbol{H}_2=0;$$

O 点,$\sigma_m(\theta)$提供

$$\boldsymbol{H}_0'=-\frac{1}{3\mu_0}\boldsymbol{J}_0=-\frac{1}{3}\boldsymbol{M}_0,\text{(均匀场)}$$

$\sigma_m'(\theta')$提供

$$\boldsymbol{H}_0''=-\frac{1}{4\pi}\cdot\frac{4\pi}{3}r_0^{\ 3}\boldsymbol{M}_0\ \frac{2}{b^3}=-\frac{2}{3}\frac{r_0^3}{b^3}\boldsymbol{M}_0,\text{(偶极场)}$$

这里 r_0 为空腔半径,$b\equiv\overline{OO'}$,于是

$$\boldsymbol{H}_0=\boldsymbol{H}_0'+\boldsymbol{H}_0''=-\frac{1}{3}\left(1+\frac{2r_0^3}{b^3}\right)\boldsymbol{M}_0.$$

此结果与题 5.6(5)所得结果一致.

(2) 其左端(1,2 处)出现正磁荷,其面密度 $\sigma_m=J_n=J_0$,右端面(3,4 处)出现负磁荷$(-\sigma_m)=-J_0$,管腔侧面无磁荷;永磁球外表面依然存在磁荷,$\sigma_m(\theta)=J_0\cos\theta$,它在球内产生一均匀场 $\boldsymbol{H}'=-\dfrac{\boldsymbol{J}_0}{3\mu_0}=-\dfrac{1}{3}\boldsymbol{M}_0$,设$\pm\sigma_m$ 产生磁场为 $\boldsymbol{H}''$,则总磁场

$$\boldsymbol{H}=\boldsymbol{H}'+\boldsymbol{H}''.$$

0 点、5 点远离$\pm\sigma_m$ 端面,故 $H_0''\approx H_5''\approx0$;

1 点、2 点,忽略远端面$(-\sigma_m)$影响,于是,

$$\boldsymbol{H}_1''=\frac{\sigma_m}{2\mu_0}\hat{\boldsymbol{z}}=\frac{1}{2\mu_0}\boldsymbol{J}_0=\frac{1}{2}\boldsymbol{M}_0,\quad \boldsymbol{H}_2''=-\frac{1}{2}\boldsymbol{M}_0;$$

3 点、4 点,忽略远端面(σ_m)影响,于是,

$$\boldsymbol{H}_3''=\frac{\sigma_m}{2\mu_0}\hat{\boldsymbol{z}}=\frac{1}{2}\boldsymbol{M}_0,\quad \boldsymbol{H}_4''=-\frac{1}{2}\boldsymbol{M}_0.$$

最终给出这六处的总磁场,

$$\begin{cases} \boldsymbol{H}_0=\boldsymbol{H}_5\approx-\dfrac{1}{3}\boldsymbol{M}_0, \\ \boldsymbol{H}_1=\boldsymbol{H}_3=\left(-\dfrac{1}{3}+\dfrac{1}{2}\right)\boldsymbol{M}_0=\dfrac{1}{6}\boldsymbol{M}_0, \\ \boldsymbol{H}_2=\boldsymbol{H}_4=\left(-\dfrac{1}{3}-\dfrac{1}{2}\right)\boldsymbol{M}_0=-\dfrac{5}{6}\boldsymbol{M}_0. \end{cases}$$

此结果与题 5.7(2)所得一致.

(3) 外表面出现余弦型球面磁荷,它在球内产生一均匀磁场,

$$\boldsymbol{H}'=-\frac{\boldsymbol{J}_0}{3\mu_0}=-\frac{1}{3}\boldsymbol{M}_0.$$

同时,扁腔左端面有正磁荷,$\sigma_m=J_0$,右端面有负磁荷,$-\sigma_m=-J_0$,它俩构成一对无限大且等量异号的带磁面. 当扁腔甚薄,对其中间 O' 点,带磁面产生磁场

$$\boldsymbol{H}''_{O'}\approx\frac{\sigma_m}{\mu_0}\hat{\boldsymbol{z}}=\frac{1}{\mu_0}\boldsymbol{J}_0=\boldsymbol{M}_0;$$

对边缘 1,2 两点,带磁面产生的磁场拟取为 O' 点的一半,即

$$\boldsymbol{H}''_1=\boldsymbol{H}''_2\approx\frac{1}{2}\boldsymbol{H}''_{O'}\approx\frac{1}{2}\boldsymbol{M}_0;$$

对远离这对带磁面的 O 点,$\boldsymbol{H}''_O\approx0$.

最终给出这四个场点磁场:

$$\begin{cases} \boldsymbol{H}'_0=\boldsymbol{H}'+\boldsymbol{H}''_{O'}=\left(-\dfrac{1}{3}+1\right)\boldsymbol{M}_0=\dfrac{2}{3}\boldsymbol{M}_0, \\ \boldsymbol{H}_1=\boldsymbol{H}_2=\left(-\dfrac{1}{3}+\dfrac{1}{2}\right)\boldsymbol{M}_0=\dfrac{1}{6}\boldsymbol{M}_0, \\ \boldsymbol{H}_0=\boldsymbol{H}'=-\dfrac{1}{3}\boldsymbol{M}_0. \end{cases}$$

这结果与 5.8 题采用电流观点所得一致. 这一致性反过来说明了上述取 $\boldsymbol{H}''_1$ 或 $\boldsymbol{H}''_2=\frac{1}{2}\boldsymbol{H}''_{O'}$ 的合理性.

联想与发挥 如何看待永磁体中一个扁平空腔,电流观点认定它是一个磁化电流圈,磁荷观点认定它是一对等量异号的磁荷平面. 前者方便地确定了侧面邻近的 $\boldsymbol{B}$,但在确定中间区域的磁场问题上颇为难;后者方便地确定了其间中部磁场 $\boldsymbol{H}$ 的均匀性及其定量结果,但在确定边缘处 $\boldsymbol{H}$ 问题上有点犯难. 而两种观点互补使用,便可

化解这等难点. 上述理念也完全适用于薄永磁片,更可以被推广到任意电流圈,比如传导电流圈,并不受限于磁化电流圈. 换言之,任意电流圈可以被模拟为一个磁化电流圈,从而可被模拟为一对等量异号的带磁面. 于是,人们可以采用两种模型,交替运用,互相补充,以求方便地分析相关磁场问题包括磁力问题. 那一对相距很近且等量异号的带磁面,被形象地称为磁壳. 故上述理念被概括为一句话——一电流圈可等效于一层磁壳. 原书 193 页在"大环流磁矩概念"节段中,曾提及此事.

5.21 闭合磁路

一闭合磁路,周长 l_0 约 40 cm,截面积 S 约 0.5 cm^2,其软磁铁芯磁导率 $\mu_r \approx 2.5\times10^4$,励磁电流 $NI_0=20$ 匝$\times100$ A/匝.

(1) 求出其磁感 B_0、磁场强度 H_0 和磁通量 Φ_0;

(2) 求出磁化电流总和 I' 与励磁电流(NI_0)之比值;

(3) 求出该闭合磁路蕴含的磁场能量 W_0(单位:J).

提示: 对于线性介质,磁场能量体密度公式为 $w_m=\dfrac{1}{2}\boldsymbol{B}\cdot\boldsymbol{H}$,这将在第 6 章给出推导,见(6.15)式,而软磁材料可视作线性介质处理.

解 软磁铁芯的强磁性,使磁场集中于芯内且得以极大加强.

(1) 直接应用 $\boldsymbol{H}$ 环路定理,得 $l_0H_0=NI_0$,于是,

$$H_0=\frac{NI_0}{l_0}=\frac{20\times100}{0.4}\text{A/m}=5.0\times10^3\text{A/m},$$

$$\begin{aligned}B_0&=\mu_r\mu_0H_0\\&=2.5\times10^4\times4\times3.14\times10^{-7}\times5\times10^3\text{T}=1.57\times10^2\text{T},\end{aligned}$$

$$\Phi_0=B_0S=1.57\times10^2\times0.5\times10^{-4}\text{Wb}\approx7.85\times10^{-3}\text{Wb}.$$

(2) 磁路表面磁化电流密度为 i',绕长为 l_0 的轴环行,总磁化电流强度为 $I'=l_0i'$,根据以下几个关系,

$$B_0=\mu_0 i',$$

又
$$B_0=\mu_r\mu_0H_0,\quad H_0=\frac{NI_0}{l_0},$$

得
$$l_0i'=\mu_rNI_0,$$

即 $$\frac{I'}{NI_0}=\mu_r=2.5\times10^4.$$

(3) 总磁能 $W_0=w_m\cdot V=\frac{1}{2}B_0H_0l_0S$

$$=0.5\times1.57\times10^2\times5.0\times10^3\times40\times0.5\times10^{-6}\,\mathrm{J}$$

$$\approx7.85\,\mathrm{J}.$$

5.22 开口磁路

若将上题闭合磁路锯开，而形成一个宽度 $l'=1.0$ cm 的开口，其它数据不变.

(1) 求出铁芯中的磁场 $B_{芯}$ 和 $H_{芯}$，以及开口处的磁场 $B_{气}$ 和 $H_{气}$.

(2) 给出比值 $B_{气}/B_{芯}$，$H_{气}/H_{芯}$，给出比值 $B_{芯}/B_0$，$H_{气}/H_0$，这里 B_0，H_0 系上题求得的此磁路闭合时磁场. 面对这些比值，你有何感想作何理解？

(3) 分别求出铁芯区域和开口区域的磁场能量 $W_{芯}$ 和 $W_{气}$；并将总磁能($W_{芯}+W_{气}$)与无气隙时的总磁能 W_0 作一比较，是增加还是减少？对此给出你的解释.

(4) 求出开口处两个端面之间的相互作用力 $\boldsymbol{F}$；这磁力 $\boldsymbol{F}$ 是吸引力还是排斥力？

(5) 设想令开口气隙宽度 x 从 0 开始直至 $l'=1.0$ cm，为克服这磁力 $\boldsymbol{F}$ 而所做之功 A 为多少？

建议：采用磁荷观点求解(5)，(6)小题.

解 可参见书 283 页图 5.25(b).

(1) 直接应用 $\boldsymbol{H}$ 环路定理，且沿环路各处 B 相等，

$$l_0H_{芯}+l'H_{气}=NI_0,\quad 即\quad \frac{1}{\mu_0\mu_r}l_0B+\frac{1}{\mu_0}l'B=NI_0,$$

得

$$B=\frac{\mu_0\mu_rNI_0}{l_0+\mu_rl'}\approx\frac{\mu_0NI_0}{l'},\quad (因\ l_0\ll\mu_rl'，忽略之)$$

即 $$B_{芯}=B_{气}=B=\frac{4\pi\times10^{-7}\times2\times10^3}{1.0\times10^{-2}}\mathrm{T}\approx0.25\mathrm{T},$$

$$H_{芯}=\frac{B_{芯}}{\mu_0\mu_r}\approx\frac{NI_0}{\mu_r l'}=\frac{2\times10^3}{2.5\times10^4\times10^{-2}}\text{A/m}=8.0\text{A/m},$$

$$B_{气}=\frac{B_{气}}{\mu_0}=\frac{NI_0}{l'}=2.0\times10^5\text{A/m}.$$

(2) 可见，

$$\frac{B_{气}}{B_{芯}}=1,\quad \frac{H_{气}}{H_{芯}}=\mu_r=2.5\times10^4,$$

联系上题闭合磁路给出的磁场值，

$$H_0=\frac{NI_0}{l_0}\approx5.0\times10^3\text{A/m},\quad B_0=\mu_r\mu_0\frac{NI_0}{l_0}=1.57\times10^2\text{T},$$

可见，

$$\frac{H_{气}}{H_0}=\frac{l_0}{l'}=40,\quad \frac{B_{气}}{B_0}=\frac{l_0}{\mu_r l'}\approx1.6\times10^{-3}.$$

于是，出现了一组颇有意义的数量级比较如下，

$$H_{气}\gg H_0\gg H_{芯},\quad B_{气}=B_{芯}\ll B_0.$$

评述 窄窄的开口对(B,H)的影响，竟如此显著和独特，皆由于短缺了一段的磁化电流$\Delta I'$，不仅减弱了开口处的B，也大大削弱了整段铁芯表面的磁化电流I'，从而使$B_{气}$，$B_{芯}\ll B_0$. 或者从磁荷观点看，开口端面出现了一对等量异号且相隔很近的带磁面，即磁偶极层，从而大大加强其间的$H_{气}$，同时使其外即铁芯中的$H_{芯}$被削弱，最终得$H_{气}\gg H_0$，而$H_{芯}\ll H_0$，使$l'H_{气}+l_0H_{芯}=l_0H_0$得以维持，均等于(NI_0).

(3) 由磁场能量密度公式$w_m=\frac{1}{2}BH$，得

$$W_{芯}=\frac{1}{2}B_{芯}H_{芯}l_0\Delta S=\frac{1}{2}\times0.25\times8.0\times40\times0.5\times10^{-6}\text{J}$$
$$=2.0\times10^{-5}\text{J},$$

$$W_{气}=\frac{1}{2}B_{气}H_{气}l'\Delta S=\frac{1}{2}\times0.25\times2\times10^5\times1\times0.5\times10^{-6}\text{J}$$
$$=1.25\times10^{-2}\text{J},$$

$$W_0=\frac{1}{2}B_0H_0l_0\Delta S$$
$$=\frac{1}{2}\times1.57\times10^2\times5.0\times10^3\times40\times0.5\times10^{-6}\text{J}$$

$=7.85\text{J}.$

可见，$W_{气}\gg W_{芯}$，且 $W_0\gg(W_{气}+W_{芯})$.

释疑 开口处两个端面之间有磁吸力，外力要克服这吸力而做正功，使端面拉开间隔 l'. 咋一想总以为开口磁路总磁能要大于闭合磁路. 其实，软铁磁路（电磁铁）区别于永磁体磁路，乃是一个非孤立系，其励磁电流 NI_0 联系着一个直流电源 $\mathscr{E}$，且 $I_0\mathscr{E}=I_0^2R$，即电源功率等于焦耳热功率. 然而，当开口间距从 $0\to l'$ 过程中，磁感显著减弱，从 $B_0\to B_{芯}$，于是，伴随有电磁感应效应，按楞次定律此过程中感应电动势为正效应，使回路电流增长，$I_0\to i(t)$，且 $i>I_0$，于是导致 $i^2R>i\mathscr{E}$，即此过程中 R 元件上的焦耳热功率大于电源提供的功率. 这额外的热能部分地来源于磁场能，当然还有部分来源于外力的功. 简言之，开口从 $0\to l'$ 过程中，磁路放磁，磁场能减少，转化为 R 上部分的焦耳热能；或者，若采取调压电路，在 $0\to l'$ 过程中保持 I_0 不变，则电源被充电，磁场能的减量转化为电源能.

(4) 从磁荷观点求解磁力问题更直观便捷. 开口两个端面出现了磁荷 $\pm q_{\mathrm{m}}$，设其面密度为 $\pm\sigma_{\mathrm{m}}$. 为此先求磁极化强度 $\boldsymbol{J}$. 根据

$$\boldsymbol{B}=\mu_0\boldsymbol{H}+\boldsymbol{J},$$

得

$$\boldsymbol{J}=\boldsymbol{B}_{芯}-\mu_0\boldsymbol{H}_{芯},$$

即

$$J=\frac{\mu_0NI_0}{l'}-\frac{\mu_0NI_0}{\mu_r l'}\approx\frac{\mu_0NI_0}{l'},（因为\ \mu_r l'\gg l'）$$

$$\pm\sigma_{\mathrm{m}}=\pm J_n=\pm\frac{\mu_0NI_0}{l'},$$

磁力面密度

$$\frac{F_{\mathrm{m}}}{S}=\frac{\sigma_{\mathrm{m}}^2}{2\mu_0}=\frac{1}{2}\mu_0\left(\frac{NI_0}{l'}\right)^2, \qquad ①$$

代入数据，算出对应开口间距 $l'=1.0\text{cm}$ 时磁吸力为

$$F_{\mathrm{m}}=\frac{1}{2}\times4\pi\times10^{-7}\times\left(\frac{2\times10^3}{1\times10^{-2}}\right)^2\times0.5\times10^{-4}\text{N}$$

$$=4\pi\times10^{-1}\text{N}\approx1.26\text{N}.$$

说明 这个 F_{m} 值当然不大，因为此时 l' 为 1cm；注意到①式，

$F_m \propto \frac{1}{l'^2}$，当 $l'=1\text{mm}$，则 $F_m=126\text{N}$. 这是否意味着，当 $l'\to 0$，有 $F_m\to\infty$的结果？不会的，因为①式是在 $\mu_r l'\gg l_0$ 条件下成立. 当 $l'\to 0$，则 $l_0+\mu_r l'\approx l_0$，相应的磁力公式为

$$F_m=\frac{1}{2}\mu_0\mu_r^2\left(\frac{NI_0}{l_0}\right)^2 S,$$（参见书 276 页(5.28″)式）

可见

$$\frac{F_{max}(x\to 0)}{F_m(x=l')}=\mu_r^2\left(\frac{l'}{l_0}\right)^2,\qquad (\text{当 } \mu_r l'\gg l_0)$$

对于本题，$\mu_r=2.5\times10^4$，$l'=1\text{cm}$，$l_0=40\text{cm}$，

$$\frac{F_{max}}{F(l')}\approx 4\times10^5(\text{倍}).$$

(5) 在考量磁极受力 F 时，既不忽略 l_0，也不忽略 $\mu_r x$，而是保留因子$(l_0+\mu_r x)$，即

$$F=\frac{1}{2}\mu_0 H_{气}^2 S=\frac{1}{2}\mu_0\mu_r^2(NI_0)^2 S\frac{1}{(l_0+\mu_r x)^2},$$

功

$$\begin{aligned}A&=\int_0^{l'}F\mathrm{d}x\\&=\frac{1}{2}\mu_0\mu_r^2(NI_0)^2 S\cdot\frac{1}{\mu_r}\left(\frac{1}{l_0}-\frac{1}{l_0+\mu_r l'}\right)\\&-\frac{1}{2}\cdot\frac{\mu_0\mu_r(NI_0)^2 S}{l_0}.\end{aligned}$$

代入数据得 $A\approx7.85\text{J}$.

5.23 开口磁路

用硅钢材料作为铁芯形成一开口磁路，为安置样品进行电磁测量提供一个空间，如本题图示. 铁芯中轴线长度 $l_1=50\text{ cm}$，开口宽度 $l_2=2.0\text{ cm}$，材料磁导率 μ_r 为 4500；该实验所需磁场 B 为 3000 Gs. 求绕在铁芯上的励磁电流 NI_0 为多少(安匝数). (忽略漏磁)

解 根据 $\boldsymbol{H}$ 环路定理，且环路上各点 B 相等，有

$$l_1H_1+l_2H_2=NI_0,\quad\text{即}\quad l_1\frac{B}{\mu_0\mu_r}+l_2\frac{B}{\mu_0}=NI_0,$$

得

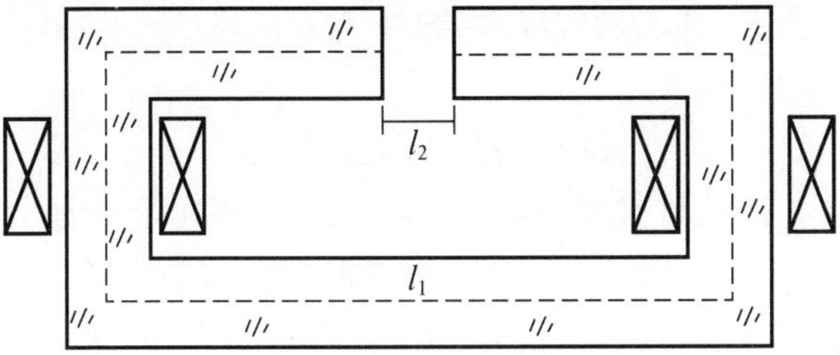

习题 5.23 图

$$NI_0 = \frac{(l_1+\mu_r l_2)}{\mu_0\mu_r}B$$
$$\approx \frac{l_2 B}{\mu_0} \quad （因为\ \mu_r l_2 \gg l_1）$$
$$= \frac{2\times10^{-2}\times0.3}{4\pi\times10^{-7}} \approx 4.8\times10^3（安匝数）.$$

5.24 并联磁路

一并联磁路如本题图示，其中 a,b,c 三段磁路长度各约为 $l_0=60\,\mathrm{mm}$，截面积相同，气隙长度 $l'=2.0\,\mathrm{mm}$，铁芯磁导率 μ_r 为 5×10^3，励磁电流 NI_0 为 10^3 匝×1.8 A/匝. 忽略漏磁.

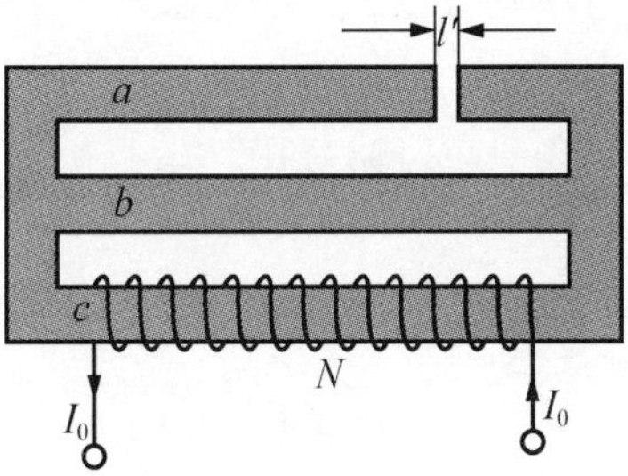

习题 5.24 图

(1) 分别求出三段磁路的磁感 B_a，B_b 和 B_c；

(2) 求出气隙中的磁场强度 H'(A/m)，并换算为以 Oe(奥斯特)为单位的数值.

解 (1) 根据 $\boldsymbol{B}$ 通量定理，有

$$\Phi_c=\Phi_b+\Phi_a, \quad 即 \quad B_c=B_a+B_b. \qquad ①$$

再应用 $\boldsymbol{H}$ 环路定理，对 cb 环路，

$$lH_c+lH_b=NI_0;$$

对 ca 环路，

$$lH_c+lH_a+l'H'=NI_0.$$

利用 $\boldsymbol{B}=\mu_0\mu_r\boldsymbol{H}$ 线性关系，将上述关于 H 方程转化为 B 方程，

$$lB_c+lB_b=\mu_0\mu_r NI_0,\quad 即\quad B_c+B_b=K_0, \tag{②}$$

$$lB_c+lB_a+\mu_r l'B_a=\mu_0\mu_r NI_0,\quad 即\quad B_c+\left(1+\mu_r\frac{l'}{l}\right)B_a=K_0, \tag{③}$$

这里，引入缩写符号

$$K_0\equiv\frac{\mu_0\mu_r NI_0}{l}=\frac{4\pi\times10^{-7}\times5\times10^3\times1.8\times10^3}{60\times10^{-3}}\mathrm{T}\approx1.88\times10^2\,\mathrm{T},$$

$$K\equiv\mu_r\frac{l'}{l}=5\times10^3\times\frac{2}{60}\approx1.67\times10^2\gg1.$$

于是，方程①，②，③简示为

$$\begin{cases}(B_a+B_b)+B_b=K_0,\\(B_a+B_b)+KB_a=K_0,\end{cases}$$

这里取 $(1+K)\approx K$，即

$$\begin{cases}B_a+2B_b=K_0,\\KB_a+B_b=K_0.\end{cases}$$

解出

$$B_a=\frac{K_0}{2K}=\frac{1.88\times10^2}{2\times1.67\times10^2}\mathrm{T}\approx0.564\mathrm{T},$$

$$B_b=\frac{K_0}{2}=0.5\times1.88\times10^2\,\mathrm{T}\approx94\mathrm{T},$$

$$B_c=B_a+B_b\approx94.6\mathrm{T}.$$

(2) 气隙中的 H' 甚强，虽然 a 路段的 B_a 相比 B_b 甚弱，

$$H'=\frac{B_a}{\mu_0}=\frac{0.564}{4\pi\times10^{-7}}\mathrm{A/m}\approx4.49\times10^5\,\mathrm{A/m},$$

根据换算关系 $1\mathrm{A/m}=4\pi\times10^{-3}\mathrm{Oe}$，得

$$H'=5.64\times10^3\,\mathrm{Oe}.$$

5.25 磁力

一长直永磁棒，固有磁化强度为 M_0，横截面积为 S，通过中段如虚线 bb' 所示将其分为左、右两段磁棒，参见本题图示.

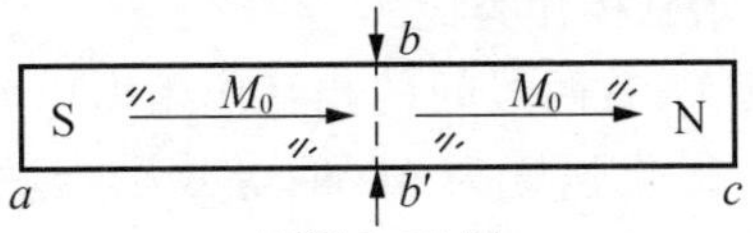

习题 5.25 图

(1) 忽略远端 a 面和 c 面的影响,求出左、右两段磁棒的相互作用力 F. 注意,当长条永磁棒被锯开,这 F 力正是掰开磁棒所需的最小拉力. 提示:采取磁荷观点解之最为方便.

(2) 设 M_0 为 2×10^5 A/m,磁棒截面积 $S=10\ \mathrm{cm}^2$,算出磁力 F 为多少(N)?

(3) 若计及远端 a 面或 c 面的影响,上述拉力要增加还是减少?

解 (1) bb'气隙两侧面分别出现等量异号磁荷,其面密度为

$$\pm\sigma_m=\pm J_0=\pm\mu_0M_0,\quad (\text{左面为正 }\sigma_m)$$

相应的彼此吸引力为

$$F=\frac{\sigma_m^2}{2\mu_0}=\frac{1}{2}\mu_0M_0^2S.$$

(2) 代入数据

$$F=\frac{1}{2}\times4\pi\times10^{-7}\times4\times10^{10}\times10\times10^{-4}\,\mathrm{N}\approx25\mathrm{N}.$$

(3) 以 bb' 隙左侧$+\sigma_m$ 为对象,同时受到 c 端面$+\sigma_m$ 的排斥力作用,使上述 F 值有些许减小;而 a 端面对其也有许吸引力向左,但这是内力,可以不必计较.

5.26 磁力

一长直空心载流螺线管,绕线密度为 n(匝/米),通以电流 I,可将其视为左、右两段,如本题图示. 求通过中间截面 bb' 处左右载流管的相互作用力 F(这是一个挤压力).

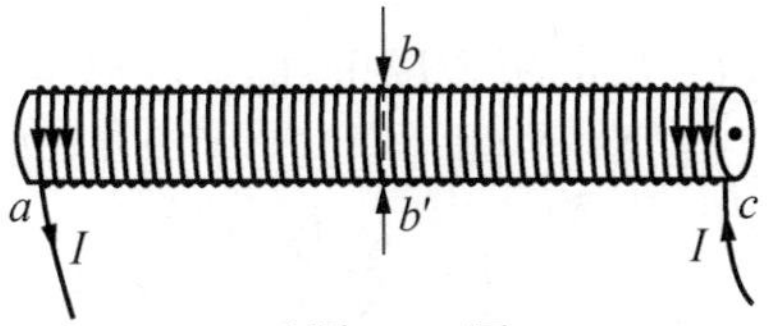

习题 5.26 图

提示：与上题永磁棒作类比.

解　就考量其左、右两段间的相互作用力 F 而言，这空心螺线管可被模拟为一个磁化强度为 $\boldsymbol{M}_0$ 的等效磁棒，等效条件为 $M_0=nI$，于是可直接借用上题结果，立马写下

$$F=\frac{1}{2}\mu_0\ (nI)^2\cdot S.$$

5.27　磁性测量

本题图表示一种测量 B 作为 H 的函数，从而获得磁性物质的磁化曲线或磁滞回线的装置，类似于正文图 5.15.

先将待测材料模压成一个闭合介质环，均匀地绕上导线 N_1 匝，由一个可调电压供电，便可调控传导电流 I_0. 环内 H 由下式给出，

$$H=\frac{N_1I_0}{2\pi r},$$

（与介质磁性无关）

这里 r 为介质环面的平均半径.

为了测量环内对应的 B，在介质环一局部另外绕上 N_2 匝线圈，并连上如图所示的元件（R，C，A）和一个电压表，从而构成一个无源的次级回路；（R，C，A）的功能为脉冲电流 $i(t)$ 的时间积分器，即电量计，$q=\int_0^{\Delta t}i\mathrm{d}t$，此电量积累于电容器极板上，形成相对稳定的电压 U，由电压表读出，即使在脉冲电流结束之后，电压 U 依然维持一段时间. 试证明，与电压 U 对应的磁感为

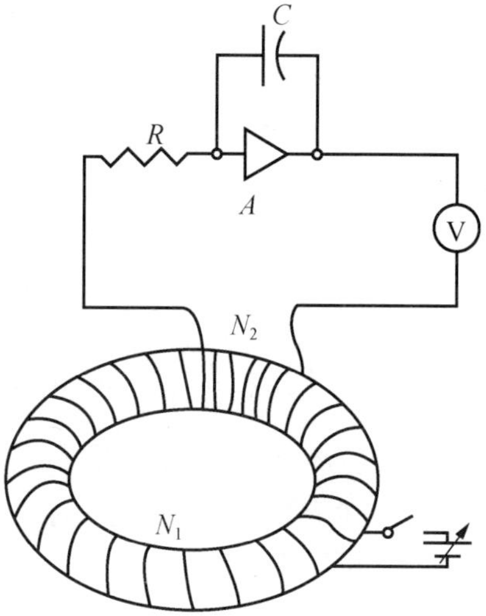

习题 5.27 图

$$B=\frac{RCU}{N_2S}.$$

提示：要用到法拉第电磁感应定律，出现于次级线圈中的感应

电动势 $\mathscr{E}_i = -\mathrm{d}\Phi/\mathrm{d}t$.

解 当介质环的励磁电流从 $0 \to I_0$ 的瞬间 Δt,次级线圈便响应一个感应电动势 $\mathscr{E}_i(t)$,于是有一暂态电流 $i(t)$ 出现在(R,C,A)回路中,其积累于电容器的总电量为

$$q = \int_0^{\Delta t} i\mathrm{d}t = \frac{1}{R}\int_0^{\Delta t} N_2 \frac{\mathrm{d}\Phi}{\mathrm{d}t}\mathrm{d}t = \frac{N_2}{R}\int_0^{\Delta t}\mathrm{d}\Phi = \frac{N_2}{R}(\Phi(\Delta t) - \Phi(0))$$

$$= \frac{N_2}{R}\Phi(\Delta t) = \frac{N_2}{R}BS, \quad (\text{因为 } B(0)=0)$$

得
$$B = \frac{Rq}{N_2 S} = \frac{RCU}{N_2 S}. \quad (\text{因为 } q = CU)$$

5.28 吸铁石——磁棒对铁钉的吸力

天然磁铁矿及其制品诸如吸铁石和指南针一类,是人类最早发现并加以利用的磁现象,让我们定量估算一条长直永磁棒对一枚铁钉的吸引力,作为本章磁介质的最后一道习题,参见本题图(a)所示.

设永磁棒的固有磁化强度为 M_0,截面半径为 R;铁钉长度为 l,截面积为 ΔS,磁导率为 $\mu_r \gg 1$.

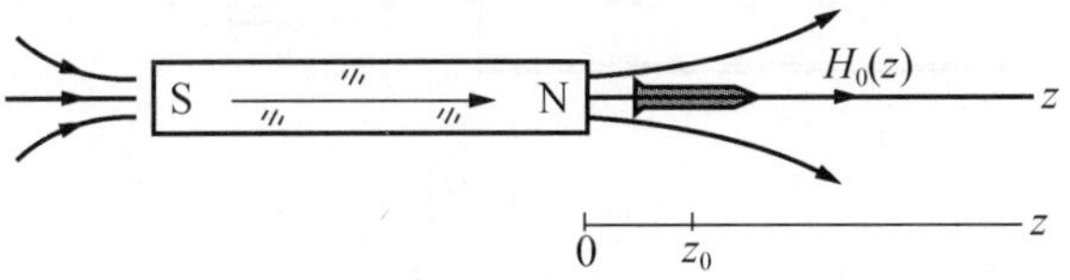

习题 5.28 图(a)

(1) 被外场 $H_0(z)$磁化了的一枚铁钉成为一磁偶极子,以其磁偶极矩 $\boldsymbol{p}_m$ 表征之. 试证明,在 $\mu_r \gg 1$ 条件下

$$p_m \approx 2\mu_0 H_0(z_0)(l \cdot \Delta S),$$

这里, $H_0(z)$为永磁棒在其对称轴设为 z 轴上的磁场强度分布, z_0 选取为铁钉中点位置的坐标比较合理.

(2) 试证明,在 $\mu_r \gg 1$ 情形磁棒对铁钉的吸力公式为

$$F = \mu_0 M_0 H_0(z_0) \cdot \frac{\partial}{\partial z}\left(1 - \frac{z}{\sqrt{R^2 + z^2}}\right)\bigg|_{z_0} \cdot (l\Delta S).$$

提示:磁偶极子在外场中的受力公式与电偶极子的公式类似,为 $\boldsymbol{F} = \nabla(\boldsymbol{p}_m \cdot \boldsymbol{H}_0)$;可借助公式(1.24)均匀带电圆盘在中轴线上的

电场分布 $E(z)$，作 $\sigma \to \sigma_m$，$\varepsilon_0 \to \mu_0$ 替换，得到

$$H_0(z)=\frac{\sigma_m}{2\mu_0}\left(1-\frac{z}{\sqrt{R^2+z^2}}\right),\quad z>0.$$

(3) 针对以下数据：$M_0=7.5\times10^5$ A/m，$R=6.0$ mm，$l=12$ mm，$\Delta S=4.0\ \text{mm}^2$，$\mu_r\approx300$，试算出当钉帽距磁棒 1.0 mm 时，铁钉所受吸力 F 值为多少(N)？

(4) 试考量，当磁棒端面半径变大，而其他数据均不变，这吸力是增加还是减少？

解　从磁荷观点看，被磁化了的铁钉其两头出现了磁荷 $\pm q_m$，近似为一磁偶极子 $\boldsymbol{p}_m$，它在非均匀外场 $\boldsymbol{H}_0(z)$ 中将受到一梯度力，$\boldsymbol{F}=\nabla(\boldsymbol{p}_m\cdot\boldsymbol{H}_0)$；从电流观点看，被磁化了的铁钉其侧面出现了磁化电流 i' 绕轴环行，近似为一个密绕载流螺线管，它有一磁矩 $\boldsymbol{m}$，在非均匀外场 $\boldsymbol{B}_0(z)$ 中它将受到一梯度力，$\boldsymbol{F}=\nabla(\boldsymbol{m}\cdot\boldsymbol{B}_0)$. 这里以磁荷观点求解以下问题.

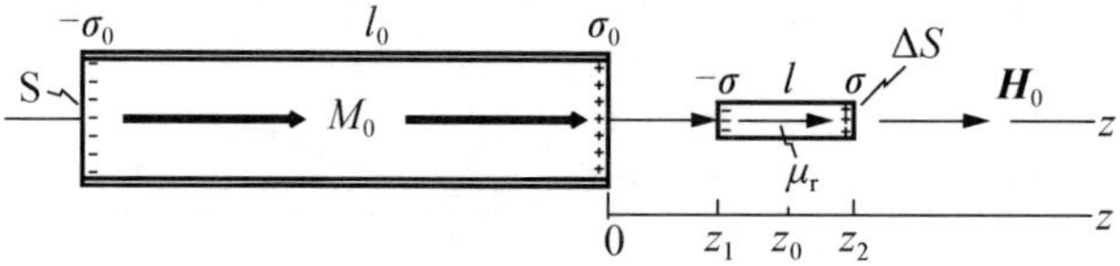

习题 5.28 图(b)

(1) 考量其磁偶极矩 $\boldsymbol{p}_m$. 参见本题图(b)，铁钉磁化沿轴或大体沿轴，设 $(-\sigma)$ 面右侧 1 点磁极化强度为 J_1，则可联立以下几个方程，

$$J_1 \to -\sigma=-J_1, \qquad ①$$

$$(-\sigma)\text{面} \to H_1'=\frac{-\sigma}{2\mu_0}, \qquad ②$$

$$H_1' \to H_1=H_0+H_1', \qquad ③$$

$$H_1 \to J_1=\chi_m\mu_0 H_1, \qquad ④$$

于是，得到一个方程，

$$J_1=\chi_m\mu_0\left(H_0(z_1)-\frac{J_1}{2\mu_0}\right), \qquad ⑤$$

解出

$$J_1=\frac{2\chi_m\mu_0 H_0(z_1)}{2+\chi_m}=\frac{2(\mu_r-1)\mu_0}{\mu_r+1}H_0(z_1), \tag{6}$$

即铁钉左端面的磁荷面密度为

$$-\sigma_1=-\frac{2(\mu_r-1)\mu_0}{\mu_r+1}H_0(z_1).$$

同理,铁钉右端面的磁荷面密度为

$$+\sigma_2=\frac{2(\mu_r-1)}{\mu_r+1}\mu_0 H_0(z_2).$$

可见,两者并非严格等量异号,其数值不同,因为 $H_0(z_1)>H_0(z_2)$. 这时取铁钉中点 $H_0(z_0)$表达两端面磁荷面密度$\pm\sigma$是一合理的近似,即

$$\pm\sigma=\pm\frac{2(\mu_r-1)\mu_0}{\mu_r+1}H_0(z_0), \tag{7}$$

于是,得磁荷$\pm q_m=\pm\sigma\Delta S$,磁偶极矩

$$\boldsymbol{p}_m=q_m\boldsymbol{l}=\frac{2(\mu_r-1)\mu_0}{\mu_r+1}H_0(z_0)(l\Delta S)\hat{\boldsymbol{z}}. \tag{8}$$

对于本题,$\mu_r\approx300\gg1$,则磁偶极矩简约为

$$\boldsymbol{p}_m\approx2\mu_0 H_0(z_0)(l\Delta S)\hat{\boldsymbol{z}}. \tag{9}$$

这 $\boldsymbol{p}_m$ 竟与高磁导率 μ_r 的量级无关,这是始料未及的. 当然,对于弱磁性介质,比如铝钉,则 $\mu_r\approx1$,那么 $\boldsymbol{p}_m\approx0$.

(2) 考量 $\boldsymbol{p}_m$ 所受梯度力 $\boldsymbol{F}$. 注意到外磁场 $\boldsymbol{H}_0(z)$具轴对称性,铁钉受力仅沿 z 轴方向,于是其梯度运算仅作$\dfrac{\partial H_0}{\partial z}$便可,即

$$\boldsymbol{F}=\nabla(\boldsymbol{p}_m\cdot\boldsymbol{H}_0)=p_m\left(\frac{\partial H_0}{\partial z}\right)_{z_0}\hat{\boldsymbol{z}}. \tag{10}$$

永磁棒右端 σ_0 面是一半径为 R 的均匀带磁圆盘,它是外场 $\boldsymbol{H}_0(z)$的主要贡献者,换言之,这里暂时忽略远端$(-\sigma_0)$面对 $\boldsymbol{H}_0(z)$的贡献,于是,

$$H_0(z)=\frac{\sigma_0}{2\mu_0}\left(1-\frac{z}{\sqrt{R^2+z^2}}\right),\quad \sigma_0=J_0=\mu_0 M_0; \tag{11}$$

$$\frac{\partial H_0}{\partial z}=-\frac{1}{2}M_0\left(1-\frac{z^2}{R^2+z^2}\right)\frac{1}{\sqrt{R^2+z^2}}. \tag{12}$$

最终得到在 $\mu_r \gg 1$ 情形下，铁钉受力公式为

$$F=-\mu_0 M_0 H_0(z_0)\left(1-\frac{z_0^2}{R^2+z_0^2}\right)\frac{1}{\sqrt{R^2+z_0^2}}\cdot(l\Delta S),$$

或 $$F=-\frac{1}{2}\mu_0 M_0^2\left(1-\frac{z_0}{\sqrt{R^2+z_0^2}}\right)\left(1-\frac{z_0^2}{R^2+z_0^2}\right)\frac{1}{\sqrt{R^2+z_0^2}}\cdot(l\Delta S).\quad ⑬$$

（负号表示吸引力，即沿 $-z$ 方向）

(3) 代入数据，

$$M_0=7.5\times10^5\,\mathrm{A/m},R=6.0\mathrm{mm},z_0=7.0\mathrm{mm},$$
$$l=12\mathrm{mm},\Delta S=4.0\mathrm{mm}^2,$$

得 $$F\approx1.87\times10^{-4}\mathrm{N}.$$

说明：这个 F 值并不大，它是钉帽距磁棒 $z_1=1.0\mathrm{mm}$ 的结果.

若钉帽与磁棒 $+\sigma_0$ 面十分接近，即 $z_1\to0$，则钉帽 $-\sigma_0$ 面所受磁力

$$F_1=-\frac{1}{2}\mu_0 M_0^2\Delta S=-\frac{1}{2}\times4\pi\times10^{-7}\times(7.5\times10^5)^2\times4.0\times10^{-6}\mathrm{N}$$
$$\approx-1.4\mathrm{N}.\text{（吸力，增强约}10^4\text{ 倍）}$$

当然，计及铁钉右端面即 $+\sigma_2$ 面此时也受到一个排斥力，

$$F_2=+\frac{1}{2}\mu_0 M_0^2\left(1-\frac{l}{\sqrt{R^2+l^2}}\right)^2\Delta S=\frac{1}{2}\mu_0 M_0^2\left(1-\frac{12}{\sqrt{6^2+12^2}}\right)^2\Delta S$$
$$\approx\frac{1}{2}\mu_0 M_0^2(1-0.89)^2\Delta S.$$

于是，铁钉所受合力为

$$F=F_1+F_2=-0.99\times\frac{1}{2}\mu_0 M_0^2\approx-0.99\times1.4\mathrm{N}\approx1.38\mathrm{N}.$$

(4) 磁棒半径 R 对铁钉引力的影响并不单纯. 吸力 F 既正比 $H(z)$，又正比于$\partial H/\partial z$. 当 R 增大，则 H 单调增强，而趋向$\frac{1}{2}M_0$，这从⑪式可看出；而$\partial H/\partial z$ 的变化并不单纯，⑫式中第一个括号因子随 R 增有所增加，而趋向 1，其第二个因子随 R 增却明显减少，而趋向 0. 基于以上综合考量，有理由认定存在一个特征半径 R_0，当 $R\in(0,R_0)$，$\frac{\mathrm{d}|F|}{\mathrm{d}R}>0$；当 $R\in(R_0,\infty)$，$\frac{\mathrm{d}|F|}{\mathrm{d}R}<0$；当 $R\to\infty$ 则 $F=0$. 这由

⑬式可看出，对此不难理解，因为此时外场 $\boldsymbol{H}$ 为均匀场，其梯度等于0，自然也就无梯度力. 换言之，磁棒半径 $R=R_0$ 时，吸力值最大，此后吸力随 R 增大而减弱直至为零. 当然，从数学上求解方程 $\frac{\mathrm{d}|F|}{\mathrm{d}R}=0$，可确定出 R_0 值，这项推演在此从略.

第6章 电磁感应

6.1 动生电动势

一长直导线载有 5.0 A 的直流电流，旁边有一个与它共面的矩形线圈，长 $l=20$ cm，如本题图所示，$a=10$ cm，$b=20$ cm；线圈共 $N=1000$ 匝，以 $v=3.0$ m/s 的速度离开直导线. 求图示位置的感应电动势的大小和方向.

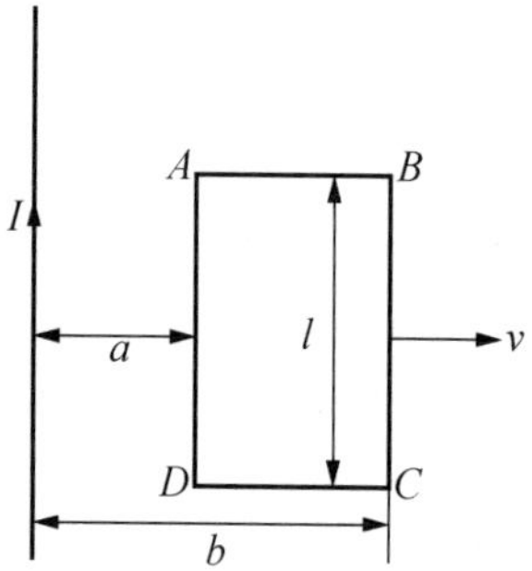

习题 6.1 图

解 这是一个动生电动势 $\mathscr{E}_M$，采用洛伦兹力场线积分推演之更为方便，外磁场

$$\boldsymbol{B}(r)=\frac{\mu_0 I}{2\pi r}\hat{\boldsymbol{\varphi}},\quad \hat{\boldsymbol{\varphi}}/\!/(\boldsymbol{I}\times\boldsymbol{r}),$$

$$\begin{aligned}\mathscr{E}_M &= N\oint_{(ABCDA)}\boldsymbol{v}\times\boldsymbol{B}\cdot \mathrm{d}\boldsymbol{l}=N\int_B^C(\boldsymbol{v}\times\boldsymbol{B})\cdot\mathrm{d}\boldsymbol{l}+N\int_D^A(\boldsymbol{v}\times\boldsymbol{B})\cdot\mathrm{d}\boldsymbol{l}\\ &=-v\frac{\mu_0 NIl}{2\pi b}+v\frac{\mu_0 NIl}{2\pi a}\\ &=\frac{\mu_0 NIl}{2\pi}\left(\frac{1}{a}-\frac{1}{b}\right)v.\quad \text{（大于零，即沿顺时针方向）}\end{aligned}$$

若采用 $\mathscr{E}_M=-\dfrac{\mathrm{d}\Psi}{\mathrm{d}t}$ 途径推演也得相同结果，又积分又微分，似嫌麻烦一些.

代入数据，

$$\mathscr{E}_M=2\times10^{-7}\times10^3\times5\times20\times\left(\frac{1}{10}-\frac{1}{20}\right)\times3\,\mathrm{V}=3.0\times10^{-3}\,\mathrm{V}.$$

其实，还有一个简便方法计算 $\mathrm{d}\Phi$. 考量在 $\mathrm{d}t$ 时间中，线框整体向右移 $v\mathrm{d}t$，惟有左右边界宽度为 $v\mathrm{d}t$ 窄条中，$\mathrm{d}\Phi$ 有出有进，而其中间面域中通量是重叠的，故

$$\mathrm{d}\Phi=-B(a)lv\mathrm{d}t+B(b)lv\mathrm{d}t=\left(-\frac{\mu_0 I}{2\pi a}+\frac{\mu_0 I}{2\pi b}\right)lv\mathrm{d}t,$$

$$\mathscr{E}_{\mathrm{M}}=-\frac{N\mathrm{d}\Phi}{\mathrm{d}t}=\frac{\mu_0 NIl}{2\pi}\left(\frac{1}{a}-\frac{1}{b}\right)v.$$

6.2 动生电动势

如本题图(a),电流为 I 的长直导线附近有正方形线圈绕中心轴 $\overline{OO'}$ 以匀角速度 ω 旋转,求线圈中的感应电动势. 已知正方形长为 $2a$,$\overline{OO'}$ 轴与长导线平行,相距为 b.

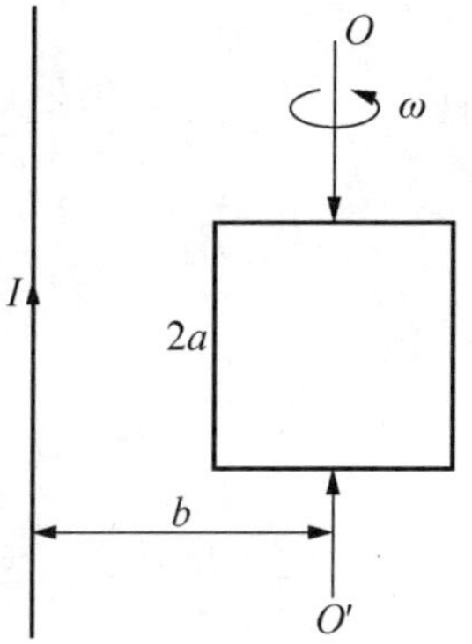

习题 6.2 图(a)

解 这是一个动生电动势 $\mathscr{E}_{\mathrm{M}}$,且可预料 $\mathscr{E}_{\mathrm{M}}(t)$ 含 ωt 因子,是一复杂的交变电动势,并非像均匀磁场中转动一线圈那么单纯. 画好一个俯视图(b)是必要的,其中一系列以导线为轴的圆弧表示磁感线 $\boldsymbol{B}$;C_0D_0 表示 t 时刻的方线框,转角 $\alpha=\omega t$;CD 表示与载流导线共面且等磁通的辅助线框,即 C 与 C_0、D 与 D_0 在同一圆弧上,于是,$\Phi(C_0D_0)=\Phi(CD)$,后者便于积分.

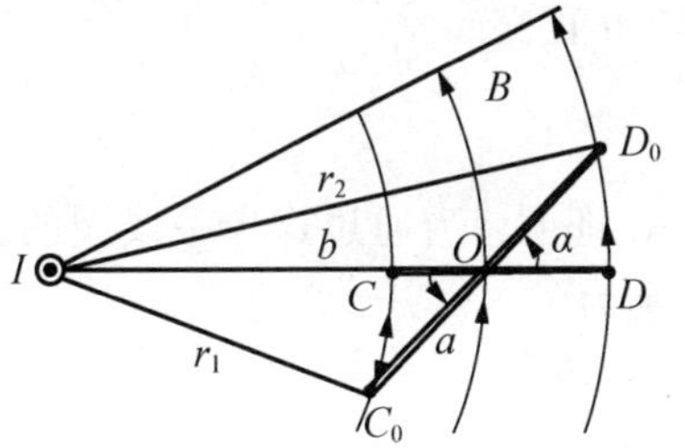

习题 6.2 图(b)

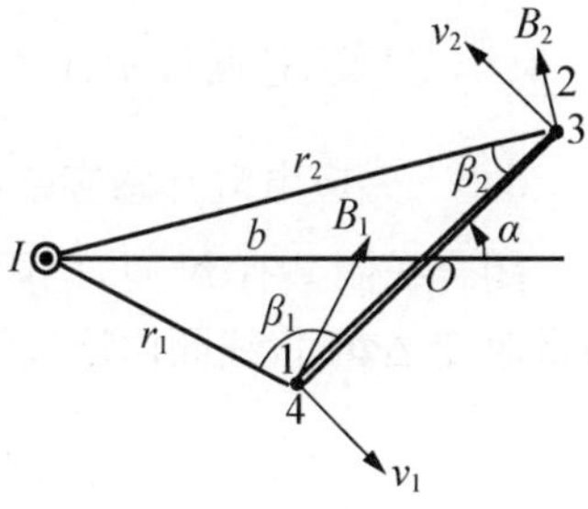

习题 6.2 图(c)

$$\Phi(CD)=\int_{r_1}^{r_2}B(r)2a\mathrm{d}r=\frac{\mu_0 Ia}{2\pi}\int_{r_1}^{r_2}\frac{1}{r}\mathrm{d}r=\frac{\mu_0 Ia}{\pi}(\ln r_2-\ln r_1),$$

其中,

$$r_1^2=a^2+b^2-2ab\cos\omega t,\quad r_2^2=a^2+b^2+2ab\cos\omega t,$$

$$\mathscr{E}_{\mathrm{M}}=-\frac{\mathrm{d}\Phi}{\mathrm{d}t}=\frac{\mu_0}{\pi}Ia^2b\omega\left(\frac{1}{a^2+b^2+2ab\cos\omega t}+\frac{1}{a^2+b^2-2ab\cos\omega t}\right)\sin\omega t.$$

本题也可以直接由洛伦兹力场的线积分而导出 $\mathscr{E}_{\mathrm{M}}$，参见图(c)，其中边角关系由三角余弦定理和正弦定理给出如下，

$$r_1^2=a^2+b^2-2ab\cos\alpha,\qquad r_2^2=a^2+b^2+2ab\cos\alpha,\alpha=\omega t,$$

$$\sin\beta_1=\frac{b}{r_1}\sin\alpha,\quad \sin\beta_2=\frac{b}{r_2}\sin\alpha,$$

且 $$B_1=\frac{\mu_0 I}{2\pi r_1},\quad v_1=\omega a,\quad \boldsymbol{v}_1\text{与}\boldsymbol{B}_1\text{之夹角为 }\beta_1;$$

$$B_2=\frac{\mu_0 I}{2\pi r_2},\quad v_2=\omega a,\quad \boldsymbol{v}_2\text{与}\boldsymbol{B}_2\text{之夹角为 }\beta_2.$$

于是，

$$\begin{aligned}\mathscr{E}_{\mathrm{M}}&=\oint_{(12341)}(\boldsymbol{v}\times\boldsymbol{B})\cdot\mathrm{d}\boldsymbol{l}=\int_{②}^{③}B_2v_2\sin\beta_2\,\mathrm{d}l+\int_{④}^{①}B_1v_1\sin\beta_1\,\mathrm{d}l\\&=\frac{\mu_0 I\omega ab}{2\pi r_2^2}\times 2a+\frac{\mu_0 I\omega ab}{2\pi r_1{}^2}\times 2a=\frac{\mu_0 Ia^2b\omega}{\pi}\left(\frac{1}{r_2^2}+\frac{1}{r_1^2}\right)\\&=\frac{\mu_0 Ia^2b\omega}{\pi}\left(\frac{1}{a^2+b^2+2ab\cos\omega t}+\frac{1}{a^2+b^2-2ab\cos\omega t}\right).\end{aligned}$$

以上，用①，②，③，④式特指积分以 1，2，3，4 点为端点，积分 $\int_{①}^{②}$ 与 $\int_{③}^{④}$ 为 0，是因为这两段中($\boldsymbol{v}\times\boldsymbol{B}$)与 d$\boldsymbol{l}$ 正交.

6.3　感应电流与感应电量

闭合线圈共有 N 匝，电阻为 R. 证明：当通过这单一线圈的磁通量改变 $\Delta\Phi$ 时，线圈内流过的电量为

$$\Delta q=\frac{N\Delta\Phi}{R}.$$

解　N 匝线圈全磁通 $\Psi=N\Phi$，于是 $\Delta\Psi=N\Delta\Phi$，同时，N 匝线圈的感应电动势也是串联而相加，电阻也是串联而相加，即

$$\mathscr{E}=-\frac{\mathrm{d}\Psi}{\mathrm{d}t}=-\frac{N\mathrm{d}\Phi}{\mathrm{d}t},$$

且电流 $i(t)=\dfrac{\mathscr{E}}{R}$，于是，累积电量

$$\Delta q=\int_0^t i\mathrm{d}t=\frac{N}{R}\int_0^t \frac{\mathrm{d}\Phi}{\mathrm{d}t}\cdot\mathrm{d}t=\frac{N}{R}\int_0^t \mathrm{d}\Phi=\frac{N}{R}\Delta\Phi.$$

（在此“－”号无关紧要）

6.4　测量磁场的一种方法

本题图所示为测量螺线管中磁场的一种装置. 把一个很小的测量线圈放在待测处，这线圈与测量电量的冲击电流计 G 串联. 冲击电流计是一种测量迁移过它的电量的仪器. 当用反向开关 K 使螺线管的电流反向时，测量线圈中就产生感应电动势，从而产生电量 Δq 的迁移；由 G 测量 Δq 就可以算出测量线圈所在处的 B. 已知测量线圈有 2000 匝，它的直径为 2.5 mm，它和 G 串联回路的电阻为 1000 Ω，在 K 反向时测得 $\Delta q=3.5\times10^{-5}$ C. 求被测处的磁感应强度.

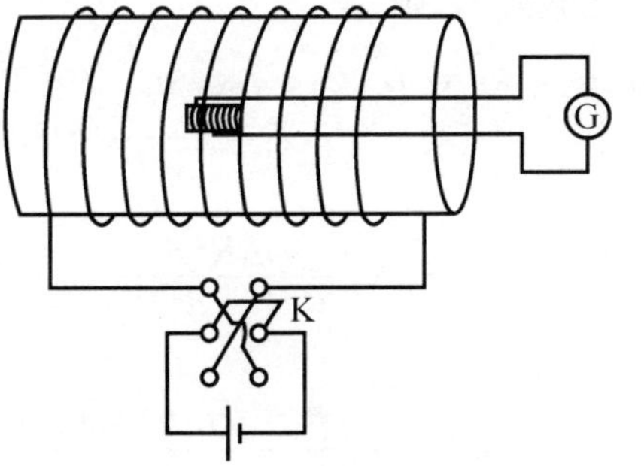

习题 6.4 图

解　其中每匝磁通改变量

$$\Delta\Phi=\Delta(BS)=\Delta B\cdot S=(B-(-B))\cdot S=2BS,$$

于是，在开关反向的间隔 Δt 中，测量回路中迁移的总电量（参见上题）为

$$\Delta q=\frac{N\Delta\Phi}{R}=\frac{2NS}{R}B,\quad \text{即 } B=\frac{R\Delta q}{2NS},$$

代入数据得螺线管中初始磁感值

$$B=\frac{1000\times3.5\times10^{-5}}{2\times2000\times\pi\times2.5^2\times10^{-6}}\mathrm{T}\approx0.446\mathrm{T}(4460\mathrm{Gs}).$$

6.5　两个圆线圈之间的互感

一圆形小线圈由 50 匝表面绝缘的细导线绕成，圆面积为 $S=$

$4.0\ cm^2$. 放在另一个半径 $R=10$ cm 的大圆形线圈中心，两者共轴，相距 $d=30$cm，大圆形线圈由 100 匝表面绝缘的导线绕成.

(1) 求这两线圈的互感 M.

(2) 当小线圈细导线通以电流 5.0 A 时，求出它贡献于大线圈的全磁通(磁链)Ψ(Wb).

(3) 求出与全磁通 Ψ 值对应的平均磁感值 $\overline{B}$；若设小线圈在大线圈圆心处的磁感值为 B_0，试求出比值 $\overline{B}/B_0$.

(4) 当大圆形导线中的电流每秒减少 50 A 时，求小线圈中的感应电动势 $\mathscr{E}$.

解 小线圈处于近轴范围，故计算载流大线圈贡献于小圈的磁通 Ψ_{12}是便捷的，因为圆线圈在轴上的磁场 $B(z)$先前已知.

(1) 设大线圈载流 I_1，则

$$\Psi_{12}=N_2\Phi_{12}\approx N_2N_1B_1(z)S=N_2N_1\ \frac{\mu_0 2\pi R^2 I_1}{4\pi(R^2+z^2)^{\frac{3}{2}}}S,$$

得互感系数

$$M=N_2N_1\ \frac{\mu_0 R^2 S}{2(R^2+d^2)^{3/2}},$$

代入数据，

$$M=50\times100\times\frac{4\pi\times10^{-7}\times0.1^2\times4\times10^{-4}}{2\times(0.1^2+0.3^2)^{\frac{3}{2}}}\text{H}$$

$$\approx0.397\times10^{-6}\text{H}=0.40\mu\text{H}.$$

(2) 利用互感互易关系 $M_{12}=M_{21}$，得此时大线圈所获磁通

$$\Psi_{21}=M_{21}I_2=0.40\times10^{-6}\times5.0\text{Wb}\approx2.0\times10^{-6}\text{Wb}.$$

(3) 载流小线圈在大线圈平面上的磁感分布不易被求得，但通过 Ψ_{21}值可以得其平均值，

$$\overline{B_2}=\frac{\Psi_{21}}{\pi R^2N_1}=\frac{2.0\times10^{-6}}{\pi\times0.1^2\times100}\text{T}\approx6.37\times10^{-7}\text{T}=6.37\times10^{-3}\text{Gs}.$$

载流小线圈在大线圈中心的磁感值 B_0 可被精确给出，

$$B_0=N_2\ \frac{\mu_0}{4\pi}\cdot\frac{2SI_2}{d^3}=50\times10^{-7}\times\frac{2\times4\times10^{-4}\times5}{(30)^3\times10^{-6}}\text{T}\approx7.41\times10^{-3}\text{Gs}.$$

两者比值 $$\frac{\overline{B_2}}{B_0}\approx86\%.$$

或者也可以这样算： $\frac{\overline{B_2}}{B_0}\approx\frac{d^3}{(r^2+d^2)^{3/2}}=\left(\frac{30}{31.6}\right)^3=86\%.$

这不难理解，轴外磁感要弱于轴上磁感，因为 $\boldsymbol{B}$ 线弯曲向轴外扩张. 同时看到，以此纵距 $d=30\text{cm}$，横距 $R_1=10\text{cm}$ 为例，若取中心 B_0 替代圆平面平均 $\overline{B}$ 的误差为 $\Delta\approx14\%$；横距 R 越小，则 Δ 越小，意味着这种替代的近似程度越好. 于是，回过头评定(1)中计算的合理性，那里横距仅为 $R_2\approx2\text{cm}$.

(4) 互感电动势

$$\mathscr{E}_M=-M\frac{\mathrm{d}I_1}{\mathrm{d}t}=3.97\times10^{-6}\times50\text{V}\approx2.0\times10^{-4}\text{V}.$$

6.6 互感

如本题图，一矩形线圈长 $a=20$ cm，宽 $b=10$ cm，由 100 匝表面绝缘的导线绕成，放在一很长的直导线旁边并与之共面. 这长直导线是一个闭合回路的一部分，其他部分离线圈都很远，影响可忽略不计. 求图中(a)和(b)两种情况下，线圈与长直导线之间的互感.

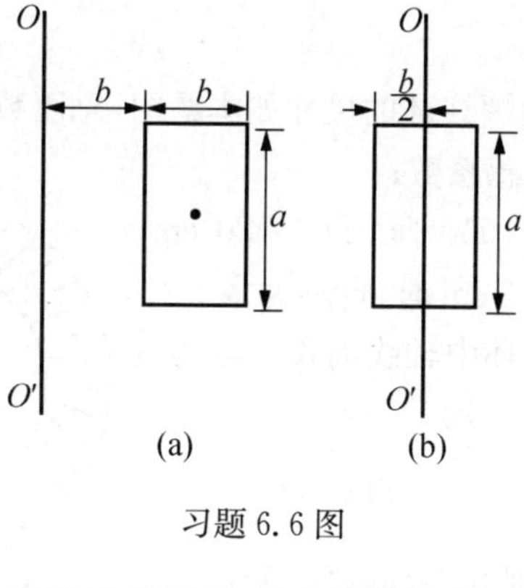

习题 6.6 图

解 (1) 令长直导线载流 I，相应的磁场分布为

$$B(r)=\frac{\mu_0 I}{2\pi r},\quad 且\ \boldsymbol{B}/\!/(\boldsymbol{I}\times\boldsymbol{r}),\boldsymbol{r}\ 为轴距,$$

它对一匝矩形的磁通为

$$\Phi=\int_b^{2b} B(r)a\mathrm{d}r=\frac{\mu_0 aI}{2\pi}\int_b^{2b}\frac{1}{r}\mathrm{d}r=\frac{\mu_0 aI}{2\pi}\ln 2,\quad (\text{与 } b \text{ 无关})$$

于是得互感

$$M=\frac{\Psi}{I}=\frac{N\Phi}{I}=N\frac{\mu_0 a}{2\pi}\ln 2.$$

代入数据，

$$M=100\times 2\times 10^{-7}\times 20\times 10^{-2}\times 0.693\,\mathrm{H}$$
$$\approx 2.77\times 10^{-6}\,\mathrm{H}=2.77\,\mu\mathrm{H}.$$

（2）相对于方线框选定的回路方向，此场合其左、右两半的磁通 Φ_L，Φ_R 数值相等符号相反，其代数和 $\Phi=\Phi_L+\Phi_R=0$，故

$$M=0.$$

须知，人们引入并计算电感(L，M)，归根结蒂是为了表达其感应电动势 $\mathscr{E}_L$ 或 $\mathscr{E}_M$. 那么对于本题情形，当长直导线 $I(t)$ 有变化时，这方线框回路中是不会有感应电流 i 的，因为其回路互感电动势代数和为零，如同电路中两个相同电池的并联；回头看(1)，那 N 倍因子，源于这 N 匝线框的电动势彼此是同向串联的，其总 $\mathscr{E}$ 便 N 倍于单匝电动势.

6.7 自感

一个矩形截面螺绕环的尺寸如本题图，总匝数为 N.

（1）求它的自感系数；

（2）当 $N=1000$ 匝，$D_1=20$ cm，$D_2=10$ cm，$h=1.0$ cm 时，自感为多少？

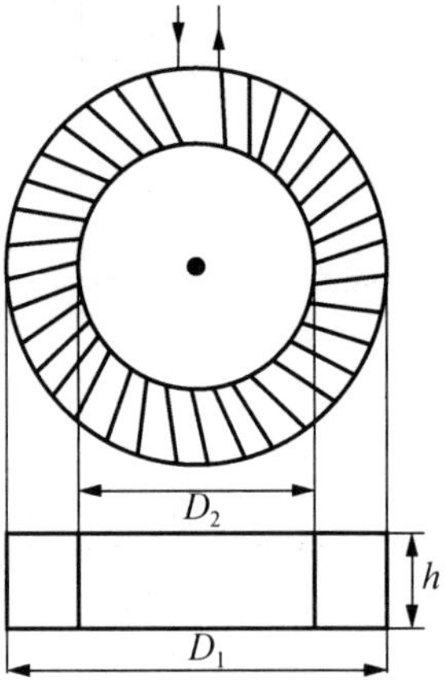

习题 6.7 图

解 （1）螺绕环中轴线周长 l 与其截面积 S，分别为

$$l=\frac{\pi(D_1+D_2)}{2},\quad S=\frac{1}{2}(D_1-D_2)h.$$

设其载流 I，则其内部磁场 $B=\mu_0 i=\mu_0\frac{NI}{l}$，相应的全磁通 Ψ 和自感系数为

$$L=\frac{\Psi}{I}=\frac{N\Phi}{I}=\frac{NBS}{I}=\mu_0 N^2\frac{S}{l}.$$

(2) 代入数据，

$$l=\frac{\pi(20+10)}{2}\text{cm}=15\pi\ \text{cm},S=\frac{1}{2}(20-10)\times1\text{cm}^2=5.0\text{cm}^2.$$

$$L=\frac{4\pi\times10^{-7}\times10^6\times5\times10^{-4}}{15\pi\times10^{-2}}\text{H}\approx1.33\times10^{-3}\text{H}=1.33\text{mH}.$$

6.8　电感

两根长直平行导线，横截面的半径都是 a，中心相距为 d，载有大小相等而方向相反的电流. 设 $d\gg a$，且两导线内部的磁通可忽略不计. 证明：这样一对导线其中长为 l 一段的电感为

$$L=\frac{\mu_0 l}{\pi}\ln\frac{d}{a}.$$

解　参见本题图，这一对导线因其电流反向，以致其间的磁场同向，磁通相加强，即对 P 点

$$B_P=\frac{\mu_0 I}{2\pi r}+\frac{\mu_0 I}{2\pi(d-r)},$$

对 $(l\times d)$ 面积的磁通为

$$\Phi=\int_a^{d-a}Bl\,\mathrm{d}r=\frac{\mu_0 Il}{2\pi}\int_a^{d-a}\left(\frac{1}{r}+\frac{1}{d-r}\right)\mathrm{d}r,$$

得电感

$$L=\frac{\Phi}{I}=\frac{\mu_0 l}{2\pi}\left(\ln\frac{d-a}{a}-\ln\frac{a}{d-a}\right)$$

$$=\frac{\mu_0 l}{2\pi}\ln\left(\frac{d-a}{a}\right)^2=\frac{\mu_0 l}{\pi}\ln\frac{d-a}{a}.\quad ①$$

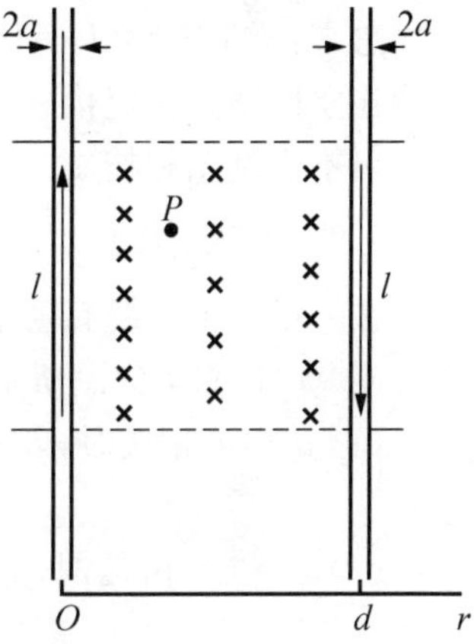

习题 6.8 图

当 $a\ll d$，得

$$L=\frac{\mu_0 l}{\pi}\ln\frac{d}{a}.\quad ②$$

讨论　(i)本题意措辞非同寻常. 一般而言，求线圈电感 (L,M)，无需告之其电流 I 的具体状况，因为 (L,M) 与 I 无关，虽然在计算时可先设一个电流 I，而最终 I 又被消除掉了. 可是，本题特指明这两根平行直导线载有电流 $(I,-I)$，这是为什么？其实，此题意隐含这两根导线分别在上、下两个远端是连接一起的，从而构成一个回路，

也许其上方是电信号输入端，下方是电信号输出端，在建立该回路方程时，就必须计及其自感 L 引来的感应电动势，那么取①式或②式表达 L 就能给出很好的近似结果. 倘若这两根导线载有同向电流 (I,I)，那说明两者分别归顺于两个回路，自然无自感 L 可言，却有互感 M 可求，那就归结为题 6.6 这种类型.

(ii)式①或②可用以求出一狭长矩形线框的自感，其近似程度甚好. 设一矩形线框，其导线半径 $a=0.5\mathrm{mm}$，短边长 $d=10\mathrm{mm}$，长边长 $l=16\mathrm{cm}$，即 $l\gg d\gg a$. 代入②式，得其自感

$$L=\frac{\mu_0 l}{\pi}\ln\frac{d}{a}=4\times10^{-7}\times16\times10^{-2}\times\ln\frac{10}{0.5}\mathrm{H}$$
$$\approx1.92\times10^{-7}\mathrm{H}=0.19\mu\mathrm{H}.\ (\text{比实际电感值要大})$$

总之，考量电感 (L,M) 的宗旨是为了表达感应电动势，从而为正确建立回路方程提供一个依据；如果离开回路而空谈 (L,M)，便会生出不少疑惑和歧义.

6.9 电感的串接

在一纸筒上密绕有两个相同的线圈 ab 和 $a'b'$，每个线圈的自感都是 0.05 H，如本题图所示. 求：

(1) a 和 a' 相接时，b 和 b' 间的自感；

(2) a' 和 b 相接时，a 和 b' 间的自感.

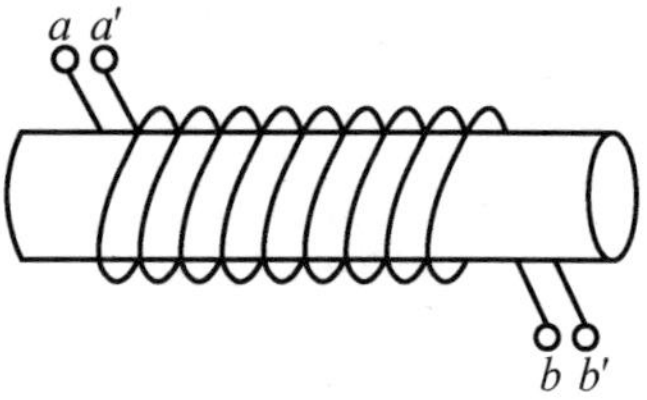

习题 6.9 图

解 这近似于无漏磁强耦合的情形，$M=\pm\sqrt{L_1L_2}$.

(1) 此时，两线圈电流等值反向，磁场彼此削弱为 0，故总自感为 $L=0$.

(2) 此时，两线圈电流等值同向，磁场彼此加强，系顺接，

$$L=L_1+L_2+2M=L_1+L_2+2\sqrt{L_1L_2}$$
$$=(0.05+0.05+2\times0.05)\mathrm{H}=0.20\mathrm{H}.$$

6.10 测量互感的一种方案

两线圈顺接后总自感为 1.00 H，在它们的形状和位置都不变的

情况下,反接后的总自感为 0.40 H. 求它们之间的互感.

解 顺接,$L=L_1+L_2+2M$;

反接,$L'=L_1+L_2-2M$.

两式相减,$L-L'=4M$,得互感

$$M=\frac{1}{4}(L-L')=0.15\text{H},$$

且得

$$L_1+L_2=0.70\text{H}.$$

6.11 单线圈自感

一个单一圆线圈,其半径为 R,线径为 d,且 $d\ll R$,试估算其自感.

提示:拟可采取以下两种估算方案.

(1) 通过电流 I,估算圆面上的平均磁感 $\overline{B}\approx\frac{1}{2}(B_0+B_R)$,这里,$B_0$ 为圆心处磁感,B_R 为靠近导线边缘磁感. 给定 $R=10\,\text{cm}$, $d=2.0\,\text{mm}$,计算出 L 值.

(2) 引入一个结论:圈内平面上各点磁感 $\boldsymbol{B}$,其方向皆与圆平面正交,且数值相等,即 $B(r)=B_0$, $r\in(0,R)$;据此结论给出 L 公式,并按以上数据算出 L 值.

(3) 你认为以上哪个估算方案更为准确?

解 本题一脉相承于第 4 章 4.4 题.

(1) 平均磁感法.

$$\overline{B}=\frac{1}{2}(B_0+B(R^-))=\frac{1}{2}\left(\frac{\mu_0 I}{2R}+\frac{\mu_0 I}{\pi d}\right)=\frac{1}{2}\mu_0 I\left(\frac{1}{2R}+\frac{1}{\pi d}\right),$$

$$\Phi=\overline{B}(\pi R^2),$$

则

$$L=\frac{\Phi}{I}=\frac{1}{2}\mu_0\left(\frac{1}{2R}+\frac{1}{\pi d}\right)\cdot\pi R^2, \qquad ①$$

代入数据,

$$L=\frac{4\pi}{2}\times10^{-7}\times\left(\frac{1}{2\times10\times10^{-2}}+\frac{1}{\pi\times2\times10^{-3}}\right)\times(10\times10^{-2})^2\pi\text{H}$$

$$=2\pi^2\times10^{-7}\times\left(5\times\frac{10^3}{2\pi}\right)\times10^{-2}\,\text{H}\approx\pi\times10^{-6}\,\text{H}\approx3.14\mu\text{H}.$$

以上数值计算过程表明,括号中的第二项远大于第一项,因为

线径 d 远小于圆半径 R. 换言之,该计算方案过分夸大了导线的边缘效应对 Φ 或 L 的影响,其所得结果将会明显大于实际电感值.

(2) 均匀磁感法.

$$B(r)=B_0=\frac{\mu_0 I}{2R},$$

则

$$L=\frac{\Phi}{I}=\frac{B_0(\pi R^2)}{I}=\frac{\pi}{2}\mu_0 R, \qquad ②$$

代入数据,得

$$L=\frac{4\pi^2}{2}\times10^{-7}\times10\times10^{-2}\,\mathrm{H}=2\pi^2\times10^{-8}\,\mathrm{H}\approx1.97\times10^{-7}\,\mathrm{H}=0.20\,\mu\mathrm{H}.$$

(3) 均匀磁感法更精确,当 R 值越大,则其精确性越好;其结果将略小于实际电感值,因为它完全忽略了线径的边缘效应.

6.12 无源小线圈在外场中运动

如本题图所示,一个半径为 a 的大线圈,通以电流 I,其轴上有一个无源小线圈,两者共轴. 小线圈面积为 S,电阻为 r.

(1) 当小线圈以速度 v 沿轴运动,求小线圈中感应电流 i 的方向和数值,作为 I,a,z_0,v,S,r 的函数. 设载流大线圈中电流 I 维持不变,这可以由即时调控直流电动势或端电压来实现. [提示: $\mathrm{d}\Phi/\mathrm{d}t=(\mathrm{d}\Phi/\mathrm{d}z)(\mathrm{d}z/\mathrm{d}t)$.]

设定以下一组数据: $a=10\,\mathrm{cm}$, $I=30\,\mathrm{A}$, $S=50\,\mathrm{mm}^2$, $r=30\times10^{-3}\,\Omega$, $v=20\,\mathrm{m/s}$, $z_0=20\,\mathrm{cm}$. 算出感应电流 i.

(2) 求出此时小环流所受安培力 $\boldsymbol{F}$,其方向和数值. 提示: $\boldsymbol{F}=\nabla(\boldsymbol{m}\cdot\boldsymbol{B})$.

(3) 在小线圈向右减速运动过程中,为维持大线圈电流 I 不变,其电动势改变量 $\Delta\mathscr{E}$ 是增还是减? 给出 $\Delta\mathscr{E}$ 表达式,作为 I,a,S,v,z_0 的函数.

解 大线圈在 z 轴上的磁场分布

$$\boldsymbol{B}(z)=K\frac{1}{(z^2+a^2)^{3/2}}\hat{\boldsymbol{z}}, \quad K\equiv\frac{1}{2}\mu_0 Ia^2.$$

(1) 瞬间感应电流

$$i(z)=\frac{\mathscr{E}}{r}=-\frac{1}{r}\frac{\mathrm{d}\Phi}{\mathrm{d}t}=-\frac{S}{r}\frac{\mathrm{d}B}{\mathrm{d}t}=-\frac{S}{r}\frac{\mathrm{d}B}{\mathrm{d}z}\cdot\frac{\mathrm{d}z}{\mathrm{d}t},$$

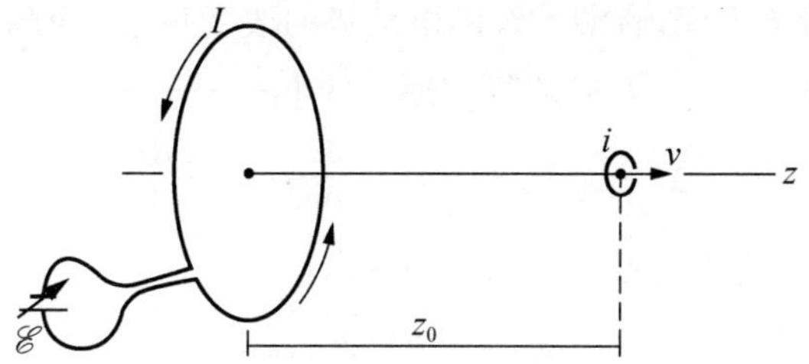

习题 6.12 图,兼用于习题 6.13

得

$$i(z_0)=3K\frac{Sv}{r}\cdot\frac{z_0}{(z_0^2+a^2)^{5/2}},\text{(}i\text{ 环流方向相同于 }I\text{,均沿 }z\text{ 轴)} \quad ①$$

代入数据,

$$K=\frac{1}{2}\times4\pi\times10^{-7}\times30\times10^{-2}=60\pi\times10^{-9},$$

$$i(z_0)=3\times60\times\pi\times10^{-9}\times\frac{50\times10^{-6}\times20}{30\times10^{-3}}\times\frac{20\times10^{-2}}{(4\times10^{-2}+10^{-2})^{5/2}}\text{A}$$

$$\approx6.7\times10^{-6}\text{A}=6.7\mu\text{A}.$$

(2) 瞬时梯度力

小环流 $i(z_0)$产生磁矩 $\boldsymbol{m}=iS\hat{\boldsymbol{z}}$,其所受梯度力为

$$\boldsymbol{F}=\nabla(\boldsymbol{m}\cdot\boldsymbol{B})=\nabla(mB)=m\,\nabla B=m\,\frac{\partial B}{\partial z}\hat{\boldsymbol{z}}$$

$$=m\cdot\left(-3K\frac{z}{(z^2+a^2)^{5/2}}\right)\hat{\boldsymbol{z}},\text{(这里忽略}\frac{\partial m}{\partial z}\text{的影响)}$$

得
$$\boldsymbol{F}(z_0)=-3K\frac{mz_0}{(z_0^2+a^2)^{5/2}}\hat{\boldsymbol{z}}, \quad ②$$

可见,$\boldsymbol{F}/\!/(-\hat{\boldsymbol{z}})$,当 $\boldsymbol{v}/\!/\hat{\boldsymbol{z}}$ 时,这符合楞次定律,即 $\boldsymbol{F}$ 为楞次阻力.

代入数据,磁矩

$$m=6.7\times10^{-6}\times50\times10^{-6}\text{A}\cdot\text{m}^2=3.37\times10^{-10}\text{A}\cdot\text{m}^2,$$

力 $F=3\times60\pi\times10^{-9}\times3.37\times10^{-10}\times20\times10^{-2}\times\dfrac{1}{\sqrt{5^5}\times10^{-5}}\text{N}$

$$\approx6.82\times10^{-14}\text{N}.$$

(3) 定性看,当无源小环流 i 向右运动,而远离大线圈时,其贡献于后者的正向磁通 Φ_{21} 要减少,相应的互感电动势 $\mathscr{E}_{21}$ 为正向,$\mathscr{E}_{21}$

>0；为维持 I 不变，有源大线圈电动势的改变量 $\Delta\mathscr{E}$ 应满足 $\Delta\mathscr{E}+\mathscr{E}_{21}=0$，即 $\Delta\mathscr{E}=-\mathscr{E}_{21}<0$. 对此数学描写如下：

$$\Delta\mathscr{E}=-\mathscr{E}_{21}=-\left(-\frac{\mathrm{d}\Phi_{21}}{\mathrm{d}t}\right)=M\frac{\mathrm{d}i}{\mathrm{d}t},$$

其中，互感表达式已由本章 6.5 题给出，

$$M=\frac{\mu_0 a^2 S}{2\,(z^2+a^2)^{3/2}},$$

小环流 i 的时间变化率可由本题①式导出，

$$\frac{\mathrm{d}i}{\mathrm{d}t}=\frac{\mathrm{d}i}{\mathrm{d}z}\cdot\frac{\mathrm{d}z}{\mathrm{d}t}=3K\frac{Sv}{r}(z^2+a^2)^{\frac{-5}{2}}\left(1-5z^2\,(z^2+a^2)^{-1}\right)\cdot v,$$

即

$$\frac{\mathrm{d}i}{\mathrm{d}t}=3K\frac{Sv^2}{r}\cdot\frac{a^2-4z^2}{(z^2+a^2)^{7/2}},\quad \left(\text{这里忽略}\frac{\mathrm{d}v}{\mathrm{d}t}\text{的影响}\right)$$

最终近似表达

$$\Delta\mathscr{E}=\frac{3}{2}K\frac{\mu_0 a^2 S^2 v^2 (a^2-4z^2)}{r\,(z^2+a^2)^5},\quad \left(K=\frac{1}{2}\mu_0 I a^2\right)$$

或

$$\Delta\mathscr{E}=\frac{3}{4}\mu_0^2 a^4 S^2 v^2 I\,\frac{a^2-4z^2}{r\,(z^2+a^2)^5}.\qquad ③$$

可见，$\Delta\mathscr{E}<0$ 或 $\Delta\mathscr{E}>0$，取决于因子(a^2-4z^2)：

当 $z>\dfrac{a}{2}$，$\Delta\mathscr{E}<0$，开头的定性分析便是此情形；

当 $z<\dfrac{a}{2}$，$\Delta\mathscr{E}>0$.

说明 若计及 $\mathrm{d}v/\mathrm{d}t$，则 $\Delta\mathscr{E}$ 表达式要比③式复杂；注意到$\dfrac{\mathrm{d}v}{\mathrm{d}t}=\dfrac{F}{m_0}$，$m_0$ 为小线圈的惯性质量，而力 F 若计及$\partial m/\partial z$ 项，其表达式也将变得比②式复杂.

讨论 本题还可以进一步分析相关能量事宜. 从无源小线圈以初速 v_0 沿轴向右运动开始，便出现多方面的能量变化，计有：电阻 r 上的焦耳热能，$\Delta W_r=i^2 r\mathrm{d}t$；楞次阻力所致的小线圈动能的减少，$\Delta W_{\mathrm{k}}=-Fv\mathrm{d}t$；大线圈电源输出能量的改变量，$\Delta W_{\mathscr{E}}=\Delta\mathscr{E}I\mathrm{d}t$；两个线圈间的互感磁能，$\Delta W_M=MIi$；还有，小线圈自感磁能，$\Delta W_{\mathrm{i}}=$

$\frac{1}{2}L_2 i^2$. 大线圈的焦耳热能和自感磁能，因其电流 I 不变，故不算计在能量变化 ΔW 方程中. 于是，由小线圈运动引起的总能量变化为

$$\Delta W = \Delta W_r + \Delta W_{\mathrm{k}} + \Delta W_{\mathscr{E}} + \Delta W_M + \Delta W_{\mathrm{i}},$$

读者不妨审核 $\Delta W = 0$ 是否成立.

6.13 无源小线圈在交变外场中；铝环悬浮实验

参见上题图，一大线圈与一小线圈两者共轴置放，相距 z_0；小线圈静止，面积为 S，电阻为 r，自感为 L；大线圈在交变电动势作用下，产生一交变电流，

$$I(t) = I_0 \cos \omega t.$$

(1) 若忽略小线圈的自感效应，求出感应电流 $i(t)$ 作为 $I(t)$，a，z_0，S，r 的函数.

(2) 此 $i(t)$ 与 $I(t)$ 之间的相位差 δ 为多少？你认为在此 δ 值下，小线圈在一周期内所受平均安培力 $\bar{F}$ 可能不为零吗？

(3) 同时计及小线圈的电阻 r 和自感 L，再求出平均安培力 $\bar{F}$ 表达式；它是排斥力，还是吸引力？

(4) 按以下数据算出 $\bar{F}$ 值：

$$I_0 = 30\,\mathrm{A}, \quad a = 10\,\mathrm{cm}, \quad \omega = 2\pi \times 400\,\mathrm{rad/s},$$
$$r = 3.0 \times 10^{-3}\,\Omega, \quad L = 0.2\,\mu\mathrm{H}, \quad S = 100\,\mathrm{mm}^2, \quad z_0 = 15\,\mathrm{cm}.$$

(5) 拿来一根软磁棒置于 z 轴，磁棒粗细恰好可穿过小线圈，则发现此时安培力 $\bar{F}$ 显著地增强. 再将整个装置转动 90°，使 z 轴沿铅直方向，则发现小线圈可悬浮空中. 通常选择铝环替代小线圈来演示这个悬浮实验. 试估算铝环的悬浮高度 z_0. 铁芯相对磁导率 μ_{r} 为 10^4，铝环质量约 2.0 g，其他要用数据可取(4)中给出的.

解 (1) 感应电流仅计及小线圈电阻 r，互感电动势

$$\mathscr{E}_M = -M\frac{\mathrm{d}I}{\mathrm{d}t} = -M\omega I_0 \cos\left(\omega t + \frac{\pi}{2}\right)$$
$$= M\omega I_0 \cos\left(\omega t - \frac{\pi}{2}\right), \quad M = \frac{\mu_0 a^2 S}{2\,(z_0^2 + a^2)^{3/2}},$$

$$i(t) = \frac{1}{r} M\omega I_0 \cos\left(\omega t - \frac{\pi}{2}\right). \qquad ①$$

(2) 从①式看出，$i(t)$落后$I(t)$相位$\frac{\pi}{2}$，于是，在一个周期T内，有两个$\frac{T}{4}$时间，$i(t)$与$I(t)$反向，产生排斥力；另两个$\frac{T}{4}$时间，$i(t)$与$I(t)$同向，产生吸引力；以致平均安培力$\overline{F}=0$. 对此作数学描写如下.

$$F(t)\propto i(t)\cdot I(t)$$

写成

$$F(t)=\beta i(t)I(t),$$

β为常数，与t无关. 即

$$F(t)=\beta\frac{M\omega}{r}I_0^2\cos\left(\omega t-\frac{\pi}{2}\right)\cdot\cos\omega t,$$

得
$$\overline{F}=\beta\frac{1}{2}\frac{M\omega}{r}I_0^2\cos\left(-\frac{\pi}{2}\right)=0.$$

(3) 若同时计及小线圈(L,r)，这是必须的，则带来的变化是：

阻抗Z，从$r\rightarrow\sqrt{r^2+(\omega L)^2}$，

相位差δ，从$-\frac{\pi}{2}\rightarrow-\left(\frac{\pi}{2}+\delta_L\right)$，且$\delta_L=\arctan\frac{\omega L}{r}$.

即感应电流

$$i(t)=\frac{M\omega I_0}{\sqrt{r^2+(\omega L)^2}}\cos(\omega t+\delta),\qquad ②$$

于是得其平均安培力为

$$\overline{F}=\beta\frac{1}{2}\cdot\frac{M\omega I_0^2}{\sqrt{r^2+(\omega L)^2}}\cos\delta.\qquad ③$$

其中，比例系数β可从题6.12中②式得到，$\beta<0$，故当$\delta\in\left(-\frac{\pi}{2},-\pi\right)$，有$\cos\delta<0$，则有$\overline{F}>0$，系排斥力.

其实，将$i(t)$，$I(t)$两条余弦曲线绘出，便可发现相移δ处于第三象限，则一周期T内，$i(t)$与$I(t)$反向时间Δt，大于两者同向时间$\Delta t'$，致使平均安培力$\overline{F}>0$，为排斥力. $\boldsymbol{F}$细致的函数表达式如下：

$$\boldsymbol{F}=-3K\frac{mz_0}{(z_0^2+a^2)^{5/2}}\hat{\boldsymbol{z}},$$

代入 $K=\frac{1}{2}\mu_0 I(t)a^2, m=i(t)S$，给出

$$\boldsymbol{F}=-\frac{3}{2}\mu_0 a^2 S\frac{z_0}{(z_0^2+a^2)^{5/2}}\frac{M\omega I_0^2}{\sqrt{r^2+(\omega t)^2}}\cos(\omega t+\delta)\cos\omega t\cdot\hat{\boldsymbol{z}}, \quad ④$$

其中互感
$$M=\frac{\mu_0 a^2 S}{2(z_0^2+a^2)^{3/2}},$$

即
$$\overline{F}=-\frac{3}{8}\mu_0^2 a^4 S^2\frac{z_0}{(z_0^2+a^2)^4}\cdot\frac{\omega I_0^2}{\sqrt{r^2+(\omega L)^2}}\cos\delta. \quad ⑤$$

(4) 代入数据，算得

$$\delta_L=\arctan\frac{\omega L}{r}=\arctan\frac{2\pi\times400\times0.2\times10^{-6}}{3\times10^{-3}}\approx0.168\text{rad},$$

$$\cos\delta=\cos\left(\frac{\pi}{2}+\delta_L\right)=-\sin\delta_L\approx-0.168,$$

$$\overline{F}=\frac{3}{8}\times16\pi^2\times10^{-14}\times\frac{10^4\times1}{(15^2+10^2)^4}\times15\times10^{-2}$$
$$\times\frac{2\pi\times400\times30^2}{\sqrt{9\times10^{-6}(1+0.17^2)}}\times0.168\text{N}$$
$$\approx1.66\times10^{-12}\times0.168\text{N}\approx2.8\times10^{-13}\text{N}.（这力甚小）$$

(5) 铝环悬浮演示实验.

其装置图如图. 励磁电流 $I(t)=I_0\cos\omega t$，在 $I(t)$ 作用下高 μ_r 的磁棒被磁化，出现的磁化面电流绕轴环行，使棒内 $\boldsymbol{B}$ 得以强化，且 $\boldsymbol{B}$ 线约束于棒内，在 l 段 $\boldsymbol{B}$ 线几乎沿轴取向，于是，得高度为 l 一段的磁场，

$$H_0(t)=\frac{NI(t)}{l}=\frac{NI_0}{l}\cos\omega t,$$

$$B_0(t)=\frac{\mu_r\mu_0 NI_0}{l}\cos\omega t. \quad ⑥$$

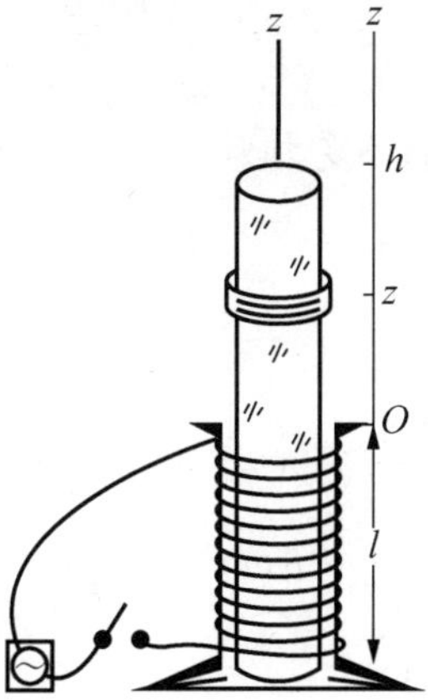

习题 6.13 图

在 h 段，$\boldsymbol{B}$ 线依然具有轴对称性，且离轴稍有弯曲，缓慢减弱，造成一个梯度 $\frac{\partial B}{\partial z}<0$，如果无此梯度，铝环则不受力；必须对

$B(z)$函数给出表示，设顶部 $B(h)=\frac{1}{2}B_0$，且 $B(z)$在 $z\in(0,h)$段呈线性递减，于是确定

$$B(z)=\left(1-\frac{z}{2h}\right)B_0. \qquad ⑦$$

有了以上分析作为铺垫，便可考量铝环处于高度 z 时的互感，近似为

$$M=\frac{B(z)S}{I}=\left(1-\frac{z}{2h}\right)B_0S=\left(1-\frac{z}{2h}\right)\frac{\mu_r\mu_0NS}{l}, \qquad ⑧$$

$$\mathscr{E}_M(t)=-M\frac{\mathrm{d}I}{\mathrm{d}t}=-\left(1-\frac{z}{2h}\right)\frac{\mu_r\mu_0NS}{l}\omega I_0\cos\left(\omega t+\frac{\pi}{2}\right),$$

$$i(t)=\frac{|\mathscr{E}_M(t)|}{\sqrt{r^2+(\omega L)^2}}\cos(\omega t+\delta),$$

其中 $\delta=-\left(\frac{\pi}{2}+\delta_L\right)$，$\delta_L=\arctan\frac{\omega L}{r}$，即

$$i(t)=\left(1-\frac{z}{2h}\right)\frac{\mu_r\mu_0NS}{l\ \sqrt{r^2+(\omega L)^2}}\omega I_0\cos(\omega t+\delta). \qquad ⑨$$

事情的复杂性还有，含铁芯的铝环其自感 L 值比其空心 L_0 值要增加很多，且非均匀，$L(z)$随 z 增大而下降，设其为

$$L(z)=\left(1-\frac{z}{2h}\right)^2\mu_rL_0.$$

铝环受力为

$$F(t)=m(t)\frac{\partial B(z)}{\partial z}=i(t)S\cdot\frac{\partial}{\partial z}\left(1-\frac{z}{2h}\right)B_0$$

$$=-\frac{1}{2h}i(t)SB_0(t),$$

代入⑥式和⑨式，表示为

$$F(t)=-\frac{1}{2h}\left(1-\frac{z}{2h}\right)\frac{(\mu_r\mu_0NI_0S)^2\omega}{l^2\sqrt{r^2+(\omega L)^2}}\cos(\omega t+\delta)\cos\omega t,$$

则

$$\overline{F}=-\frac{1}{4h}\left(1-\frac{z}{2h}\right)\frac{(\mu_r\mu_0NI_0S)^2\omega}{l^2\sqrt{r^2+(\omega L)^2}}\cos\delta. \qquad ⑩$$

给定数据：

$$l=15\text{cm},\quad h=15\text{cm},\quad S=4.0\text{cm}^2,\quad \omega=2\pi\times 400,$$

$$r=3.0\times 10^{-3}\Omega,\mu_r=10^4,L_0=0.2\mu\text{H},NI_0=100\times 1.2\text{A},$$

先算：

$$\omega L(z)=\omega\left(1-\frac{1}{2}\right)^2\mu_r L_0 \qquad (\text{取 } z=h \text{ 估算})$$

$$=2\pi\times 400\times\frac{1}{4}\times 10^4\times 2\times 10^{-7}\Omega\approx 1.26\Omega,$$

$$\frac{\omega L(h)}{r}=\frac{1.26}{3\times 10^{-3}}\approx 4.2\times 10^2\gg 1,$$

于是，

$$\delta_L=\arctan(4.2\times 10^2)=\frac{\pi}{2},$$

$$\delta=-\pi,\quad \cos\delta=-1;$$

$$\sqrt{r^2+(\omega L)^2}\approx\omega L=\omega\left(1-\frac{z}{2h}\right)^2\mu_r L_0.$$

再算：

$$\overline{F}=\frac{1}{4h}\left(1-\frac{z}{2h}\right)^{-1}\frac{\mu_r\,(\mu_0 NIS)^2}{l^2L_0}$$

$$=\left(1-\frac{z}{2h}\right)^{-1}\frac{10^4\times(4\pi\times 10^{-7}\times 1.2\times 10^2\times 4.0)^2\times 10^{-2}}{4\times 15\times 15^2\times 2\times 10^{-7}}\text{N}$$

$$\approx 1.35\times 10^{-2}\left(1-\frac{z}{2h}\right)^{-1}\text{N}. \qquad ⑪$$

令

$$\overline{F}(z_0)=mg=2\times 10^{-3}\times 9.8\text{N}\approx 1.96\times 10^{-2}\text{N},\quad (m \text{ 为 2 克})$$

于是，得

$$1-\frac{z_0}{2h}=\frac{1.35\times 10^{-2}}{1.96\times 10^{-2}}\approx 0.67,$$

即悬浮高度 $z_0=0.33\times 2\times 15\text{cm}\approx 10\text{cm}$.

讨论 此高度处于磁棒范围(0—15cm)内，倒也合理，这说明上述的定量分析，以及对 $B(z)$，$L(z)$ 函数的设定，是可以被接受的. 若 z_0 超出 h，那么对 $B(z)$，$L(z)$ 函数的模样就要重新考量. 又及，据⑪式，在 $z\in(0,h)$ 范围，力 $\overline{F}$ 随 z 值提升反而加大，这似乎令人费解. 其实，随 z 值提升，自感 $L(z)$ 要减少，从而感应电流 i 值增加，而使 $\overline{F}$ 加大. 在本题给定的数据条件下，铝环实际悬浮高度 z_0 处于

10—15cm 的某一位置均是可能的. 总之,铝环悬浮高度可由理论作出粗略估定,最终由实验给出检验和修正.

6.14　电子感应加速器

已知在电子感应加速器中,电子加速的时间是 4.2 ms,电子轨道内最大磁通量为 1.8 Wb,试求电子沿轨道绕行一周平均获得的能量. 若电子最终获得的能量为 100 MeV,电子绕了多少周? 若轨道半径为 84 cm,电子绕行的路程有多少?

解　环绕一周所获能量为

$$\overline{W_1}=e\frac{\Delta\Phi}{\Delta t}=e\frac{\Phi_M-0}{\tau}=e\left(\frac{1.8}{4.2\times10^{-3}}\text{V}\right)\approx4.3\times10^2\text{eV}.$$

环绕周数为

$$N=\frac{W_N}{\overline{W_1}}=\frac{100\text{MeV}}{4.3\times10^2\text{eV}}=2.3\times10^5(\text{周}),$$

绕行路程为

$$l=N(2\pi R)=2.3\times10^5\times2\pi\times0.84\text{m}=1.2\times10^3\text{km}.$$

6.15　测量脉冲电流

为了测量载流导线的脉冲大电流 $I(t)$,特设计一个环绕此导线的螺绕环,如本题图所示,并将此感应电压 U,输入右边一个 RC 电路,最终由电压 U' 直接测出 $I(t)$,$b\ll a$.

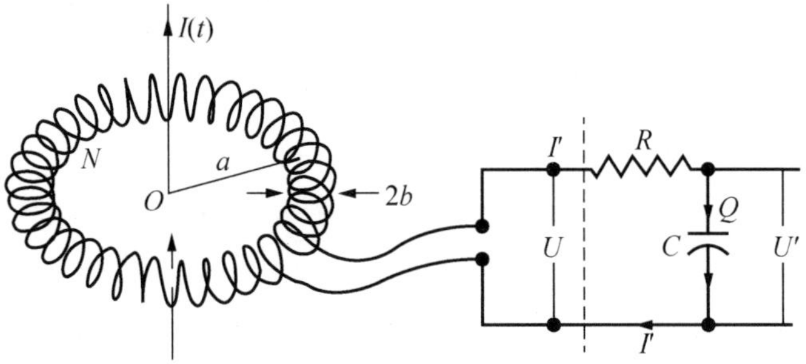

习题 6.15 图

(1) 如果电阻 R 足够大,则感应电压 U 不受虚线右边电路的影响,试证明

$$U=\mu_0\frac{Nb^2}{2a}\frac{\text{d}I}{\text{d}t};\quad(N\text{ 为匝数})$$

(2) 进而，如果电容 C 值足够大，使 $U'\ll U$，试证明

$$U'\approx\mu_0\frac{Nb^2}{2a}\frac{I}{RC}.$$

提示：$U=I'R+U'\approx I'R$，又 $I'=\frac{\mathrm{d}Q}{\mathrm{d}t}=C\frac{\mathrm{d}U'}{\mathrm{d}t}$.

解 (1) 轴对称纵向电流场 $I(t)$，产生一轴对称横向磁场 $B(r,t)$，$\boldsymbol{B}$ 线绕轴转圈，由环路定理，$2\pi aB(a)=\mu_0 I(t)$，得

$$B(a)=\frac{\mu_0 I(t)}{2\pi a},$$

相应的感应电压为

$$U(t)=\frac{N\mathrm{d}\Phi}{\mathrm{d}t}=N(\pi b^2)\frac{\mathrm{d}B}{\mathrm{d}t}=\frac{\mu_0 Nb^2}{2a}\cdot\frac{\mathrm{d}I(t)}{\mathrm{d}t}. \quad ①$$

(2) 螺绕环的输出电压 $U(t)$，成为 RC 组合电路的输入电压，即

$$I'(t)R+U'(t)=U(t), \quad ②$$

又，电容电压 $U'=\frac{Q}{C}=\frac{\int I'(t)\mathrm{d}t}{C}$，得

$$I'(t)=C\frac{\mathrm{d}U'}{\mathrm{d}t}.$$

当 R 为高阻，以致 $I'R\gg U'$，即 $RC\frac{\mathrm{d}U'}{\mathrm{d}t}\gg U'$，则②式近似为

$$U(t)\approx I'(t)R=RC\frac{\mathrm{d}U'}{\mathrm{d}t}, \quad ③$$

由③式=①式，即

$$\frac{\mu_0 Nb^2}{2a}\cdot\frac{\mathrm{d}I(t)}{\mathrm{d}t}=RC\frac{\mathrm{d}U'(t)}{\mathrm{d}t},$$

最终得

$$U'(t)=\frac{\mu_0 Nb^2}{2aRC}I(t). \quad ④$$

评述 由①式感应电压，$U(t)\propto\frac{\mathrm{d}I(t)}{\mathrm{d}t}$，经高阻 RC 组合转变为④式，电容电压 $U'(t)\propto I(t)$，而电压 $U'(t)$ 可以由示波器方便地直接显示，其脉冲线型就是待测脉冲电流 $I(t)$ 的线型. 总之，本场合高阻 RC 串联组合扮演“积分器”的角色. 如何选取 R 的量级使其成为

所谓的高阻？一种可取方式是，令时间常数 $\tau=RC\gg\Delta t_{\mathrm{p}}$，这里 Δt_{p} 为脉冲电流的特征时间.

6.16 测量脉冲电流——电流变压器

一种更为方便的测量脉冲大电流的装置，如题图所示，在载有电流 $I(t)$ 的长直导线一侧，安置一个方形多匝线圈，其输出感应电压 U，还可以通过类似于 6.15 题中的 RC 电路而测出. 这一装置也称为电流变压器. 试证明，单匝线圈的感应电压为

$$U=\frac{\mu_0 a}{\pi}\ln\left(\frac{b+a}{b-a}\right)\cdot\frac{\mathrm{d}I}{\mathrm{d}t}.$$

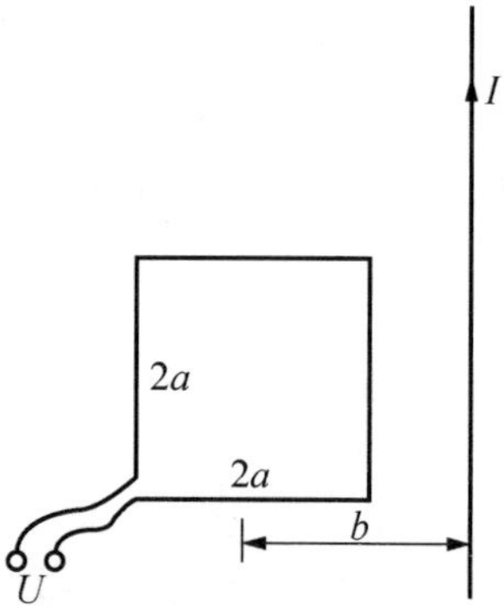

习题 6.16 图

解 磁感

$$B(r,t)=\frac{\mu_0 I(t)}{2\pi r}.$$

磁通：

$$r\in(b-a,b+a),$$

$$\Phi=\int_{b-a}^{b+a}B(r,t)\cdot 2a\mathrm{d}r=\frac{\mu_0 aI(t)}{\pi}\int_{b-a}^{b+a}\frac{1}{r}\mathrm{d}r=\frac{\mu_0 aI(t)}{\pi}\ln\frac{b+a}{b-a}.$$

感应电压

$$U(t)=\frac{\mathrm{d}\Phi}{\mathrm{d}t}=\frac{\mu_0 a}{\pi}\ln\frac{b+a}{b-a}\cdot\frac{\mathrm{d}I}{\mathrm{d}t}.$$

将其输入一个高阻 RC 积分电路如 6.15 题所示，转变为电容电压 $U'(t)=\dfrac{\mu_0 Na}{\pi RC}\ln\dfrac{b+a}{b-a}\cdot I(t)$，直接显示脉冲电流线型.

6.17 导电管的横向电阻和电感

如图，一薄壁导电管，长度 l、半径 a 和壁厚 b，电导率为 σ，且 $l\gg a\gg b$，将其置于沿轴均匀交变外磁场中，

$$B(t)=B_0\cos\omega t,$$

则其侧面出现一绕轴环行的感应电流 $I(t)$，称其为横向感应电流. 凡交变电流具有一种趋向导体外表面的性质——趋肤效应，其趋肤

深度 $d=\sqrt{2/(\mu_r\mu_0\omega\sigma)}$. 这里,我们讨论壁厚 $b=0.5\,\mathrm{mm}$ 的铜管,且频率为 50 Hz. 在此条件下趋肤深度 $d\approx18\,\mathrm{mm}\gg b$,故可以不必考虑趋肤效应,而认定横向感应电流均匀分布于厚度为 b 的横截面上.

(1) 证明,对横向感应电流而言,这导电管的总电阻

$$R=\frac{2\pi a}{\sigma bl}.$$

(2) 证明,对横向感应电流而言,这导电管的总电感

$$L=\mu_0\frac{\pi a^2}{l}.$$

(3) 导出横向感应电流 I 作为 l,a,b,σ,ω,B_0 的函数.

(4) 给定数据如下:

$$l=200\,\mathrm{mm},\quad a=6\,\mathrm{mm},\quad b=0.5\,\mathrm{mm},\quad \omega=2\pi\times50\,\mathrm{rad/s},$$
$$\sigma=1.6\times10^7(\Omega\cdot\mathrm{m})^{-1},\quad B_0=0.3\,\mathrm{T},$$

算出:电阻 R 值,电感 L 值,阻抗比 $(\omega L/R)$ 值;以及总横向感应电流 I 值.

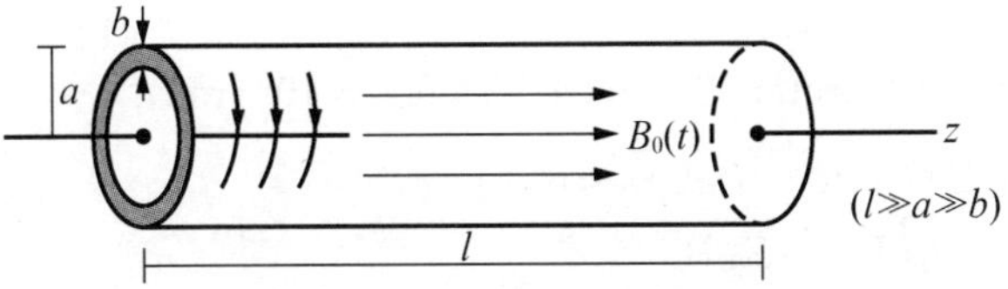

习题 6.17 图,兼用于习题 6.18

解 (1) 横向周长为 $2\pi a$,横向管壁截面积为 bl,故横向电阻为

$$R=\frac{2\pi a}{\sigma bl}.\quad(\sigma\text{ 为铜质电导率})\tag{①}$$

(2) 可设横向面电流密度为 i(A/m),宛如一个密绕长直螺线管,在管内产生准匀场 $B_i=\mu_0 i$,于是,通过任一截面的磁通 $\Phi=B_i\cdot(\pi a^2)=\mu_0\pi a^2 i$,它也是通过这导电管的磁通,须知,其众多横截面的感应电动势是并联的,并未增加总的感应电动势;而总电流 $I=li$,按电感定义,

$$L=\frac{\Phi}{I}=\mu_0\frac{\pi a^2}{l}.\tag{②}$$

(3) 在交变磁场 $B(t)=B_0\cos\omega t$ 作用下,导电管响应的感应电

动势为

$$\mathscr{E}(t)=-\frac{\mathrm{d}\Phi}{\mathrm{d}t}=-S\,\frac{\mathrm{d}B}{\mathrm{d}t}=S\omega B_0\sin\omega t,\quad (S=\pi a^2)$$

引入导电管的交流复阻抗(可参见第 7 章 7.4 节)

$$\widetilde{Z}=R+\mathrm{j}\omega L,\quad (\mathrm{j}=\sqrt{-1})$$

于是,感应电流被表达为

$$I(t)=\frac{S\omega B_0}{\sqrt{R^2+(\omega L)^2}}\sin(\omega t-\delta),\quad \delta=\arctan\frac{\omega L}{R}. \qquad ③$$

(4) 代入数据,

电阻 $R=\dfrac{2\pi\times 6}{1.6\times 10^7\times 0.5\times 200\times 10^{-3}}\Omega\approx 2.36\times 10^{-5}\Omega$,

电感 $L=4\pi\times 10^{-7}\times\dfrac{\pi\times 36\times 10^{-6}}{200\times 10^{-3}}\mathrm{H}\approx 7.11\times 10^{-10}\mathrm{H}$,

阻抗比 $\dfrac{\omega L}{R}=\dfrac{2\pi\times 50\times 7.11\times 10^{-10}}{2.36\times 10^{-5}}\approx 6.0\times 10^{-3}$,

于是,

相位差 $\delta=\arctan(6.0\times 10^{-3})\approx 6.0\times 10^{-3}\,\mathrm{rad}$,

阻抗 $Z=\sqrt{R^2+(\omega L)^2}\approx R$,

电压幅值
$$\begin{aligned}U_0&=S\omega B_0\\&=\pi\times 36\times 10^{-6}\times 2\pi\times 50\times 0.3\mathrm{V}\\&\approx 10.7\mathrm{mV},\end{aligned}$$

电流幅值
$$\begin{aligned}I_0&=\frac{\pi\times 36\times 10^{-6}\times 2\pi\times 50\times 0.3}{2.36\times 10}\mathrm{A}\\&\approx 4.5\times 10^2\mathrm{A}.\end{aligned}$$

6.18 导电管的轴向电感

借助上题图,一长直导电管,长度 l、半径 a,其两个端面接入交变电路,试考量其电感 L. 若以无限长直载流体看待它,由于其外部磁感 $B(r)\propto\dfrac{1}{r}$,在积分求磁通时,不免出现 $\Phi\to\infty$ 的疑难,当 r 区间在(a,∞)时. 其实,此种情形下,令 $r\in(a,r_0)$,且 $r_0\gg l\gg a$ 更接近实际.

(1) 试证明,实心导电管的轴向电感

$$L \approx \mu_0 l\left(\frac{1}{4\pi}+\frac{1}{2\pi}\ln\frac{r_0}{a}\right);$$

(2) 试讨论,空心导电管的轴向电感 L' 与实心的 L 相比较,是大还是小? 两者相差 $\Delta L=L-L'$ 为多少?

(3) 设一个碳纳米管,长度 $l\approx 10\ \mu\text{m}$,半径 $a\approx 10^2\ \text{nm}$,建议选取 $r_0\approx 10a\approx 10^3\ \text{nm}$,算出电感 L.

解 (1) 如图,以无限长直载流柱体看待,由 $\boldsymbol{B}$ 环路定理求出

$$\begin{cases} B(r)=\mu_0\dfrac{I}{2\pi a^2}r, r<a; \\ B(r)=\mu_0\dfrac{I}{2\pi r}, r>a. \end{cases}$$

计算磁通

$$\begin{aligned}\Phi &= \Phi_{内}+\Phi_{外} \\ &= \frac{\mu_0 I}{2\pi a^2}\int_0^a r\cdot l\mathrm{d}r \\ &\quad +\frac{\mu_0 I}{2\pi}\int_a^{r_0}\frac{1}{r}\cdot l\mathrm{d}r,\end{aligned}$$

得电感

$$L=\frac{\Phi}{I}=\mu_0 l\left(\frac{1}{4\pi}+\frac{1}{2\pi}\ln\frac{r_0}{a}\right). \quad ①$$

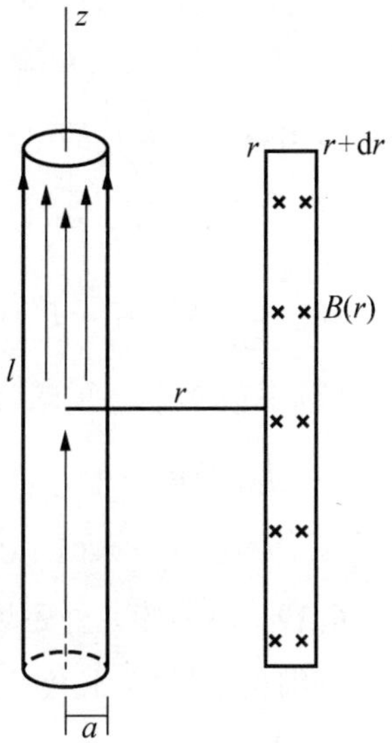

习题6.18图

(2) 考量空心导电管的轴向电感 L'. 设管壁厚度为 b,外径为 a,且 $a\gg b$,在推演中可忽略 b^2 项.

定性看 L',因为其电流 I 集中于管壁以致内部空心区域 $B=0$,从而 $\Phi'_{内}$ 减少,而 $\Phi'_{外}$ 不变. 定量推演如下:

管壁横截面

$$\Delta S=\pi a^2-\pi(a-b)^2\approx 2\pi ab,$$

相应电流密度

$$j=\frac{I}{2\pi ab}.$$

在 $r\in((a-b),a)$ 区间,应用 B 环路定理,

$$2\pi r\cdot B(r)=\mu_0 j\cdot 2\pi r(r-a+b),$$

得 $$B(r)=\mu_0 j(r-a+b);$$

磁通

$$\begin{aligned}\Phi'_{内}&=\int_{a-b}^{a}B(r)l\mathrm{d}r=\mu_0 jl\int_{a-b}^{a}(r-a+b)\mathrm{d}r\\&=\mu_0 jl\left(\frac{1}{2}a^2-\frac{1}{2}(a-b)^2+(-a+b)b\right)\\&=\mu_0\frac{Il}{2\pi ab}\cdot\frac{1}{2}b^2=\mu_0\frac{Ilb}{4\pi a}<\Phi_{内}=\mu_0\frac{Il}{4\pi}.\end{aligned}$$

又 $$\Phi'_{外}=\Phi_{外}=\mu_0\frac{Il}{2\pi}\ln\frac{r_0}{a},$$

最终给出空心导电管的电感，

$$L'=\mu_0 l\left(\frac{b}{4\pi a}+\frac{1}{2\pi}\ln\frac{r_0}{a}\right),\quad(<L) \qquad ②$$

$$\Delta L=L-L'=\mu_0 l\left(\frac{1}{4\pi}-\frac{b}{4\pi a}\right)=\mu_0 l\frac{a-b}{4\pi a}.$$

(3) 代入数据于①式，得该碳纳米管的轴向电感

$$\begin{aligned}L&=4\pi\times10^{-7}\times10\times10^{-6}\times\left(\frac{1}{4\pi}+\frac{1}{2\pi}\ln10\right)\mathrm{H}\\&=10^{-12}\times(1+2\times2.3)\mathrm{H}=5.6\times10^{-12}\mathrm{H}=5.6\mathrm{pH}.\end{aligned}$$

6.19 超导棒在外磁场中

一细长超导棒，长度 l、半径 a，且 $l\gg a$，被置于恒定磁场 $\boldsymbol{B}_0$ 之中，如题图(a)所示.

(1) 求超导棒表面层电流密度 $\boldsymbol{i}$，其方向和大小；

(2) 求空间磁场 $\boldsymbol{B}(\boldsymbol{r})$，或描述空间磁场分布的主要特点；

(3) 若是一超导片置于外场 $\boldsymbol{B}_0$ 之中，其长度 $l\ll a$，试求 $\boldsymbol{i}$ 和 $\boldsymbol{B}(\boldsymbol{r})$.

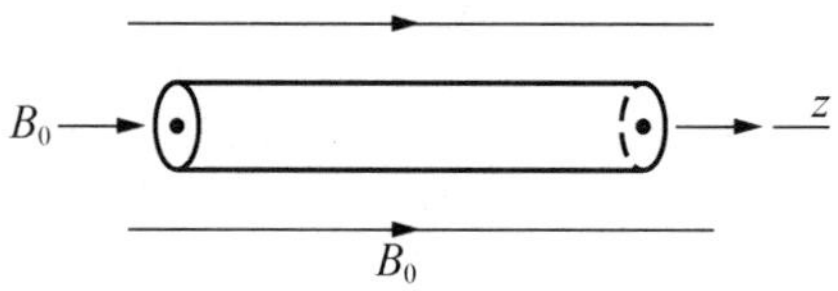

习题 6.19 图(a)

解 (1) 超导体具有完全抗磁性. 在外场 $\boldsymbol{B}_0$ 作用下，超导棒侧面立马响应一表面电流 i(A/m)，在内部产生一磁场 $\boldsymbol{B}_i\approx\mu_0 i(-\hat{\boldsymbol{z}})$，

以抵消$\boldsymbol{B}_0$，使棒内$\boldsymbol{B}_0+\boldsymbol{B}_i=0$，得 $i=B_0/\mu_0$，方向如图(b)；然而，面电流密度 $i(z)$并非完全均匀，其靠近端面 Δz 一小段 i'要大些，以补偿在端面处 B_i 迅降到$\frac{1}{2}B_i$，使 $B_{i'}$ 提升到恰好抵消 B_0，不过，这 Δz 很窄，约为 $\Delta z/l\approx5\%$.

(2) 根据 $\boldsymbol{B}$ 之边值关系，$B_{2n}=B_{1n}$，超导棒柱面外侧 $\boldsymbol{B}$ 线仅沿切向，$\boldsymbol{B}(\boldsymbol{r})$空间分布图像如图(b)所示，具轴对称性，上方 $\boldsymbol{B}$ 线分布与下方无异，此处略画.

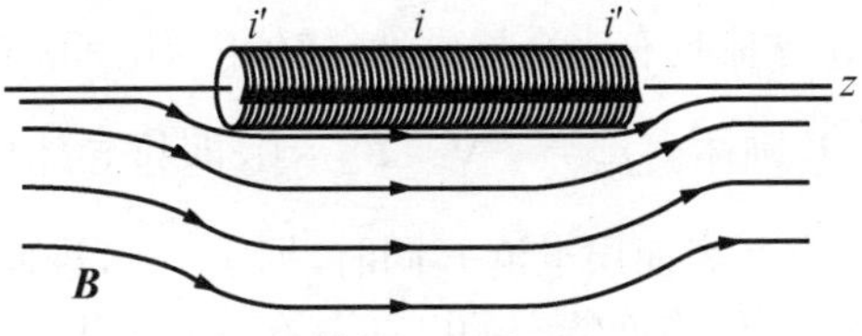

习题 6.19 图(b)

(3) 该超导片周边响应一环流，宽度为 l，面电流密度设为 i(A/m)，其在环内产生一准匀磁场$\boldsymbol{B}_i=\boldsymbol{B}_i(0)=\mu_0\dfrac{il}{2a}(-\hat{\boldsymbol{z}})$，以抵消$\boldsymbol{B}_0$ 使片内$\boldsymbol{B}=0$，于是得

$$i=\frac{2a}{\mu_0 l}B_0,$$

磁矩
$$\boldsymbol{m}=i(\pi a^2)(-\hat{\boldsymbol{z}}),$$
其产生的磁场(在较远区域 $r\gg l$)为一偶极场，

$$\boldsymbol{B}_i(r,\theta):\ B_{ir}=-k_{\mathrm{m}}\frac{2m\cos\theta}{r^3},\quad B_{i\theta}=-k_{\mathrm{m}}\frac{m\sin\theta}{r^3}.$$

故空间总磁场 $\boldsymbol{B}=\boldsymbol{B}_i+\boldsymbol{B}_0$，即

$$B_r(r,\theta)=B_0\cos\theta+B_{ir}(r,\theta),$$
$$B_0(r,\theta)=-B_0\sin\theta+B_{i\theta}(r,\theta).$$

6.20　超导棒在外电流场中

如图(a)，一细长超导棒，长度 l、半径 a，且 $l\gg a$，被置于恒定电流场 $\boldsymbol{j}_0$ 之中，$\boldsymbol{j}_0$ 场是由恒定电场 $\boldsymbol{E}_0$ 作用于导电介质而产生的，介质电

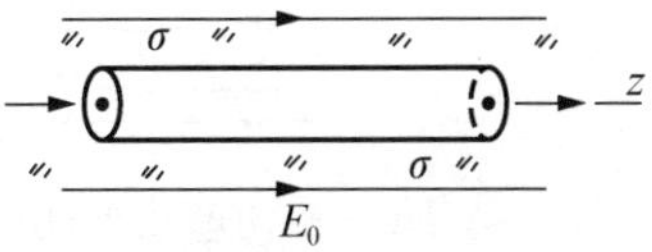

习题 6.20 图(a)

导率为 σ.

（1）你如何论证，超导体内体电流密度必为零，即 $j_{内}=0$.

（2）求超导棒圆柱形表面层电流密度 $\boldsymbol{i}$，其方向和大小. 提示：超导体的完全抗磁性，使从外面流向左端面的电流线无法进入体内，而被挤压在侧面柱形表面层，沿轴向自左向右，从右端流出.

（3）试讨论空间磁场 $\boldsymbol{B}(\boldsymbol{r})$的特点.

（4）若是一超导片置于外场 $\boldsymbol{j}_0$ 之中，其长度 $l\ll a$，试求 $\boldsymbol{i}$ 和 $\boldsymbol{B}(\boldsymbol{r})$.

解 （1）超导体具有完全抗磁性，使体内 $B_{in}=0$；根据 $\boldsymbol{B}$ 的旋度方程$\nabla\times\boldsymbol{B}=\mu_0\boldsymbol{j}$，则体内$\boldsymbol{j}_{in}=\dfrac{1}{\mu_0}\nabla\times\boldsymbol{B}_{in}=0$，即超导体内不可能存在体电流，只可能存在表面层电流 i. 同时，据 $j_{in}=0$，进而判定电场 $E_{in}=0$，这是通过超导体表面特定的电荷分布 $\sigma_e(z)$以产生一附加电场 $\boldsymbol{E}'_{in}$，来抵消外电场 $\boldsymbol{E}_0$ 而实现的. 总之，超导体的完全抗磁性，导致其体内，

$$\boldsymbol{B}_{in}=0,\quad \boldsymbol{j}_{in}=0,\quad \boldsymbol{E}_{in}=0,$$

（2）于是，最初流向端面的电流线，无法进入超导棒内，$\boldsymbol{j}_0$ 线被挤压在棒之侧面，以面电流 i_0 形式自左向右流动，其正截线周长为 $2\pi a$，故

$$2\pi a\cdot i_0=j_0\cdot\pi a^2,\quad 得\ i_0=\frac{a}{2}j_0.\ (\mathrm{A/m})$$

同时，根据电场 $\boldsymbol{E}$ 的边值关系，$E_{2t}=E_{1t}$，$\boldsymbol{E}$ 切向分量连续，那么由$\boldsymbol{E}_{in}=0$，得棒外侧 $\boldsymbol{E}$ 无切向分量，则外侧 $\boldsymbol{E}$ 线与表面正交，于是，形成这样一种电流场图景，这些 $\boldsymbol{j}$ 线从左半区进入表面层，沿 z 轴方向流动，再从右半区流出，而维持恒定电流场的闭合性，如图(b)所示.

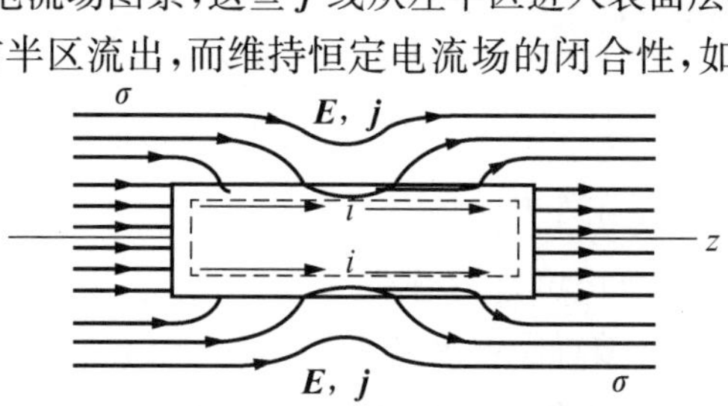

习题 6.20(b)，超导棒外部的电流场

故表面层中等效面电流密度应表达为 $i(z)$，上述 i_0 仅是两头端环的面电流密度，即 $i(z=\pm\frac{l}{2})=i_0=\frac{a}{2}j_0$. 寻求 $i(z)$ 函数是个难题，作者尚未有解.

(3) 导体棒外部空间的电流场也是较复杂的，$\boldsymbol{j}(r,z)=\sigma(\boldsymbol{E}_0+\boldsymbol{E}'(r,z))$，这里，$r$ 为场点轴距，$\boldsymbol{E}'$ 为棒表面自由电荷分布所产生的电场. 不过，电流 $i(z)$ 和 $j(r,z)$ 具有纵向轴对称性，故其产生的磁场 $\boldsymbol{B}$ 具有横向轴对性，可表示为 $B(r,z)$，且 $\boldsymbol{B}/\!/\hat{\boldsymbol{z}}\times\boldsymbol{r}$，即 $\boldsymbol{B}$ 线是绕 z 轴的一系列圆周. 于是，可应用 $\boldsymbol{B}$ 环路定理，给出棒外磁场 $B(r,z)$ 的积分表示，

$$2\pi r\cdot B(r,z)=\mu_0 2\pi a i(z)+\mu_0\iint_{(\Sigma)}\boldsymbol{j}\cdot d\boldsymbol{S},$$

得
$$B(r,z)=\mu_0\frac{a}{r}i(z)+\mu_0\frac{1}{2\pi r}\sigma\iint_{(\Sigma)}\boldsymbol{E}(r,z)\cdot d\boldsymbol{S},$$

这里，面积分区间 Σ 是 z 处半径为 r 的圆平面. 鉴于 $i(z)$ 和 $E(r,z)$ 函数待求，故上式仅是磁场 $\boldsymbol{B}$ 的一个形式解.

(4) 若将超导棒换为一超导片，厚度 $l\ll a$，则情况变得简单，因为这时出现的表面电荷，可视为等量异号 $\pm\sigma_e$ 的准无限大平面，它在片内贡献的电场 $\boldsymbol{E}'_{in}\approx-\boldsymbol{E}_0$，它在片外空间的电场 $\boldsymbol{E}'$ 很弱可被忽略，故片外 $\boldsymbol{j}\approx\boldsymbol{j}_0=\sigma\boldsymbol{E}_0$，近似均匀. 另一方面，此时，片外空间电流场图象与图(b)类似，在接近薄片局域场线略有弯曲，但从侧边进入表面层的电流很少可被忽略，于是，表面层电流密度 i 主要来自端面电流线拐弯改道的 i_0，即 $i\approx i_0=\frac{a}{2}j_0$，且 $\boldsymbol{j}/\!/\hat{\boldsymbol{z}}$. 轴对称纵向电流场，产生一轴对称横向磁场 $\boldsymbol{B}(r)$，应用 $\boldsymbol{B}$ 环路定理，便求得片外 $\boldsymbol{B}(r)$，

$$B(r)=\frac{1}{2}\mu_0 j_0 r,\quad \boldsymbol{B}/\!/(\hat{\boldsymbol{z}}\times\boldsymbol{r}).$$

6.21 小磁体穿越线圈

一小永磁体以恒定速度 v 穿越无源线圈，将产生一脉冲式感应电流 $i(t)$ 于此环形回路，如图(a)所示，图中箭头标明了所选择的回路方向，以便于判定磁通 Φ 和电流 i 的正负号.

(1) 试粗略而正确地画出磁通 $\Phi(t)$、感应电流 $i(t)$ 的函数曲线.

提示：注意时轴上的两个特征时刻，N 极刚进入线圈平面的时刻 t_1，S 极刚离开线圈平面的时刻 t_2.

(2) 这个现象已被用来测量抛射体的速度. 一个头部嵌有小磁体的抛射体，连续通过两个相距约 100 mm 的线圈，测定两个电流脉冲的时差 Δt，便可确定抛射体的运动速度 v. 此方法已用来测量高于 5 km/s 的速度.

解 (1) 基于以下考量：永磁体内的磁场 $\boldsymbol{B}$ 最强，两极附近 $\boldsymbol{B}$ 次强，沿纵向离开磁极其 $\boldsymbol{B}$ 渐弱，而其侧面以外区域 $\boldsymbol{B}$ 最弱；同时注意到，体内 $\boldsymbol{B}$ 线自 S 极指向 N 极. 于是画出 $\Phi(t)$，$i(t)$ 曲线如图(b)和图(c)，后者是前者的微分操作，因为 $i(t) \propto -\frac{\mathrm{d}\Phi}{\mathrm{d}t}$.

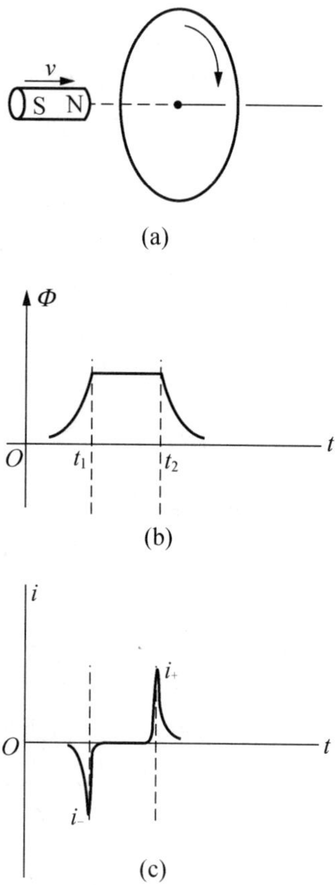

习题 6.21 图

(2) 注意到作为探头的小磁体，其长度 l_0 颇短，以致那两个脉冲电流 i_- 与 i_+ 的时差，$\Delta t_0 = \frac{l_0}{v}$ 很小，而不易分辨，尤其对测量高速抛物体而言. 拟可选择的方案是采用双线圈测量方法，让小磁体先后通过两个相距为 l 的线圈，并有一个特定设计的电子线路，它仅检测一个方向的电流脉冲比如 i_-，而抑制另一反向的电流脉冲 i_+，于是，测定这两个 i_- 信号的时差 $\Delta t = \frac{l}{v}$，得抛射体速度 $v = \frac{l}{\Delta t}$. 比如，$l = 100\text{mm}$，测速上限设为 $v = 5\text{km/s}$，而算出

$$\Delta t = \frac{100 \times 10^{-3}}{5 \times 10^{3}} \text{s} = 20 \times 10^{-6} \text{s} = 20 \mu\text{s}（微秒），$$

当下电子逻辑电路其时间分辨率达 $10\mu\text{s}$，是不难实现的.

6.22 低频感应加热器

感应炉基于感应电流的热效应,用来熔化金属.实用感应炉通常由一个绝热大坩埚、外加一个密绕线圈所组成.现在我们讨论一待熔石墨棒,其长度为 l,半径为 a,电导率为 σ,被置于长直密绕螺线管中,如题图所示.设螺线管绕线密度为 n(匝/米),通以交变电流,

$$I = I_0 \cos\omega t.$$

在下面讨论的问题中,我们忽略趋肤效应,这对于 $a=60$ mm, $\sigma=10^5(\Omega\cdot\mathrm{m})^{-1}$,工作于 50 Hz 的石墨棒,是完全合理的;也忽略石墨棒中位移电流的磁效应,因为其数量级远小于外加磁场;也不考虑石墨介质的电极化和磁化效应,仅计及其电导率.注意到,石墨棒中出现的感应电流,是绕轴环行的体电流,即它系横向电流.

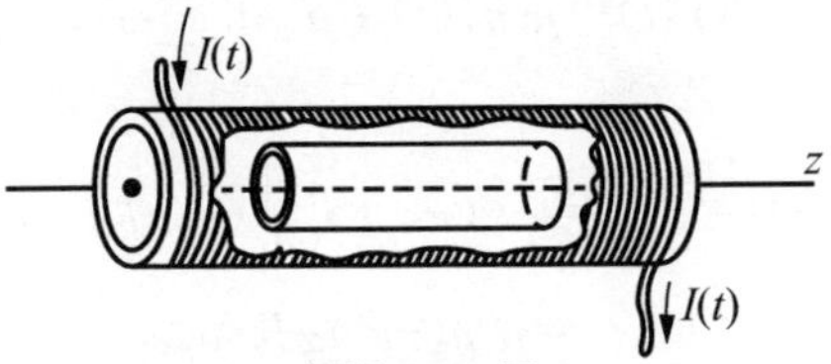

习题 6.22 图

(1) 首先针对石墨体内部一个轴距为 r,厚度为 $\mathrm{d}r$,长度为 l 的圆筒,证明:

(i) 其横向一周的感应电动势,

$$\mathscr{E}(r,t) = \mu_0 n(\pi r^2)\omega I_0 \sin\omega t. \quad (\propto \omega, r^2)$$

(ii) 其涡旋电场和体电流密度,

$$E(r,t) = \frac{1}{2}\mu_0 n r\omega I_0 \sin\omega t, \quad (\propto \omega, r)$$

$$j(r,t) = \frac{1}{2}\mu_0 n\sigma r\omega I_0 \sin\omega t. \quad (\propto \omega, r)$$

(iii) 其所消耗的平均焦耳热功率体密度($\mathrm{J/m^3}$),

$$\overline{w}(r) = \frac{1}{8}(\mu_0 n r\omega I_0)^2\sigma. \quad (\propto \omega^2, r^2)$$

(iv) 其所消耗的总平均热功率,

$$\Delta\overline{P} = \frac{1}{4}(\mu_0 n\omega I_0)^2 \cdot \pi\sigma l r^3 \mathrm{d}r.$$

(2) 证明,整个石墨棒消耗的平均热功率,

$$\overline{P}=\frac{1}{16}(\mu_0 n\omega I_0)^2\cdot\pi\sigma l a^4.\quad(\propto\omega^2,a^4)$$

提示:电功率体密度 $w=j\cdot E$.

(3) 给定一组数据:

$$I_0=20\,\mathrm{A},\quad n=5000\ 匝/米,\quad \omega=2\pi\times 50\mathrm{rad/s},$$
$$l=100\,\mathrm{cm},\quad a=60\,\mathrm{mm},\quad \sigma=10^5(\Omega\cdot\mathrm{m})^{-1}.$$

(i) 计算轴距 $r=30\,\mathrm{mm}$ 处的涡旋电场幅值 E_0 和体电流密度幅值 j_0.

(ii) 计算该石墨棒消耗的总功率 $\overline{P}$.

解 (1)(i) 此壳层横截面积 $S=\pi r^2$,体内磁场为

$$B(r,t)=\mu_0 nI(t)=\mu_0 nI_0\cos\omega t,$$

感应电动势为

$$\mathscr{E}(r,t)=-\frac{\mathrm{d}\Phi}{\mathrm{d}t}=-(\pi r^2)\cdot\frac{\mathrm{d}}{\mathrm{d}t}(\mu_0 nI_0\cos\omega t),$$

即

$$\mathscr{E}(r,t)=\mu_0 n(\pi r^2)\omega I_0\sin\omega t.\qquad ①$$

(ii) 此 $\partial\boldsymbol{B}/\partial t$ 具纵向轴对称性,故其产生的涡旋电场 $\boldsymbol{E}(r,t)$ 具横向轴对称性,于是可方便地应用 $\boldsymbol{E}$ 之环路定理,

$$2\pi r\cdot E(r,t)=\mathscr{E}(r,t),$$

得

$$E(r,t)=\frac{1}{2}\mu_0 nr\omega I_0\sin\omega t,\qquad ②$$

相应的体电流密度为

$$j(r,t)=\sigma E=\frac{1}{2}\mu_0 nr\sigma\omega I_0\sin\omega t.\qquad ③$$

(iii) 焦耳热功率体密度为

$$w(r,t)=j\cdot E=\frac{1}{4}(\mu_0 nr\omega I_0)^2\sigma\sin^2\omega t,$$

注意到 $\sin^2\omega t$ 的时间平均值为 $\frac{1}{2}$,于是,

$$\overline{w}(r)=\frac{1}{8}(\mu_0 nr\omega I_0)^2\sigma.\qquad ④$$

(iv) 该壳层的体积为 $\mathrm{d}V=l\cdot 2\pi r\mathrm{d}r$,得此壳层的平均热功率为

$$\Delta\overline{P}=\overline{w}\mathrm{d}V=\frac{\pi}{4}(\mu_0 n\omega I_0)^2\sigma l r^3\,\mathrm{d}r.$$

(2) 整个石墨棒的平均热功率为

$$\overline{P}=\int_0^a \mathrm{d}\overline{P}=\frac{\pi}{16}(\mu_0 n\omega I_0)^2\sigma l a^4. \qquad ⑤$$

(3) (i) 涡旋电场幅值为

$$\begin{aligned}E_0(r=30\mathrm{mm})&=\frac{1}{2}\times4\pi\times10^{-7}\times5\times10^3\times30\times10^{-3}\\&\quad\times2\pi\times50\times20\mathrm{V/m}\\&\approx5.92\times10^{-1}\mathrm{V/m}.\end{aligned}$$

相应的涡旋电流密度幅值为

$$j_0(r=30\mathrm{mm})=\sigma E_0=10^5\times5.92\times10^{-1}\mathrm{A/m^2}=5.92\times10^4\mathrm{A/m^2}.$$

(ii) 代入⑤式,算得这条处于感应炉中的石墨棒的热功率为

$$\begin{aligned}\overline{P}&=\frac{\pi}{16}(4\pi\times10^{-7}\times5\times10^3\times2\pi\times50\times20)^2\\&\quad\times10^5\times1\times(60\times10^{-3})^4\mathrm{W}\\&\approx397\mathrm{W}.\end{aligned}$$

如果交变频率加倍,$\omega'=2\omega$,则

$$\overline{P}'=4\overline{P}\approx1.6\times10^3\mathrm{W}.$$

6.23 *RC* 放电获得脉冲大电流

一个 100 μF 的电容,初始电压为 200 V,针对 0.5 Ω 的低阻放电.

(1) 求电流脉冲峰值 I_0;

(2) 求电流脉冲宽度 τ 为多少微秒(μs);

(3) 求电流脉冲平均功率 $\overline{P}$ 约为多少瓦(W).

解 (1) 脉冲电流峰值 $I_0=\dfrac{U_0}{R}=\dfrac{200}{0.5}\mathrm{A}=400\mathrm{A}.$

(2)脉冲宽度 Δt 以其放电时间常数 τ 来度量是合理的,即

$$\Delta t\approx\tau=RC=0.5\times10^2\mu\mathrm{s}=50\mu\mathrm{s}.$$

(3)该电容器初始储能为

$$W_C=\frac{1}{2}CU_0^2=\frac{1}{2}\times100\times10^{-6}\times(200)^2\mathrm{J}=2.0\mathrm{J}.$$

经历 τ 时间，其储能约 90％被释放出，据此估算电流脉冲平均功率 $\overline{P}$ 是合理的，即

$$\overline{P}=\frac{0.90\times W_C}{\tau}=\frac{0.9\times 2}{50\times 10^{-6}}\mathrm{W}\approx 3.6\times 10^4\,\mathrm{W}.$$

三万六千瓦，一听它是够大的，其实其脉冲能量只约 2 焦耳，其持续时间仅有 50 微秒.

6.24 *LR* 放磁获得脉冲高电压

一个 20 mH 的电感，其初始电流为 100 A，针对 1.0 kΩ 的高阻放磁.

(1) 求电压脉冲峰值 U_0；

(2) 求电压脉冲宽度 τ 为多少微秒(μs)；

(3) 求电压脉冲平均功率 $\overline{P}$ 为多少瓦(W).

解 (1) 电感线圈系电流惰性元件，故高阻 R 的初始电压为

$$U_0=RI_0=1.0\times 10^3\times 100\,\mathrm{V}=1.0\times 10^5\ \mathrm{V}.$$

它正是电压脉冲 $u(t)$的峰值.

(2) 电压 $u(t)$的脉冲宽度 Δt，以其放磁时间常数 τ 来度量是合理的，即

$$\Delta t\approx\tau=\frac{L}{R}=\frac{20\times 10^{-3}}{1.0\times 10^3}\mathrm{s}=20\times 10^{-6}\,\mathrm{s}=20\mu\mathrm{s}.$$

(3) 该电感器的初始储能为

$$W_L=\frac{1}{2}LI_0^2=\frac{1}{2}\times 20\times 10^{-3}\times 10^4\,\mathrm{J}=100\mathrm{J},$$

经历 τ 时间，其释放出约 90％的磁能，故得放磁脉冲平均功率

$$\overline{P}=\frac{0.90\times W_L}{\tau}=\frac{0.90\times 100}{20\times 10^{-6}}\mathrm{W}=4.5\times 10^6\,\mathrm{W}.$$

4.5 兆瓦，一听这是一个巨数，其实其脉冲能量为 100 焦耳，存在时间仅有 20 微秒.

6.25 含 *LR* 暂态电路

一个自感为 0.50 mH、电阻为 0.01 Ω 的线圈连接到内阻可以忽略、电动势为 12 V 的电源上. 开关接通多长时间，电流达到终值的 90％？到此时线圈中储存了多少能量？电源消耗了多少能量？

解 $(L,R,\mathscr{E})$电路充磁过程的时间常数为

$$\tau=\frac{L}{R}=\frac{0.50\times10^{-3}}{0.01}\text{s}=50\text{ms}(\text{毫秒}).$$

当时长 $t_0\approx2.3\tau$，其电流 $i(t)$便达到终值 $i(\infty)=\frac{\mathscr{E}}{R}$的 90%，即

$$t_0\approx2.3\times50\text{ms}=115\text{ms},\quad I(t_0)=0.90\times\frac{\mathscr{E}}{R}.$$

此时线圈中储能为

$$W_L(t_0)=\frac{1}{2}LI^2(t_0)=\frac{1}{2}L\left(0.90\,\frac{\mathscr{E}}{R}\right)^2$$

$$=\frac{1}{2}\times0.5\times10^{-3}\times\left(0.9\times\frac{12}{0.01}\right)^2\text{J}\approx292\text{J}.$$

电源在 $t\in(0,t_0)$时段提供的能量为

$$W_{\mathscr{E}}=\int_0^{t_0}\mathscr{E}i\text{d}t=\frac{\mathscr{E}^2}{R}\int_0^{t_0}(1-\text{e}^{-\frac{t}{\tau}})\text{d}t=\frac{\mathscr{E}^2}{R}(t_0+0.1\tau)$$

$$=\frac{12^2}{0.01}\times2.4\times50\times10^{-3}\text{J}\approx1728\text{J}.$$

6.26 含 LR 暂态电路

一电路如本题图所示，R_1，R_2，L 和 $\mathscr{E}$ 都已知，电源 $\mathscr{E}$ 和线圈 L 的内阻都可忽略不计.

(1) 求 K 接通后，a，b 间的电压与时间的关系；

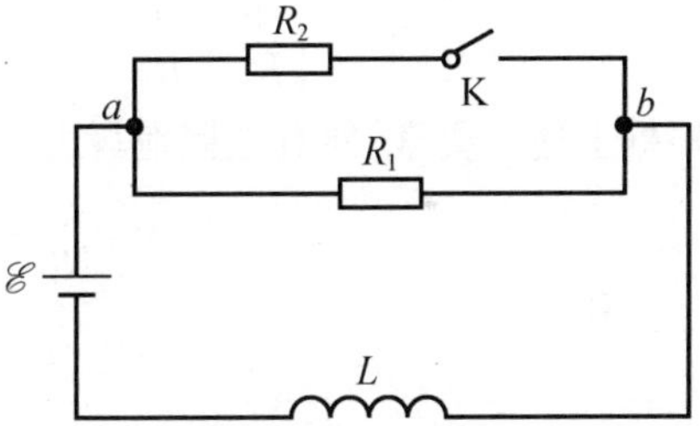

习题 6.26 图

(2) 在电流达到最后稳定值的情况下，求 K 断开后 a，b 间的电压与时间的关系.

解 (1) 当 K 通，R_1 与 R_2 并联，等效电阻为 R，$\frac{1}{R}=\frac{1}{R_1}+\frac{1}{R_2}$，设这个$(L,R,\mathscr{E})$串联电路的暂态电流为 $i(t)$，其初值 $i(0)$和终值 $i(\infty)$分别为

$$i(0)=\frac{\mathscr{E}}{R_1},\quad i(\infty)=\mathscr{E}\left(\frac{1}{R_1}+\frac{1}{R_2}\right),\qquad ①$$

其过程方程为

$$u_{ab}+u_L=\mathscr{E},\quad 即\ Ri+L\frac{\mathrm{d}i}{\mathrm{d}t}=\mathscr{E}, \tag{②}$$

其非齐次的特解 $i'(t)$ 和齐次的通解 $i_0(t)$ 分别为

$$i'(t)=\frac{\mathscr{E}}{R}=\mathscr{E}\left(\frac{1}{R_1}+\frac{1}{R_2}\right);\quad i_0(t)=C\mathrm{e}^{\frac{-t}{\tau}},\tau=\frac{L}{R}.$$

故方程②的通解为

$$i(t)=i'+i_0=\mathscr{E}\left(\frac{1}{R_1}+\frac{1}{R_2}\right)+C\mathrm{e}^{\frac{-t}{\tau}},$$

据初条件①，确定了常系数 $C=-\frac{\mathscr{E}}{R_2}$，最终得电流

$$i(t)=\frac{\mathscr{E}}{R}-\frac{\mathscr{E}}{R_2}\mathrm{e}^{\frac{-t}{\tau}},$$

电压

$$u_{ab}=Ri=\mathscr{E}-\mathscr{E}\frac{R_1}{R_1+R_2}\mathrm{e}^{\frac{-t}{\tau}}. \tag{③}$$

(2) 当 K 断，此 $(L,R_1,\mathscr{E})$ 电路暂态电流设为 $i(t)$，注意到 L 系电流惰性元件，于是可确定其初值 $i(0)$，以及终值 $i(\infty)$ 和时间常数 τ，这三者分别为

$$i(0)=\mathscr{E}\left(\frac{1}{R_1}+\frac{1}{R_2}\right),\quad i(\infty)=\frac{\mathscr{E}}{R_1},\quad \tau=\frac{L}{R_1}. \tag{④}$$

根据上述三要素，便有把握地写出，

$$i(t)=\frac{\mathscr{E}}{R_1}+\frac{\mathscr{E}}{R_2}\mathrm{e}^{\frac{-t}{\tau}},$$

$$u_{ab}(t)=R_1i=\mathscr{E}+\frac{R_1}{R_2}\mathscr{E}\mathrm{e}^{\frac{-t}{\tau}}. \tag{⑤}$$

若由微分方程求解，也得此结果.

6.27 含 RC 暂态电路

一电路含 $(R_1,R_2,C,\mathscr{E})$ 和电键 K，忽略电源内阻，如题图所示.

(1) 求，K 接通以后 a,b 间的电压 u_{ab} 对时间 t 的依赖关系；

(2) 在电路达到稳态以后，再断开 K，求 $u_{ab}(t)$ 函数.

解 (1) K 通，电容两端之暂态电压设为 $u(t)$. 注意到 C 系电压惰性元件，便可确定其初值 $u(0)$，以及其终值 $u(\infty)$ 和放电时间常数 τ，三者分别为

$$u(0)=\mathscr{E},\quad u(\infty)=\frac{R_2\mathscr{E}}{R_1+R_2},\quad \tau=RC=\frac{R_1R_2}{R_1+R_2}C. \tag{①}$$

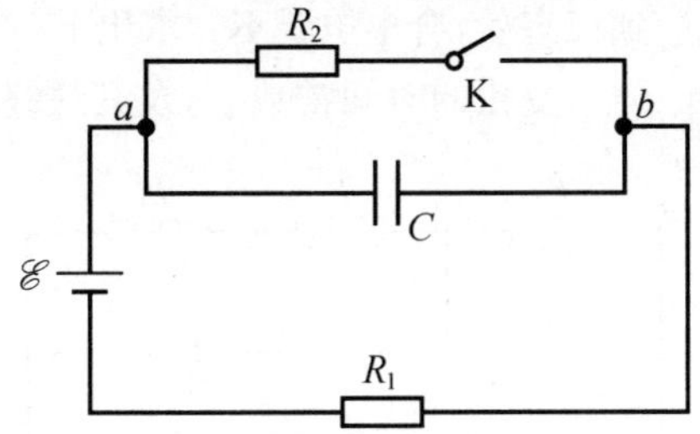

习题 6.27 图

这里，将 R 写成此形式，是因为电容器对 R_1 与 R_2 并联电路而放电. 同时看到 $u(0)>u(\infty)$，换言之，$u(t)$ 函数应当是一个下降函数. 根据上述三要素，有把握地写下

$$u(t)=\frac{R_2\mathscr{E}}{R_1+R_2}+\frac{R_1\mathscr{E}}{R_1+R_2}\mathrm{e}^{-\frac{t}{\tau}}. \qquad ②$$

若采用微分方程求解——非齐次特解加上齐次通解，再由初条件求得待定系数，其所得结果与②式无异.

(2) K 断，暂态过程 $u_{ab}(t)$ 简写为 $u(t)$，其三要素分别为

$$\left.\begin{array}{l}\text{初值 } u(0)=\dfrac{R_2}{R_1+R_2}\mathscr{E},\quad \text{终值 } u(\infty)=\mathscr{E},\\ \text{时间常数 } \tau=R_1C.\end{array}\right\} \qquad ③$$

可见，$u(0)<u(\infty)$，换言之，$u(t)$ 是一上升函数，电容器被充电，于是，有把握地写下

$$u(t)=\frac{R_2\mathscr{E}}{R_1+R_2}+\frac{R_1\mathscr{E}}{R_1+R_2}(1-\mathrm{e}^{-\frac{t}{\tau}}), \qquad ④$$

或

$$u(t)=\mathscr{E}-\frac{R_1\mathscr{E}}{R_1+R_2}\mathrm{e}^{-\frac{t}{\tau}}. \qquad ⑤$$

6.28 含 LR 暂态电路

如本题图所示，该电路含元件(R_0，R，L)和直流电源 $\mathscr{E}$，还有两个电键 K_1 和 K_2.

(1) 求，电键 K_1 闭合后电感两端电压 $u_{bc}(t)$ 函数，及其时间常数 τ；

(2) 设 $\mathscr{E}=36$ V，$R_0=30\ \Omega$，$R=100\ \Omega$，$L=250$ mH，求出 $t=0.5\tau$ 时刻电压 u_{ab} 和 u_{bc}；

(3) 待电路达到稳态后，合上电键 K_2，求出 K_2 支路的电流 $i_2(t)$ 函数，并从中确定 $i_2(t)$ 变化的时间常数 τ'，及其最终稳定电流值 I.

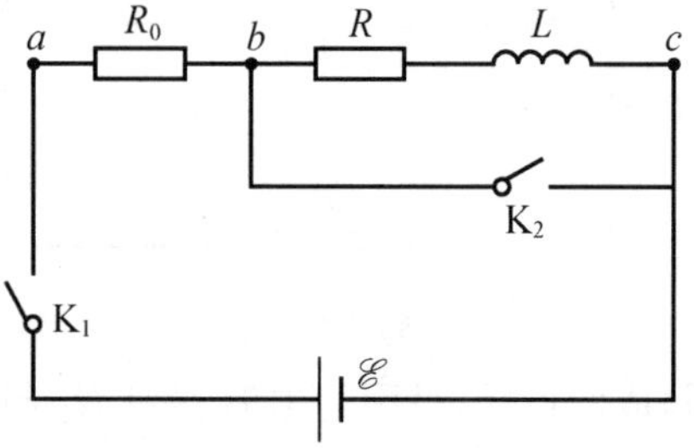

习题 6.28 图

解 (1) 当 K_1 通，此电路为一简单的($R_0, R, L, \mathscr{E}$)串联电路，其暂态电流 $i(t)$ 的三要素分别为

初值 $i(0)=0$， 终值 $i(\infty)=\dfrac{\mathscr{E}}{R_0+R}$， 时间常数 $\tau=\dfrac{L}{R_0+R}$，

可见，$i(0)<i(\infty)$，即 $i(t)$ 为一上升函数，电感器被充磁，则可构建电流函数如下，

$$i(t)=\frac{\mathscr{E}}{R_0+R}(1-\mathrm{e}^{-\frac{t}{\tau}}). \qquad ①$$

于是，得电压

$$u_{bc}(t)=Ri+L\frac{\mathrm{d}i}{\mathrm{d}t}=\frac{R\mathscr{E}}{R_0+R}(1-\mathrm{e}^{-\frac{t}{\tau}})+\mathscr{E}\mathrm{e}^{-\frac{t}{\tau}},$$

即
$$u_{bc}(t)=\frac{R}{R_0+R}\mathscr{E}+\frac{R_0}{R_0+R}\mathscr{E}\mathrm{e}^{-\frac{t}{\tau}}, \qquad ②$$

且得
$$u_{ab}(t)=\mathscr{E}-u_{bc}=\frac{R_0}{R_0+R}\mathscr{E}-\frac{R_0}{R_0+R}\mathscr{E}\mathrm{e}^{-\frac{t}{\tau}}. \qquad ③$$

(2)代入数据，

$$u_{ab}(t=0.5\tau)=\left(\frac{30}{100+36}\times 36-\frac{30}{100+36}\times 36\times\mathrm{e}^{-\frac{1}{2}}\right)\mathrm{V}$$
$$=(8.31-8.31\times 0.606)\mathrm{V}\approx 3.27\mathrm{V};$$
$$u_{bc}(t=0.5\tau)=(36-3.27)\mathrm{V}=32.73\mathrm{V}.$$

(3) 当 K_2 也通，则电感器放磁，其放磁回路正是 K_2 与 R 构成的回路(LK_2RL)，故 K_2 路电流 i_2 一部分来自 L 的放磁电流 i_2' 自右

向左，另一部分来自直流电源 $\mathscr{E}$ 提供的电流 I 自左向右，即

$$i_2(t)=I+i_2'(t),\quad 且\quad I=\frac{\mathscr{E}}{R_0},$$

以及 $$i_2'(0)=-i(\infty)=-\frac{\mathscr{E}}{R_0+R},\quad i_2'(\infty)=0, \tau'=\frac{L}{R},$$

于是 $$i_2'(t)=-\frac{\mathscr{E}}{R_0+R}e^{-\frac{t}{\tau'}}.$$

最终得 $$i_2(t)=\frac{\mathscr{E}}{R_0}-\frac{\mathscr{E}}{R_0+R}e^{-\frac{t}{\tau'}}. \tag{④}$$

可见，初值 $i_2(0)=\frac{\mathscr{E}}{R_0}-\frac{\mathscr{E}}{R_0+R}$，终值 $i_2(\infty)=I=\frac{\mathscr{E}}{R_0}$，$\tau'=\frac{L}{R}$.

本小题也可采取原始的从建立微分方程入手而解之. 通过 R_0 一路的电流设为 $i(t)$，通过 L 路的为 $i_1(t)$，通过 K_2 路的为 $i_2(t)$. 则

$$Ri_1+L\frac{di_1}{dt}=0, \tag{⑤}$$

$$R_0 i=\mathscr{E}, \tag{⑥}$$

$$i=i_1+i_2. \tag{⑦}$$

由⑤式得

$$i_1(t)=Ce^{-\frac{t}{\tau'}},\quad \tau'=\frac{L}{R};$$

鉴于 L 系电流惰性元件，其初值 $i_1(0)$ 等于仅 K_1 通时的终值 $i(\infty)$，于是推定系数 $C=i(\infty)=\frac{\mathscr{E}}{R_0+R}$，即

$$i_1(t)=\frac{\mathscr{E}}{R_0+R}e^{-\frac{t}{\tau'}}.$$

再由⑦，⑥式，得

$$i_2(t)=i-i_1=\frac{\mathscr{E}}{R_0}-\frac{\mathscr{E}}{R_0+R}e^{-\frac{t}{\tau'}}.$$

6.29 互感耦合的 LR 暂态电路

一个含互感耦合的电路如图(a)所示，它包括 $\mathscr{E}$, R_1, L_1, M, L_2, R_2，还有电键 K. 当 K 合上 a 点，电路经历充磁暂态过程；达到稳态后，将 K 合上 b 点，则电路经历放磁暂态过程. 证明，在无漏磁条件下，该电路充放磁暂态过程的时间常数为

$$\tau=\frac{L_1}{R_1}+\frac{L_2}{R_2}.$$

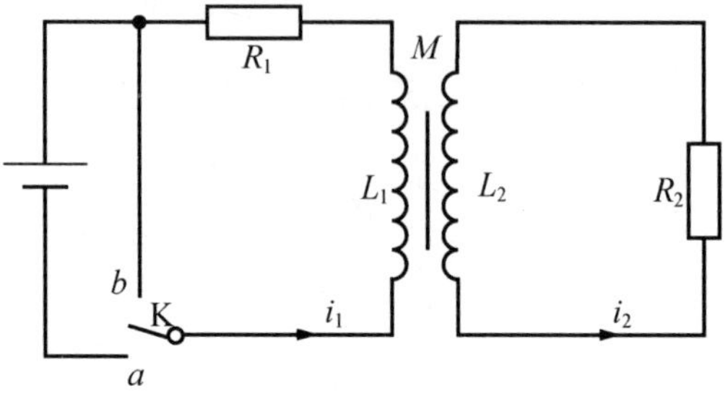

习题 6.29 图(a)

提示：分别列出充磁或放磁回路的电路方程，各自均为两个联立的微分方程组；由放磁时的齐次方程，找到 $i_2(t)$ 与 $i_1(t)$ 间有个简单的比例关系，其中要用到强耦合无漏磁条件 $M^2=L_1L_2$；最后，求解仅含 $i_1(t)$ 或 $i_2(t)$ 的微分方程.

解 *方法一* 立出电路微分方程求解之.

充磁过程，

$$\begin{cases} R_1i_1+L_1\dfrac{\mathrm{d}i_1}{\mathrm{d}t}+M\dfrac{\mathrm{d}i_2}{\mathrm{d}t}=\mathscr{E}, & ①\\ R_2i_2+L_2\dfrac{\mathrm{d}i_2}{\mathrm{d}t}+M\dfrac{\mathrm{d}i_1}{\mathrm{d}t}=0; & ② \end{cases}$$

放磁过程，

$$\begin{cases} R_1i_1+L_1\dfrac{\mathrm{d}i_1}{\mathrm{d}t}+M\dfrac{\mathrm{d}i_2}{\mathrm{d}t}=0, & ③\\ R_2i_2+L_2\dfrac{\mathrm{d}i_2}{\mathrm{d}t}+M\dfrac{\mathrm{d}i_1}{\mathrm{d}t}=0. & ④ \end{cases}$$

可见，①、②或③、④皆为联立微分方程，即 $i_1(t)$ 与 $i_2(t)$ 的耦合方程，其中仅①为非齐次. 须知，非齐次方程的特解乃是一常数解，它不会改变暂态过程的时间常数 τ；τ 仅由齐次方程的通解函数导出. 而充磁与放磁的齐次方程雷同，故两者的 τ 相等. 现以③、④推导 τ. 注意到，无漏磁条件下，$M=\sqrt{L_1L_2}$，改写③、④使之成为更显对称性形式，

$$\begin{cases} R_1 i_1 + L_1 \dfrac{di_1}{dt} + \sqrt{L_1 L_2}\dfrac{di_2}{dt} = 0, & ⑤ \\ R_2 i_2 + L_2 \dfrac{di_2}{dt} + \sqrt{L_1 L_2}\dfrac{di_1}{dt} = 0. & ⑥ \end{cases}$$

可以发现若对系数作适当的配比，再两式相减，就能同时消除$\dfrac{di_1}{dt}$项和$\dfrac{di_2}{dt}$项. 令⑤式$\times\sqrt{\dfrac{L_2}{L_1}}$，得

$$R_1\sqrt{\frac{L_2}{L_1}}\,i_1 + \sqrt{L_1 L_2}\frac{di_1}{dt} + L_2\frac{di_2}{dt} = 0, \qquad ⑦$$

操作⑦式－⑥式，遂得

$$R_1\sqrt{\frac{L_2}{L_1}}\,i_1 - R_2 i_2 = 0,$$

即
$$i_2 = \frac{R_1}{R_2}\cdot\sqrt{\frac{L_2}{L_1}}\,i_1,\quad \frac{di_2}{dt} = \frac{R_1}{R_2}\cdot\sqrt{\frac{L_2}{L_1}}\cdot\frac{di_1}{dt}. \qquad ⑧$$

将⑧式代入⑤式，它就成为一单纯 $i_1(t)$的齐次方程，

$$R_1 i_1 + \left(L_1 + \frac{R_1}{R_2}L_2\right)\frac{di_1}{dt} = 0, \qquad ⑨$$

其通解形式为

$$i_1(t) = Ce^{-\frac{t}{\tau}},$$

其中，时间常数

$$\tau = \frac{L_1 + \dfrac{R_1}{R_2}L_2}{R_1} = \frac{L_1}{R_1} + \frac{L_2}{R_2}. \qquad ⑩$$

不分充磁或放磁，τ 值相同. 不同的是待定系数 C，因初条件不同而异；当然，对于充磁方程①，其解还含一个常数项.

方法二 借助互感耦合的阻抗变换公式求解之.

输出回路的负载 R_2 对输入回路的反作用，可以由其反射阻抗 R_2^* 给予等效，在无漏磁条件下，

$$R_2^* = \frac{N_1^2}{N_2^2}R_2 = \frac{L_1}{L_2}R_2,$$

该阻抗变换式引自第 7 章(7.53)式. 于是，构成输入等效电路如

图(b). 以放磁回路为例,对 L_1 路电流 $i(t)$ 而言,R_1 与 R_2^* 是并联的,其总电阻为 R,满足

$$\frac{1}{R}=\frac{1}{R_1}+\frac{1}{R_2^*}=\frac{1}{R_1}+\frac{L_2}{L_1R_2}.$$

那么,L_1 对 R_1,R_2^* 并联组合放磁过程的时间常数 τ,立马被写出,

$$\begin{aligned}\tau&=\frac{L_1}{R}=L_1\left(\frac{1}{R_1}+\frac{1}{R_2^*}\right)\\&=L_1\left(\frac{1}{R_1}+\frac{L_2}{L_1R_2}\right)\\&=\frac{L_1}{R_1}+\frac{L_2}{R_2}.\end{aligned}$$

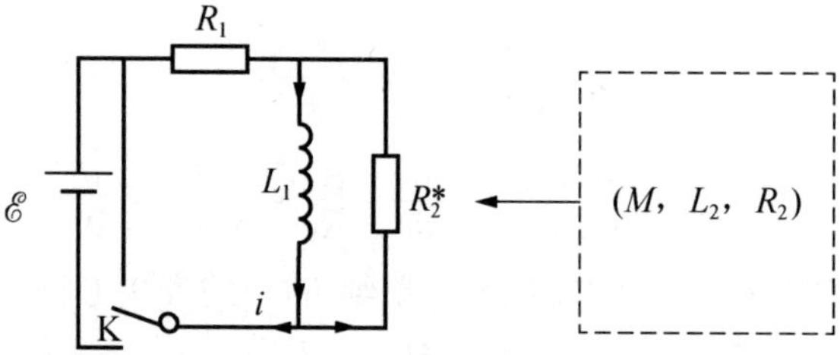

习题 6.29 图(b) R_2^* 为反射等效阻抗

第 7 章　交 流 电 路

7.1　*LRC* 串联电路及其频率特性

如题图(a)所示，三个基本元件(L,R,C)串联组合，信号源提供频率为 f 的电压 90 V，其阻抗之比值为 $Z_L:Z_R:Z_C=2:3:4$.

(1) 求出电压 U_L,U_R,U_C；以及 U_{ad},U_{be}.

(2) 求出 $u_{ad}(t)$与总电压 $u(t)$之相位差 δ_1,$u_{be}(t)$与 $u(t)$之相位差 δ_2.

(3) 信号源工作频率改变为 $2f$，而总电压 U 不变依然为 90 V，求出电压 U_L,U_R 和 U_C.

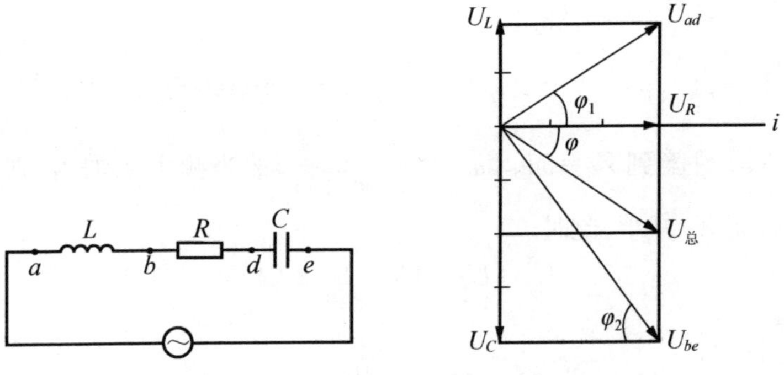

(a)　　　　(b)

习题 7.1 图

解　(1) 在交流电路中，串联组合的电压比等于阻抗之比是成立的，

$$U_L:U_R:U_C=Z_L:Z_R:Z_C=2:3:4,$$

设

$$U_L=2U_0,$$

则

$$U_R=3U_0,\quad U_C=4U_0.$$

注意到相位差 $\varphi_L-\varphi_C=\pi$,$\varphi_L-\varphi_R=\frac{\pi}{2}$，参见图(b)，于是，总电

压(幅值)

$$U_{总}=\sqrt{U_R^2+(U_C-U_L)^2}$$
$$=\sqrt{3^2+(4-2)^2}U_0=\sqrt{13}U_0,$$

令 $U_{总}=90\text{V}$,得 $U_0=\dfrac{90}{\sqrt{13}}\text{V}$,所以

$$U_L=\frac{180}{\sqrt{13}}\text{V},\quad U_R=\frac{270}{\sqrt{13}}\text{V},\quad U_C=\frac{360}{\sqrt{13}}\text{V},(\sqrt{13}\approx3.606)$$

$$U_{ad}=\sqrt{U_L^2+U_R^2}=\sqrt{13}U_0=90\text{V},$$

$$U_{be}=\sqrt{U_C^2+U_R^2}=5U_0=\frac{450}{\sqrt{13}}U_0.$$

(2) 相位差

$$\delta_1\equiv\varphi_{ad}-\varphi_{总}=\varphi_1+\varphi=\arctan\frac{2}{3}+\arctan\frac{2}{3}$$
$$=2\times33.7°=67.4°,$$

$$\delta_2\equiv\varphi_{be}-\varphi_{总}=-\varphi_2+\varphi=-\arctan\frac{4}{3}+\arctan\frac{2}{3}=-19.4°.$$

(3) 注意到 $Z_L=\omega L\propto\omega$, $Z_C=\dfrac{1}{\omega C}\propto\dfrac{1}{\omega}$,故当频率 f 加倍,则 Z_L 加倍,而 Z_C 减半,此时

$$U_L:U_R:U_C=4:3:2,$$

遂得

$$U_L=\frac{360}{\sqrt{13}}\text{V},\quad U_R=\frac{270}{\sqrt{13}}\text{V},\quad U_C=\frac{180}{\sqrt{13}}\text{V}.$$

7.2 *LRC* 并联电路及其频率特性

如题图所示,三个基本元件(L,R,C)并联组合,信号源提供频率为 f 的总电流为 90 mA,当工作频率为 f 时这三个阻抗之比值为

$$Z_L:Z_R:Z_C=2:3:6.$$

(1) 求出三个支路之电流 I_L, I_R 和 I_C;

(2) 当信号源输出频率改变为 $2f$,而

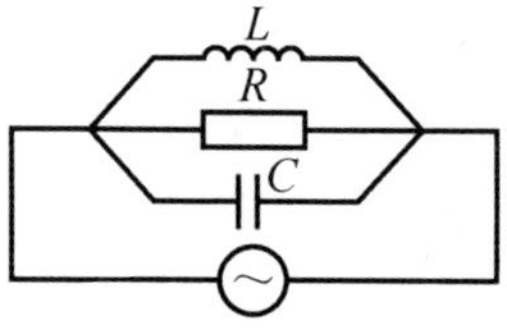

习题 7.2 图

总电压维持不变,依然相同于(1),因为此信号源是内阻为零的恒压源.求出总电流 I,以及支路电流 I_L,I_R 和 I_C.

解　(1) 在交流电路中,并联组合的电流比等于阻抗之反比是成立的.

本题 Z_C 支路的电流 I_C 为最小,设 $I_C=I_0$,则

$$I_L=3I_0,\quad I_R=2I_0.$$

注意到电流 i_C 与 i_L 之相位差为 π,i_C 与 i_R 之相位差为$\frac{\pi}{2}$,得

$$I_{总}=\sqrt{(I_L-I_C)^2+I_R^2}=\sqrt{(3-1)^2+2^2}\,I_0=\sqrt{8}\,I_0.$$

令 $I_{总}=90\text{mA}$,得 $I_0=\frac{45}{\sqrt{2}}\text{mA}$,于是

$$I_L=\frac{135}{\sqrt{2}}\text{mA},\quad I_R=\frac{90}{\sqrt{2}}\text{mA},\quad I_C=\frac{45}{\sqrt{2}}\text{mA}.$$

这时,电压

$$U=RI_R=R\cdot\frac{90}{\sqrt{2}}\text{mA}.$$

(2) 当频率加倍,则 Z_L 加倍,Z_C 减半而 R 不变,于是,阻抗比改变为

$$Z_L'\,:\,Z_R'\,:\,Z_C'=4\,:\,3\,:\,3.$$

在电压 U 不变条件下,I_R 不变,即

$$I_R'=I_R=\frac{90}{\sqrt{2}}\text{mA},\quad I_C'=2I_C=\frac{90}{\sqrt{2}}\text{mA},\quad I_L'=\frac{1}{2}I_L=\frac{135}{2\sqrt{2}}\text{mA},$$

总电流

$$I_{总}=\sqrt{(I_C'-I_L')^2+I_R^2}=\sqrt{\frac{17}{16}}I_R\approx1.03\times\frac{90}{\sqrt{2}}\text{mA}$$

$$\approx65.6\text{mA}.$$

7.3　*RC* 组合的滤波功能

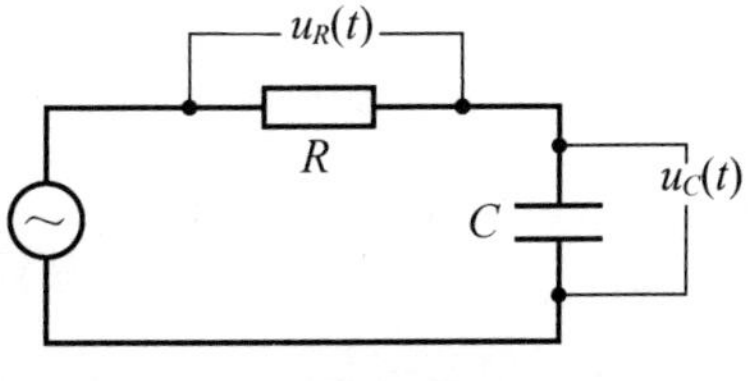

习题 7.3 图

你要准备好一张坐标纸,用以描画出三个电压的波形图,即总电压 $u(t)$图,分电压 $u_R(t)$图和 $u_C(t)$图,参见题图.设信号源同时

输入两个频率成分的电压，

$$u(t)=u_1(t)+u_2(t)$$
$$=U_0\cos\omega t+\frac{1}{5}U_0\cos(5\omega t),$$

且 $\omega=2\pi\times 200\ \mathrm{Hz(rad/s)},\quad R=70\ \Omega,\quad C=25\ \mu\mathrm{F}.$

你从这三个图形的比较中获得什么认识？

解 对 ω 信号：

$$R=70\Omega,Z_C=\frac{1}{\omega C}=\frac{1}{2\pi\times 200\times 25\times 10^{-6}}\Omega\approx 32\Omega,$$

$$U_R=\frac{R}{\sqrt{R^2+Z_C^2}}U_0=\frac{70}{\sqrt{70^2+32^2}}U_0\approx 0.91U_0,$$

$$U_C=\frac{Z_C}{\sqrt{R^2+Z_C^2}}U_0=\frac{32}{\sqrt{70^2+32^2}}U_0\approx 0.42U_0,$$

可见，
$$\frac{U_C}{U_R}=\frac{0.42}{0.91}\approx 46\%.$$

对 5ω 信号：

$$R=70\Omega,\quad Z_C=\frac{1}{5\omega C}\approx 6.4\Omega,$$

$$U_R=\frac{70}{\sqrt{70^2+6.4^2}}\times\frac{1}{5}U_0\approx 0.20U_0,$$

$$U_C=\frac{6.4}{\sqrt{70^2+6.4^2}}\times\frac{1}{5}U_0\approx 0.018U_0,$$

可见，
$$\frac{U_C}{U_R}\approx 9\%.$$

上述数据表明，对于 RC 串联组合，从 C 输出的电压信号中，以低频成分为主，具有低通滤波性能. 对于本题，

$$\frac{U_C(\omega)}{U_C(5\omega)}=\frac{0.42}{0.018}\approx 23\ 倍.$$

其中有 5 倍因子来自输入电压幅值从 U_0 降为 $\frac{1}{5}U_0$，这是周期信号的傅里叶级数展开式给出的.

对

$$u(t)=u_1(t)+u_2(t),u_R(t)=u_{1R}(t)+u_{2R}(t),$$

$$u_C(t)=u_{1C}(t)+u_{2C}(t)$$

的作图，需要注意到，它们各自初相位皆不同．在此作图从略．

7.4 *RC* 组合无穷网络

如题图所示，由(R,C)两个元件组成一个无穷网络，试求出其等效复阻抗 $\tilde{Z}$.

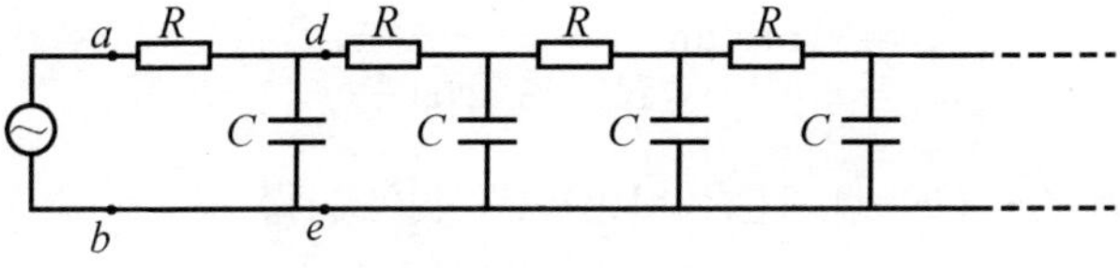

习题 7.4 图

解 设其复阻抗为 $\tilde{Z}$，则

$$\tilde{Z}_{ab}=\tilde{Z},\quad \tilde{Z}_{de}=\tilde{Z},$$

（从 d,e 入视看右部，依然为同一无穷网络）

又
$$\tilde{Z}_{ab}=R+\frac{\tilde{Z}_C\tilde{Z}_{de}}{\tilde{Z}_C\tilde{Z}_{de}},$$

即
$$(\tilde{Z}_C+\tilde{Z})\tilde{Z}=R(\tilde{Z}_C+\tilde{Z})+\tilde{Z}_C\tilde{Z},$$

得关于 $\tilde{Z}$ 的二次代数方程，

$$\tilde{Z}^2-R\tilde{Z}-R\tilde{Z}_C=0,\quad \tilde{Z}_C=\frac{1}{\omega C}e^{-j\frac{\pi}{2}},$$

其解为

$$\tilde{Z}=\frac{R\pm\sqrt{R^2+4R\tilde{Z}_C}}{2}\equiv Ze^{j\varphi}.$$

注意到 *RC* 组合的电路其电流相位总是超前电压的，因此，$\varphi\in\left(0,-\frac{\pi}{2}\right)$，故上式只取"+"解，舍"−"解，即

$$\tilde{Z}=\frac{R+\sqrt{R^2+4RZ_Ce^{-j\frac{\pi}{2}}}}{2}.\qquad ①$$

不妨进一步在复平面上施行如下运算以显现①式：

$$(R^2+4RZ_Ce^{-j\frac{\pi}{2}})\equiv Ae^{-j\delta},$$

$$A=(R^4+16R^2Z_C^2)^{\frac{1}{2}},\quad \delta=\arctan\frac{4Z_C}{R},\qquad ②$$

于是，
$$\sqrt{R^2+4RZ_C\mathrm{e}^{-\mathrm{j}\frac{\pi}{2}}}=A^{\frac{1}{2}}\mathrm{e}^{-\mathrm{j}\frac{\delta}{2}}.$$
最终给出
$$\begin{cases} Z=\dfrac{1}{2}\left(A+R^2+2RA^{\frac{1}{2}}\cos\dfrac{\delta}{2}\right)^{\frac{1}{2}}, & ③ \\ \varphi=-\arctan\dfrac{A^{\frac{1}{2}}\sin\dfrac{\delta}{2}}{R+A^{\frac{1}{2}}\cos\dfrac{\delta}{2}}. & ④ \end{cases}$$

举例，令 $\omega CR=1$，且 $R=10\Omega$，代入②式，得
$$A=(10^4+16\times10^4)^{\frac{1}{2}}\Omega^2=\sqrt{17}\times10^2\Omega^2,$$
$$\delta=\arctan4\approx76°.$$
代入③、④式，得该无穷网络的阻抗和相位差分别为
$$Z=\frac{1}{2}\times(\sqrt{17}\times10^2+10^2+20\times17^{\frac{1}{4}}\times10\times\cos38°)^{\frac{1}{2}}\Omega$$
$$\approx14.4\Omega,$$
$$\varphi=-\arctan\frac{17^{\frac{1}{4}}\times10\times\sin38°}{10+17^{\frac{1}{4}}\times10\times\cos38°}\approx-25.7°.$$

7.5 RC 组合

参见题图，从 AO 输入的信号中，含有直流电压 6 V，且有频率为 400 Hz 的交流电压. 现要求到达 BO 两端的信号中无直流成分，且交流成分达 90% 以上，为此在 AB 段安置一个电容 C. 试问，电容 C 在此处起何作用？其电容 C 值至少该选取多少 μF？

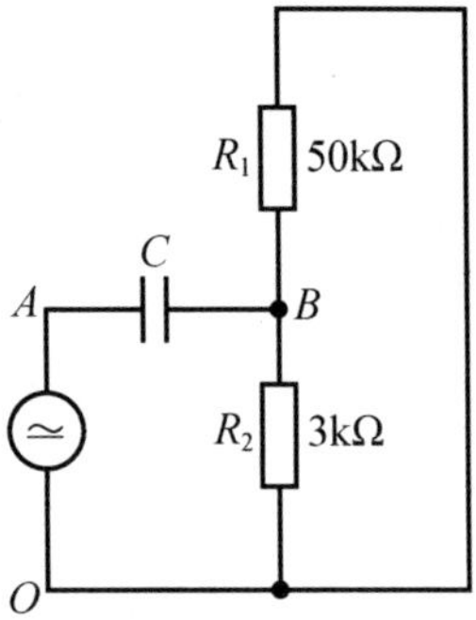

习题 7.5 图

解 先算 R_1 并联 R_2 的阻抗值，
$$R=\frac{R_1R_2}{R_1+R_2}=\frac{150}{53}\mathrm{k}\Omega\approx2.83\mathrm{k}\Omega.$$
再考量 R 与 C 串联所得分压值，
$$U_{BO}=\frac{R}{\sqrt{R^2+Z_C^2}}U_{AO},\quad 即\quad \frac{U_{BO}}{U_{AO}}=\frac{R}{\sqrt{R^2+Z_C^2}}\equiv K,$$
化简整理，得

$$Z_C=\sqrt{\frac{1}{K^2}-1}\cdot R, \qquad ①$$

令 $K=0.90$，得

$$Z_C=0.4843\times 2.83\text{k}\Omega\approx 1.37\text{k}\Omega.$$

由 $Z_C=\frac{1}{\omega C}$，最终给出

$$C_{\min}=\frac{1}{\omega Z_C}=\frac{1}{2\pi\times 400\times 1.37\times 10^3}\text{F}\approx 0.29\times 10^{-6}\text{F}.$$

这是所需电容最小值，若实取 $C>C_{\min}$，则 U_{BO} 所占比重超过 90%；而直流电压 6V 全部降落在 A,B 两端，俗称此处电容起"隔直流"作用. 对于输入的直流电压 $\overline{U}$ 而言，这串联的 C 相当于一电阻值为无限大的元件，$\overline{U}$ 自然全部降落在 C 两端；或者这样看待，直流电相当于其频率 $\omega=0$，故 $Z_C\to\infty$，代入①式得 $K=0$，即 $\overline{U}_{BO}=0$，它无直流电压成分.

7.6 LC 组合滤波功能

如题图所示，左端输入电压为 U_1，右端输出电压为 U_2.

(1) 你认为该电路具有何种滤波功能？是高通或是低通？

(2) 试普遍导出本电路的电压传递函数

$$\tilde{\eta}\equiv\frac{\tilde{U}_2}{\tilde{U}_1}=\eta e^{j\delta},$$

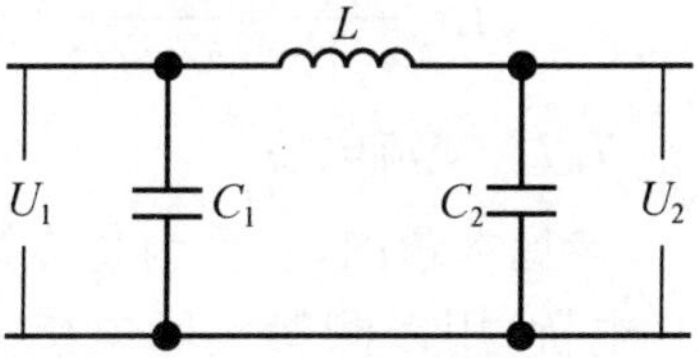

习题 7.6 图

并讨论其振幅传递函数 $\eta(\omega)$ 和相位传递函数 $\delta(\omega)$ 的频率特性. 可以预测到 $\eta(\omega)$ 和 $\delta(\omega)$ 函数曲线上将出现奇异点，这是因为本电路仅由两种性质相反的元件(L,C)组成，而无中性的电阻元件；你意如何？

(3) 对于频率 f 为 300 Hz 的信号，要求 $U_2=U_1/10$，其电感 L 值应取多少 mH？设 $C_1=10\,\mu\text{F}$，$C_2=20\,\mu\text{F}$.

解 (1) 它具低通滤波功能，因为 ω 越低，则容抗 $Z_C=\frac{1}{\omega C_2}$ 越大，而感抗 $Z_L=\omega L$ 越小，故从 C_2 输出电压 U_2 所占比重越大，其低通功能强于 RC 组合. 对于本题，C_1 的存在并不影响电压 $U_2(t)$ 与

$U_1(t)$之关系，C_1的存在将增加电路的总电流 $i(t)$.

(2) LC_2一路的复阻抗为

$$\tilde{Z}=\tilde{Z}_L+\tilde{Z}_C=\mathrm{j}\omega L-\mathrm{j}\,\frac{1}{\omega C_2}=\mathrm{j}\left(\omega L-\frac{1}{\omega C_2}\right),$$

电压传递函数

$$\tilde{\eta}\equiv\frac{\tilde{U}_2}{\tilde{U}_1}=\frac{\tilde{Z}_C}{\tilde{Z}}=\frac{-\mathrm{j}\,\frac{1}{\omega C_2}}{\mathrm{j}\left(\omega L-\frac{1}{\omega C_2}\right)}=\frac{1}{1-\omega^2 LC_2}, \qquad ①$$

可见，

$$当\ \omega^2 LC_2<1,\quad \eta=\frac{1}{1-\omega^2 LC_2}>1,\delta=0; \qquad ②$$

$$当\ \omega^2 LC_2>1,\quad \eta=\frac{-1}{\omega^2 LC_2-1},\delta=\pi; \qquad ③$$

$$当\ \omega^2 LC_2=1,\quad \eta\to\infty(奇点). \qquad ④$$

(3) 令 $\eta=\frac{U_2}{U_1}=\frac{1}{10}$，这属于③式情形，$\omega^2 LC_2=11$，得

$$L=\frac{11}{\omega^2 C_2}=\frac{11}{(2\pi\times 300)^2\times 20\times 10^{-6}}\mathrm{H}\approx 155\mathrm{mH}.$$

7.7 交流电桥

参见本题图，它称为麦克斯韦 LC 电桥，用以测量实际电感元件的(L_x,r_x)及其损耗因数 $\tan\delta$. 图中其他三臂的阻抗皆已知，且可调. 试求出 L_x，r_x 和损耗因数.

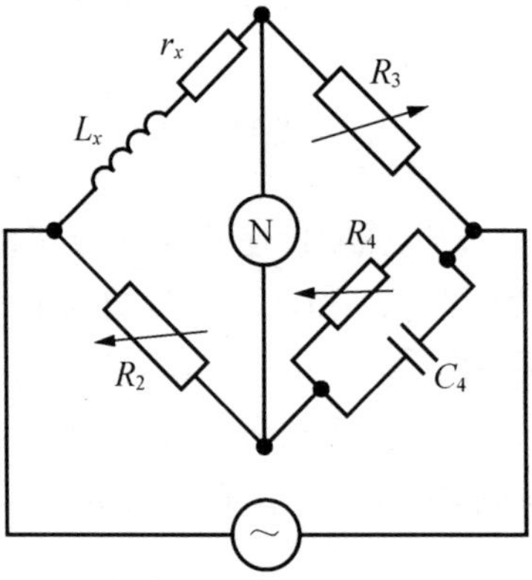

习题 7.7 图

解 根据平衡交流电桥的复阻抗匹配方程，

$$\frac{r_x+\mathrm{j}\omega L_x}{R_3}=R_2\left(\frac{1}{R_4}+\mathrm{j}\omega C_4\right),$$

分别由实部相等和虚部相等，得

$$\frac{r_x}{R_3}=\frac{R_2}{R_4},\quad 即\ r_x=\frac{R_2R_3}{R_4};$$

$$\frac{\omega L_x}{R_3}=\omega C_4 R_2, \quad 即\ L_x=R_2 R_3 C_4;$$

$$\widetilde{Z}_x=r_x+j\omega L_x.$$

该电感元件的损耗因数

$$\tan\delta\equiv\frac{r_x}{\omega L_x}=\frac{1}{\omega C_4 R_4},$$

其品质因数

$$Q=\frac{\omega L_x}{r_x}=\omega C_4 R_4.$$

麦克斯韦电桥的特点是凭借三个可调电阻来实现平衡，且 R_4 仅出现于一个方程中，这是个优点，因为可调电阻比可调电容的结构要简单.

7.8 交流电桥

参见本题图，它是又一种交流电桥，用以测量实际电感元件的 (L_x, r_x) 和其损耗因素 $\tan\delta$，其中 R_s 和 C_s 是已知的标准电阻和电容，调节 R_1 和 R_2，使电桥达到平衡. 试求出 L_x，r_x 和损耗因数 $\tan\delta$.

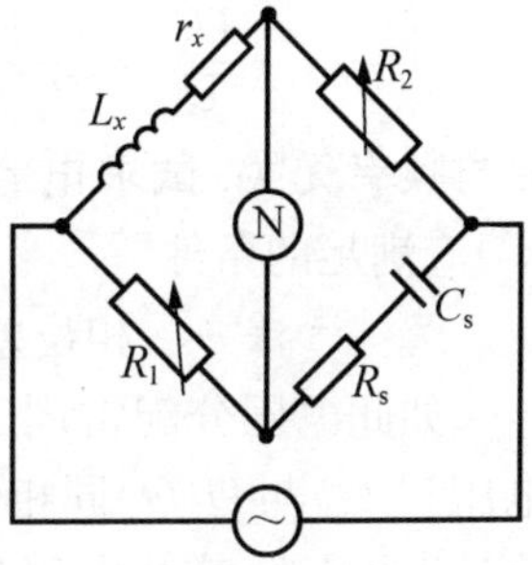

习题 7.8 图

解 根据平衡交流电桥的复阻抗匹配方程，

$$\frac{r_x+j\omega L_x}{R_1}=\frac{R_2}{R_s-j\dfrac{1}{\omega C_s}},$$

即

$$\frac{r_x}{R_1}+j\frac{\omega L_x}{R_1}=\frac{\omega^2 C_s^2}{1+\omega^2 C_s^2 R_s^2}\left(R_s R_2+j\frac{R_2}{\omega C_s}\right),$$

分别由实部相等和虚部相等，得

$$r_x=\frac{R_1 R_2 R_s \omega^2 C_s^2}{1+\omega^2 C_s^2 R_s^2}, \quad L_x=\frac{R_1 R_2 C_s}{1+\omega^2 C_s^2 R_s^2}.$$

该元件损耗因数

$$\tan\delta\equiv\frac{r_x}{\omega L_x}=\omega C_s R_s.$$

该元件品质因数

$$Q\equiv\frac{\omega L_x}{r_x}=\frac{1}{\omega C_s R_s}.$$

本题演算直至得到 $\tan\delta$ 公式,方显示出本电路设计的优点,即,其损耗因素值仅由标准 C_s 和 R_s 值决定(再乘上 ω),与 R_1,R_2 值无关. 其实,乘积 $\omega C_s R_s$ 也正是(R_s,C_s)一路的损耗因数

$$\tan\delta'=\frac{R_s}{\frac{1}{\omega C_s}}=\omega C_s R_s.$$

7.9 RC 组合分压器

本题图是为消除分布电容的影响而设计的一种脉冲分压器. 当 C_1,C_2,R_1,R_2 满足一定条件时,这分压器就能和直流电路一样,使输出电压 U_2 与输入电压 U 之比等于电阻之比:

$$\frac{U_2}{U}=\frac{R_2}{R_1+R_2},$$

而与频率无关. 试求电容、电阻(C_1,C_2,R_1,R_2)应满足的条件.

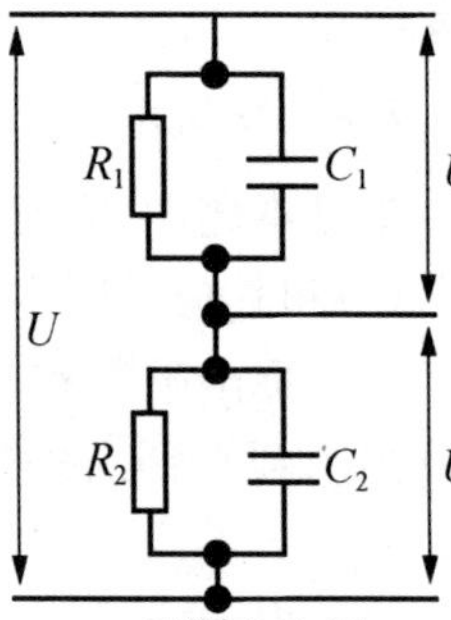

习题 7.9 图

解 方法一 相位差分析.

如此电压分配雷同于直流电路,可推定电压 $U_1(t)$ 与 $U_2(t)$ 同相位,自然,也与总电压 $U(t)$ 同相位. 以总电流 $i(t)$ 为基准,表达电压 $U_1(t)$ 与 $U_2(t)$ 相位,

$$\varphi_1=-\arctan(\omega C_1 R_1),$$
$$\varphi_2=-\arctan(\omega C_2 R_2),$$

令 $\varphi_1=\varphi_2$,得

$$\omega C_1 R_1=\omega C_2 R_2,\quad 即\quad \frac{C_1 R_1}{C_2 R_2}=1. \qquad ①$$

此条件下,电压比

$$\frac{U_1}{U_2}=\frac{R_1 I_1}{R_2 I_2}=\frac{R_1 I\cos\varphi_1}{R_2 I\cos\varphi_2}=\frac{R_1}{R_2},\quad 或\quad \frac{U_2}{U}=\frac{U_2}{U_1+U_2}=\frac{R_1}{R_1+R_2}.$$

方法二 复阻抗计算.

$$\frac{1}{\tilde{Z}_1}=\frac{1}{R_1}+\mathrm{j}\omega C_1,\quad Z_1=\frac{R_1}{\sqrt{1+\omega^2C_1^2R_1^2}};$$

$$\frac{1}{\tilde{Z}_2}=\frac{1}{R_2}+\mathrm{j}\omega C_2,\quad Z_2=\frac{R_2}{\sqrt{1+\omega^2C_2^2R_2^2}};$$

所以，
$$\frac{U_1}{U_2}=\frac{Z_1}{Z_2}=\frac{R_1}{R_2}\frac{\sqrt{1+\omega^2C_2^2R_2^2}}{\sqrt{1+\omega^2C_1^2R_1^2}}.$$

令$\dfrac{U_1}{U_2}=\dfrac{R_1}{R_2}$，则要求

$$\omega^2C_2^2R_2^2=\omega^2C_1^2R_1^2,\quad 即\ C_2R_2=C_1R_1. \qquad ②$$

当条件②得以满足，自然导致

$$\frac{U_2}{U}=\frac{U_2}{U_1+U_2}=\frac{R_2}{R_1+R_2}.$$

7.10 RC 组合的等效变换

计及可能存在的漏电损耗，实际电容器可等效于一个纯电容 C 与耗散电阻 r 的组合. 为遵从两者电压相同，通常采取(C',r')并联组合予以等效；也可以采取(C,r)串联组合予以等效，如本题图所示. 本题所要讨论的等效变换，指称(C',r')与(C,r)之变换关系，以保证两者复阻抗相等，或复导纳相等，即

$$\tilde{Z}'=\tilde{Z}\quad 或\quad \tilde{Y}'=\tilde{Y}.$$

(1) 试导出 RC 组合的等效变换公式为

$$r'=\frac{1+(\omega Cr)^2}{\omega^2C^2r},\quad C'=\frac{C}{1+(\omega Cr)^2}.$$

(2) 证明两种组合的品质因数相同，即

$$Q'=Q.$$

提示：组合元件的品质因数 Q 被定义为，其复阻抗的虚部与实部之比值，亦即其电抗 x 与其电阻 r 之比值.

(3) 设 $C=30\ \mu\mathrm{F}$，$r=0.25\ \Omega$，$f=400\ \mathrm{Hz}$，求出 r'值，C'值和 Q 值.

解 (1)
$$\tilde{Z}=r+\frac{1}{\mathrm{j}\omega C}=\frac{1+\mathrm{j}\omega Cr}{\mathrm{j}\omega C},$$

$$\tilde{Y}=\frac{\mathrm{j}\omega C}{1+\mathrm{j}\omega Cr}=\frac{1}{1+(\omega Cr)^2}(\omega^2C^2r+\mathrm{j}\omega C).$$

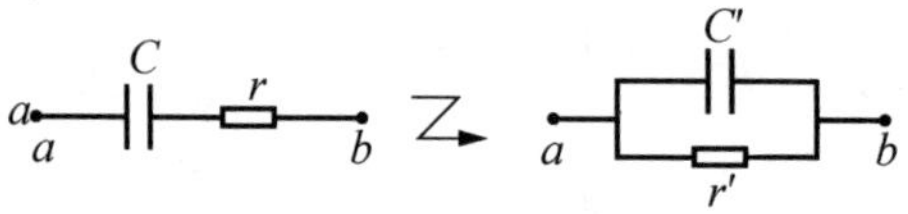

习题 7.10 图

再看(r',C')并联的复导纳，

$$\tilde{Y}'=\frac{1}{r'}+\mathrm{j}\omega C',$$

令 $\tilde{Y}'=\tilde{Y}$，得

$$\frac{1}{r'}=\frac{\omega^2C^2r}{1+(\omega Cr)^2},\quad 即\ r'=\frac{1+(\omega Cr)^2}{\omega^2C^2r},\tag{①}$$

$$\omega C'=\frac{\omega C}{1+(\omega Cr)^2},\quad 即\ C'=\frac{C}{1+(\omega Cr)^2}.\tag{②}$$

(2) 按元件 Q 值之定义，(r,C)串联组合，

$$Q=\frac{Z_C}{r}=\frac{1}{\omega Cr};\tag{③}$$

(r',C')并联组合，由其复导纳 $\tilde{Y}'$式，得其复阻抗

$$\tilde{Z}'=\frac{1}{\tilde{Y}'}=\frac{r'}{1+\mathrm{j}\omega C'r'}=\frac{r'}{1+(\omega C'r')^2}(1-\mathrm{j}\omega C'r'),$$

由其虚部(绝对值)与实部之比值，给出其品质因数

$$Q'=\omega C'r',\tag{④}$$

代入①、②式，

$$Q'=\frac{\omega C}{1+(\omega Cr)^2}\cdot\frac{1+(\omega Cr)^2}{\omega^2C^2r}=\frac{1}{\omega Cr}=Q.\tag{⑤}$$

评述 等效变换式①、②，不仅保证了复阻抗或复导纳的不变性，而且维持了品质因数 Q 值的不变性. 对于 $Q'\propto r',C'$，可作这样理解，在并联组合中 r'越大，此路分流越少，则其耗能越小；电容 C'越大，容抗越小，此路分流越多，则其储能越多. 这两种趋向均有利于提高 Q 值. Q 值的物理意义之一，便是反映了组合元件储能与耗能之比值；Q 值的物理意义之二，便是反映了这两路分支电流之比值. 这两种意义均集中于 $Q'=\omega C'r'$一式中.

(3) 按①、②、③式，得

$$r'=\frac{1}{\omega^2C^2r}+r$$

$$=\left(\frac{1}{4\pi^2\times16\times10^4\times9\times10^2\times10^{-12}\times0.25}+0.25\right)\Omega$$

$$\approx(703+0.25)\Omega\approx703\Omega,$$

$$C'=\frac{30\mu\text{F}}{1+1.422\times10^{-3}\times0.25}\approx30\mu\text{F},$$

$$Q=\frac{1}{2\pi\times400\times30\times10^{-6}\times0.25}\approx53.$$

审核：

$$Q'=2\pi\times400\times30\times10^{-6}\times703.25\approx52.997\approx53.$$

7.11 *LR* 组合的等效变换

计及不免存在的绕线电阻，以及含铁芯电感的涡流损耗，实际电感器可等效于一个纯电感 L 与一耗散电阻 r 的组合. 为遵从两者电流相同，通常采取(L,r)串联组合予以等效，当然也可以采取(L',r')并联组合予以等效，如本题图所示. 本题讨论的等效变换，指称(L',r')与(L,r)之变换关系，以保证两者复阻抗相等，或复导纳相等，即

$$\tilde{Z}'=\tilde{Z}\quad 或\quad \tilde{Y}'=\tilde{Y}.$$

联想到，复数相等同时包括实部相等与虚部相等两个方程，未知数或待定关系(L',r')也是两个，故其解存在且唯一.

(1) 试导出 *LR* 组合的等效变换公式为

$$r'=\frac{(\omega L)^2+r^2}{r},\quad \omega L'=\frac{(\omega L)^2+r^2}{\omega L}.$$

(2) 证明两种等效组合的品质因数 Q 值不变，即 $Q'=Q$.

提示：组合元件的品质因数 Q 值等于其电抗 x 与其电阻 r 之比值.

(3) 设串联组合中，$L=50\,\mu\text{H}$，$r=3.0\,\Omega$，$f=465\,\text{kHz}$，试算出 L'值，r'值和 Q 值.

解 (1) 串联组合，

$$\tilde{Z}=r+\mathrm{j}\omega L,\quad \tilde{Y}=\frac{1}{r+\mathrm{j}\omega L}=\frac{1}{r^2+(\omega L)^2}(r-\mathrm{j}\omega L);$$

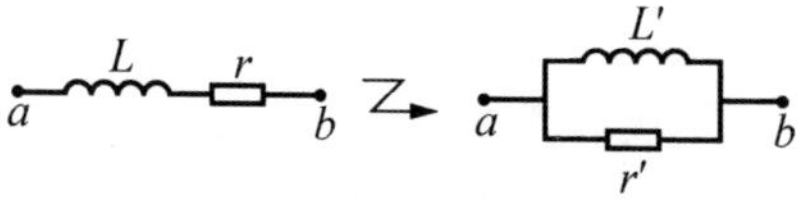

习题 7.11 图

并联组合，

$$\tilde{Y}'=\frac{1}{r'}+\frac{1}{\mathrm{j}\omega L'}=\frac{1}{r'}-\mathrm{j}\,\frac{1}{\omega L'}.$$

令$\tilde{Y}'=\tilde{Y}$，得两个方程，

$$\frac{1}{r'}=\frac{r}{r^2+(\omega L)^2},\quad 即\ r'=\frac{r^2+(\omega L)^2}{r}; \qquad ①$$

$$\frac{1}{\omega L'}=\frac{\omega L}{r^2+(\omega L)^2},\quad 即\ \omega L'=\frac{r^2+(\omega L)^2}{\omega L}. \qquad ②$$

(2) 从 $\tilde{Z}$ 表达式中，得其品质因数为

$$Q=\frac{\omega L}{r}. \qquad ③$$

为了获得并联组合的品质因数，需写出其复阻抗$\tilde{Z}'$的标准形式，

$$\tilde{Z}'=\frac{\mathrm{j}\omega L'r'}{r'+\mathrm{j}\omega L'}=\frac{\mathrm{j}\omega L'r'}{r^2+(\omega L')^2}(r'-\mathrm{j}\omega L')$$

$$=\frac{\omega L'r'}{r'^2+(\omega L')^2}(\omega L'+\mathrm{j}r'),$$

得

$$Q'=\frac{r'}{\omega L'}. \qquad ④$$

由①、②式，进而得

$$Q'=\frac{r^2+(\omega L)^2}{r}\cdot\frac{\omega L}{r^2+(\omega L)^2}=\frac{\omega L}{r}=Q.$$

可见，阻抗等效变换式①和②，不仅保证了复阻抗或复导纳的不变性，而且维持了 Q 值的不变性，即$\tilde{Z}'=\tilde{Z}$，$\tilde{Y}'=\tilde{Y}$，$Q'=Q$.

(3) 代入数据于①、②、③式，

$$r'=r+\frac{(\omega L)^2}{r}=\left(3.0+\frac{(2\pi\times4.65\times10^5\times50\times10^{-6})^2}{3.0}\right)\Omega$$

$$\approx(3.0+7115)\Omega=7.118\mathrm{k}\Omega,$$

$$L'=\frac{r^2}{\omega^2L}+L=\left(\frac{9}{(2\pi\times4.65\times10^5)^2\times50\times10^{-6}}+50\times10^{-6}\right)\mathrm{F}$$

$$\approx(2.11\times10^{-8}+50\times10^{-6})\mathrm{F}\approx(50\times10^{-6})\mathrm{F}=50\mu\mathrm{F},$$

$$Q=\frac{\omega L}{r}=\frac{2\pi\times4.65\times10^5\times50\times10^{-6}}{3.0}\approx48.7.$$

审核：

$$Q'=\frac{r'}{\omega L'}=\frac{7118}{2\pi\times4.65\times10^5\times50\times10^{-6}}\approx48.7.$$

评述　本题和上题，关于 RC 或 RL 的串联与并联之间的等效交换，给予我们认识上的一个提高，平服了关于电容与其漏电阻究竟是串联还是并联问题的争论，平服了关于电感与其线电阻究竟是串联还是并联问题的争论. 同时，从数值结果中注意到，当 Q 值较大即 $\frac{\omega L}{r}\gg1$ 或 $\frac{1}{\omega Cr}\gg1$ 时，则相应有

$$L'\approx L,\quad 且\ r'\gg\omega L\gg r;$$

$$C'\approx C,\quad 且\ r'\gg\frac{1}{\omega C}\gg r.$$

7.12　并联谐振电路的特征频率

用于电子线路中具有选频功能的并联组合，如本题图(a)所示，其中耗散电阻 r 是实际电感线圈内含的，也包括外加的. 通过 7.11 题关于 LR 组合的等效变换，可将其变换为(L'，r'，C)三者的并联组合，如题图(b)所示，这对求解其特征频率也许有方便.

(1) 试导出其相位谐振频率，即该组合相位差为零时的特征频率 ω_0，用(L，r，C)表示.

(2) 试导出其阻抗谐振频率，即该组合阻抗为最大或导纳为最小时的特征频率 ω_r，用(L，r，C)表示.

(3) 在低耗散，$r^2\ll L/C$ 条件

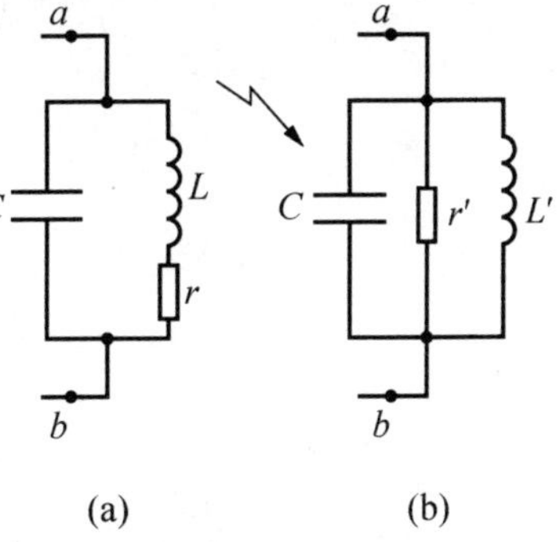

习题 7.12 图

下，给出 ω_0，ω_r 近似公式.

(4) 在收音机中有一个中频变压器，实际上它是一个并联谐振器，旁接一互感耦合器. 在我国收音机行业中，规定其谐振频率 f_0 为 465 kHz. 设其电感值为 2.0 mH，串联电阻 r 为 80 Ω，算出其并联电容 C 为多少 pF(皮法，1 pF=10^{-9} F)，品质因数 Q 值，并审核低阻尼条件 $r^2 \ll L/C$ 是否得以满足.

解 (1) 试以图(b)之(C, r', L')并联电路计算，其复导纳为

$$\tilde{Y}=\mathrm{j}\omega C+\frac{1}{r'}+\frac{1}{\mathrm{j}\omega L'}=\frac{1}{r'}+\mathrm{j}\left(\omega C-\frac{1}{\omega L'}\right), \quad ①$$

令其虚部为 0，得相位谐振角频率

$$\omega_0=\frac{1}{\sqrt{L'C}}, \quad 即\ \omega_0^2 L'C=1, \quad ②$$

又

$$L'=\frac{r^2+(\omega_0 L)^2}{\omega_0^2 L}, \quad (参见 7.11 题②式)$$

解出

$$\omega_0=\sqrt{\frac{1}{LC}-\frac{r^2}{L^2}}, \quad 或\ \omega_0=\sqrt{\frac{1}{LC}\left(1-\frac{Cr^2}{L}\right)}. \quad ③$$

其实，采取图(a)组合，运用复阻抗算法或矢量图解法，也不难得到②式，可参见书 378 页(7.43)式.

(2) 试计算复导纳模数之平方，

$$\begin{aligned}Y^2&=|\tilde{Y}|^2=\frac{1}{r'^2}+\left(\omega C-\frac{1}{\omega L'}\right)^2\\&=\frac{r^2}{(r^2+\omega^2L^2)^2}+\left(\omega C-\frac{\omega L}{r^2+\omega^2L^2}\right)^2\\&=\frac{r^2}{(r^2+\omega^2L^2)^2}+\omega^2C^2-2\,\frac{\omega^2LC}{r^2+\omega^2L^2}+\frac{\omega^2L^2}{(r^2+\omega^2L^2)^2}\\&=\omega^2C^2+\frac{1-2\omega^2LC}{r^2+\omega^2L^2},\end{aligned}$$

对 $Y^2=g(\omega)$ 函数求导，

$$\begin{aligned}\frac{\mathrm{d}g}{\mathrm{d}\omega}&=2\omega C^2-\frac{4\omega LC}{r^2+\omega^2L^2}-\frac{(1-2\omega^2LC)2\omega L^2}{(r^2+\omega^2L^2)^2}\\&=\frac{2\omega C^2(r^2+\omega^2L^2)^2-4\omega LC(r^2+\omega^2L^2)-(1-2\omega^2LC)2\omega L^2}{(r^2+\omega^2L^2)^2}.\end{aligned}$$

令其分子=0,以使$\frac{\mathrm{d}g}{\mathrm{d}\omega}=0$,这是为了求得导纳 Y 为极小值的频率条件 ω_r:

$$2\omega C^2(r^2+\omega^2L^2)^2=4\omega LC(r^2+\omega^2L^2)+2\omega L^2-4\omega^3L^3C,$$

$$2\omega C^2(r^2+\omega^2L^2)^2=4\omega LCr^2+2\omega L^2,$$

$$(r^2+\omega^2L^2)^2=2\frac{L}{C}r^2+\frac{L^2}{C^2},$$

$$\omega^2L^2=\sqrt{2\frac{L}{C}r^2+\frac{L^2}{C^2}}-r^2,$$

最终求出

$$\omega_r=\sqrt{\sqrt{\frac{1}{L^2C^2}+2\frac{r^2}{L^3C}}-\frac{r^2}{L^2}},$$

或

$$\omega_r=\sqrt{\frac{1}{LC}\left(\sqrt{1+2\frac{Cr^2}{L}}-\frac{Cr^2}{L}\right)}. \qquad ④$$

(3) 当低阻尼 $r^2\ll\frac{L}{C}$ 得以满足,则

$$\omega_0\approx\frac{1}{\sqrt{LC}},\quad \omega_r\approx\frac{1}{\sqrt{LC}},\quad 记\ \omega^*=\frac{1}{\sqrt{LC}}, \qquad ⑤$$

而当 $r^2<\frac{L}{C}$ 时,

$$\omega_r>\omega^*>\omega_0, \qquad ⑥$$

即阻抗谐振频率 ω_r 稍高于相位谐振频率 ω_0,而 ω^* 值居中,它正是 LrC 串联谐振电路的特征频率.

(4) 先考量其品质因数 Q 值,

$$Q=\frac{\omega_0L}{r}=\frac{2\pi\times4.65\times10^5\times2\times10^{-3}}{80}\approx73,$$

再以低耗散(低阻尼)条件下的⑤式估算电容,

$$C=\frac{1}{\omega_0^2L}=\frac{1}{4\pi^2\times4.65^2\times10^{10}\times2\times10^{-3}}\mathrm{F}\approx56\times10^{-12}\mathrm{F}=56\mathrm{pF}.$$

最后,审核低阻尼条件是否得以满足:

$$\frac{L}{C}=\frac{2\times10^{-3}}{56\times10^{-12}}\Omega^2=3.6\times10^7\Omega^2,$$

$$r^2=6.4\times10^3\,\Omega^2,$$

显然，$r^2\ll\dfrac{L}{C}$成立.

7.13 互感耦合电路

在环形铁芯上绕有两个线圈，一个匝数为 N，接在电动势为 $\mathscr{E}$ 的交流电源上；另一个是均匀圆环，电阻为 R，自感很小，可略去不计. 在这环上有等距离的三点：a，b 和 c. G 是内阻为 r 的交流电流计.

(1) 如图(a)连接，求通过 G 的电流；

(2) 如图(b)连接，求通过 G 的电流.

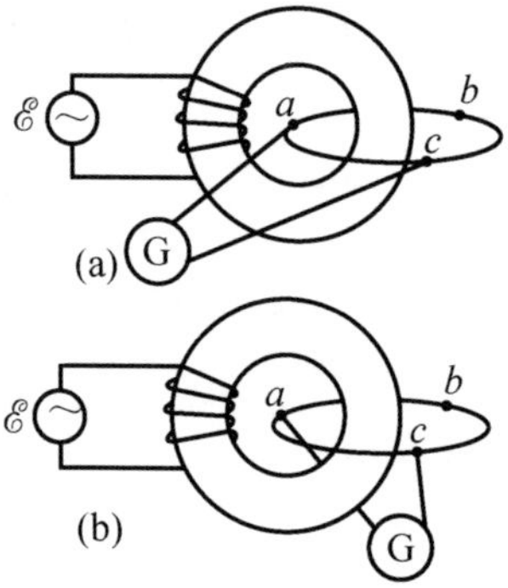

习题 7.13 图

解 设线圈$(abca)$的感应电动势为 $\mathscr{E}_0=-\dfrac{\mathrm{d}\Phi_0}{\mathrm{d}t}$；通过高磁导率的铁芯，左、右两个线圈之间为强耦合，

$$\mathscr{E}=-\frac{\mathrm{d}\overline{\Psi}}{\mathrm{d}t}=-N\frac{\mathrm{d}\Phi_0}{\mathrm{d}t}=N\mathscr{E}_0,$$

即

$$\mathscr{E}_0=\frac{\mathscr{E}}{N},\text{且 } r_0=\frac{R}{3}.$$

(1) 参见图(a′)电路，列出两个回路方程，

$$\begin{cases}2r_0i+r_0(i-i_g)=\mathscr{E}_0,\text{对}(abca)\text{回路；}\\-r_0(i-i_g)+ri_g=0,\text{对}(acGa)\text{回路.}\end{cases}$$

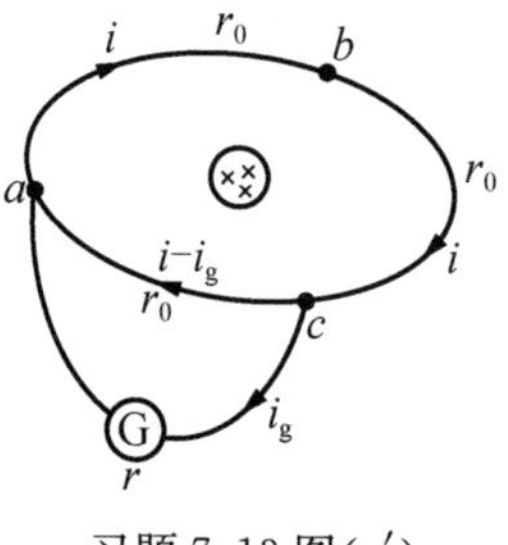

习题 7.13 图(a′)

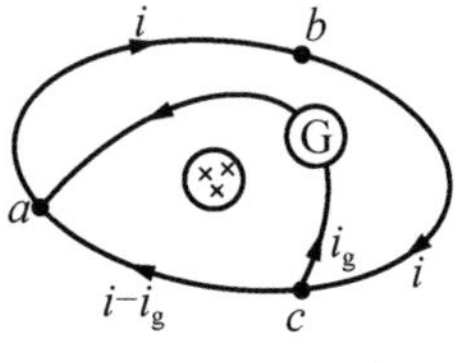

习题 7.13 图(b′)

整理成标准形式，

$$\begin{cases}3r_0 i - r_0 i_g = \mathscr{E}_0, & ①\\ -r_0 i + (r_0 + r) i_g = 0. & ②\end{cases}$$

用①式+3×②式，以消去 i，得

$$3(r_0+r)i_g - r_0 i_g = \mathscr{E}_0,\quad 即\ i_g = \frac{\mathscr{E}_0}{2r_0+3r} = \frac{\mathscr{E}}{N\left(\frac{2}{3}R+3r\right)}.$$

(2) 参见图(b′)电路，列出两个回路方程，

$$\begin{cases}2r_0 i + r_0(i - i_g) = \mathscr{E}_0, & 对(abca)回路; & ③\\ -r i_g + r_0(i - i_g) = \mathscr{E}_0, & 对(aGca)回路, & ④\end{cases}$$

解出

$$i_g = \frac{-2\mathscr{E}_0}{2r_0+3r} = -\frac{2\mathscr{E}}{N\left(\frac{2}{3}R+3r\right)}.\ (-号表示\ i_g\ 方向与图设反向)$$

可见，$i_{g(图(b)连接)} = 2i_{g(图(a)连接)}$，这源于方程④与②的区别. 对于图(a)连接，回路($acGa$)中无磁通，或者说，(ar_0c)一路$\boldsymbol{E}_{旋}$线积分等于(aGc)一路$\boldsymbol{E}_{旋}$线积分，以致该回路$\boldsymbol{E}_{旋}$线积分为0，亦即其回路电动势为0；对于图(b)连接，回路($aGca$)包围了铁芯，显然其回路电动势 $\mathscr{E}_0 = -\frac{\mathrm{d}\Phi_0}{\mathrm{d}t}$，这里 Φ_0 为铁芯截面的磁通.

7.14　三级 RC 相移电路

一个电流高通型三级 RC 相移电路如图(a)所示，设输入信号电流为 $i(t) = I\cos\omega t$，而输出电流可表示为 $i_3(t) = I_3\cos(\omega t + \varphi_3)$，则该电路的电流传递函数为

$$\tilde{\eta} \equiv \frac{\tilde{I}_3}{\tilde{I}} = \frac{I_3}{I}\mathrm{e}^{\mathrm{j}\varphi_3}.$$

(1) 首先定性判断该相移量 φ_3 是正值还是负值；

(2) 试导出，

$$\tilde{\eta} = \frac{(\omega CR)^3}{\omega CR[(\omega CR)^2 - 5] + \mathrm{j}[1 - 6(\omega CR)^2]};$$

(3) 算出当 $\omega CR = 1$ 时的相移量 φ_3 值和传递函数值$|\tilde{\eta}|$；

(4) 证明，相移量 $\varphi_3 = \pi$ 的频率条件为

$$f_0=\frac{1}{2\pi\sqrt{6}RC},\quad \eta(f_0)=\frac{1}{29};$$

（5）试算出，$R=10\ \mathrm{k}\Omega$，$C=0.01\ \mu\mathrm{F}$ 条件下 f_0 值.

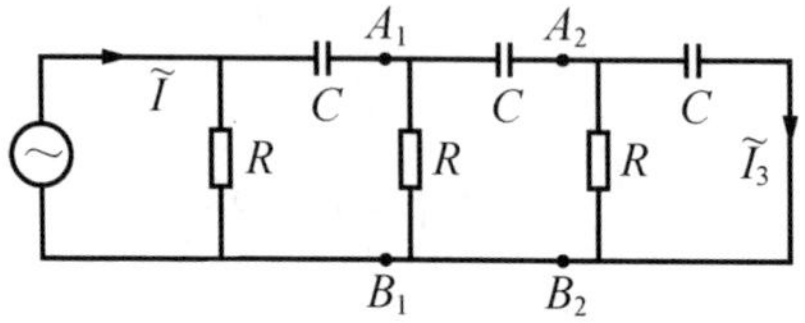

(a)

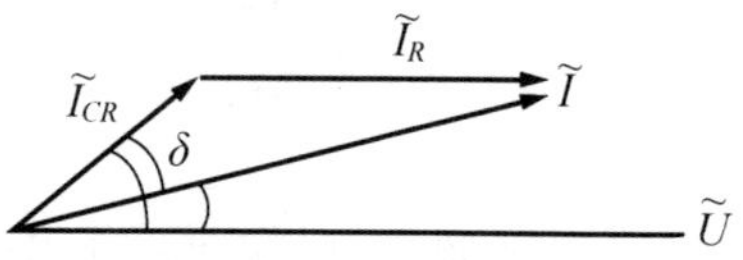

(b)

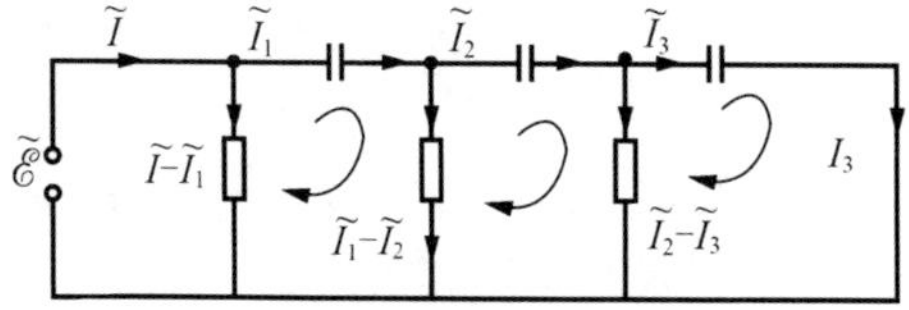

(c)

习题 7.14 图

解 （1）判定 $\varphi_3>0$，即电流$\tilde{I}_3$ 超前总电流 $\tilde{I}$. 以一级(RCR)组合为例，参见图(b)矢量图解，以其电压 $\tilde{U}$ 为基准，$\tilde{I}_{CR}+\tilde{I}_R=\tilde{I}$，由于$\tilde{I}_R /\!/ \tilde{U}$，以致 $\tilde{I}$ 与 $\tilde{U}$ 之夹角小于 $\tilde{I}_{CR}$ 与 $\tilde{U}$ 之夹角，即$\tilde{I}_{CR}$ 超前 $\tilde{I}$ 的相角 $\delta>0$.

（2）以复数基尔霍夫方程组求解之，最为稳妥和规范. 参见图(c)，列出四个回路方程

$$\begin{cases}R(\tilde{I}-\tilde{I}_1)=\tilde{\mathscr{E}}, & ① \\ \dfrac{1}{\mathrm{j}\omega C}\tilde{I}_1+R(\tilde{I}_1-\tilde{I}_2)-R(\tilde{I}-\tilde{I}_1)=0, & ② \\ \dfrac{1}{\mathrm{j}\omega C}\tilde{I}_2+R(\tilde{I}_2-\tilde{I}_3)-R(\tilde{I}_1-\tilde{I}_2)=0, & ③ \\ \dfrac{1}{\mathrm{j}\omega C}\tilde{I}_3-R(\tilde{I}_2-\tilde{I}_3)=0, & ④\end{cases}$$

以①式代入②式，便可隐去 $\tilde{I}$，简化为以($\tilde{I}_1,\tilde{I}_2,\tilde{I}_3$)为未知量的三元联立方程组，

$$\begin{cases}\left(\frac{1}{\mathrm{j}\omega C}+R\right)\tilde{I}_1-R\tilde{I}_2+0\cdot\tilde{I}_3=\tilde{\mathscr{E}}, & ⑤\\ -R\tilde{I}_1+\left(\frac{1}{\mathrm{j}\omega C}+2R\right)\tilde{I}_2-R\tilde{I}_3=0, & ⑥\\ 0\cdot\tilde{I}_1-R\tilde{I}_2+R\tilde{I}_3=0. & ⑦\end{cases}$$

按矩阵代数算法公式，得到$\tilde{I}_3$，$\tilde{I}_1$ 作为$(R,C,\omega,\tilde{\mathscr{E}})$的函数表达式，以及 $\tilde{I}=\frac{\tilde{\mathscr{E}}}{R}-\tilde{I}_1$ 的表达式，最终给出电流传递函数 $\tilde{\eta}\equiv\frac{\tilde{I}_3}{\tilde{I}}$ 的公式，如题中所给出.

(3) 当 $\omega CR=1$，即容抗$\frac{1}{\omega C}=R$，

$$\tilde{\eta}=\frac{1}{-4-5\mathrm{j}}=\frac{1}{4^2+5^2}(-4+5\mathrm{j}),$$

得
$$\eta=|\tilde{\eta}|=\frac{1}{\sqrt{41}}\approx 15.6\%,$$

$$\varphi_3=\arctan\frac{5}{-4}=128.66^\circ,$$

这里舍弃 $\varphi_3=-51.34^\circ$的理由是，$\tilde{\eta}$ 实部为负，虚部为正，在复平面里 $\tilde{\eta}$ 处于第二象限.

(4) 令 $\tilde{\eta}$ 虚部为 0，即 $1-6(\omega CR)^2=0$，则 $\tilde{\eta}$ 成为纯实数 η:

若 $\eta>0$，则 $\varphi_3=0$；若 $\eta<0$，则 $\varphi_3=\pi$.

且
$$(\omega CR)^2=\frac{1}{6},\omega CR=\frac{1}{\sqrt{6}},$$

$(\omega CR)^2-5<0$，符合题意. 解出

$$f_0=\frac{1}{2\pi\sqrt{6}RC},$$

即相移 $\varphi_3(f_0)=\pi$，$\eta(f_0)=\left|\frac{1}{-29}\right|=\frac{1}{29}$.

(5) 代入数据得

$$f_0=\frac{1}{2\pi\sqrt{6}\times 10^4\times 0.01\times 10^{-6}}\mathrm{Hz}\approx 650\mathrm{Hz}.\ (音频)$$

说明 人们关注相移量为 π，旨在借助这三级 *RC* 电路得以形成负反馈机制，或正反馈机制，最终制成相移滤波器或相移振荡器.

比如，对于本题给出的数据，辅以正反馈线路，就成为一个 650Hz 的音频电子振荡器；若 R，C 值可调，则它就是一台可调音频电信号发生器.

7.15　三相交流电

如题图(a)所示，三个纯电阻的负载作星形连接，线电压为 380 V，设 $R_A=10\ \Omega$，$R_B=20\ \Omega$，$R_C=30\ \Omega$.

(1) 求出中线电流 I_0；

(2) 若中线断开，三个相电压 U_A，U_B 和 U_C 各为多少？

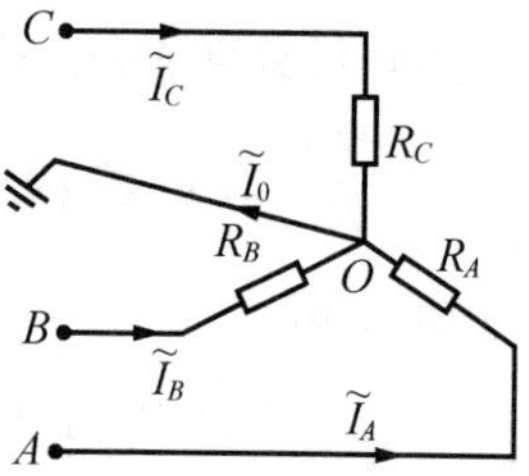

习题 7.15 图(a)

解　(1) 这是非对称负载星形连接，其中线电流 I_0 将不为 0.

$$\tilde{I}_0=\tilde{I}_A+\tilde{I}_B+\tilde{I}_C=\frac{U_\varphi}{R_A}+\frac{U_\varphi}{R_B}\mathrm{e}^{\mathrm{j}\frac{2\pi}{3}}+\frac{U_\varphi}{R_C}\mathrm{e}^{\mathrm{j}\frac{4\pi}{3}},$$

相电压

$$U_\varphi=\frac{U_l}{\sqrt{3}}=220\mathrm{V}.$$

代入数据，

$$\tilde{I}_0=22+11\times\left(\cos\frac{2\pi}{3}+\mathrm{j}\sin\frac{2\pi}{3}\right)+7.3\times\left(\cos\frac{2\pi}{3}-\mathrm{j}\sin\frac{2\pi}{3}\right)$$

$$=\left(22-18.3\times\frac{1}{2}\right)+\mathrm{j}3.7\times\frac{\sqrt{3}}{2}=12.85+\mathrm{j}3.20,$$

最终算得

$$I_0=\sqrt{12.85^2+3.20^2}\ \mathrm{A}\approx 13.2\mathrm{A}.$$

(2) 按次序列出两个独立的电压方程和一个电流方程，

$$\tilde{U}_{AB}=R_A\tilde{I}_A-R_B\tilde{I}_B,\qquad ①$$

$$\tilde{U}_{BC}=R_B\tilde{I}_B-R_C\tilde{I}_C,\qquad ②$$

$$\tilde{I}_A+\tilde{I}_B+\tilde{I}_C=0.\qquad ③$$

设

$$\tilde{U}_{AB}=U_l\text{(线电压)},$$

则

$$\tilde{U}_{BC}=U_l\mathrm{e}^{\mathrm{j}\delta},\ \delta=\frac{2\pi}{3}.$$

由③式得 $\tilde{I}_C=-(\tilde{I}_A+\tilde{I}_B)$，代入②式，便得到关于 $(\tilde{I}_A,\tilde{I}_B)$ 的二元一

次方程组,按线性代数矩阵算法,其解如下,

$$\tilde{I}_A=\frac{1}{\Delta}[(R_B+R_C)U_l+R_BU_l\mathrm{e}^{\mathrm{j}\delta}], \quad ④$$

$$\tilde{I}_B=\frac{1}{\Delta}(R_BU_l\mathrm{e}^{\mathrm{j}\delta}-R_CU_l), \quad ⑤$$

$$\tilde{I}_C=-\frac{1}{\Delta}[R_BU_l+(R_A+R_B)U_l\mathrm{e}^{\mathrm{j}\delta}], \quad ⑥$$

$$\Delta=R_AR_B+R_BR_C+R_CR_A. \quad ⑦$$

代入 $\delta=\frac{2\pi}{3}$, $\cos\delta=-\frac{1}{2}$, $\sin\delta=\frac{\sqrt{3}}{2}$,求出复电流的模即电流幅值,

$$\begin{cases} I_A=\dfrac{\sqrt{R_B^2+R_BR_C+R_C^2}}{R_AR_B+R_BR_C+R_CR_A}U_l, & ⑧ \\ I_B=\dfrac{\sqrt{R_C^2+R_CR_A+R_A^2}}{R_AR_B+R_BR_C+R_CR_A}U_l, & ⑨ \\ I_C=\dfrac{\sqrt{R_A^2+R_AR_B+R_B^2}}{R_AR_B+R_BR_C+R_CR_A}U_l. & ⑩ \end{cases}$$

可见,⑧、⑨、⑩三式具轮换对称性,即其下标有同种构造:$A\to B\cdot BC\cdot C$, $B\to C\cdot CA\cdot A$, $C\to A\cdot AB\cdot B$. 又及,对于负载为复阻抗($\tilde{Z}_A$, $\tilde{Z}_B$, $\tilde{Z}_C$)情形,④、⑤、⑥、⑦四个式子依然成立,只要将(R_A, R_B, R_C)分别改写为相应的复阻抗便成. 代入数据算出,

$$\Delta=(10\times20+20\times30+30\times10)\Omega^2=1100\Omega^2,$$

$$I_A=\frac{\sqrt{1900}\times380}{1100}\mathrm{A}\approx15.06\mathrm{A}, \quad U_A=I_AR_A\approx151\mathrm{V},$$

$$I_B=\frac{\sqrt{1300}\times380}{1100}\mathrm{A}\approx12.46\mathrm{A}, \quad U_B=I_BR_B\approx249\mathrm{V},$$

$$I_C=\frac{\sqrt{700}\times380}{1100}\mathrm{A}\approx9.14\mathrm{A}, \quad U_C=I_CR_C\approx274\mathrm{V}.$$

$$(U_l=380\mathrm{V})$$

可见,此时三个实际相电压严重失衡,U_B, U_C 明显超过正常工作电压 220V,而 U_A 又显著低于 220V,这必将引起用电事故,乃至威胁到配电网络安全,其根源是中线被断开. 故,对于负载星形连接,保证中线(零线)牢靠接地是至关重要的. 在破路施工掘土开沟

过程中，要特别注意保护电网那根接地中线的安全.

不妨画出本题的电压矢量图如图(b)，包括三个线电压和三个相电压，从中可审核以上定量结果，并可在图中求出三个相电压的相位差. 图是这样制作的，取正三角形边长 57mm 来标定线电压 380V，即 10V/1.5mm；以 B 为中心且以$\frac{249}{380}\times 57\text{mm}=37.35\text{mm}$ 为半径作一圆弧，再以 C 为中心且以$\frac{274}{380}\times 57\text{mm}=41.1\text{mm}$ 为半径作一圆弧；两圆弧之交点为 O'，量出 AO'之长度为 22.5mm，从而图解出 $U_A=\frac{22.5}{57}\times 380\text{V}=150\text{V}$. 图中 O 点正是有中线接地时的电势零点.

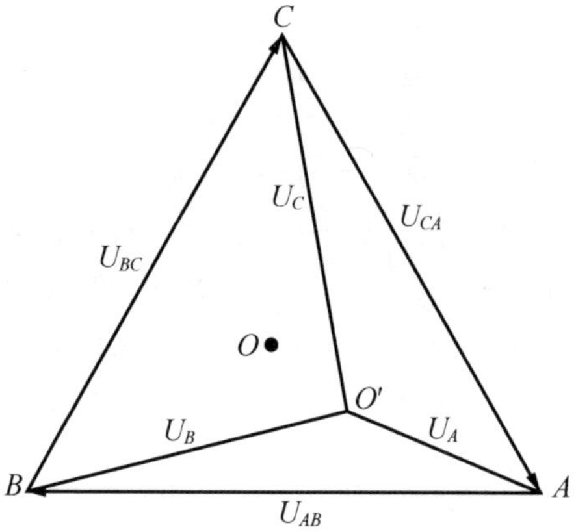

习题 7.15 图(b)

7.16 三相交流电

电动机系一个三相对称负载，现将其作星形连接，三相电源的线电压为 380 V，每相负载的电阻 r 为 6.0 Ω，电抗 x 为 8.0 Ω.

(1) 求线电流 I_l 或相电流 I_φ；

(2) 求电动机消耗的功率 P；

(3) 如果将此电动机改换成三角形连接，求出线电流 I_l'、相电流 I_φ'和电动机消耗功率 P'.

解 $\tilde{Z}=r+\mathrm{j}x$，$Z=\sqrt{r^2+x^2}=\sqrt{6^2+8^2}\,\Omega=10\Omega$，

$$\varphi=\arctan\frac{x}{r}=53.13°.$$

（1）对于负载星形连接，

$$I_l=I_\varphi=\frac{U_\varphi}{Z}=\frac{380}{\sqrt{3}\times10}\mathrm{A}\approx21.9\mathrm{A}.$$

（2）$P=3I_\varphi U_\varphi\cos\varphi=3\times21.9\times\frac{380}{\sqrt{3}}\cos53.13°\mathrm{W}$

$$\approx8649\mathrm{W}\approx8.65\mathrm{kW}.$$

（3）对于对称负载三角形连接，三个相电流$\tilde{I}_a$，$\tilde{I}_b$，$\tilde{I}_c$，依次相位差$\frac{2\pi}{3}$，而幅值相等，即相电流

$$I'_\varphi=\frac{U_l}{Z}=\frac{380}{10}\mathrm{A}=38.0\mathrm{A}.$$

三个线电流$\tilde{I}_A$，$\tilde{I}_B$，$\tilde{I}_C$，依次相位差$\frac{2\pi}{3}$，而幅值相等，且$\sqrt{3}$倍于相电流，即

$$I'_l=\sqrt{3}\times38\mathrm{A}\approx65.8\mathrm{A}.$$

功率

$$P'=3I'_\varphi U_l\cos\varphi=3\times38\times380\times0.6\mathrm{W}\approx25992\mathrm{W}\approx26\mathrm{kW}.$$

（$P'=3P$ 精确成立）

7.17　绕制电源变压器

现需绕制一个电源变压器，其输入端电压为 220 V，50 Hz，要求其输出电压分别有 6 V 和 40 V，试求出原线圈匝数 N_0 和两组副线圈匝数 N_1 和 N_2。已知其铁芯面积 S 为 8.0 cm^2，其最大磁感 B_M 为 1.2×10^4 Gs，作理想变压器近似.

解　一匝线圈所能承载的最大交流电动势 $\mathscr{E}_{1M}$，受制于铁芯所能提供的最大磁感值 B_M，设 $B_1(t)=B_M\cos\omega t$，则 $\Phi_1(t)=SB_M\cos\omega t$，于是，

$$\mathscr{E}_1(t)=-\frac{\mathrm{d}\Phi_1}{\mathrm{d}t}=\omega SB_M\sin\omega t,$$

即

$$\mathscr{E}_M=\omega SB_M.$$

设输入端电压为 220V（有效值），其相应峰值为 $U_0=220\sqrt{2}\,\mathrm{V}$，则原

线圈匝数 N_0 应当满足

$$\frac{U_0}{N_0} \leqslant \mathscr{E}_{\mathrm{M}} = \omega S B_{\mathrm{M}},$$

得

$$N_0 \geqslant \frac{U_0}{\omega S B_{\mathrm{M}}} = \frac{220\sqrt{2}}{2\pi \times 50 \times 8 \times 10^{-4} \times 1.2} \approx 1032(\text{匝}).$$

根据理想变压器的电压变比公式，得

$$N_1 = \frac{6\mathrm{V}}{220\mathrm{V}} \times 1032 \approx 28(\text{匝}),$$

$$N_2 = \frac{40\mathrm{V}}{220\mathrm{V}} \times 1032 \approx 188(\text{匝}).$$

7.18 *RC* 可调相移器

本题图(a)所示为一个桥式 *RC* 可调相移器，其输入电压由一变压器次级绕组提供，从次级中心抽头 *O* 和 *RC* 串联点 *D* 之间得到其输出电压 $\widetilde{U}_{OD}$.

(1) 试证明，输出电压 $\widetilde{U}_{OD}$ 之相位随可调电阻 *R* 而变化，其数值 $|\widetilde{U}_{OD}|$ 却维持不变. 要求采用矢量图解和复数解法分别给出证明.

(2) 若抽头 *O* 点并非次级绕组的中点，上述命题是否成立?

(3) 若抽头 *O* 点在次级左侧 1/3 处，即 $\widetilde{U}_{BA} = 3\widetilde{U}_{OA}$，且 $\omega CR = 4$，输入电压 $U_{BA} = 36$ V，试求出输出电压 $\widetilde{U}_{OD}$ 的数值，及其与输入电压之相位差 δ(相移量).

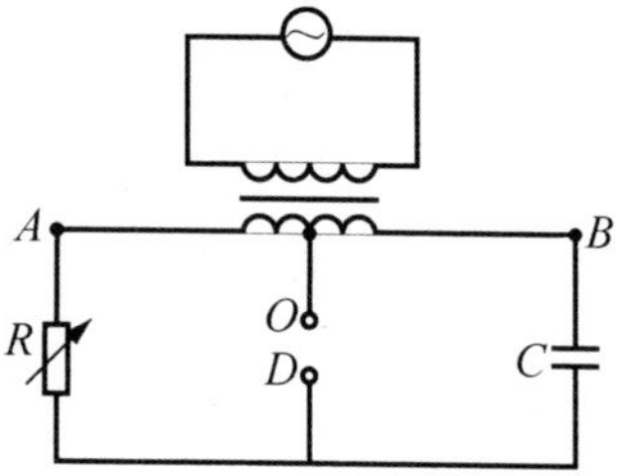

习题 7.18 图(a)

解 (1) $\widetilde{U}_{AB} = \widetilde{U}_{AD} + \widetilde{U}_{DB} = R\tilde{I} + \frac{1}{\omega C}e^{-j\frac{\pi}{2}}\tilde{I}$，可见，$\widetilde{U}_{AD}$ 相位总是超前 $\frac{\pi}{2}$ 于 $\widetilde{U}_{DB}$，两者电压矢量总是正交的，其合矢量正是 $\widetilde{U}_{AB}$，于是画出电压矢量图如(b)所示；而题意指称的输出电压 $\widetilde{U}_{OD}$ 正是(b)图中的半径矢量 $\overrightarrow{OD}$，显然，其长度不变，当 *R* 改变时；改变的是相位差从 δ 变为 δ'.

采取复电压运算如下.

$$\widetilde{U}_{AB}=R\widetilde{I}+\frac{1}{\mathrm{j}\omega C}\widetilde{I}, \quad 即\ \widetilde{I}=\frac{\widetilde{U}_{AB}}{R+\frac{1}{\mathrm{j}\omega C}}, \qquad ①$$

又
$$\widetilde{U}_{OD}=\widetilde{U}_{OB}+\widetilde{U}_{BD}=\frac{1}{2}\widetilde{U}_{AB}-\frac{1}{\mathrm{j}\omega C}\widetilde{I}, \qquad ②$$

于是，

$$\widetilde{U}_{OD}=\frac{1}{2}\widetilde{U}_{AB}-\frac{1}{\mathrm{j}\omega C}\cdot\frac{\widetilde{U}_{AB}}{R+\frac{1}{\mathrm{j}\omega C}},$$

即

$$\widetilde{U}_{OD}=\left(\frac{1}{2}-\frac{1}{1+\mathrm{j}\omega CR}\right)\widetilde{U}_{AB}, \qquad ③$$

或
$$\widetilde{U}_{OD}=\frac{-1+\mathrm{j}\omega CR}{2(1+\mathrm{j}\omega CR)}\widetilde{U}_{AB},$$

得

$$U_{OD}=|\widetilde{U}_{OD}|=\left|\frac{-1+\mathrm{j}\omega CR}{2(1+\mathrm{j}\omega CR)}\right|\cdot|\widetilde{U}_{AB}|=\frac{1}{2}U_{AB}, \text{（与 } R,C \text{ 无关）}$$

$$\delta=\varphi_{OD}-\varphi_{AB}=\arctan\frac{2\omega CR}{(\omega CR)^2-1}, \quad \delta\in(0,\pi).$$

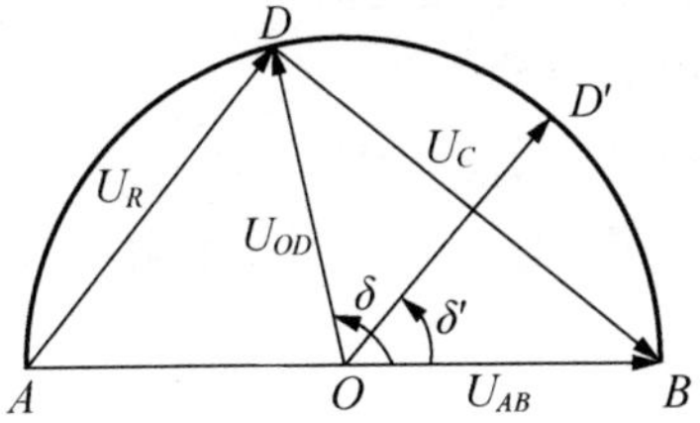

习题 7.18 图(b)

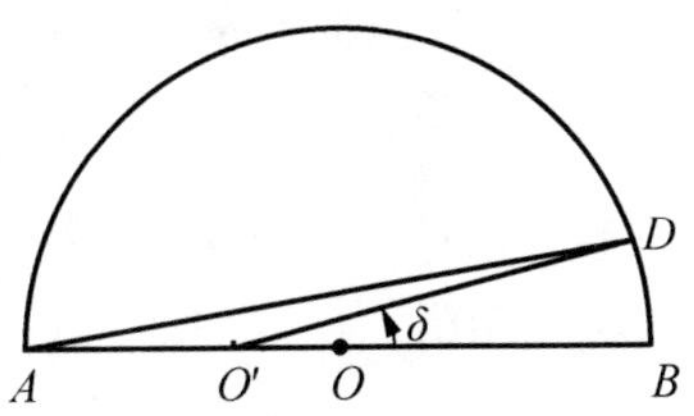

习题 7.18 图(c)

(2) 不成立. 虽然此时($\widetilde{U}_{AD}$,$\widetilde{U}_{DB}$,$\widetilde{U}_{AB}$)三个电压矢量仍构成一直角三角形,D点仍在圆周上变动,但O'点不在圆心,故$\overrightarrow{O'D}$不是半径,其长度和方向随D的位置而变,如图(c)所示.

(3) 此时,将③式中的$\frac{1}{2}$改为$\frac{2}{3}$便是解,即

$$\widetilde{U}_{O'D}=\left(\frac{2}{3}-\frac{1}{1+\mathrm{j}\omega CR}\right)\widetilde{U}_{AB}=\frac{-1+\mathrm{j}2\omega CR}{3(1+\mathrm{j}\omega CR)}\widetilde{U}_{AB},$$

得

$$U_{C'D}=\frac{\sqrt{4\,(\omega CR)^2+1}}{3\sqrt{(\omega CR)^2+1}}U_{AB},\quad \delta=\arctan\frac{3(\omega CR)}{2\,(\omega CR)^2-1},$$

代入数值算出

$$U_{C'D}=\frac{\sqrt{65}}{\sqrt{17}}\times 36\mathrm{V}\approx 23.4\mathrm{V},\quad \delta=\arctan\frac{12}{31}\approx 21.2°.$$

7.19　元件阻抗的频率特性

如本题图所示，四个元件如此连接，其参数已给定在线路图上．试讨论：

（1）该电路等效于一个纯电阻的特征频率 f_0 为多少？

（2）对于什么频率范围，该电路近似等效于电阻与电感串联？对于什么频率范围，该电路近似等效于电阻与电容串联？

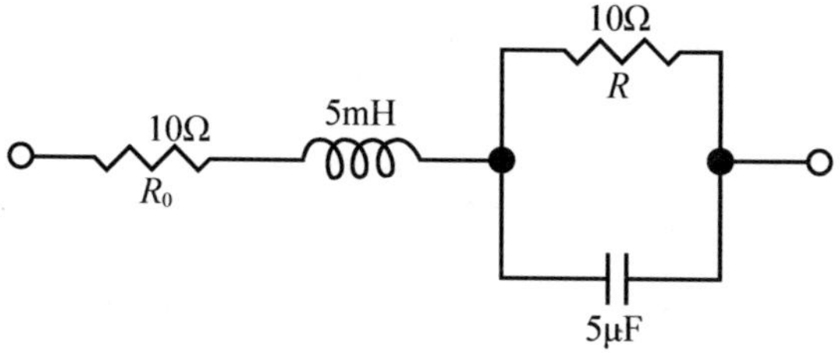

习题 7.19 图

解　从计算组合元件的复阻抗入手，考量其性能为电阻性或电感性或电容性，

$$\tilde{Z}=R_0+\mathrm{j}\omega L+\frac{R\dfrac{1}{\mathrm{j}\omega C}}{R+\dfrac{1}{\mathrm{j}\omega C}}$$

$$=R_0+\frac{R}{1+(\omega CR)^2}+\mathrm{j}\left(\omega L-\frac{\omega CR^2}{1+(\omega CR)^2}\right).$$

（1）令虚部为 0，则该电路呈纯电阻性，兹考量其频率条件

$$\omega L-\frac{\omega CR^2}{1+(\omega CR)^2}=0,\quad 即\ \omega\left(L-\frac{CR^2}{1+(\omega CR)^2}\right)=0,\qquad ①$$

得其两个解，

$$\bar{\omega}=0,（直流电，不予理会）$$

$$\omega_0=\frac{\sqrt{\frac{C}{L}R^2-1}}{CR}. \qquad ②$$

方程②是否有合理的正频解 ω_0，取决于(L,C,R)的数值比较，使 $\frac{C}{L}R^2>1$ 是否成立. 按本题之数据，$L=5\text{mH}$，$C=5\mu\text{F}$，若取 $R=10\Omega$，则

$$\omega_0=\frac{1}{CR}\sqrt{\frac{5\times10^{-6}}{5\times10^{-3}}\times10^{-2}-1}=\frac{1}{CR}\sqrt{-0.9},$$

无正频解；若取 $R=100\Omega$，则

$$\omega_0=\frac{1}{5\times10^{-6}\times10^2}\sqrt{\frac{5\times10^{-6}}{5\times10^{-3}}\times10^4-1}\,\text{rad/s}=\frac{\sqrt{9}}{5\times10^{-4}}\text{rad/s}$$
$$=6.0\times10^3\,\text{rad/s},$$

相应的频率为

$$f_0=\frac{\omega_0}{2\pi}\approx955\text{Hz}.\ (\text{该组合呈纯电阻性})$$

(2) 综上分析，不妨引入一特征值 K，和一特征角频率 ω_0：

$$K\equiv\frac{C}{L}R^2,\quad \omega_0=\frac{\sqrt{K-1}}{CR}. \qquad ③$$

(i) 当 $K>1$，ω_0 为正频解（正常解），于是，实际交流信号频率为：

$\omega=\omega_0$ 时，该组合呈纯电阻性；

$\omega>\omega_0$ 时，该组合呈电感性；

$\omega<\omega_0$ 时，该组合呈电容性.

本题 $R=100\Omega$ 时，即系 $K>1$ 情形.

(ii) 当 $K<1$，ω_0 为虚数解（异常解），$\omega_0^2=\frac{K-1}{C^2R^2}$ 仍具运算意义，对全频域，即 $\omega\in(0,\infty)$，①式中 $\left(L-\frac{CR^2}{1+(\omega CR)^2}\right)>0$，恒成立. 换言之，此情形该元件组合恒为电感性，与频率取值无关，它不可能成为电容性. 本题 $R=10\Omega$ 即系 $K<1$ 情形.

(iii) 当 $K=1$，则 $\omega_0=0$，于是，

全频域，即 $\omega\in(0,\infty)$，该组合呈电感性.

7.20 水银温度计读数的自动电子显示

水银温度计是用于精测温度既简单又廉价的一仪表. 然而，有很多环境和场合，水银温度计并不适用. 例如，需要一天 24 小时监测河底多处每分钟的温度，或者，生产流程中需读出并控制温度. 为此设计出一种自动快速读出水银温度计的电子线路，如题图(a)所示，以实现自动的和远距离的读数.

其中，$\widetilde{U}_0$ 是一振荡器作为信号源，提供约 10 V，10 Hz 的交变电压；包围温度计底部水银球的电极，形成一个较大电容 C_1；随温度线性增高的水银柱与其外部一个共轴电极之间，形成一个电容 C_2. 电阻 R_0 上的电压 $\widetilde{U}'$ 经右侧一放大器，最终由电压表量度. 以下论题可以不理会这个功能块.

(1) 在 $C_1\gg C_2$ 条件下，求出电压 U' 作为电源电压 U_0,ω,C_2 和 R_0 的函数.

(2) 在什么条件下，电压 U' 随温度 T 作线性变化.

提示：共轴圆筒电容器 $C=2\pi\varepsilon_0 l\Big/\left(\ln\dfrac{R}{r}\right)$，当 $l\gg R$，这里 R 为 C_2 处外径；且 $l=l_0+\alpha T$.

(3) 据你所了解的水银温度计，试估算电容 C_2 值. 一组可供参考的数据：$r\approx0.5\,\mathrm{mm}$，外径 $R\approx4.0\,\mathrm{mm}$，l 为 100～300 mm.

(4) 根据以上数据，并知道水银温度计其柱高 l 的温度系数 $\alpha\approx0.7\,\mathrm{mm/℃}$，试给出电压 U' 所反映的测温灵敏度 $\mathrm{d}U'/\mathrm{d}T$，设电阻 $R_0=10\,\mathrm{M\Omega}$.

解 (1) 复电压分配

$$\widetilde{U}'=\frac{\widetilde{Z}_R}{\widetilde{Z}_R+\widetilde{Z}_C}\widetilde{U}_0=\frac{R_0}{R_0-\mathrm{j}\left(\dfrac{1}{\omega C_1}+\dfrac{1}{\omega C_2}\right)}\widetilde{U}_0,$$

$$U'=|\widetilde{U}'|=\frac{R_0}{\sqrt{R_0^2+\left(\dfrac{1}{\omega C_1}+\dfrac{1}{\omega C_2}\right)^2}}U_0,$$

注意到 $C_1\gg C_2$，则

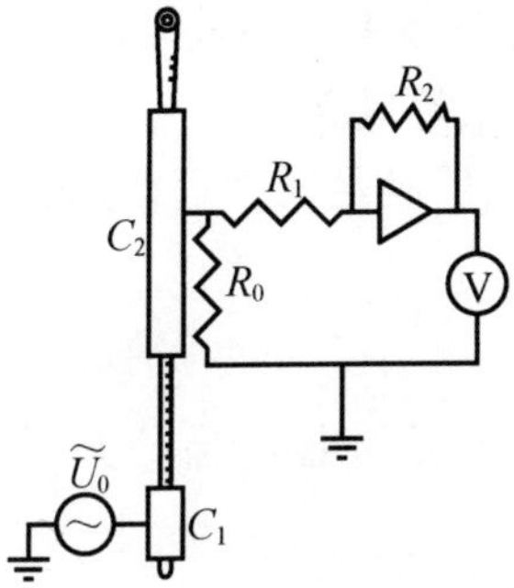

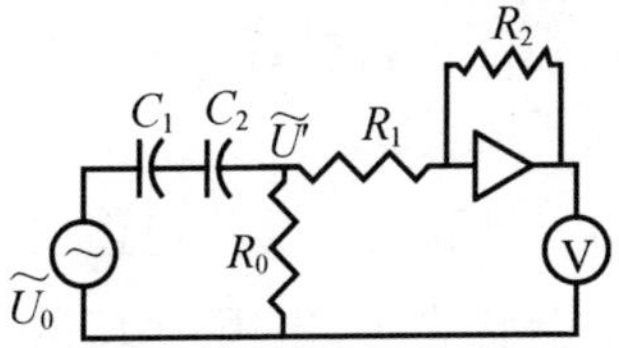

(a) (b)

习题 7.20 图,(b)为(a)的等效电路

$$U' \approx \frac{R_0 U_0}{\sqrt{R_0^2 + \frac{1}{\omega^2 C_2^2}}} = \frac{\omega C_2 R_0 U_0}{\sqrt{1+(\omega C_2 R_0)^2}}. \quad ①$$

(2) 水银细柱的电容

$$C_2 = 2\pi\varepsilon_0 \frac{l}{\ln\frac{R}{r}} = K(l_0 + \alpha T), \quad K \equiv \frac{2\pi\varepsilon_0}{\ln\frac{R}{r}}. \quad ②$$

注意到①式中的分母,当 $\omega C_2 R_0 \ll 1$ 得以满足,则

$$U' = \omega C_2 R_0 U_0 = K\omega R_0 U_0 (l_0 + \alpha T). \quad ③$$

(U'与 T 呈线性关系)

(3) 先算出

$$K = \frac{2\pi \times 8.85 \times 10^{-12}}{\ln\frac{4}{0.5}} \mathrm{F/m} \approx 26.7 \times 10^{-12} \mathrm{F/m} = 26.7 \times 10^{-15} \mathrm{F/mm},$$

取 $l \approx 200\mathrm{mm}$,则

$$C_2 = 26.7 \times 10^{-15} \times 200\mathrm{F} = 53.5 \times 10^{-13}\mathrm{F} = 5.35\mathrm{pF}.$$

(4) 测温灵敏度由③式求导得出,

$$\begin{aligned}\frac{\mathrm{d}U'}{\mathrm{d}T} &= K\omega R_0 U_0 \alpha \\ &= 26.7 \times 10^{-12} \times 2\pi \times 10 \times 10^7 \times 10 \times 0.7 \times 10^{-3}\,\mathrm{V/℃} \\ &= 117 \times 10^{-6}\,\mathrm{V/℃} \approx 0.12\,\mathrm{mV/℃}.\end{aligned}$$

最后,回过头审核线性近似条件 $\omega C_2 R_0 \ll 1$ 是否得以满足,

$$\omega C_2 R_0 = 2\pi \times 10 \times 5.35 \times 10^{-12} \times 10^7 \approx 3.4 \times 10^{-3}.$$

（线性近似条件很好成立）

看来 ωR_0 值还可以提高一个量级，依然满足线性近似，而灵敏度却随之提高了一量级.

7.21 并联谐振及其 Q 值

一个电感为 L，电阻为 R 的电感器与电容器 C 并联. 设 $L=3.0\,\mathrm{mH}$，$C=2.0\,\mu\mathrm{F}$，$R=2.5\,\Omega$.

(1) 审核 $R^2 \ll L/C$ 是否成立？

(2) 在 $R^2 \ll L/C$ 条件下，谐振频率 ω_0 满足 $\omega_0^2 LC \approx 1$，试算出本组合的 ω_0 值；

(3) 求出在谐振频率时的阻抗 $Z(\omega_0)$；

(4) 求出其品质因数 Q 值；

(5) 求出其通频带宽度 $\Delta\omega(\mathrm{rad/s})$.

解 (1) $R^2 = 2.5^2\,\Omega^2 = 6.25\,\Omega^2$，

$$\frac{L}{C} = \frac{3\times 10^{-3}}{2\times 10^{-6}}\,\Omega^2 = 1.5\times 10^3\,\Omega^2,$$

显然，低阻尼条件 $R^2 \ll \dfrac{L}{C}$ 得以很好满足.

(2) 此条件下，相位谐振 $\omega_0 \approx$ 阻抗谐振 $\omega_r \approx \dfrac{1}{\sqrt{LC}}$，算出

$$\omega_0 \approx \frac{1}{\sqrt{3\times 10^{-3}\times 2\times 10^{-6}}}\,\mathrm{rad/s} \approx 1.3\times 10^4\,\mathrm{rad/s}.$$

(3) 其阻抗的一般表达式为

$$Z = \frac{r^2 + (\omega L)^2}{\sqrt{r^2 + [(r^2+\omega^2 L^2)\omega C - \omega L]^2}}, \text{（参见书 378 页）} \qquad ①$$

当 $\omega = \omega_0$ 时，$r^2 + (\omega L)^2 = \dfrac{L}{C}$，代入①式得

$$Z_0(\omega = \omega_0) = \frac{L}{CR}, \qquad ②$$

即

$$Z_0 = \frac{3\times 10^{-3}}{2\times 10^{-6}\times 2.5}\,\Omega = 600\,\Omega. \text{（此为最大阻抗近似值）}$$

(4) 其品质因数

$$Q=\frac{\omega_0 L}{R}=\frac{1.3\times10^4\times3\times10^{-3}}{2.5}\approx16.（此 Q 值不算高）$$

(5) 其通频带宽度

$$\Delta\omega=\frac{\omega_0}{Q}=\frac{1.3\times10^4}{16}\text{rad/s}\approx813\text{rad/s},$$

$$\Delta f=\frac{\Delta\omega}{2\pi}=\frac{813}{2\pi}\text{Hz}\approx129\text{Hz}.$$

7.22 功率因数的改进

一电感性负载工作于 800 V,50 Hz,有电流 90 A,而其功率因数为 0.65.

(1) 算出其有功功率为多少瓦?

(2) 计算该负载的阻抗 Z 值和相位差 φ;

(3) 计算该负载的电阻 r 值和电抗 x 值;

(4) 用以抵消无功电流,使功率因数改进为 1.00 的并联电容 C 应为多少?

解 (1) 有功功率

$$P=IU\cos\varphi=90\times800\times0.65\text{W}=4.68\times10^4\text{W}.$$

(2) 该负载

$$\tilde{Z}=Ze^{j\varphi},\quad Z=\frac{U}{I}=\frac{800}{90}\Omega\approx8.9\Omega,$$

$$\varphi=\arccos0.65\approx49.5^\circ.$$

(3) 也可表达为 $\tilde{Z}=r+jx$,

电阻 $r=Z\cos\varphi=8.9\times0.65\Omega\approx5.79\Omega$,

电抗 $x=Z\sin\varphi=8.9\times\sin49.5^\circ\Omega\approx6.77\Omega$.

(4) 并联电容一路,电流 $I_C=U\omega C$,其超前电压 $\tilde{U}$ 相位 $\frac{\pi}{2}$;L,r 一路,电流 I_1 已知,其正交分量 $I_\perp=I_1\sin\varphi$,落后 $\tilde{U}$ 相位 $\frac{\pi}{2}$. 令 $I_C=I_\perp$,便使总电流 $\tilde{I}$ 与电压 $\tilde{U}$ 一致,达到功率因数 $\cos\varphi'=1$,据此,由

$$I_C=I_\perp,\text{即 } U\omega C=I_1\sin\varphi,$$

得

$$C=\frac{I_1\sin\varphi}{U\omega}.$$

算出

$$C=\frac{90\times\sin 49.5^\circ}{800\times 2\pi\times 50}\text{F}\approx 2.7\times 10^{-4}\text{F}.$$

7.23　荧光灯功率因数的改进

广泛用于照明的荧光灯，其玻璃管内涂荧光粉且被抽成真空，充有水银蒸气. 在管内两端电极间发生放电，放电产生的大部分能量集中于 253.7 nm 的紫外线；荧光粉涂层吸收此紫外线，而又辐射出可见光. 通常串接一电感器和并接一辉光开关，用来产生瞬间高压，以触发水银蒸气电离而放电.

一个荧光灯，工作于 50 Hz，220 V，消耗功率 80 W，功率因数为 0.55.

(1) 求有功电流 $I_{/\!/}$、无功电流 $I_{\perp}$ 和视在电流 I；

(2) 为使功率因数改进为 1.00，与放电管和电感器并联的电容 C 应为多少？此时流过放电管的电流 I' 为多少？流过电源的电流 I'' 为多少？

解　(1) 不妨先算出通过荧光灯管的工作电流，

$$I_0=\frac{P}{U\cos\varphi_0}=\frac{80}{220\times 0.55}\text{A}\approx 0.661\text{A}.$$

$$(\varphi_0=\arccos 0.55=56.63^\circ)$$

于是，

有功电流　$I_{/\!/}=I_0\cos\varphi_0=0.661\times 0.55\text{A}\approx 0.363\text{A}$，

无功电流　$I_{\perp}=I_0\sin\varphi_0=0.661\times\sin 56.63^\circ\text{A}\approx 0.551\text{A}$，

视在电流　$I=I_0$（工作电流），即 $I=0.661\text{A}$.

(2) 令 $I_C=I_{\perp}$，即可达到功率因数 $\cos\varphi=1$，即

$$U\omega C=I\sin\varphi_0,$$

得

$$C=\frac{I\sin\varphi_0}{U\omega}=\frac{0.551}{220\times 2\pi\times 50}\text{F}\approx 7.94\mu\text{F}.$$

此时，流过放电管的电流依然为原先的工作电流，

$$I'=I_0=0.661\text{A},$$

而总电流（通过电源的电流）

$$I''=I_{/\!/}=0.363\mathrm{A}.$$

可见，并联电容 C 使电源的电流负担减少了约一半；在灯管工作电流 661mA 中，有 551mA 的电流在 (L,r,C) 回路中自我循环，而通过电源的总电流仅有 363mA. 须知，电源电流的减少将带来多方面的利益.

7.24 钳形电流计

一钳形电流计如题图所示，环形磁轭由均分的两块做成，可绕铰链 A 旋转，打开夹片 C 能将载流导线夹在中间，绕组 S 的感应电压 U 正比于通过导线交变电流的幅值. 实际上它是一个简单的铁芯变压器，其初级就是载流导线，故这种变压器常称为电流变压器. 其优点是可测量的交流或脉冲电流的范围很宽，从 mA 量级达 10^2 A 量级.

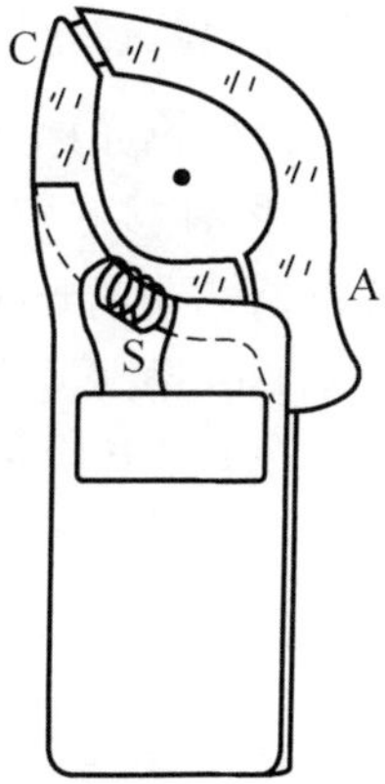

习题 7.24 图

(1) 设环形铁芯的平均直径 d 为 30 mm，横截面积 A 为 64 mm^2，磁导率 μ_r 为 10^4，次级绕组 S 有 1000 匝. 当被测电流 $i(t)$ 为 50 Hz，1 A 时，计算电压 U.

(2) 给定仪表和电流 I，你怎样增加电压 U 值？

解 (1) 先算中穿过电流计的 $i(t)$ 在铁芯处的平均磁场 $B(t)$.

设 $i(t)=I\cos\omega t$，应用 $\boldsymbol{H}$ 环路定理，

$$2\pi rH=i,$$

得

$$H=\frac{i}{2\pi r},$$

$$B=\frac{\mu_0\mu_r i(t)}{2\pi r},\quad \Phi(t)=AB(t),\quad \Psi=N\Phi(t),$$

于是，感应电压

$$u(t)=\frac{\mathrm{d}\Psi}{\mathrm{d}t}=\frac{\mu_0\mu_r}{2\pi r}NA\omega I\cos\left(\omega t+\frac{\pi}{2}\right).\text{（略写负号）}$$

代入数据得感应电压幅值

$$U=\frac{\mu_0\mu_r}{2\pi r}NA\omega I, \qquad ①$$

即

$$U=\frac{2\times10^{-7}\times10^4}{15\times10^{-3}}\times10^3\times64\times10^{-6}\times2\pi\times50\times1\text{V}\approx2.68\text{V}.$$

(2) 从①式看，增加次级线圈的匝数 N 或提高交流频率 ω，可以获得更高电压 U.

7.25 焊接枪

焊接枪亦称点焊机，其内有一降压变压器，以获得大电流通过铜导线，使接触点即焊点产生局域高温，熔化焊料而密接工件. 一焊接机消耗在铜导线上的功率为 100 W，铜导线的截面积为 4 mm²，长为 120 m，铜质电导率 σ 为 $5.8\times10^7(\Omega\cdot\text{m})^{-1}$.

(1) 求其次级电压 U 和电流 I；

(2) 如果此焊接枪是由 120 V 供电的，求初级电流 I_0.

解 (1) 不妨先算铜钱的电阻，

$$R=\rho\frac{l}{S}=\frac{120}{5.8\times10^7\times4\times10^{-6}}\Omega=\frac{12}{5.8\times4}\Omega\approx0.517\Omega,$$

功率 $P=\frac{U^2}{R}$，于是，次级电压为

$$U=\sqrt{PR}=\sqrt{100\times0.517}\text{V}\approx7.2\text{V},$$

次级电流

$$I=\frac{U}{R}=\frac{7.19}{0.517}\text{A}\approx13.9\text{A}.$$

(2) 根据理想变压器的功率守恒关系，

$$U_0I_0=P,$$

得初级电流 $I_0=\frac{P}{U_0}=\frac{100}{120}\text{A}\approx0.83\text{A}.$

可见，该点焊机变压器，从初级输入（120V，0.83A）到次级输出（7.2V，14A），体现了“高压小电流、低压大电流”的变化特性，这与先入为主印在人们头脑里的欧姆定律给出的伏安特性是截然不同的.

第 8 章　麦克斯韦电磁场理论

8.1　位移电流与传导电流

一静电高压导体球，因夏日空气湿热而缓慢漏电. 如图，设导体球半径 R 为 15 cm，初始电压 U_0 为 40 万伏，湿热大气电导率 σ 约为 $2\times10^{-14}(\Omega\cdot\mathrm{m})^{-1}$. 忽略空气电极化效应，设满足准恒似稳条件.

(1) 求出其传导电流密度 $\boldsymbol{j}_0(\boldsymbol{r},t)$；

(2) 求出其位移电流密度 $\boldsymbol{j}_D(\boldsymbol{r},t)$，以及全电流密度 $\boldsymbol{j}=\boldsymbol{j}_0+\boldsymbol{j}_D$；

(3) 求出其磁场 $\boldsymbol{B}(\boldsymbol{r},t)$；

(4) 求出导体球电势降至初始值 1/e 的时间常数 τ，即 $U(\tau)=U_0\mathrm{e}^{-1}$；

(5) 进一步思考，若计及空气的电极化效应 ε_r，τ 值是增还是减？

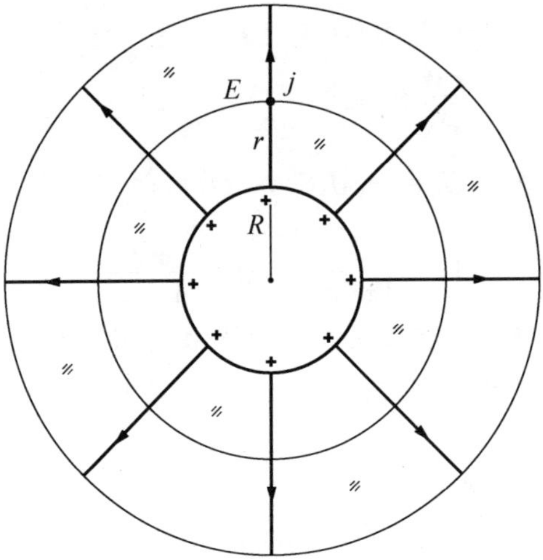

习题 8.1 图　$\boldsymbol{j}(r,t),\boldsymbol{E}(r,t),\boldsymbol{D}(r,t)$

解　高压球的带电量 $Q(t)$ 与其电势 $U(t)$ 的关系为

$$Q(t)=4\pi\varepsilon_0 RU(t).$$

采取准恒似稳条件，相联系的电场 $\boldsymbol{D}(\boldsymbol{r},t)$，$\boldsymbol{E}(\boldsymbol{r},t)$ 对 $Q(t)$ 的反应是即时的，无推迟效应，即

$$\boldsymbol{D}(\boldsymbol{r},t)=\frac{Q(t)}{4\pi r^2}\hat{\boldsymbol{r}},\quad \boldsymbol{E}(\boldsymbol{r},t)=\frac{Q(t)}{4\pi\varepsilon_0 r^2}\hat{\boldsymbol{r}},$$

$$\boldsymbol{j}(\boldsymbol{r},t)=\sigma\boldsymbol{E}(\boldsymbol{r},t)=\frac{\sigma Q(t)}{4\pi\varepsilon_0 r^2}\hat{\boldsymbol{r}}.$$

电量随时间衰减与电流场的存在互为表里，应用 $\boldsymbol{j}_0$ 通量定理即电荷守恒律，以及 $\boldsymbol{j}_0$ 的球对称性，

$$4\pi r^2 j_0=-\frac{\mathrm{d}Q}{\mathrm{d}t},$$

遂得关于 $Q(t)$ 的微分方程，

$$\frac{\sigma}{\varepsilon_0}Q(t)=-\frac{\mathrm{d}Q}{\mathrm{d}t},\quad 即\quad \frac{\mathrm{d}Q}{\mathrm{d}t}=-\frac{\sigma}{\varepsilon_0}Q.$$

其定解为

$$Q(t)=Q_0\mathrm{e}^{-\frac{t}{\tau}},\quad U(t)=U_0\mathrm{e}^{-\frac{t}{\tau}},$$

$$\boldsymbol{D}(\boldsymbol{r},t)=\boldsymbol{D}_0\mathrm{e}^{-\frac{t}{\tau}},\quad \boldsymbol{E}(\boldsymbol{r},t)=\boldsymbol{E}_0\mathrm{e}^{-\frac{t}{\tau}},$$

$$\boldsymbol{j}_0(\boldsymbol{r},t)=\boldsymbol{J}_0\mathrm{e}^{-\frac{t}{\tau}},$$

这里，时间常数 $\tau\equiv\frac{\varepsilon_0}{\sigma}$. 初值为

$$Q_0=4\pi\varepsilon_0 RU_0,\quad \boldsymbol{D}_0=\frac{Q_0}{4\pi r^2}\hat{\boldsymbol{r}},$$

$$\boldsymbol{E}_0=\frac{Q_0}{4\pi\varepsilon_0 r^2}\hat{\boldsymbol{r}},\quad \boldsymbol{J}_0=\frac{\sigma Q_0}{4\pi\varepsilon_0 r^2}\hat{\boldsymbol{r}}.$$

可见，由于漏电，高压球自身电量、电压及其相联系的电场和电流场均随时间呈现指数式衰减，表征衰减过程快慢程度的时间尺度为 τ.

(1) 传导电流密度

$$\boldsymbol{j}_0(\boldsymbol{r},t)=\boldsymbol{J}_0\mathrm{e}^{-\frac{t}{\tau}}.$$

(2) 位移电流密度

$$\boldsymbol{j}_D(\boldsymbol{r},t)=\frac{\partial\boldsymbol{D}}{\partial t}=-\frac{1}{\tau}\boldsymbol{D}_0\mathrm{e}^{-\frac{t}{\tau}}=-\boldsymbol{J}_0\mathrm{e}^{-\frac{t}{\tau}}.$$

于是，空间全电流密度

$$\boldsymbol{j}=\boldsymbol{j}_0+\boldsymbol{j}_D=0,$$

即，时时处处无电流.

(3) 空间无电流，故空间无磁场，$\boldsymbol{B}(\boldsymbol{r},t)=0$.

其实，单独看 $\boldsymbol{j}_0$ 或 $\boldsymbol{j}_D$ 各自产生的 $\boldsymbol{B}$ 均为 0，即

$$\boldsymbol{j}_0 \propto \frac{1}{r^2}\hat{\boldsymbol{r}} \rightarrow \boldsymbol{B}_0(\boldsymbol{r},t)=0,\quad \boldsymbol{j}_D \propto -\frac{1}{r^2}\hat{\boldsymbol{r}} \rightarrow \boldsymbol{B}_D(\boldsymbol{r},t)=0.$$

总之，球对称的电流场不可能产生磁场. 反证法：若 $\boldsymbol{B}$ 有径向分量 B_r，则违背通量定理 $\oiint \boldsymbol{B}\cdot \mathrm{d}\boldsymbol{S}=0$；若有切向分量 B_θ，则违背此场合的轴对称性.

(4) 衰减时间常数

$$\tau=\frac{\varepsilon_0}{\sigma}=\frac{8.85\times 10^{-12}}{2\times 10^{-14}}\mathrm{s}\approx 443\mathrm{s}.\ (7\text{ 分 }23\text{ 秒})$$

(5) 若考量到空气的电极化效应，则高压球表面将出现一层负的极化电荷，它部分地屏蔽了正自由电荷的电场，从而使 j_0 减弱，延缓了衰减过程，即 τ 增加：

$$\varepsilon_0 \rightarrow \varepsilon_r\varepsilon_0,\quad \tau \rightarrow \tau'=\frac{\varepsilon_r\varepsilon_0}{\sigma}.$$

8.2　涡旋电流盘及其磁场

在半径为 a、厚度为 b 的圆盘面上，$b \ll a$，存在一涡旋状电流场，宛如一张 CD 片，设其电流密度 $j(r)=Kr^n$，$n>0$. 试讨论圆盘面上的磁场 $B(r)$.

(1) 证明圆盘中心 O 处的磁感公式为

$$B_0=\frac{1}{2}\mu_0\,\frac{b}{n}Ka^n.\qquad \text{(P8.1)}$$

(2) 证明盘面上磁感分布公式为

$$B(r)=B_0-\mu_0\,\frac{1}{n+1}Kr^{n+1}.\qquad \text{(P8.2)}$$

提示：盘面上的磁感方向与盘面正交；应用安培环路定理. 本题为随后有关涡旋电场或涡旋磁场的习题作一铺垫.

解　(1) 微分切割涡流盘：$(r—r+\mathrm{d}r)$环流，正截面元 $\mathrm{d}S=b\mathrm{d}r$，电流 $\mathrm{d}I=j(r)b\mathrm{d}r$，对盘心贡献磁感

$$dB_0=\frac{\mu_0 dI}{2r}=\frac{1}{2}\mu_0 bj(r)\frac{1}{r}dr=\frac{1}{2}\mu_0 bKr^{n-1}dr,$$

$$B_0=\int_0^a dB_0=\frac{1}{2}\mu_0 bK\int_0^a r^{n-1}dr=\frac{1}{2n}\mu_0 bKa^n. \quad ①$$

(2) 应用 **B** 环路定理于矩形环路($OACDO$),参见题图,令 $\Delta z=b$,于是

$$B_0 b-B(r)b=\mu_0\iint j dS=\mu_0 bK\int_0^r r^n dr=\mu_0 bK\frac{r^{n+1}}{n+1},$$

得

$$B(r)=B_0-\mu_0 K\frac{r^{n+1}}{n+1}, \quad ②$$

可见,$B(r)$值有可能为正值(向上),或负值(向下),或零.

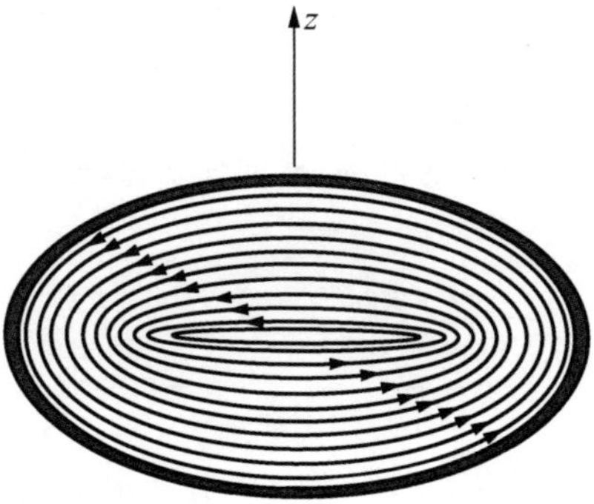

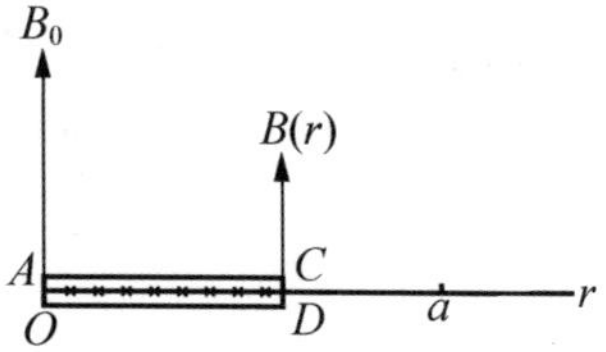

习题 8.2 图

8.3　电容器内部的位移电流、涡旋磁场和涡旋电场

如图(a),一平行板真空电容器,其极板为圆盘状,半径为 a,极板间距为 d,且 $d\ll a$,可忽略边缘效应;两极引线自盘心向外,相当长直,以使该电流场具有良好的轴对称性. 该电容器现工作于交变电压

$$u(t)=U\cos\omega t,$$

设 U 为 220 V,频率 $f=\omega/2\pi$ 为 50 Hz,d 为 2 mm,a 为 3 cm.

(1) 求出电容器内部的位移电流 $\boldsymbol{j}_D(r,t)$.

(2) 求出电容器内部的磁场 $\boldsymbol{B}(r,t)$,$\boldsymbol{H}(r,t)$.

(3) 求出与$(-\partial\boldsymbol{B}/\partial t)$相伴生的涡旋电场 $\boldsymbol{E}_c(r,t)$,可称其为次

生电场；而将与电压 $u(t)$ 相对应的电场 $\boldsymbol{E}_0(r,t)$ 称作原生电场.

提示：$\boldsymbol{B}$ 场为涡旋状，$(-\partial\boldsymbol{B}/\partial t)$ 也为涡旋状，可类比 8.2 题的处理方法，甚至可直接借用(P8.1)式和(P8.2)式，只须作相应的变换，$\boldsymbol{j}\rightarrow(-\partial\boldsymbol{B}/\partial t)$，$\boldsymbol{B}\rightarrow\boldsymbol{E}_c$.

(4) 试将次生电场 $\boldsymbol{E}_c(r,t)$ 与原生电场 $E_0(r,t)$ 作一比较，求出两者幅值之比值，相位差 $\Delta\varphi$.

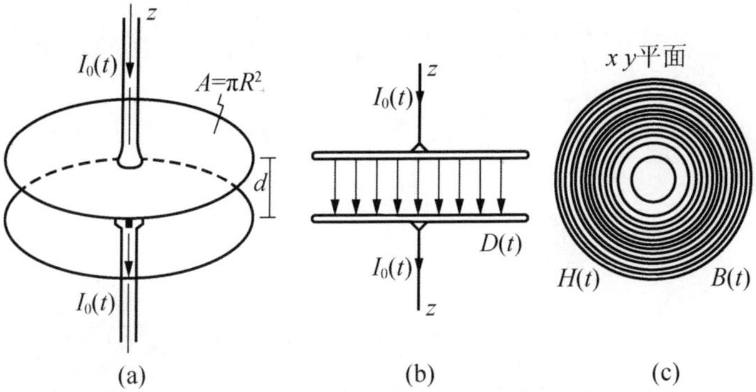

习题 8.3 图

解　(1) 电位移

$$\boldsymbol{D}(t)=\varepsilon_r\varepsilon_0\boldsymbol{E}(t)$$

$$=\varepsilon_r\varepsilon_0\frac{u(t)}{d}\hat{\boldsymbol{z}}=\frac{\varepsilon_r\varepsilon_0 U}{d}\cos\omega t\cdot\hat{\boldsymbol{z}}.\text{（均匀）}$$

相应的位移电流密度

$$\boldsymbol{j}_D(t)=\frac{\partial\boldsymbol{D}}{\partial t}=\frac{\varepsilon_r\varepsilon_0\omega U}{d}\cos\left(\omega t+\frac{\pi}{2}\right)\hat{\boldsymbol{z}}=J_D\cos\left(\omega t+\frac{\pi}{2}\right)\hat{\boldsymbol{z}},\qquad ①$$

$$J_D=\frac{\varepsilon_r\varepsilon_0\omega U}{d}=\frac{8.85\times10^{-12}\times2\pi\times50\times220}{2\times10^{-3}}\text{A/m}^2$$

$$\approx3.1\times10^{-4}\,\text{A/m}^2.\qquad ②$$

(2) 电容器内部位移电流 I_D 连同外部传导电流 I_0，具有纵向轴对称性如图(b)，故其磁场 $\boldsymbol{B},\boldsymbol{H}$ 系轴对称横向场如图(c)，可顺利应用安培环路定理求出 $\boldsymbol{B},\boldsymbol{H}$，

$$\oint_{(\text{内部})}\boldsymbol{H}\cdot d\boldsymbol{l}=\iint\boldsymbol{j}\cdot d\boldsymbol{S},$$

$$2\pi rH=j_D(\pi r^2),$$

得

$$H(r,t)=\frac{1}{2}J_Dr\cos\left(\omega t+\frac{\pi}{2}\right),\text{（绕轴同心圆）}$$

$$B(r,t)=\frac{1}{2}\mu_0J_Dr\cos\left(\omega t+\frac{\pi}{2}\right).\text{（绕轴同心圆）}$$

（3）$\boldsymbol{B}$ 场呈涡旋状，$-\frac{\partial\boldsymbol{B}}{\partial t}$亦呈涡旋状，如同 8.2 题中那个涡旋电流盘. 注意到$-\frac{\partial\boldsymbol{B}}{\partial t}\to\boldsymbol{E}_c$ 的规律形式雷同于电流 $\boldsymbol{j}\to\boldsymbol{H}$ 的规律形式，

$$\oint\boldsymbol{E}_c\cdot d\boldsymbol{l}=\iint\left(-\frac{\partial\boldsymbol{B}}{\partial t}\right)\cdot d\boldsymbol{S}\quad\Leftrightarrow\quad\oint\boldsymbol{H}\cdot d\boldsymbol{l}=\iint\boldsymbol{j}\cdot d\boldsymbol{S};$$

本题

$$-\frac{\partial B}{\partial t}=-\frac{1}{2}\mu_0J_Dr\omega\cos\left(\omega t+\frac{\pi}{2}+\frac{\pi}{2}\right)$$

$$=\frac{1}{2}\mu_0\omega J_Dr\cos\omega t.\text{（轴对称横向场）}$$

它产生的$\boldsymbol{E}_c$ 场系轴对称纵向场，可直接借用 8.2 题 $j(r)=Kr^n$ 的结果①式和②式，仅作如下替换便是，

$$K\to\frac{1}{2}\mu_0\omega J_D,\quad\text{且 }n=1,$$

最终求得电容器内部盘面上的涡旋电场

$$\boldsymbol{E}_c(r,t)=\frac{1}{4}\mu_0\omega J_D(ad-r^2)\cos\omega t\cdot\hat{\boldsymbol{z}}.\quad\text{（非均匀场）}\qquad③$$

（4）原生电场

$$\boldsymbol{E}_0=\frac{U}{d}\cos\omega t\cdot\hat{\boldsymbol{z}},\quad\text{（均匀场）}$$

次生涡旋电场在盘面中心和边缘的幅值分别为

$$E_c(r=0)=\frac{1}{4}\mu_0\omega J_Dad,\quad E_c(r=a)\approx-\frac{1}{4}\mu_0\omega J_Da^2.\qquad④$$

于是，比值

$$\frac{E_c(r=0)}{E_0}=\frac{\mu_0\omega J_Dad^2}{4U}$$

$$=\frac{4\pi\times10^{-7}\times2\pi\times50\times3.1\times10^{-4}\times3\times10^{-2}\times4\times10^{-6}}{4\times220}$$

$$\approx 1.7\times 10^{-17},$$

$$\frac{E_c(r=a)}{E_0}\approx 1.7\times 10^{-17}\frac{a}{d}=1.7\times 10^{-17}\times\frac{30}{2}\approx 2.6\times 10^{-16}.$$

相位关系：当 $r^2<ad$，$\Delta\varphi=0$；当 $r^2>ad$，$\Delta\varphi=\pi$.

评述　对于 $f=50\text{Hz}$ 而言，E_c 相比 E_0 甚小. 注意到 J_D 中含 ω 因子，故 $E_c\propto\omega^2$. 设 $f=2000\text{MHz}=2\times 10^9\text{Hz}$，系射频微波段，若其他数据不变，则 $\frac{E_c}{E_0}\approx(2.6\times 10^{-16})\times(4\times 10^7)^2\approx 0.42$，两者同级可比.

8.4　电容器内部的电磁能流和能量转化

一平行板介质电容器，其圆盘状极板半径 a、间距 d、工作电压 $u(t)$ 和工作频率 f 等数据均相同于 8.3 题，仅是其内部并非真空，而是充满线性介质. 在工作频率 50 Hz 时，该介质的相对介电常数 ε_r 为 20，且其极化强度 $P(t)$ 与场强 $E(t)$ 之相位差为$(-\pi/12)$.

(1) 求出该电容器内部位移电流密度 $j_D(t)$ 和极化电流密度 $j_P(t)$；进一步求出这介质空间中所生发的平均极化热功率 $\overline{W}_P$(W).

(2) 求出该电容器周边即 $r=a$ 处的坡印亭矢量 $\boldsymbol{S}(t)$，包括其方向和平均值 $\overline{S}$；进一步求出周边全面积$(d\times 2\pi a)$上平均电磁能流之功率 $\overline{W}_S$(W).

(3) 审核 $\overline{W}_S=\overline{W}_P$ 是否成立.

(4) 若计及介质电容器的漏电效应，设其电阻率 ρ 为 $10^9\ \Omega\cdot\text{m}$，试求出该电容器的平均焦耳热功率 $\overline{W}_R$；并重新考量 $\overline{W}_S$ 和 $\overline{W}_P$ 值.

(5) 审核 $\overline{W}_S=\overline{W}_P+\overline{W}_R$ 是否成立.

解　(1) 设 $u(t)=U\cos\omega t$，则电场强度

$$E(t)=E_0\cos\omega t,\quad E_0=\frac{U}{d}=\frac{220}{2\times 10^{-3}}\text{V/m}=1.1\times 10^5\text{V/m},$$

极化强度

$$P(t)=\chi_e\varepsilon_0 E_0\cos(\omega t-\delta),$$

本题 $\delta=\frac{\pi}{12}=15^\circ$，电位移

$$D(t)=\varepsilon_0 E(t)+P(t)=\varepsilon_0 E_0[\cos\omega t+\chi_e\cos(\omega t-\delta)],$$

（对于交变情形，不可以写成 $D(t)=\varepsilon_r\varepsilon_0 E(t)$）

位移电流密度

$$j_D(t)=\frac{\partial D}{\partial t}=\varepsilon_0 E_0\omega\left[\cos\left(\omega t+\frac{\pi}{2}\right)+\chi_e\cos\left(\omega t+\frac{\pi}{2}-\delta\right)\right],$$

极化电流密度

$$j_P(t)=\frac{\partial P}{\partial t}=\chi_e\varepsilon_0\omega E_0\cos\left(\omega t+\frac{\pi}{2}-\delta\right),$$

$$J_P=\chi_e\varepsilon_0\omega E_0=19\times 8.85\times 10^{-12}\times 2\pi\times 50\times 1.1\times 10^5\ \mathrm{A/m^2}$$
$$\approx 5.8\times 10^{-3}\ \mathrm{A/m^2},$$

瞬时极化热功率体密度

$$\overline{w}_P(t)=j_P E=\chi_e\varepsilon_0\omega E_0^2\cos\omega t\cdot\cos\left(\omega t+\frac{\pi}{2}-\delta\right),$$

平均极化热功率体密度

$$\overline{w}_P=\frac{1}{2}\chi_e\varepsilon_0\omega E_0^2\sin\delta \qquad ①$$
$$=\frac{1}{2}\times 5.8\times 10^{-3}\times 1.1\times 10^5\times\sin 15^\circ\ \mathrm{W/m^3}$$
$$\approx 82.6\ \mathrm{W/m^3}.$$

介质电容器内平均极化热功率

$$\overline{W}_P=\overline{w}_P\cdot\Delta V=\frac{1}{2}\chi_e\varepsilon_0\omega E_0^2\sin\delta\cdot(\pi a^2 d). \qquad ②$$

(2) 考察电磁能流：

瞬时电磁能流密度

$$S(t)=|\boldsymbol{E}\times\boldsymbol{H}|=E(t)\cdot H(t),$$

$E(t)=E_0\cos\omega t$，　$\boldsymbol{E}$ 方向沿纵向 z 轴，

$H(r,t)=\dfrac{1}{2}j_D(t)r$，　$\boldsymbol{H}$ 方向绕轴环行于 xy 平面上，

$$H(r=a,t)=\frac{1}{2}\varepsilon_0\omega E_0\left[\cos\left(\omega t+\frac{\pi}{2}\right)+\chi_e\cos\left(\omega t+\frac{\pi}{2}-\delta\right)\right]\cdot a,$$

$$S(r=a,t)=\frac{1}{2}\varepsilon_0\omega E_0^2\cos\omega t\left[\cos\left(\omega t+\frac{\pi}{2}\right)+\chi_e\cos\left(\omega t+\frac{\pi}{2}-\delta\right)\right]\cdot a,$$

$$\overline{S}(r=a)=\frac{1}{4}\varepsilon_0\omega E_0^2\chi_e\sin\delta\cdot a, \qquad ③$$

$$\left(\boldsymbol{S}\text{ 方向与侧面正交；须知}\int_0^T \cos\omega t\cdot\cos\left(\omega t+\frac{\pi}{2}\right)\mathrm{d}t=0\right)$$

总电磁能流

$$\overline{W}_S=\overline{S}\cdot(2\pi ad)=\frac{1}{2}\chi_e\varepsilon_0\omega E_0^2(\pi a^2 d)\sin\delta. \qquad ④$$

(3) 显然，②式=④式，即$\overline{W}_P=\overline{W}_S$，这表明介质体内处处耗散的热能，是由侧面电磁能流的输入而时时得以等量补充.

(4) 多了一股传导电流 $j_0(t)$，便多了一份焦耳热耗散 w_R，同时多了一份磁场 H_0，多了一份电磁能流. 各自表现如下：

$$j_0(t)=\sigma E(t)=\sigma E_0\cos\omega t,$$

$$w_R(t)=j_0E=\sigma E^2=\sigma E_0^2\cos^2\omega t,$$

$$\overline{w}_R=\frac{1}{2}\sigma E_0^2, \quad \overline{W}_R=\frac{1}{2}\sigma E_0^2(\pi a^2 d). \qquad ⑤$$

磁场

$$H(r,t)=H_0+H_D, \quad H_0=\frac{1}{2}j_0 r, \quad H_D=\frac{1}{2}j_D r.$$

电磁能流

$$S(t)=E(t)H(t)=S_0+S_D,$$

$$S_0(r=a,t)=EH_0=E_0\cos\omega t\cdot\frac{1}{2}j_0(t)r=\frac{1}{2}\sigma E_0^2\cos^2\omega t\cdot a,$$

$$\overline{S}_0(r=a)=\frac{1}{4}\sigma E_0^2 a,$$

$$W_{S_0}(r=a)=\overline{S}_0\cdot(2\pi ad)=\frac{1}{2}\sigma E_0^2(\pi a^2 d). \qquad ⑥$$

显然，⑤式=⑥式，即$\overline{W}_R=\overline{W}_{S_0}$；而极化电流 j_P 及其热效应和磁效应依然如上①、②、③和④，即$\overline{W}_P=\overline{W}_{S_D}$.

(5) 于是，电容器侧面输入的电磁能流$\overline{W}_S=\overline{W}_{S_0}+\overline{W}_{S_D}=\overline{W}_R+\overline{W}_P$，成立.

8.5　电磁能流密度和能流速度

一长直圆柱形导体，通以恒定电流 I，其截面半径为 a，电导率为

σ.

(1) 导出载流体外侧电磁能流密度 S 公式.

(2) 证明该能流的传输速度公式为

$$v=\frac{4a\sigma}{4\varepsilon_0+\mu_0 a^2\sigma^2}\approx\frac{4}{\mu_0 a\sigma}.\quad (\text{通常 } \mu_0 a^2\sigma^2\gg\varepsilon_0 \text{ 成立})$$

(3) 设电流 I 为 100 A, a 为 3 mm, σ 为 $10^7(\Omega\cdot\text{m})^{-1}$, 试算出 S 值、v 值.

解 (1) 体内电场

$$E_{\text{in}}=\frac{j}{\sigma},\quad j=\frac{I}{\pi a^2},\ (\boldsymbol{E}_{\text{in}}\text{平行 } z \text{ 轴})$$

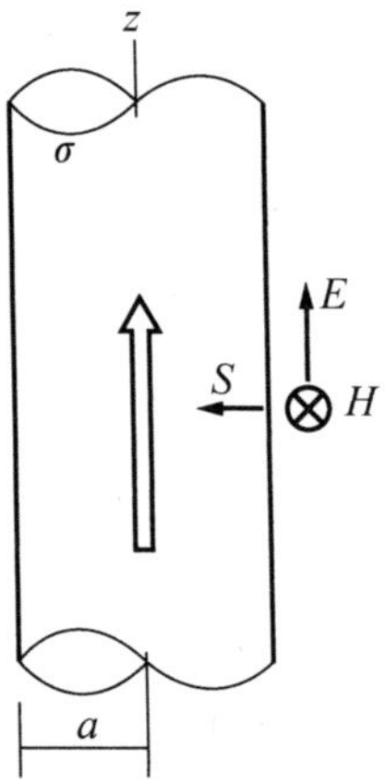

习题 8.5 图

表面外侧电场

$$E_{\text{os}}=E_{\text{in}}=\frac{j}{\sigma},\ (\text{根据 } \boldsymbol{E} \text{ 切向分量连续})$$

表面外侧磁场

$$H_{\text{os}}=\frac{1}{2}ja,$$

表面外侧能流密度

$$S=|\boldsymbol{E}\times\boldsymbol{H}|=\frac{a}{2\sigma}j^2,\text{或 } S=\frac{I^2}{2\pi^2\sigma a^3}.\qquad ①$$

外侧 $\boldsymbol{E},\boldsymbol{H},\boldsymbol{S}$ 三者方向如题图所示.

(2) 电磁场能量体密度公式为

$$\rho_{\text{eng}}=\frac{1}{2}\varepsilon_0 E^2+\frac{1}{2}\mu_0 H^2,$$

代入以上 E_{os}, H_{os}, 得表面外侧

$$\rho_{\text{eng}}=\frac{1}{2}\left(\frac{\varepsilon_0 j^2}{\sigma^2}+\frac{\mu_0 a^2 j^2}{4}\right)$$

$$=\frac{1}{2}j^2\cdot\frac{4\varepsilon_0+\mu_0\sigma^2a^2}{4\sigma^2}.\qquad ②$$

根据 $\boldsymbol{S}=\rho_{\text{eng}}\boldsymbol{v}$, 得外侧电磁能量向体内的传输速度为

$$v=\frac{S}{\rho_{\text{eng}}}=\frac{a}{\sigma}\cdot\frac{4\sigma^2}{4\varepsilon_0+\mu_0\sigma^2a^2},$$

即

$$v=\frac{4a\sigma}{4\varepsilon_0+\mu_0\sigma^2a^2}\approx\frac{4}{\mu_0 a\sigma}.\quad (\mu_0\sigma^2a^2\gg4\varepsilon_0)\qquad ③$$

(3) 计算

$$j=\frac{I}{\pi a^2}=\frac{100}{\pi\times9\times10^{-6}}\mathrm{A/m^2}\approx3.54\times10^6\,\mathrm{A/m^2},$$

$$S=\frac{a}{2\sigma}j^2=\frac{3\times10^{-3}\times3.54^2\times10^{12}}{2\times10^7}\mathrm{W/m^2}\approx1.88\times10^3\ \mathrm{W/m^2},$$

$$v=\frac{4}{\mu_0 a\sigma}=\frac{4}{4\pi\times10^{-7}\times3\times10^{-3}\times10^7}\mathrm{m/s}\approx106\mathrm{m/s}.$$

8.6　微波束强度及其电磁场

某雷达站发射一微波束，其总功率 W 为 10 kW，到达探测目标时波束截面 A 约 100 cm²，试估算出该微波束作用于目标的电场幅值 E_0 和磁场幅值 H_0.

解　波功率面密度(W/m²)就是平均能流密度 $\overline{S}$，即

$$\overline{S}=\frac{W}{A}=\frac{1.0\times10^4}{100\times10^{-4}}\mathrm{W/m^2}=1.0\times10^6\ \mathrm{W/m^2},$$

又

$$\overline{S}=\frac{1}{2}E_0H_0,$$

且

$$\sqrt{\mu_0}H_0=\sqrt{\varepsilon_0}E_0,$$

得

$$\overline{S}=\frac{1}{2}\sqrt{\frac{\varepsilon_0}{\mu_0}}E_0^2,\text{或}\quad E_0^2=2\overline{S}\sqrt{\frac{\mu_0}{\varepsilon_0}},\tag{①}$$

算出

$$E_0^2=2\times10^6\times\sqrt{\frac{4\pi\times10^{-7}}{8.85\times10^{-12}}}\mathrm{V^2/m^2}\approx7.54\times10^8\,\mathrm{V^2/m^2},$$

电场幅值

$$E_0=\sqrt{7.54\times10^8}\,\mathrm{V/m}\approx2.75\times10^4\,\mathrm{V/m},$$

磁场幅值

$$H_0=\sqrt{\frac{\varepsilon_0}{\mu_0}}E_0=\sqrt{\frac{8.85\times10^{-12}}{4\pi\times10^{-7}}}\times2.75\times10^4\,\mathrm{A/m}$$
$$\approx73\mathrm{A/m}.$$

8.7　光照度与电磁场

工作台照明的照度其正常值约为 1000lx(勒克斯)，试估算相应的电场幅值 E_0. 注：1 lx=(1/683)W/m².

解 等量的光强为

$$\overline{S}=\frac{1000}{683}\mathrm{W/m^2}\approx 1.464\mathrm{W/m^2}.$$

以可见光波段居中单色光看待此照度，则其电场幅值 E_0 为

$$E_0^2=2\sqrt{\frac{\mu_0}{\varepsilon_0}}\cdot\overline{S}\qquad\text{（参见 8.6 题①式）}$$

$$=2\sqrt{\frac{4\pi\times10^{-7}}{8.85\times10^{-12}}}\times1.464\mathrm{V^2/m^2}\approx1.1\times10^3\mathrm{V^2/m^2},$$

$$E_0=\sqrt{1.1\times10^3}\mathrm{V/m}\approx33\mathrm{V/m}.$$

8.8 聚焦光斑

一个 100 mW 氦氖激光束，经显微镜头被聚焦成为 1 μm 直径的光斑，同时其光功率亏损为 75 mW.

(1) 试估算出该光斑中心的电场幅值 E_0.

(2) 这 E_0 值是否可能使空气电离. 提示：空气击穿场强 $E_d\approx3$ kV/mm.

(3) 如果将这光斑投射到某液面上，以进行有关的光学测量，然而由于光热效应和光压效应，可能导致液面局域蒸发和变形. 试估算该光斑对液面的光压 p 值($\mathrm{N/m^2}$)，设液面对光斑全反射，入射角 $\theta=30°$.

解 (1) 该光斑光强

$$\overline{S}=\frac{75\times10^{-3}}{\frac{\pi}{4}\times10^{-12}}\mathrm{W/m^2}\approx9.5\times10^{10}\mathrm{W/m^2},$$

相应的电场幅值：

$$E_0^2=2\sqrt{\frac{\mu_0}{\varepsilon_0}}\cdot\overline{S}=2\sqrt{\frac{4\pi\times10^{-7}}{8.85\times10^{-12}}}\times9.5\times10^{10}\mathrm{V^2/m^2}$$

$$\approx7.16\times10^{13}\mathrm{V^2/m^2},$$

$$E_0=\sqrt{7.16\times10^{13}}\mathrm{V/m}\approx8.46\times10^6\mathrm{V/m}.$$

(2) 注意到这 E_0 是交变电场 $E(t)$ 的幅值，而对击穿介质的物理过程而言，考量其半周期的平场值 $\overline{E}$ 更为合理，

$$\overline{E}=\frac{2}{\pi}E_0\approx5.3\times10^6\mathrm{V/m}=5.3\times10^3\mathrm{V/mm},$$

可见，$\overline{E}>E_d=3\times10^3\,\mathrm{V/mm}$，它可能使空气电离.

（3）光束斜入射且全反射时的光压公式为

$$p=\frac{2\overline{S}}{c}\cos\theta.$$

代入数据算出

$$p=\frac{2\times9.5\times10^{10}}{3\times10^8}\times\cos30^\circ\,\mathrm{N/m^2}\approx5.48\times10^2\ \mathrm{N/m^2}.$$

联想　光压将可能造成液面变形凹陷，同时光能流的热效应将可能引起液质局域蒸发，这些副作用均应认真考量，当你采用强激光束试图测量液体光学性质时.

8.9　强光之光强与原子电离能

光作为一种电磁波，它与物质的相互作用就是电磁场与电子的相互作用. 当外来光强足够强大，可使电子脱离原子核的束缚而成为自由电子，同时使原子成为一价或多价离子（电离），此等光强可称得上强光. 试以经典电磁学眼光估算出强光之光强 I_0 至少为多少.

提供以下两组数据是有帮助的. 元素或原子的电离能（一价）E_i 约为 10 eV（电子伏），比如，H，13.598 eV；O，13.618 eV；Cu，7.726 eV. 原子半径 r 设为 0.2 nm，比如，H，0.46 nm；O，0.056 nm；Cu，0.128 nm.

（1）你将采取何种途径去估算 I_0？

（2）有说 $I_0\approx10^{10}\ \mathrm{W/cm^2}$，你认为此量级靠谱吗？

解　（1）想来，原子对外来光波能量的吸收，与原子世界的空间尺度和时间尺度密切相关. 为此首先作出相关估算以备后用.

原子球半径　　$r_0\approx0.2\mathrm{nm}=2\times10^{-10}\mathrm{m}$；

截面积　　$\Delta A=\pi r_0^2\approx13\times10^{-20}\mathrm{m}^2$；

体积　　$\Delta V=\frac{4}{3}\pi r_0^3\approx33\times10^{-30}\mathrm{m}^3$；

核外电子作圆周运动，其速度

$$v_0=\sqrt{\frac{k_e}{r_0m_e}}\cdot e,\quad（由库仑引力=向心力而得）\qquad①$$

即

$$v_0=\sqrt{\frac{9\times10^9}{2\times10^{-10}\times9.1\times10^{-31}}}\times1.6\times10^{-19}\,\mathrm{m/s}\approx1.1\times10^6\,\mathrm{m/s};$$

周期 $$T=\frac{2\pi r_0}{v_0},\qquad ②$$

即 $$T=\frac{2\pi\times2\times10^{-10}}{1.1\times10^6}\,\mathrm{s}\approx1.1\times10^{-15}\,\mathrm{s}.$$

核外一个电子的总能量

$$E_0=\frac{1}{2}m_e v_0^2+\left(-k_e\frac{e^2}{r_0}\right)=-\frac{1}{2}k_e\frac{e^2}{r_0},\qquad ③$$

($E_0<0$,束缚态)

当选取 $r_0=0.2\mathrm{nm}$,则

$$E_0=-\frac{9\times10^9\times1.6\times10^{-19}}{2\times2\times10^{-10}}\,\mathrm{eV}\approx-3.6\,\mathrm{eV},$$

当选取 $r_0=0.053\mathrm{nm}$,此为 H 原子基态之半径,则

$$E_0\approx-3.6\times\frac{0.2}{0.053}\,\mathrm{eV}=-13.6\,\mathrm{eV},$$

注入原子的电离能 E_i 应当满足 $E_i=-E_0$,以使电子的总能量

$$E_{tot}=E_i+E_0=0.\text{(电子成为不被束缚的自由态)}\qquad ④$$

可见,r_0 值和 E_i 值两者并不独立,彼此可以互推. 作为一种估算,选取电离能 $E_i\approx10\mathrm{eV}$ 是合理的.

对于 I_0 的估算方案拟可采取“面吸收”方式:令一周期内电子绕行截面所吸收的光能量 $\Delta E=E_i$,即

$$\Delta E=T\Delta A\cdot I_0=E_i,$$

得

$$I_0=\frac{E_i}{T\Delta A}=\frac{10\times1.6\times10^{-19}}{1.1\times10^{-15}\times13\times10^{-20}}\,\mathrm{W/m^2}\approx1.1\times10^{16}\,\mathrm{W/m^2}$$
$$=1.1\times10^{12}\,\mathrm{W/cm^2}.$$

(2) 原子体系具有统计规律性,单原子中电子的能量状态或轨道半径有一统计分布,或者说,使单原子离解的电离能 E_i 值有一个范围,$0<E_i\leqslant E_{iM}$,(1) 中取 $E_i=10\mathrm{eV}$ 为高值,相应的光强 I_0 为 $10^{12}\,\mathrm{W/cm^2}$ 也是高值. 故可认为,外来光强 $I_0'=10^{10}\,\mathrm{W/cm^2}$ 虽然低

于 I_0 两个量级，仍有一定概率的原子被离解，使原子体系成为中性原子、正离子和自由电子的混合态，表现出异常的物性.

当今强光光学，已经成为宏大的光学学科现代发展中的一个重要领域.

8.10　电磁波和电磁力

一列电磁波投射于一运动带电粒子(q,v)，后者将受到一库仑力 F_C 和一洛伦兹力 F_L.

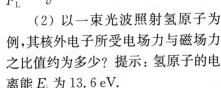

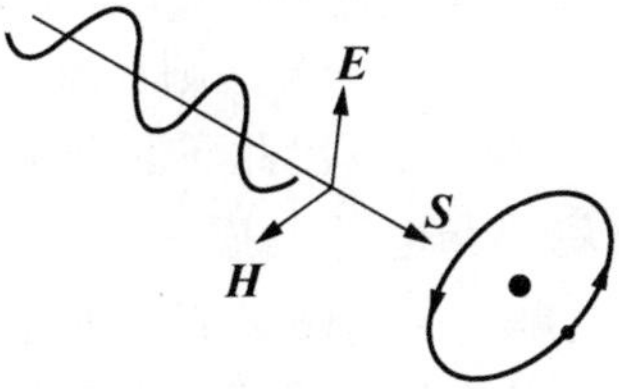

习题 8.10 图

(1) 试导出两力之比值公式为

$\dfrac{F_C}{F_L}=\dfrac{c}{v}$.　($c$ 为真空中电磁波速度)

(2) 以一束光波照射氢原子为例，其核外电子所受电场力与磁场力之比值约为多少？提示：氢原子的电离能 E_i 为 13.6 eV.

解　(1) $F_C=eE(t)$，$F_L=evB(t)$，于是，

$$\frac{F_C}{F_L}=\frac{E(t)}{vB(t)};$$

对于真空中的电磁波，

$$E(t)=\sqrt{\frac{\mu_0}{\varepsilon_0}}H(t)=\frac{1}{\mu_0}\sqrt{\frac{\mu_0}{\varepsilon_0}}B(t)$$

$$=\frac{1}{\sqrt{\varepsilon_0\mu_0}}B(t),\text{（因为 }B=\mu_0H\text{）}$$

即　　$E=cB$　　或　　$\dfrac{E}{B}=c$.（一个值得记住的公式）　①

最终证明了

$$\frac{F_C}{F_L}=\frac{c}{v}.\text{（}c\text{ 为真空光速）}\quad ②$$

(2) 借用 8.9 题③式、①式，获悉与 $E_i=13.6\text{eV}$ 对应的电子轨道半径 $r_0=0.053\text{nm}$，核外电子绕行速率 $v_0\approx0.55\times10^6\text{m/s}$，得

$$\frac{F_C}{F_L}=\frac{3\times10^8}{0.55\times10^6}\approx545\text{（倍）},$$

若以通常 $v_0\approx10^6\text{m/s}$ 估算，

$$\frac{F_C}{F_L}\approx 300(\text{倍}).$$

无怪乎在光学学科中，一直习惯于将光波中的电矢量 **E** 称为光矢量，以它作为光与物质相互作用过程中的主角，而将磁矢量 **H** 及其磁效应作为配角或次要作用.

8.11 环形天线

一列 30 MHz 的平面电磁波在自由空间中传播，其峰值电场强度为 100 mV/m. 一圆环形天线接收这列电磁波，其面积 1.00 m^2，共有 10 匝，试算出此环形天线中感应电压的峰值. 设天线平面包含波矢 **k**，且与电场 **E** 成 30°角.

解 关注磁场 **H** 与环面法线 **N** 之夹角 θ，因为通过环面的磁通 $\Phi=BS_0\cos\theta$. 参见题图，其中 **P** 为 **E** 在环面上的正投影方向，按题意(**E**,**P**)之夹角 $\alpha=30°$. 注意到 $\boldsymbol{N}\perp\boldsymbol{P}$，且 $\boldsymbol{H}\perp\boldsymbol{E}$，故 $\theta=\alpha$.

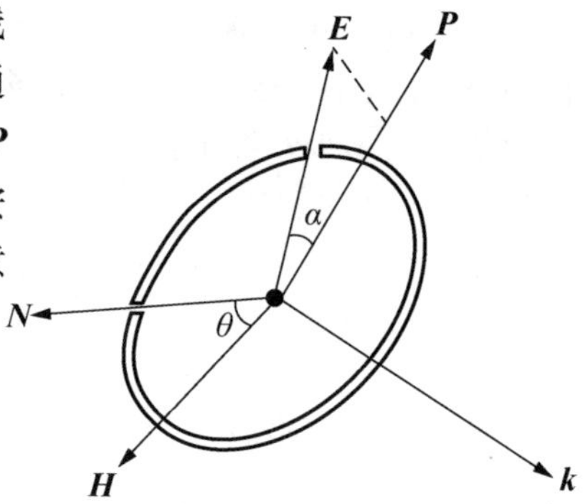

习题 8.11 图

设 $E(t)=E_0\cos\omega t$,

则 $B(t)=B_0\cos\omega t$,

且

$$B_0=\frac{E_0}{c},(\text{引用 8.10 题①式})$$

于是，感应电压

$$u(t)=n\frac{\mathrm{d}\Phi}{\mathrm{d}t}=nB_0S_0\cos\theta\cdot\omega\cos\left(\omega t+\frac{\pi}{2}\right),$$

即感应电压峰值

$$U_0=n\omega B_0S_0\cos\theta=\frac{n\omega E_0S_0}{c}\cos\theta, \qquad ①$$

代入数据算得

$$U_0=\frac{10\times 2\pi\times 30\times 10^6\times 100\times 10^{-3}\times 1\times\cos 30°}{3\times 10^8}\mathrm{V}\approx 544\mathrm{mV}.$$

本题旨在提示人们，如何置放环形天线以接收到最大的感应电压. 首先应当让环面与电磁波传播方向 **k** 共面，尔后以 **k** 为轴逐渐转动环面,直至接收到最大电磁信号为准,此时 $\theta=0$,$\boldsymbol{H}$ 与 $\boldsymbol{N}$ 一致,穿过环面的磁通为最大. 其所以如此操作,源于电磁波的横波性. 如果让 $\boldsymbol{k}$ 正入射于环面,此时接收信号最弱近乎为 0,因为($\boldsymbol{E}$,$\boldsymbol{H}$)均躺在环面上.

8.12　磁单极子

理论上可预言,置于磁场中的磁荷 q_m,将受到一磁力 $q_m B/\mu_0$. 试算出在 10 T 的轴向磁场中,磁单极子通过 16 cm 的距离所获得的能量. 用千兆电子伏即 10^9 eV 表示你的答案.

解　磁单极子所获能量 W 等于磁力 F_m 所做之功,即

$$
\begin{aligned}
W &= F_m l = \frac{q_m B l}{\mu_0} \\
&= \frac{(2.068\times10^{-15})\times10\times16\times10^{-2}}{4\pi\times10^{-7}}\,\mathrm{J} \approx 2.64\times10^{-9}\,\mathrm{J},
\end{aligned}
$$

由

$$1\,\mathrm{eV}=1.6\times10^{-19}\,\mathrm{J},$$

得

$$W=\frac{2.64\times10^{-9}}{1.6\times10^{-19}}\,\mathrm{eV}\approx1.65\times10^{10}\,\mathrm{eV}=16.5\,\mathrm{GeV}.$$

8.13　磁单极子探测仪

一种磁单极子探测仪如图所示,超导线圈 C 与电键 SW 构成一闭合电路,样品盒 SA 内容也许存在磁单极子的深海泥浆,由传送带 P 将样品一次次通过超导线圈. 联想到,磁单极子的磁荷量 q_m 其单位与磁通 Φ 单位相同,均为 Wb(韦伯),这意味着运动磁单极子带着磁通量 q_m 通过每匝线圈;另一方面,因为线圈材质是超导的,其电阻为零,故当线圈磁通一旦有变化,将立马感应出一个电流 I,以其产生的磁通来完全抵消掉外磁通,维持线圈全磁通(磁链)为零. 据此分析可推算感应电流 I 值.

实验开始时,电键 SW 闭合,在样品运行过程中,电路出现感应电流;经数百次运行后,断开 SW,凭借线圈电流的惰性,在右侧高阻元件 R 上产生电压降,用示波器观测之,以检测感应电流的存在及其数值. 迄今,所有测量皆为零结果.

试推算,一个磁单极子 q_m 通过 1200 匝、自感为 70 mH 超导线

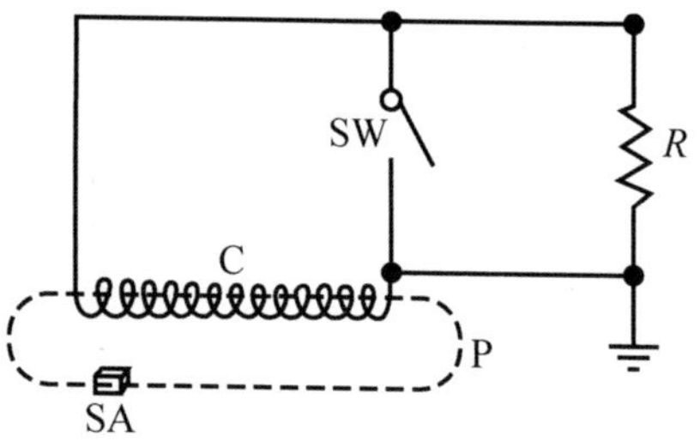

习题 8.13 图　磁单极子探测仪

圈 300 次，出现的感应电流 I 值.

解　线圈的自感值 L 与该线圈处于正常态或超导态无关. 设，在 Δt 时间中，q_{m} 穿越线圈而产生的磁通改变量为 $\Delta\Psi_{\mathrm{m}}$，感应电流 I 造成的磁通改变量为 $\Delta\Psi_I$，则

$$\Delta\overline{\Psi}_{\mathrm{m}}+\Delta\overline{\Psi}_I=0, \qquad ①$$

（因线圈的超导电性，其感应磁通将完全抵消外磁通增量）

又　$$\Delta\overline{\Psi}_{\mathrm{m}}=\overline{\Psi}_{\mathrm{m}}=nNq_{\mathrm{m}}, \quad \Delta\Psi_I=L\Delta I=LI,$$

代入①式得

$$I=-\frac{nNq_{\mathrm{m}}}{L}=\frac{300\text{ 次}\times 1200\text{ 匝}\times 2.07\times 10^{-15}\,\mathrm{Wb}}{70\times 10^{-3}\,\mathrm{H}}$$

$$\approx 1.06\times 10^{-8}\,\mathrm{A},$$

如果选择高阻 $R=10\mathrm{M\Omega}$，则有电压 $U\approx 106\mathrm{mV}$.